中国工程科技中长期发展战略研究项目

中国工程科技2035发展战略研究

——技术路线图卷（四）

工程科技战略咨询研究智能支持系统项目组
中国工程科技2035发展战略研究项目组　著
中国工程科技未来20年发展战略研究数据支撑体系项目组

電子工業出版社
Publishing House of Electronics Industry
北京·BEIJING

内 容 简 介

本书是中国工程院和国家自然科学基金委员会联合组织开展的“中国工程科技 2035 发展战略研究”的成果。全书内容分两大部分，第一部分主要介绍工程科技技术路线图的制定方法和工具；第二部分主要介绍畜牧科技、煤矿粉尘防控和职业安全健康、再生医学创新与产业、饮用水水源新兴污染物防控、信息产品制造生产线数字化测量、“智能摩尔之路”半导体器件、公共安全领域自主知识产权软件、民用飞机、未来韧性城市地下空间、高端装备制造业服务化、国家测量体系与高端测量仪器、海洋新兴产业对海洋工程科技的需求与发展、油气智能工程、全球探测系统、核能小堆和微堆开发利用、主要粮食作物重大生物灾害持续有效控制 16 个领域面向 2035 年的技术路线图。

本书汇总的研究成果是对中国工程科技未来 20 年发展路线的积极探索，可为各级政府部门制定科技发展规划提供参考，还可为学术界、科技界、产业界及广大社会读者了解工程科技关键技术与发展路径提供参考。

未经许可，不得以任何方式复制或抄袭本书之部分或全部内容。
版权所有，侵权必究。

图书在版编目（CIP）数据

中国工程科技 2035 发展战略研究. 技术路线图卷. 四/工程科技战略咨询研究智能支持系统项目组等著. —北京：电子工业出版社，2022.2

ISBN 978-7-121-42876-0

Ⅰ. ①中…　Ⅱ. ①工…　Ⅲ. ①工程技术－发展战略－研究－中国　Ⅳ. ①TB-12

中国版本图书馆 CIP 数据核字（2022）第 021716 号

责任编辑：郭穗娟
印　　刷：北京捷迅佳彩印刷有限公司
装　　订：北京捷迅佳彩印刷有限公司
出版发行：电子工业出版社
　　　　　北京市海淀区万寿路 173 信箱　　　邮编 100036
开　　本：787×1 092　1/16　印张：21.75　字数：554 千字
版　　次：2022 年 2 月第 1 版
印　　次：2024 年 6 月第 2 次印刷
定　　价：198.00 元

凡所购买电子工业出版社图书有缺损问题，请向购买书店调换。若书店售缺，请与本社发行部联系，联系及邮购电话：（010）88254888，88258888。

质量投诉请发邮件至 zlts@phei.com.cn，盗版侵权举报请发邮件至 dbqq@phei.com.cn。

本书咨询联系方式：（010）88254502，guosj@phei.com.cn。

前　言

Introduction

工程科技是改变世界的重要力量，是推动人类文明进步的重要引擎。创新是引领发展的第一动力，是国家综合国力和核心竞争力的最关键因素。工程科技进步已成为引领创新和驱动产业升级转型的先导力量，正加速重构全球经济的新版图。

未来的几十年是中国处于基本实现社会主义现代化、实现中华民族伟大复兴的关键战略时期，全球新一轮科技革命和产业变革的来临正值中国转变发展方式的攻关期，三者形成历史性交汇。在这一时期，中国工程院同国家自然科学基金委员会联合开展了“中国工程科技中长期发展战略研究”，包括“中国工程科技未来 20 年发展战略研究”，旨在通过科学和系统的方法，面向未来 20 年国家经济社会发展需求，勾勒出中国工程科技发展蓝图，以期为国家的中长期科技规划提供有益的参考。

“中国工程科技未来 20 年发展战略研究”是中国工程院与国家自然科学基金委员会联合开展的“中国工程科技中长期发展战略研究”的第四期综合研究。该战略研究以 5 年为一个周期，每 5 年开展一次。2015 年，启动了“中国工程科技 2035 发展战略研究”的整体战略研究。在 2016—2019 年 4 个年度，分别启动了 4 批不同工程科技领域面向 2035 年的技术预测和发展战略研究。

为切实提高“中国工程科技 2035 发展战略研究”中技术预见的科学性，中国工程院特别重视大数据、人工智能等在技术预见中的应用，于 2015 年启动了“工程科技战略咨询智能支持系统（intelligent Support System, iSS）”建设。该系统旨在利用云计算、大数据、人工智能 2.0 等现代信息技术，构建以专家为核心、以数据为支撑、以交互为手段，集流程、方法、工具、案例、操作手册为一体的智能化大数据分析战略研究支撑平台，为工程科技战略咨询提供数据智能支持服务。在 2019 年度的面向 2035 年的工程科技领域发展战略研究中，工程科技不同领域项目组通过使用 iSS 提供的数据支撑体系、技术体系梳理、技术态势分析、技术清单制定、德尔菲法（专家问卷调查）、技术路线图绘制等功能模块，促进客观的数据分析与主观的专业研判相结合，提高了研究成果的前瞻性、科学性和规范性。

本书是在“中国工程科技 2035 发展战略研究”提出的工程科技若干领域发展愿景和任务的基础上，结合国情和发展需求，通过客观的数据分析和主观的专业研判相结合，定位中国在全球创新“坐标系”中的位置，开展工程科技发展技术路线图设计，提出关键技术的实现时间、发展水平与保障措施，绘制若干领域面向 2035 年的工程科技发展技术路线图。

本书作为“中国工程科技未来 20 年发展战略研究”和“工程科技战略咨询智能支持系统”的系列研究成果，收录了若干领域的技术路线图，以期指引中国工程科技创新方向，引导创新文化，保障工程科技发展战略的实施。本书主要汇编了“工程科技战略咨询智能支持系统”支撑下 2019 年度的 16 个不同工程科技领域面向 2035 年的技术路线图咨询研究成果，制定了畜牧科技、煤矿粉尘防控和职业安全健康、再生医学创新与产业、饮用水水源新兴污染物防控、信息产品制造生产线数字化测量、“智能摩尔之路”半导体器件、公共安全领域自主知识产权软件、民用飞机、未来韧性城市地下空间、高端装备制造业服务化、国家测量体系与高端测量仪器、海洋新兴产业对海洋工程科技的需求与发展、油气智能工程、全球探测系统、核能小堆和微堆开发利用、主要粮食作物重大生物灾害持续有效控制 16 个领域的技术路线图，明确了 2035 年这 16 个工程科技领域的发展需求和发展目标，拟定了相关领域发展的关键技术路径，提出了应重点部署的任务，以及为实现目标所需要的政策、人才、资金等保障措施，全面勾画了上述 16 个工程科技领域近期及远期的发展图景，以期为中国面向 2035 年工程科技各领域的发展提供有益的借鉴和参考。

本书在汇编过程中得到了“中国工程科技中长期发展战略研究”各领域项目组和中国工程院战略咨询中心的大力支持，在此一并表示感谢。由于时间仓促，本书难免有疏漏，请广大读者批评指正。

目 录

Contents

1

工程科技技术路线图概述

1.1 技术预见与技术路线图

技术预见是指通过系统地研究科学、技术、经济和社会未来的发展趋势，探索国家未来的技术需求，识别和选择那些有可能给经济和社会带来最大效益的研究领域或通用新技术，为加强宏观科技管理、提高科技战略分析与规划的水平、优化科技资源的组合与配置提供有益的支撑手段。自 20 世纪 70 年代日本开始实施第一个技术预见项目以来，美国、韩国、德国、英国等国家和地区也纷纷开展了技术预见活动。各国对技术预见的理解略有差异，英国等国认为技术预见作为一种系统的评估方法，其评估对象是那些对产业竞争力、社会发展和民众生活质量提高能产生强烈影响的科学技术。日本等国认为技术预见是一个过程，是对未来较长时期内的科学、技术、经济和社会发展进行系统研究，其目的在于确认可能产生最大经济效益和社会回报的战略研究领域和新兴通用技术。但总的来说，国家层面的技术预见一般会综合考虑政治、经济、文化等环境因素对技术发展的影响，从技术推动和需求拉动的角度综合研判未来技术的发展方向，为实现国家资源配置，争取未来技术制高点而制定技术策略。

技术路线图是对未来技术的发展而规划的一张蓝图，是一种逻辑化、程序化、规范化的方法和工具，由一个基于时间的多层次表格组成，采用结构化的框架视觉呈现了战略和创新要素。技术路线图提供了一个多维的视角（功能、原则和机构）描绘未来发展和期望，以及这些视角之间的关系。可以说，技术路线图利用视图工具反映了技术及其相关因素（技术、产品、市场）的发展，是各利益相关者对未来技术发展的一致看法，即技术路线图用图示的形式表达技术和时间的关系，以及技术和项目、市场、政策之间的关系，同时通过这种关系将政府部门、产业界、学术研究机构、技术开发机构、投资机构、基金资助机构等利益相关者联合起来，共同完成满足未来需要的技术创新发展路径的协作规划。

技术路线图作为一种谋划未来技术战略的工具，已被广泛应用于技术预见领域，旨在提高技术预见活动的影响力和把握未来科技发展趋势的能力，更好地把握技术发展中的规律性。利用技术路线图进行技术规划已广为产业界和实验室所接受。在科技政策领域，利用技术路线图进行技术预见，可以通过不断修正未来技术发展方向的选择机制，为科技规划等技术预见活动提供了一个整合不同利益共同体观点的平台，能够避免制定科技政策过程中潜在的技术负效应，能够提升科技计划管理过程中的行政能力。无论是对组织还是对个人而言，在已有的知识和设想基础上对特定领域的未来进行质询，把握该领域的发展趋势，技术路线图均提供了一个可扩展的视野，囊括了相关理论和技术走向的陈述、模型的构建，各种科学知识内部的各种联系的界定，知识时空和间断性的确认，以及调查和实验结果的解释。

1.2 工程科技技术路线图

工程科技是社会生产力发展的重要源头，是直接将科学发现同产业发展联系在一起的工具，是经济社会发展的主要驱动力，决定着一个国家的政治地位和综合国力。在工程科技转化为生产力的同时伴随着诸多挑战和机遇，特别是将工程科技潜力转化为实际可持续发展的行业面临的挑战大大增加。在机构层面，如何在纷繁的技术中选择出合适的关键技术，例如，在创新过程中将市场需求、技术条件和已有资源有效地结合，达到降低风险、创造价值的目的、整合有效的科技资源和智力资源，从而找准并攻克技术创新的瓶颈。在国家层面，如何在复杂多变的形势下高瞻远瞩，从战略的高度对未来的科技发展路线进行顶层设计、统筹安排、科学规划，而不迷失方向或错失发展机遇。技术路线图为解决上述问题提供了逻辑化、程序化、规范化的方法和工具。为此，技术路线图越来越多地被应用于国家和机构的工程科技规划中，以实现其战略和技术创新目标。

技术路线图是最常用的技术管理工具之一，即将技术发展和不同的资源要素与机制的最优配置在恰当的时间节点表示出来，并随着时间的推移不断地进行更新的一种动态技术管理工具。技术路线图在沟通、决策、执行上具有实用和快捷的优点，在过去 10 年里，它已经扩展应用到一般科技战略制定的过程中。技术路线图作为一种技术沟通的通用语言，能有效促进“政、产、学、研、金、介、用”各界交流合作。绘制某一领域工程科技技术路线图可以进行决策支持、制定和执行工程科技与产业长期发展规划。绘制技术路线图的核心是探索不同发展路径模式，分析和研判关键技术发展方向，能够为政府及相关科技部门制定产业政策提供决策依据，为产业技术资源的优化配置和“产、学、研”合作提供参考。

面对世界新科技革命和产业革命的历史机遇，世界各国纷纷致力于国家创新生态建设，以促进创新链、产业链和价值链的升级，从而提升国际竞争力。工程科技技术路线图作为一种整合机制以解决复杂且不确定的战略问题的方法，聚焦决策和执行的规划工具，灵活性和适用于解决复杂生态问题的特征使其越发在世界各国制定科技战略与规划中得到应用。各国竞相利用工程科技技术路线图把握未来科技发展趋势，为区域及行业内的科技发展制定更有效的战略政策，以便将国家、社会及经济的发展和科学技术的发展更紧密结合起来，实现优化资源配置，争取未来技术发展制高点，赢得科技竞争优势。

1.3 工程科技技术路线图的绘制方法

“中国工程科技 2035 发展战略研究”中的工程科技技术路线图是作为国家和行业层面的技术路线图，其主要目标是服务于国家科技战略制定和关键项目选择，在制定过程中具有研究公开、“政、产、学”结合的特征。同时，本项目的技术路线图的形成并非一个独立的过程，而是与技术预见、战略研究结合的，是战略研究的手段之一。技术路线图的主要功能体现在采用统一的方式，通过关联分析以及可视化方式，按照里程碑节点，将需求、目标、任务、关键技术以及政策选择等关联起来分层展示，实现工程科技未来发展的路径规划。技术路线图框架如图 1-1 所示。

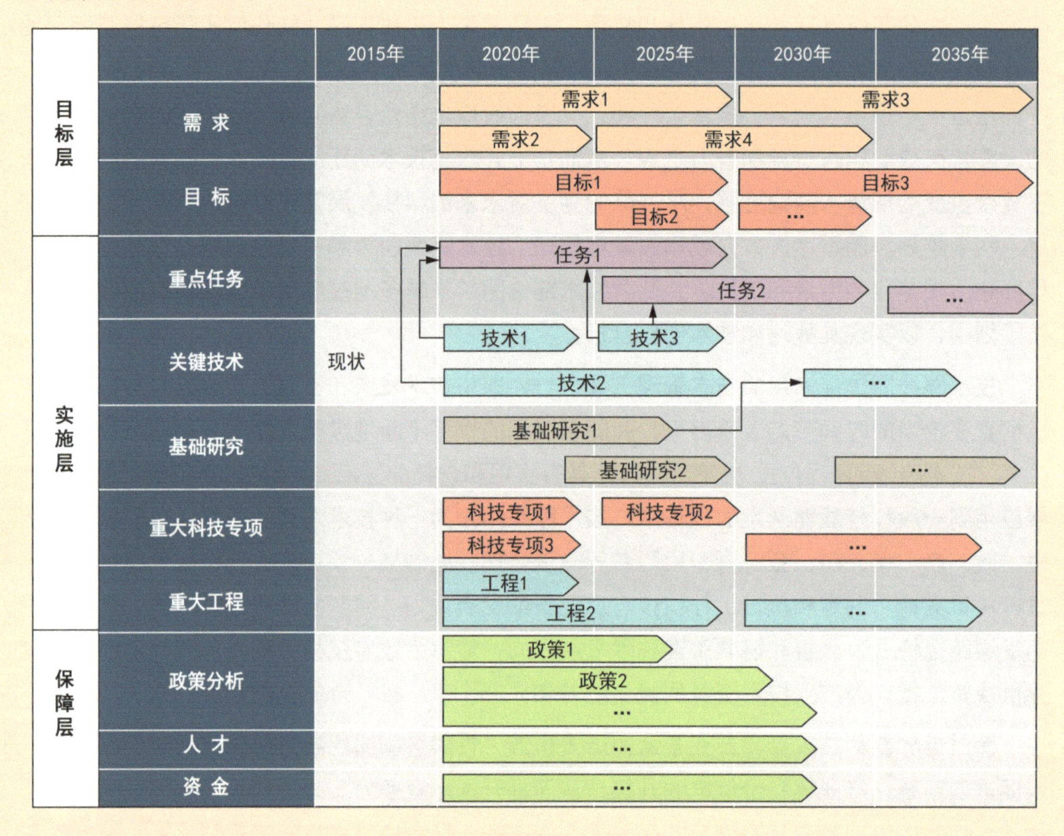

图 1-1　技术路线图框架

按照技术路线图的基本原则，本项目涉及的工程科技技术路线图的绘制流程大致可分为 5 个部分：技术路线图工作方案的顶层设计、技术路线图资料准备阶段、研讨分析、路线图绘制和路线图更新，其分析框架如图 1-2 所示。

1. 技术路线图工作方案的顶层设计

该部分工作主要由通过召开小型研讨会，明确技术路线图的目的，进行顶层设计，包括确定技术路线图类型、确定技术路线图基本框架等。然后根据技术路线图的基本框架，安排大致的工作时间表。

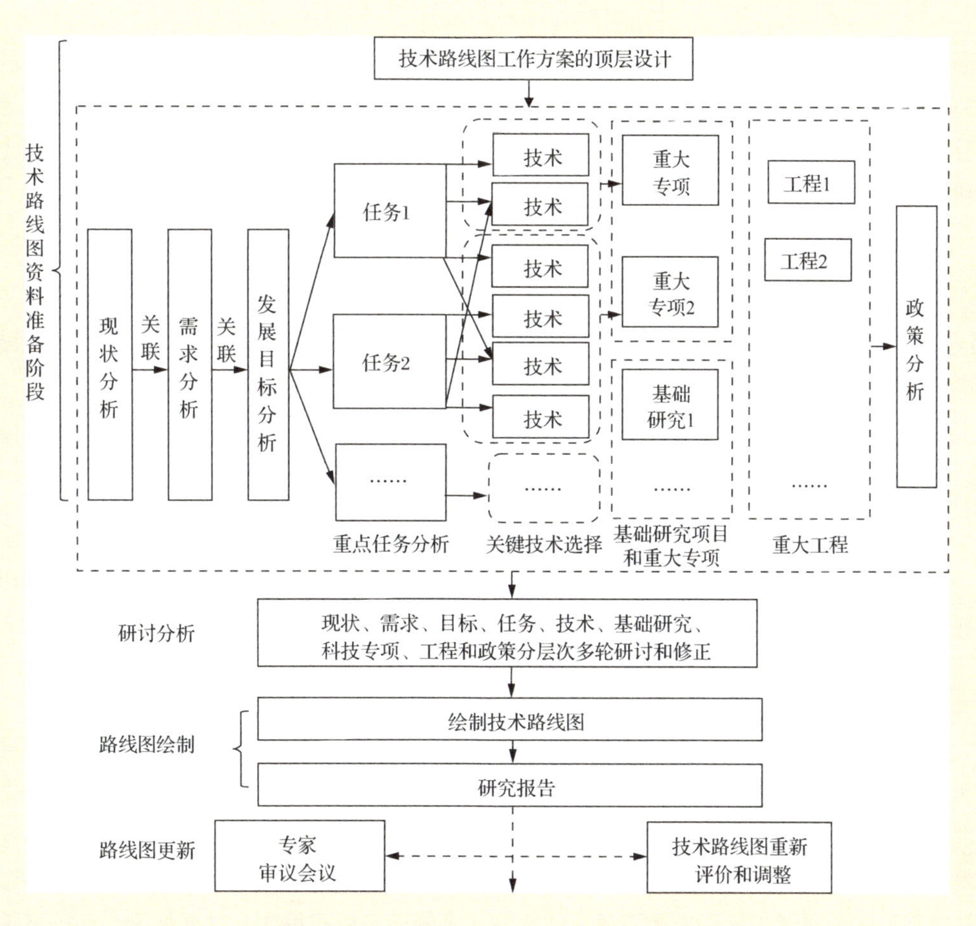

图 1-2　工程科技技术路线图分析框架

2. 技术路线图资料准备阶段

根据选定的技术路线图框架，对技术路线图各个层面的具体内容进行分析。需要说明的是，其中的大部分准备工作是与战略研究紧密相关的，或者说，是战略研究的基本成果，在此基础上，通过技术路线图分析要求，进一步分析各层面要素之间的关联关系和时间顺序。具体工作如下。

（1）现状分析。包括当前发展状况和基础、正在开展的项目以及计划开展的项目、存在的问题等。

（2）需求分析。基于需求分析、2035 年经济社会发展情景分析的成果，识别未来本领域的工程科技发展的需求，确立本领域工程科技的 2035 年远景需求，进而对整体需求进行细分，确定阶段性需求以及相应的时间节点。

（3）发展目标分析。发展目标分析包括整体目标和子目标分析，具体包含四部分：一是根据国家整体需求，确定本领域 2035 年需要达到的发展目标；二是建立目标和需求之间的关联关系；三是根据阶段性需求，确定阶段性发展目标以及相应的时间节点；四是综合考虑整体目标、阶段性目标，以及本领域重点任务，设定相应的子目标，初步确定子目标的优先顺序和时间节点。

（4）重点任务分析。基于发展目标，确定各项重点任务，并明确任务与目标的关联关系。

（5）关键技术选择。通过技术预见、专家研讨，完成关键技术选择，并将关键技术与重点任务、阶段目标关联起来。其中，根据路线图的发展路径描绘要求，对于所提出的关键技术进行阶段定位、前项、后项技术扩展。

（6）基础研究项目和重大专项。基于目前发展状况、所需突破的关键技术的研究发展要求，提出需要提前部署的基础研究项目，并说明其与关键技术的关联关系。

（7）重大工程分析。 根据本项目的部署，研究提出科技专项和重大工程。

（8）政策分析。根据所提出的重点任务和重大技术攻关需求，分析阻碍本领域工程科技发展的各种制约因素，提出相应的政策建议。

3. 研讨分析

研讨分析主要是通过专家研讨的方式，对本领域工作组所确定的各个层次的内容进行分析和研讨，确立最终的方案。研讨分析主要针对所提出的各层面内容及其关联关系、优先顺序进行研讨，并补充技术路线图所需的内容，需要召集 10～20 名专家进行研讨。由于本项目技术路线图的绘制是战略研究的一个部分，各环节的研讨也是与战略研究紧密结合的，因此，对技术路线图的研讨内容和次数不做具体限制，各领域可以根据实际进展情况，安排相应的研讨会。路线图绘制研讨会需要达到的主要目的包括通过研讨对前期准备阶段提出的各层面内容达成共识或修正补充、通过研讨判定各层面内容的优先序、判定该层面内容与其他层面内容的相关性。

4. 路线图绘制

基于前述资料准备和专家研讨的结果，按照确定的技术路线图骨架，绘制本领域（专题）的技术路线图。在绘制过程中，需要对技术路线图中各层次每个环节的时间节点加以分析，特别是需要对于具有触发性意义的事件加以标注。

5. 路线图更新

技术路线图的实施是一个动态发展和不断更新的过程。随着发展环境的不断变化以及某些技术的突破性发展，先前绘制的领域技术路线图可能存在一些与当前技术水平不同步的现象，这就需要对技术路线图不断进行修正完善。在本次战略研究完成后，可继续开展技术路线图的后续管理，分析技术路线图在实施过程中存在的问题，设计动态监控平台，定期进行技术路线图的更新和修正，从而保证技术路线图能够准确高效地为工程科技发展服务。

1.4 智能支持系统支撑技术路线图的绘制

技术路线图在各行各业的成功应用使得各种技术路线图的绘制软件得以发展。美国加利福尼亚州的一家名为 Learning Trust 的公司基于摩托罗拉公司绘制技术路线图的方法，开发出了一款名为 Geneva Vision Strategist 的技术路线图绘制软件。Roadmap Technologies 公司开发了一款名为 Road Map Global Planning Solution 的软件系统。清华大学与华中科技大学的技术路线图联合小组开发了一款名为 RoadMapping 的技术路线图绘制软件。这些软件的成功开发使技术路线图的绘制完全脱离了手工操作的低效率和使用 Visio 和 Excel 等软件的烦琐复杂流程。但目前开发的技术路线图绘制软件大多还停留在绘图工具的层面，缺乏定量分析方法辅助技术的识别与分析功能，以支持专家进行决策。

为提高"中国工程科技 2035 发展战略研究"及其技术路线图制作的科学性和规范性，中国工程院于 2015 年设立了"工程科技战略咨询智能支持系统（以下简称智能支持系统，iSS）"平台建设项目，该智能支持系统在发挥院士、专家战略思想和经验的基础上，改进咨询研究流程，加强相关计量方法和数据分析的支撑作用，提高了战略研究质量。

为保障"中国工程科技 2035 发展战略研究"技术路线图的顺利实施，iSS 平台通过统一梳理国内外技术预见类研究方法与数据及信息化平台，总结"中国工程科技中长期发展战略研究"相关经验，构建了以专家为核心，流程为规范，数据为支撑，交互为手段的大数据、机器学习支持平台。在项目研究过程中，工程科技研究人员可以使用 iSS 平台完成相关数据收集、筛选与分析，并将分析结果与领域专家进行多轮交互。在交互过程中，iSS 平台可支撑专家对相关问题做出研判，引导专家按照规范化的流程开展技术预见工作。同时，通过交互将专家意见融入数据挖掘过程，修正分析结果，提升研判的科学性。为了避免单维数据带来的偏差，iSS 平台建立了包括论文、专利、基金、报告、未来技术、工程成果等多源数据库，并集成了世界银行、国家统计局、中国经济信息网（简称中经网）统计数据库、国务院发展研究中心信息网（简称国研网）统计数据库等产业、经济、政策数据。基于上述多源数据，iSS 平台引入了基于新一代人工智能方法的大数据挖掘技术，对上述多源数据进行挖掘，支撑专家进行科学研判。

iSS 平台是以专家为核心、以数据为支撑、以交互为手段，集流程、方法、工具、案例、操作手册为一体的嵌入战略咨询研究的智能化大数据分析支撑平台，该平台引入了技术预见以及相关系统性定量分析方法和技术路线图绘制工具，为“中国工程科技 2035 发展战略研究”项目组研判中国工程科技的发展方向和重点任务、制定各领域技术路线图提供丰富、翔实的数据支撑。在 iSS 平台上的技术路线图绘制流程如图 1-3 所示。

技术体系构建与技术态势分析 → 技术清单制定 → 问卷调查与专家研讨 → 技术路线图绘制

图 1-3 技术路线图绘制流程

1. 技术体系构建与技术态势分析

（1）技术体系构建。首先，课题组研究人员需要分别构建多层级技术结构，形成每个方向的技术体系，用于描述本课题领域内各项技术之间的关系，梳理技术脉络、划分研究边界。技术体系作为体现专家知识与共识的可视化形式，可以为依据客观数据而开展的技术态势分析提供指导。

（2）技术态势分析。根据技术体系中的各项技术内容，确定相关论文和专利等数据检索关键词，然后对论文、专利等客观数据分领域进行分析，并将分析结果与专家进行多轮交互和修正，最终形成对本领域技术发展现状的描述。在项目研究过程中，主要使用中国工程科技知识中心自建的论文专利数据库和第三方的论文数据（来源于 Web of Science）、专利数据（来源于 Derwent Innovation），从全球、主要国家、研究者、研究主题等多个维度进行分析。例如，分析相关领域每年发表的论文数量、关键词词云、论文所属国家分布、关键作者及研究机构分布等，形成领域技术态势分析报告。这些分析报告用于支持各领域课题组与专家从定量的角度厘清研究本领域过去、当前的宏观态势，了解中国目前在本领域的国际地位和竞争态势。客观数据的引入有助于降低技术方向分析的偏好性，帮助专家对研究背景形成较为一致性的认识，快速开展研究与讨论。同时，以迭代交互的方式将专家意见融入数据分析的过程，可以提高客观数据分析的准确性。

技术态势分析报告可以支撑专家从定量的角度厘清本领域过去和当前的宏观发展态势。客观数据的引入有助于降低领域技术发展方向分析的偏好性，帮助专家对研究背景形成较为一致性的认识。同时，以迭代交互的方式将专家意见融入数据分析的过程，可以提高技术态势分析的准确性。

2. 技术清单制定

技术清单制定是指对面向未来关键技术的遴选，也是技术预见工作成功与否的关键。在本项目研究过程中，面向 2035 年的技术清单主要来源于 3 个方面：

（1）基于本领域技术态势分析结果，利用自然语言处理、聚合与分类算法，对相关数据进行深度挖掘，形成本领域知识聚类图；分析主要的研究主题，经过人工整理后，形成相关技术条目。

（2）使用 iSS 平台上的全球技术清单库，检索其他国家地区开展的相关领域面向未来的关键技术研究内容，整理分析其中适合中国该领域发展的技术条目。

（3）通过专家研讨会与专家访谈，由专家提出面向 2035 年的关键技术。

技术清单的具体制定过程如下：首先，基于课题技术态势分析报告，本领域课题组使用聚类分析与自然语言处理等方法，挖掘本领域核心研究主题，经过研究人员人工整理后，总结出若干关键技术条目，形成初始技术清单。然后，检索并筛选各个国家和地区在该领域开展的面向未来的关键技术项，对初始技术清单进行补充，从而得到候选技术清单。最后，召开三轮专家研讨会：在第一轮研讨会上，专家对候选技术清单进行新的补充，增加分析过程中遗漏的技术项；在第二轮研讨会上，删除内容不合适或颗粒度过小的技术项，合并内容相似的技术项；在第三轮研讨会上，专家调整清单中技术项的颗粒度，使清单中的所有技术项颗粒度基本保持一致，并撰写每个技术项的范畴与内涵，各领域课题组形成面向 2035 年中国工程科技发展战略的关键技术清单。

3. 问卷调查与专家研讨

问卷调查与专家研讨是指基于所遴选的关键技术清单，面向高等院校、科研院所、企业、专家广泛发放问卷或组织召开研讨会，围绕技术的重要性、核心性、带动性、颠覆性、成熟度、技术领先国家、技术实现时间等问题征求专家意见。汇总专家意见并对其进行分析，梳理确定技术发展的重要里程碑时间节点和中国重大科技基础设施与重大工程项目建议。

4. 技术路线图绘制

技术路线图绘制的目的是使技术未来发展路径可视化，iSS 平台为各领域提供技术路线图的绘制流程、方法和工具。在技术路线图绘制过程中，组织各领域课题组根据中国经济社会发展趋势、国家重大战略需求与机遇、本领域战略目标与任务等方面开展讨论，结合遴选出的关键技术清单和通过收集专家意见整理得到的重要时间节点，进行技术路线图绘制，最终提出政策、人才、资金支撑等方面的需求。经过多轮专家研讨，专家意见基本收敛，在各方面达成共识后，完成本领域技术路线图绘制。

小结

本章主要介绍基于 iSS 平台的数据与专家意见的交互结果，制定技术路线图绘制流程，引导专家与数据进行有效交互，提升数据分析质量，增强专家的预见能力，关联专家知识和技术客观发展规律，提升技术路线图的科学性与准确性。上述流程着力于解决传统技术路线图绘制过程中的难点，具体如下：

（1）数据与专家交互的范围和次数有限，对专家判断技术发展趋势的支撑作用较弱。

（2）专家时间有限，而多数现有的技术路线图的绘制仍需要专家长期持续地参与，因此，对专家的依赖性过强。

（3）专家所属机构、领域背景差异较大，其经验与知识体系也具有一定差异，意见协调存在困难。

（4）技术路线图的制定是一个长期的规划过程，专家的更换将不可避免地造成信息流失，而且后来者难以快速掌握技术路线图的制定进程。

将数据分析方法与专家知识相结合，可以获得更加全面的数据分析结果，支持专家更准确地把握本领域发展现状，顺利进行战略规划。

技术路线图绘制流程对“中国工程科技 2035 发展战略研究”有重要的支撑作用，通过一系列实践，缩短了技术路线图制定周期，客观的数据测度与主观的专家经验形成了良好的交互。诚然，当前 iSS 平台有效推动了以专家为核心、数据为支撑的技术路线图制作方法的改进，但在挖掘社会经济对技术的需求方面还有所欠缺，这也将成为 iSS 平台未来研究和探索的重要方向。

第 1 章撰写组成员名单

组　长：周　济　王恩东

成　员：周　源　延建林　郑文江　穆智蕊　刘宇飞　袁新娜

执笔人：郑文江　刘宇飞　穆智蕊

2

面向 2035 年的中国畜牧科技发展技术路线图

畜牧业是支撑健康中国、粮食安全、乡村振兴、生态文明等新时代经济社会发展的基础性产业。当前，中国畜牧业正处于由粗放式生产向以科技为主导的集约化精准化生产转型升级的关键时期，畜牧业的现代化发展面临养殖成本始终居高不下、养殖污染压力持续加大、疫病防控形式越发复杂、非洲猪瘟等疫病侵扰、国际供应链复杂多变等严峻挑战。因此，迫切需要加快畜牧科技创新发展，实现畜牧业降成本、促环保、保安全、保供给、提品质的目标。

2.1 概述

2.1.1 研究背景

在中国，畜牧业是产值超过3万亿元的大产业，畜牧业收入占农民现金收入的60%以上。畜牧业的兴衰不仅关系到近2亿农民的“钱袋子”、城乡居民的“菜篮子”，更关系到社会稳定、生态平衡、食品卫生和公共卫生安全。然而，当前，中国畜牧业现代化进程遇到了大瓶颈。在内部因素方面，粗放式生产造成畜产品成本高、效率低、质量安全隐患大，畜禽生产废弃物污染使畜牧业发展空间受到严重挤压；在外部因素方面，中美贸易争端使蛋白质饲料资源的供给具有极大不确定性。这些问题如果应对不当，畜牧业将面临萎缩的风险，甚至可能在国际竞争中处于不利地位。解决上述问题的根本出路在于大力推进中国畜牧科技发展创新。

未来15年是中国畜牧业现代化发展进程的关键时期，迫切需要依靠科技创新培育发展新动力。一方面，中国城乡居民对动物源蛋白质需求增量巨大，据预测，到2035年，中国城乡居民对肉、蛋、奶的需求将比2018年分别增长2110万吨、507万吨和1268万吨，增幅分别达26%、19%和46%。因此，满足未来城乡居民对安全的畜禽产品的需求是中国未来畜牧业发展亟待解决的重要任务。另一方面，中国畜牧业面临诸多严峻问题，如何依靠科技降本增效、提升畜禽产品的国际竞争力是当前和未来15年畜牧业发展最为迫切的任务。

通过研究未来15年世界畜牧科技发展趋势，提炼问题导向的畜牧科技创新任务、内容和目标，提出在畜禽产品高效、安全、优质供给的国际背景下中国畜牧科技的发展战略，以期实现“核心种质资源可控，蛋白饲料自主供给，智能养殖创新发展”的国家战略需求。

2.1.2 研究方法

根据畜牧科技领域的发展趋势，首先，通过专家讨论，将畜牧科技领域划分为遗传育种、繁殖、动物营养与饲料、草牧业、生物技术和交叉学科 6 个分领域。其次，结合中国工程科技知识中心的战略咨询智能支持系统（iSS），通过文献分析法，开展畜牧科技领域及其分领域的技术发展态势分析；通过多轮专家讨论，形成了细化的技术清单并对其进行描述。最后，对技术预见进行问卷调查，确定最终技术清单，形成分析报告，进而绘制出本领域技术路线图。

2.1.3 研究结论

（1）当前，世界主要畜牧业国家日益重视畜牧科技领域的研究。2000 年以前，本领域论文发表数量变化不大，增速较为缓慢；自 2000 年以来，本领域论文发表数量呈显著增长趋势。1980—2020 年，美国、英国、德国、印度、加拿大、中国等国在本领域论文发表数量排名前 6，其中，中国在本领域的论文发表数量增长趋势最为显著。智能育种、胚胎工程、精准营养、智能养殖、抗生素耐药性、添加剂开发等技术是本领域的研究热点。

（2）加快畜牧科技发展，建设可持续发展的畜牧业生态系统，是破解畜牧业发展困局所必需的条件。通过畜牧科技创新发展及其对产业的引领，在动物源食品高效、安全、优质供给的国际背景下，规划中国畜牧科技的发展战略，制订实施方案和具体措施，是贯彻落实《关于促进畜牧业高质量发展的意见》等重要文件精神的重要举措，更是大力推进中国畜牧业现代化发展进程、实现由畜牧大国向畜牧强国转变的途径。

2.2 全球技术发展态势

2.2.1 全球政策与行动计划概况

当前，世界主要畜牧业国家出台了一系列产业政策与行动计划，积极推动畜牧科技领域的发展。

1. 美国的畜牧业政策与行动计划

美国是畜牧业生产大国，各种畜禽产品的产量在世界上都居前列，畜牧业产值占本国农业总产值的 48%。美国政府十分重视对畜牧业的发展与引导，通过各种手段对畜牧业可持续发展给予财政支持，主要包括基础建设投入、价格支持和收入补贴、信贷支持与保险和灾害救助。例如，自新冠肺炎疫情暴发后，美国发布了《新冠病毒食品援助计划（CFAP）》。

美国农业部发布了一系列与畜牧业有关的国家行动计划，如《行动计划-国家计划 101-食用动物生产（2018—2022 年）》《行动计划-国家计划 103-动物健康（2017—2022 年）》《行动计划-国家计划 103-动物健康（2022—2027 年）》等。其中，《行动计划-国家计划 101-食用动物生产（2018—2022 年）在实施过程中，针对国家食用动物生产项目涉及的 83 名全职科学家的研究，每年拨款约 4800 万美元。

值得强调的是，抗生素耐药性一直是美国农业部关注的重点领域。2015 年，美国农业部出台了《抗生素耐药性（AMR）行动计划》和《13676 号行政命令》，以联合应对耐药性细菌。同年 3 月 27 日，美国政府公布了《抗击细菌耐药性国家行动计划》，其中确定了明确的目标。2018 年，在美国农业研究局发布的《2018—2020 年战略计划》中，再次强调将抗生素耐药性作为跨领域研究的重点之一。并且在 2020 年底发布的《行动计划-国家计划 103-动物健康（2022—2027 年）》中提到，通过开发益生菌、生物活性植物物质、精油、动物源抗菌肽、免疫增强剂等抗生素替代品对抗抗生素耐药性。

2. 欧洲国家的畜牧业政策与行动计划

欧洲畜牧业十分发达，多数国家畜牧业产值占农业总产值的比重都在 50%以上。欧洲最早发展绿色畜牧业，欧洲国家的自然畜牧业、绿色养猪业已经形成了各自的生产特点，并且发展到了一定的规模。无抗生素是欧洲畜牧业发展过程中的重要环节。早在 1986 年，瑞典就全面禁用抗生素促生长剂；自 2006 年 1 月起，欧盟全面禁用饲用抗生素。动物福利是欧洲畜牧业的另一个特点。78/923/EEC 批准通过《欧盟饲养动物保护公约》以来，欧盟颁布了许多指令。例如，从 2006 年开始，禁止用绳子拴住母猪；2012 年，取消笼养的传统养鸡方法；2013 年，欧盟各成员国要采用放养式养猪，禁止圈养。

2016 年，欧盟发布的《欧盟农业研究与创新的战略方针》中提到，由于集约化、全球化和贸易发展，导致新出现或重新出现的害虫与病原体的数量与频率不断增加，动物生产面临越来越大的压力，欧洲需要进一步寻求新的措施和新技术，以解决动物源食品质量、动物福利或疾病控制方面的问题。此外，欧盟每年出版一次《欧盟农业展望》报告。2020 年出版的《欧盟农业展望》中提出，2020—2030 年，欧盟的猪肉产量将下降 100 万吨（-4.6%）。该报告中所描述的预测以及解决方案会在年度欧盟农业会议上进行讨论。

3. 新西兰的畜牧业政策与行动计划

新西兰是世界上最重要的畜牧业国家之一，其畜牧业产值占农业总产值的 80%左右，是新西兰经济的支柱产业。新西兰畜牧业以牛、羊为主，全国从事畜牧业的人数约 13 万人，占全国人口的 3.9%。新西兰畜牧业的创新策略——放牧系统管理中的饲养策略的核心内容如下：有效利用草地资源，考虑植物的营养需求和环境的承受力，通过平衡利用，以最低成本获得最大产出。

2018 年，新西兰政府发布了《2018—2023 年战略建议》报告，支持本国农场提高绩效，并制订关于管理环境、生物安全和动物福利责任的计划，并且在该报告中强调了动物福利实践的重要性。2020 年 11 月，新西兰发布了《共同提高可持续价值 2020 年红肉行业战略》，提出通过科技创新，创造未来农场、加工厂和产品；确保动物的所有部位都得到最有价值的利用，保障生物安全，并增强行业对波动性、不确定性、复杂性和模糊性的抵御能力。

4. 日本和韩国的畜牧业政策与行动计划

日本和韩国两国人多地少，发展畜牧业所需的饲料原料大部分依赖进口。两国政府高度重视畜牧业发展，把畜牧业作为保障食物供给、提高国民体质的一个基础性战略产业来抓，注重畜禽产品的适度自给。近年来，随着社会的发展，两国进一步加大了对本国畜牧业的扶持力度。

（1）畜牧业的补助从原来畜禽生产扶持向基础设施建设、农机设备购置、排泄物治理、牧草种植、饲料生产等领域拓展，补贴额度可达总额的 50%～70%。

（2）实行价格补贴和信贷、用电优惠政策。日本 70%以上农产品的价格受政策支持。对肉类、奶制品实行“价格稳定工程”，其“价格稳定区”一般高于市场的均衡价。由此而产生的亏损一部分由进口征税来弥补，另一部则转入公共财政预算。

5. 中国的畜牧业政策与行动计划

畜牧业是中国国民经济中的重要产业，积极推动中国畜牧业的不断发展，促进与其相关科学的不断创新意义重大。

2016 年，原农业部（现为农业农村部）办公厅发布了《关于促进草牧业发展指导意见的通知》（农办牧〔2016〕22 号），要求以持续推进草牧业科学发展为主线，坚持“生产生态有机结合、生态优先”的基本方针，创新制度、技术和组织方式。2017 年，国务院办公厅发布了《关于加快推进畜禽养殖废弃物资源化利用的意见》（国办发〔2017〕48 号），强调抓好畜禽养殖废弃物资源化利用，关系畜禽产品有效供给，关系农村居民生产生活环境改善，是重大的民生工程。2020 年，国务院办公厅发布了《关于促进畜牧业高质量发展的意见》（国办发〔2020〕31 号），提出强化科技创新、政策支持和法治保障，加快构建现代畜禽养殖、动物防疫和加工流通体系，不断增强畜牧业质量效益和竞争力，形成产出高效、产品安全、资源节约、环境友好、调控有效的高质量发展新格局。

此外，在细菌耐药性及饲用抗生素禁用等方面，中国也发布了一系列的行动计划，如 2016 年发布的《遏制细菌耐药国家行动计划（2016—2020 年）》、原农业部在 2017 年发布的《全国遏制动物源细菌耐药行动计划（2017—2020 年）》。2019 年 7 月，《中华人民共和国农业农村部公告 第 194 号》发布，中国正式迈入全面禁用饲料抗生素的时代。

2.2.2 基于文献和专利分析的研发态势

1. 文献分析

针对本课题，检索了 1980—2020 年的 Web of Science 外文数据库。这一时期，全球畜牧科技领域的论文发表数量为 280382 篇。

1）论文发表数量总体变化趋势

图 2-1 显示了 1980—2020 年全球畜牧科技领域的年度论文发表数量变化趋势。从图中可以看出，本领域年度论文发表数量在整体上呈现非常显著的增长趋势。1980 年，畜牧科技领域的论文发表数量为 2709 篇；2018 年，本领域论文发表数量达到最高，为 13598 篇。其中，1980—2000 年，论文发表数量增长趋势较为平缓，而在 2000 年以后，论文发表数量开始出现较大幅度的增长。此外，2020 年，由于数据库更新存在滞后，部分数据不全，因此，本领域论文发表数量出现了明显的下降。

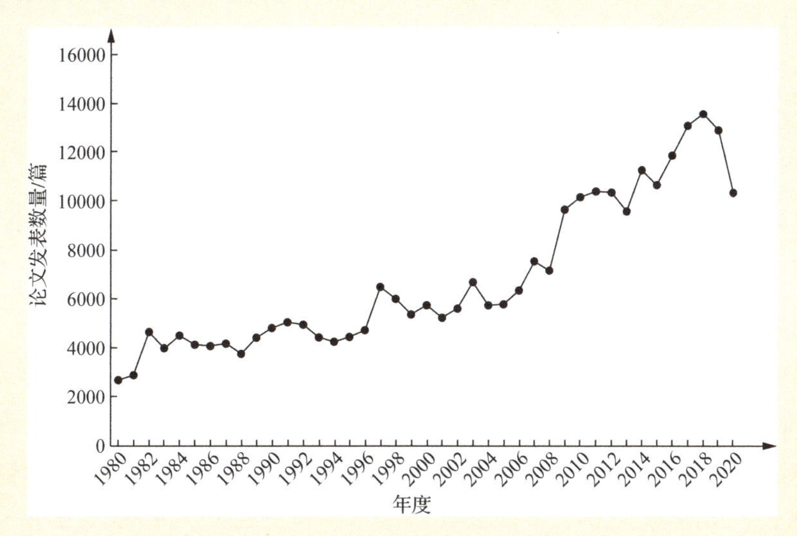

图 2-1 1980—2020 年全球畜牧科技领域的年度论文发表数量变化趋势

2）论文所属国家分析

图 2-2 所示为 1980—2020 年畜牧科技领域论文发表数量排名前 20 的国家和地区，从图中可以看出，排名靠前的国家多以欧美发达国家为主。美国以 85564 篇遥遥领先，数量显著

高于其他国家，其中高被引论文为 114 篇，这一数量同样排在第 1 位，其次是英国和德国，分别以 17650 篇和 16960 篇排在第 2 位和第 3 位。中国（不含港澳台数据）以 13542 篇排在第 6 位。

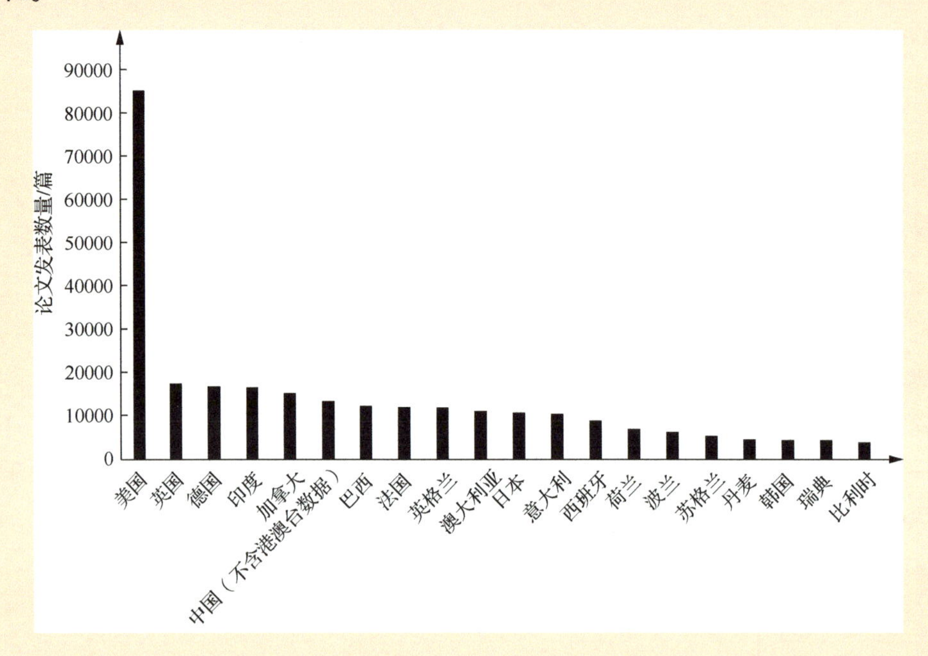

图 2-2　1980—2020 年畜牧科技领域论文发表数量排名前 20 的国家和地区

2. 专利分析

基于 iSS 平台，本课题目对 1980—2020 年畜牧业领域的专利进行分析，这一时期全球畜牧科技领域的专利申请数量为 21666 件。

1）全球畜牧科技领域专利申请数量变化趋势

图 2-3 为 1980—2020 年全球畜牧科技领域年度专利申请数量变化趋势，由于专利在完成后的 1～2 年内公开，因此专利数据有一定的延迟。从图 2-3 中可以看出，2014 年以前本领域的专利申请数量增长趋势非常平缓，而 2014 年以后，从图 2-3 中专利申请数量开始出现大幅度增长。2018 年、2017 年和 2016 年畜牧科技领域的专利申请数量较多，分别为 4237 件、3611 件、1655 件。通常情况下，专利申请数量逐渐增多，表示该领域技术创新趋向活跃。

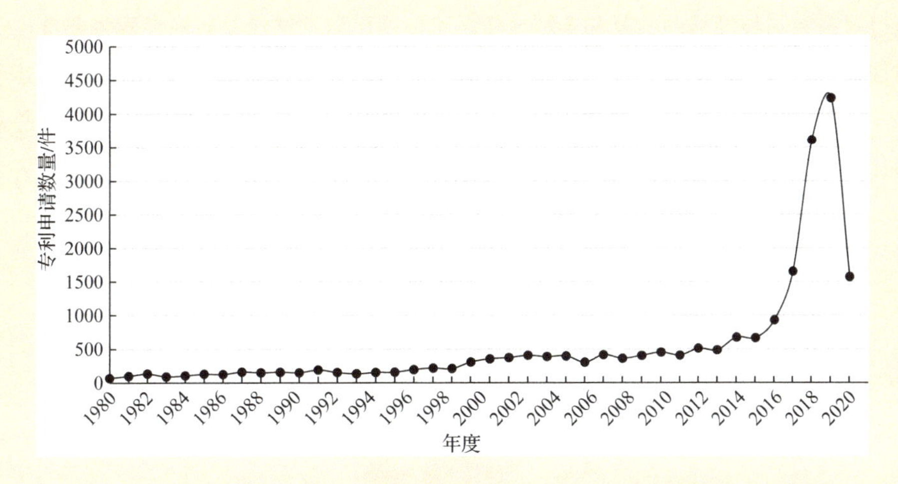

图 2-3　1980—2020 年全球畜牧科技领域年度专利申请数量变化趋势

2）专利申请人所属国家分析

图 2-4 为 1980—2020 年畜牧科技领域专利申请数量排名前 10 的国家和组织。其中，中国、美国和俄罗斯在本领域发布的专利数量较多，分别为 12732 件、1864 件、1224 件。

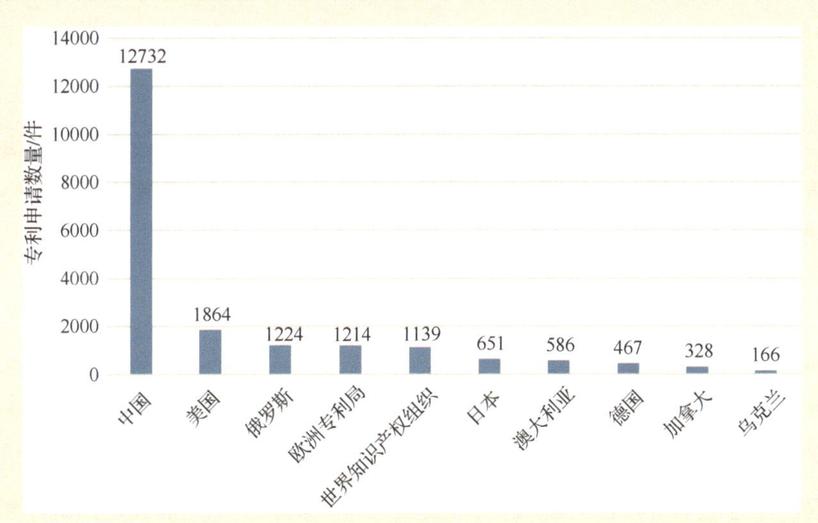

图 2-4　1980—2020 年畜牧科技领域专利申请数量排名前 10 的国家和组织

3）主要的专利申请机构分析

图 2-5 为 1980—2020 年畜牧科技领域主要的专利申请机构分析。其中，中国农业大学、华南农业大学和江南大学在本领域申请的专利数量较多，分别为 86 件、72 件、51 件。

通过对畜牧科技领域的文献和专利分析，可以得出以下结论：当前世界主要畜牧业国家日益重视畜牧科技领域的研究，相关研究成果不断积累；美国在畜牧科技领域一直处于领先地位；从专利申请数量来看，中国已跻身畜牧业大国行列，创新能力相对较强，但是专利成果的转化或实施仍需进一步加强。

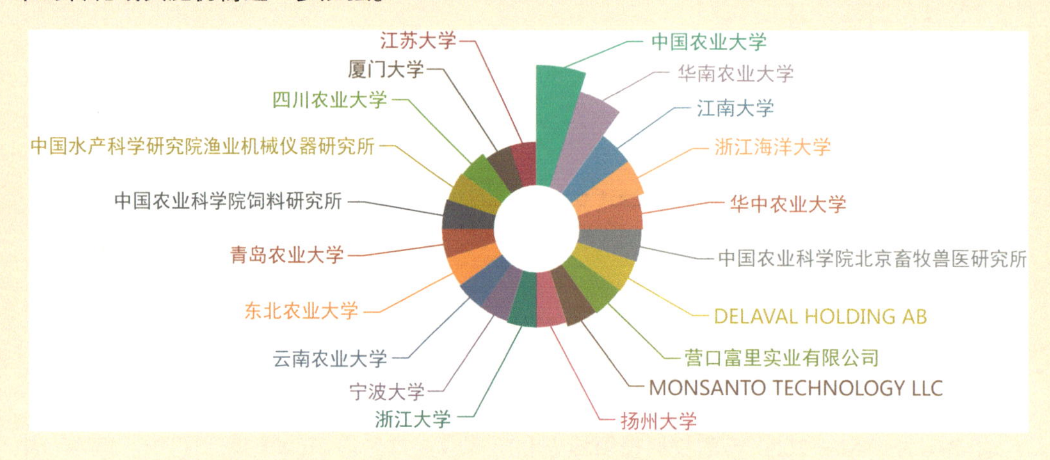

图 2-5　1980—2020 年畜牧科技领域主要的专利申请机构分析

2.3　关键前沿技术发展趋势

通过对畜牧科技领域技术预见，最终确认的技术清单涉及畜禽遗传育种、畜禽繁殖精准调控、畜禽营养精准供给、新型饲料饲草资源开发、畜禽智能养殖和畜禽环保安全生产 6 个方面的技术，具体如下。

1. 畜禽遗传育种前沿技术

（1）畜禽泛基因组及表型耦合利用技术。开展完成图级别的重要畜禽基因组及其注释，研究基因组遗传变异对表型作用机理及优异性状形成的分子遗传机制，建立畜禽关键遗传变异与表型关联数据库，挖掘可应用于分子设计育种或基因组育种的优势遗传变异组合。

（2）胚胎干细胞等育种前沿技术。研究建立胚胎干细胞分离培养及定向诱导分化技术，以及家畜卵子成熟、胚胎高效发育和早期基因组选择新技术。

（3）智能育种关键技术。基于人工智能和多组学等，研究基因组选择新算法，开展智能分子育种技术研究，开发快速准确的分析技术并构建计算平台。

2. 畜禽繁殖精准调控技术

（1）家畜繁殖调控技术。开发精准的猪牛羊特别是幼龄家畜卵泡诱导和排卵控制技术，开发家畜受精卵着床、妊娠、分娩的调控和干预技术。

（2）家畜母胎对话信号及妊娠调控技术。研究家畜早期发育过程中妊娠识别和母胎相互作用的调节网络，揭示导致妊娠失败和胚胎丢失的关键机制，通过激素、营养、信号通路的干预，开发用于改善家畜妊娠和产仔效率的妊娠调控技术。

（3）母猪批次化生产精准调控技术。研究母猪卵泡发育、排卵、受精的同步化精准调控技术，开发解决胚胎丢失、妊娠失败和死胎等问题的妊娠调控技术，构建适用于不同生产规模和生产条件下的稳定、高效的母猪批次化生产工艺。

3. 畜禽营养精准供给技术

（1）饲料营养价值精准评定与饲料精细化加工技术。完善饲料原料养分和营养价值基础数据库，构建饲料营养价值大数据平台，研究猪禽饲料加工的智能在线监控技术，以及营养素和热敏感型饲料添加剂的高保真智能化加工技术。

（2）猪禽动态营养需求与营养精准供给技术。分析个性化营养需求，构建不同养殖规模牧场猪、肉鸡、蛋鸡、肉鸭的精准营养供给模型，开发母仔猪精准营养调控技术，建立种鸡-商品鸡一体化的精准营养技术体系。

（3）牛羊饲料饲草高效利用与营养精准供给技术。研究牛羊主要饲料饲草营养组的特征图谱及其物理营养作用，构建牛羊养分精准供给相关的关键生命过程数字化图谱，研究抗逆营养调控机制，建立不同养殖模式牛羊的精准营养供给模型。

（4）畜禽胃肠道健康与营养调控技术。研究幼龄畜禽消化道发育和免疫机能的成熟机制，解析膳食纤维等宏量营养素调控消化道健康的机制，开发营养调控技术。

4. 新型饲料饲草资源开发技术

（1）蛋白饲料生物工程制造关键技术。研究酿酒酵母等酵母菌高效利用糖蜜、玉米浆等工农业副产物生产酵母类蛋白饲料技术，研究藻类蛋白、昆虫蛋白高效生产工艺技术，突破棉粕、菜粕、羽毛蛋白、全鸡蛋粉等非粮蛋白饲料的脱毒、增效、改性等预处理关键技术。

（2）能量饲料替代关键技术。开发污染及陈化谷物，秸秆、糠麸类等农副产物，酒糟、醋糟等发酵工业副产物，以及果蔬薯加工副产物的无害化、利用高值化、生物处理等技术。

（3）猪禽低蛋白多元化日粮配制技术。构建基于净能体系的猪禽低蛋白饲粮氨基酸平衡模式，研发猪禽低蛋白多元化日粮配制技术，实现氮磷和微量元素高吸收高利用低排放。

（4）新型饲草资源开发及高效加工技术。研发木本饲料丰产、收获与加工储藏技术，开展饲草型日粮在牛羊等草食动物中的高效利用技术、在畜禽等单胃动物中的精料替代与高效配置技术研究。

5. 畜禽智能养殖技术

（1）天然草原智能放牧关键技术。研发草食家畜生理特性与放牧行为自动监测装置与技术，研发数字围栏与智能放牧机器人，建立天然草原放牧管理智能控制技术体系。

（2）精准饲喂和智能养殖技术。研发基于大数据、物联网和个体识别的精准饲喂与测定技术和装备，研究智能养殖、挤奶机器人及各种感应器。

（3）环境自动控制和健康智能监测技术。研究畜禽健康体征和指标体系并确定阈值，创制健康信息感知生物传感器，建立生物信息感知系统和健康状况预警模型。

6. 畜禽环保安全生产技术

（1）种养循环关键技术。研究影响饲料营养与安全的化学成分在土壤—植物—动物—废弃物—土壤之间的循环关系，探究种养循环机制，构建不同生态区域的种养循环一体化模式。

（2）饲料饲草和畜禽产品质量安全检测技术。研究饲料饲草及畜禽产品中环境污染物等高通量筛查、超痕量确证、在线无损检测技术，研究新型饲料原料及添加剂质量精准鉴别与安全评价技术。

2.4 技术路线图

2.4.1 需求与发展目标

1. 需求

1）保障优质肉蛋奶等的有效供给

肉蛋奶是百姓“菜篮子”的重要品种，然而环保压力、非洲猪瘟和新冠肺炎疫情使畜禽产品保供给问题凸显。2018 年 8 月发生的非洲猪瘟疫情的蔓延，使中国目前生猪存栏量较 2015 年下降了 46%，不仅导致猪肉市场价格大幅度上涨，还造成牛羊肉、禽肉、蛋市场价格大幅度攀升。2019 年以来，畜禽产品供应紧缺，CPI（消费者物价指数）明显提高。2020 年，新冠肺炎疫情发生后，畜禽产品稳定供给压力进一步加大。因此，亟须强化畜牧科技创新发展，加快现代畜牧业建设步伐，保障优质肉、蛋、奶等畜禽产品稳定供给。

2）提高畜牧科技水平，降低畜牧生产成本

中国畜牧科技发展水平与国外发达国家相比差距较大，整体落后 15 年以上。一是主要品种受制于人，白羽肉鸡、生猪、奶牛核心种质对外依存度分别高达 100%、90%和 70%。二是产业国际竞争力弱、安全形势严峻，饲料饲草资源严重短缺，导致中国养殖成本居高不下。中国猪肉、牛肉、鸡肉、鸡蛋、牛奶的生产成本为欧盟发达国家的 1.3～2 倍。迫切需要加快中国畜牧科技自主创新，大幅度提高畜牧生产效率，降低生产成本。

3）开发新型饲料饲草资源，保障饲料粮安全

中国饲料饲草资源严重短缺，玉米等能量饲料已处于紧平衡，大豆等蛋白饲料缺口超过 8800 万吨。2019 年，中国进口谷物 1785 万吨，主要用作饲料，进口大豆 8851 万吨，几乎与当年饲料用大豆数量相当。饲用大豆对外依存度大，并且进口来源国集中，成为影响中国粮食安全的主要风险因素。多措并举，促进畜牧科技创新引领，实现饲料粮自主可控是保障国家粮食安全的重要路径。

4）畜禽养殖促环保、保安全、提品质发展

根据第二次全国污染源普查公报数据，畜禽养殖业 COD、总氮排放量分别为 1000.53 万吨和 59.63 万吨，分别占农业面源总排放量的 93.75%和 42.14%，环保问题严峻。此外，中国畜禽产品的品质与安全问题突出，饲用抗生素用量约占全世界的 50%，抗生素残留超标事件频发，迫切需要加强科技创新，实现高环保、高安全、高品质的畜牧业生产。

2. 发展目标

通过畜禽良种快繁、精准营养供给和智能养殖等畜牧科技创新，培植具有国际竞争力的牧业企业和品牌，提升畜牧业自主创新能力。到 2025 年，培育畜禽重大自主品种，核心种源自主品种市场份额由 33%提高到 40%，其中自主培育猪、奶牛和蛋鸡分别由 10%、30%和 60%提高到 14%、35%和 68%；通过营养精准供给、蛋白饲料替代与新型饲料饲草资源开发，使蛋白饲料进口依存度从 75%降低到 50%，使氮磷排放从 48%降低到 36%。

到 2035 年，中国畜牧科技与产业整体水平跃居世界前列，畜牧业的科技贡献率达 80%以上；核心种源自主品种市场份额提高到 60%以上，其中自主培育猪、奶牛和蛋鸡分别提高到 30%、60%和 80%；通过营养精准供给、蛋白饲料替代与新型饲料饲草资源开发，蛋白饲料进口依存度降低到 10%以下，基本实现蛋白饲料自主供给；实现环境自动控制、实时智能健康监测、高效智能精准养殖，智能化程度超过 90%，形成畜禽智能育种、智能生态放牧等新业态，支撑畜牧业现代化。

2.4.2 重点任务

1. 基础研究

（1）畜禽种质资源评价与创新利用研究。开展畜禽资源性状评价新方法、新技术研究，建立资源评价新指标体系，创制特色育种新材料。

（2）畜禽配子胚胎发育调控机制。研究配子胚胎发生和成熟机理，解析早期胚胎细胞命运分化与决定的调控网络，阐释早期胚胎母胎对话及妊娠建立与维持机制。

（3）畜禽营养代谢平衡与减排的调控机制。研究碳氮、矿物质、维生素等在畜禽体内代谢循环网络和碳氮营养素同步化利用机制，解析碳氮和矿物元素减排控制的关键靶点。

（4）畜禽胃肠道健康的营养调控机制。研究肠道微生物组与宿主-营养素相互作用的网络机制，解析采食量调控的神经内分泌机制，研究重要饲料添加剂调控消化道功能的营养生理基础。

2. 重点产品

（1）畜禽重大新品种。培育猪、肉禽、蛋禽、肉牛、奶牛、绵羊、山羊新品种新品系。

（2）蛋白能量饲料替代品。通过蛋白饲料生物工程制造技术，创制酵母类、藻类、非粮蛋白饲料等蛋白类饲料替代新产品，提出粮油、果蔬薯副产物高效利用生物技术，创制能量类饲料替代新产品。

（3）饲用抗生素替代品。突破饲用活性蛋白小分子、免疫调节肽、天然植物功能组分、益生菌等替抗减抗产品的筛选、提取、合成或制备关键技术，创制新型饲用抗生素替代品，开发替抗减抗产品应用技术。

（4）多元化优质草产品。开发优质饲草青贮、发酵全混合日粮调制、高品质干草调制及青贮菌剂、干草防霉剂，创制多元化饲草产品。

3. 示范工程

（1）畜禽重大新品种示范。对已培育的具有肉质好、抗病力强、繁殖力高等优异性状的重大突破性畜禽新品种进行示范，建立典型示范场。提高畜禽良种率和良种自给率，提高养殖效率。

（2）畜禽高效快繁技术示范。建立家畜胚胎工厂化生产基地，快速扩繁良种核心种质，集成精准发情、排卵、妊娠控制技术，建立高效的畜禽批次化繁殖和生产体系。形成高效的核心种质快繁技术体系应用典范，提高繁殖效率。

（3）无豆粕多元化饲料配方技术示范。集成净能和氨基酸需要量，研发不同生理阶段猪禽饲料原料多元化配方技术，突破中国长期以来以玉米和豆粕配制动物饲料的技术瓶颈，建立示范场。在大宗饲料原料供需趋紧的新形势下，构建具有中国特色的多元化饲料配方体系，降低饲料中玉米、豆粕的占比，为保障饲料粮供需平衡、稳定粮食安全大局提供有力的技术支撑。

（4）智能养殖技术集成示范。集成智能饲养技术与设备，建立畜禽养殖大数据管理平台，构建畜禽精准饲料配方和智能化精准投喂体系，建立集约高效、均衡供应的安全畜禽产品标准化生产体系，实施规模化示范，提升中国畜禽产品的国际竞争力。

（5）草地畜牧业生态生产协同技术示范。建立青藏高原、农牧交错区、南方草山草坡等不同区域的草地畜牧业可持续利用模式示范区，提高饲草利用效率，生产高附加值畜禽产品。

2.4.3 战略支撑与保障

1. 加强政府对畜牧科技发展的政策支持

在畜牧产业发展方面，进一步完善畜牧业优势区域产业发展的总体规划；制定支持畜牧业全面发展的政策，健全法律法规支撑体系；加大政府补贴力度。

在畜牧科技研究方面，加大经费投入，强调加大研究资金投入开发以科学为基础的工具的重要性，以预防和减轻此类疾病暴发造成的影响。

2. 加强畜牧科技人才队伍建设，培育创新团队

以服务国家战略为优先需求，加强畜牧科技人才队伍建设，围绕畜牧科技发展重点，兼顾学科基础前沿创新研究，遴选本专项中从事生态高效、精准智能、安全优质等方面基础创新性研究、德才兼备且有较大发展潜力的青年科技人才，设立青年科学家项目。培养造就一批品德优秀、创新能力突出、有较大国内外影响力和综合素质全面的青年领军人才队伍。

围绕国家实施创新驱动发展战略和国家发展需求，聚焦行业发展重点突破方向，遴选现代牧场专项中拥有长期协作基础的科研团队。这些团队的研究方向应为本领域内的研究热点并取得较大的突出成就，团队带头人得到行业公认且具有深厚学术造诣。设立科技创新团队培育专项经费，培育打造一批特色鲜明、优秀的科技创新团队。

3. 布局建设一批高水平实验室和创新中心

围绕畜牧科技发展战略研究的创新需求，加强动物营养与饲料领域、动物繁殖育种领域、草地畜牧领域现有国家重点实验室、国家工程技术研究中心的建设，鼓励省部级重点实验室融通融合，组建高水平创新联合体。布局建设一批生物合成、蛋白生物制造的实验室和创新中心。

4. 加强国际合作

除了加强与畜牧业强国（如美国、欧盟成员国）之间的合作，建议开展“草原丝路”国际科技合作行动。畜牧科技领域的国际合作形式包括以下 3 种。

（1）合作研发平台。通过与欧美、新丝绸之路区域国家（蒙古、俄罗斯、中亚五国、巴基斯坦、印度、尼泊尔、欧盟成员国）的大专院校、科研院所及相关企业合作，建立关于畜禽良种繁育、饲草料种质资源开发、先进饲料饲草加工利用、动物营养调控、牧场环境处理、牧场智能化等技术的国际科技合作平台（如联合实验室、联合中心、联合协会/学会），推动国际合作研发平台建设。

（2）合作研究项目。通过与欧美、新丝绸之路区域国家科研人员联合开展研究项目，主要包括跨境草畜资源联合科考、优良草畜遗传基因交换与开发、饲料饲草加工技术提升、牧场智能化技术等项目，落实草原丝路实质性国际科技合作研究工作。

（3）人才联合培养。通过合作研发平台、合作项目、联合办学，以及短期国际培训班、暑期学校等形式，培养国际合作科技研发人才、管理人才、政策/法律人才，研究建立国际合作科技特派员人才机制和运行模式。

2.4.4 技术路线图的绘制

面向 2035 年的中国畜牧科技发展技术路线图如图 2-6 所示。

里程碑	子里程碑	2020年　2025年　2030年　2035年
需求		保障优质肉蛋奶等的有效供给
		提高畜牧科技水平，降低畜牧生产成本
		开发新型饲料饲草资源，保障饲料粮安全
		畜禽养殖促环保、保安全、提品质发展
目标		核心种源自主品种市场份额由33%提高到40% → 基本实现畜禽核心种源自主可控，核心种源自主品种市场份额提高到60%以上
		蛋白饲料进口依存度从75%降低到50% → 蛋白饲料进口依存度降低到10%以下，基本实现蛋白饲料自主供给
		实现环境自动控制、实时智能健康监测、高效智能精准养殖，智能化程度超过90%
关键前沿技术	畜禽遗传育种前沿技术	畜禽泛基因组及表型耦合利用技术
		胚胎干细胞等育种前沿技术
		智能育种关键技术
	畜禽繁殖精准调控技术	家畜繁殖调控技术
		家畜母胎对话信号及妊娠调控技术
		母猪批次化生产精准调控技术
	畜禽营养精准供给技术	饲料营养价值精准评定与饲料精细化加工技术
		猪禽动态营养需求与营养精准供给技术
		牛羊饲料饲草高效利用与营养精准供给技术
		畜禽胃肠道健康与营养调控技术
	新型饲料饲草资源开发技术	蛋白饲料生物工程制造关键技术
		能量饲料替代关键技术
		猪禽低蛋白多元化日粮配制技术
		新型饲草资源开发及高效加工技术
	畜禽智能养殖技术	天然草原智能放牧关键技术
		精准饲喂和智能养殖技术
		环境自动控制和健康智能监测技术
	畜禽环保安全生产技术	种养循环关键技术
		饲料饲草和畜禽产品质量安全检测技术

图 2-6　面向 2035 年的中国畜牧科技发展技术路线图

里程碑	子里程碑	2020年 2025年 2030年 2035年	
重点产品	畜禽重大新品种	突破育种核心技术，培育高产高效优质畜禽新品种（系）15个以上	
	蛋白能量饲料替代品	提出新型蛋白饲料生物工程制造技术，创制酵母类、藻类蛋白、非粮蛋白饲料等蛋白类饲料替代新产品	
		提出粮油、果薯加工副产物高效利用生物技术，创制能量类饲料替代新产品	
	饲用抗生素替代品	开发饲用活性蛋白小分子、免疫调节肽、天然植物功能组分、益生菌等替抗减抗产品	开发替抗减抗产品应用技术
	多元化优质草产品	创制多元化饲草产品	
示范工程	畜禽重大新品种示范	开展猪、牛、羊等重大新品种示范，建立典型示范场	
	畜禽高效快繁技术示范	形成高效的核心种质快繁技术体系应用典范	
	无豆粕多元化饲料配方技术示范	研发不同生理阶段猪禽饲料原料多元化配方技术，建立示范场	
	智能养殖技术集成示范	建立畜禽养殖大数据管理平台，形成智能养殖技术示范典型	
	草地畜牧业生态生产协同技术示范	建立青藏高原、农牧交错带区、南方草山草坡等不同区域的草地畜牧业可持续利用模式示范区	
战略支撑与保障		加强政府对畜牧科技发展的政策支持	
		加强畜牧科技人才队伍建设，培育创新团队	
		布局建设一批高水平实验室和创新中心	
		加强国际合作	

图 2-6　面向 2035 年的中国畜牧科技发展技术路线图（续）

小结

在面向 2035 年的中国畜牧科技发展技术路线图研究过程中，本课题目组从全球政策与行动计划、基于文献专利分析的研发态势等方面入手，对畜牧科技领域的全球发展态势进行调研和专家研讨，对相关遗传育种、繁殖、精准营养供给、智能养殖等关键前沿技术进行梳理，提出了优先发展的基础研究方向、重点产品和示范工程，形成了技术发展路线图。

第 2 章撰写组成员名单

组　长：李德发

成　员：谯仕彦　杨　宁　田见晖　杨富裕　赖长华　曾祥芳　马秋刚
　　　　侯卓成　安　磊　杨凤娟

执笔人：谯仕彦　赖长华　杨凤娟

3

面向 2035 年的中国煤矿粉尘防控和职业安全健康技术路线图

3.1 概述

长期以来，煤炭作为中国一次能源消费的主体，在其生产过程中产生大量粉尘。高浓度粉尘不仅会引发爆炸等安全事故，还会诱发尘肺等职业疾病，影响劳动者健康和相关行业的可持续发展。为保障煤炭从业者的职业安全健康，本课题组通过对代表性企业的调研和汇总国内外相关研究进展，系统地阐述了煤矿粉尘致病规律、机制和尘肺早期发病预测与智能诊断技术，分析中国目前煤矿粉尘危害和疾病负担现状，甄别中国煤矿目前亟须阐述的问题和技术，从煤矿粉尘实时监测、健康危害风险评价与预警、煤矿职业安全健康技术标准、煤矿职业安全健康管理与服务等方面，提出未来 15 年煤矿粉尘防控和职业安全健康的研究要点，促进中国煤炭行业粉尘控制和职业安全健康领域研究的跨越式发展，满足改善职业人群健康的国家重大战略需求。

3.1.1 研究背景

中国是世界第一产煤大国，煤炭开采在中国生产行业和经济发展中占据着举足轻重的地位[1]。随着中国科技水平的不断提高，煤矿综合采掘机械化水平大幅度提高，中国煤炭安全生产和高效开采已经达到了世界领先水平，但在煤矿开采和运输过程中产生的生产性煤矿粉尘等健康危害因素在煤矿仍十分普遍，引起的职业安全健康问题仍十分突出。长期接触高含量煤矿粉尘可引起职业病：尘肺。根据国家卫生健康委员会公布的数据，截至 2018 年底，中国累计报告尘肺 87.3 万例，半数以上来自煤炭行业。2008—2018 年，全国新增煤工尘肺 125418 例，约占新增尘肺病的 50.7%，占新增总职业病的 46.4%。尘肺病直接影响劳动者健康和相关行业的可持续发展。

人民健康是国家优先发展战略。2019 年，全国第四次经济普查结果显示，中国煤炭开采和洗选行业从业人员约 350 万人，他们的良好健康状况是支撑行业可持续发展的重要保障。在煤矿挖掘、开采、洗选和运输等生产过程中，产生大量生产性煤矿粉尘。近年来，随着采煤机械化程度的不断提高，煤的粉碎程度也提高，粉尘产生量及分散度也随之增大，导致煤炭从业者可能吸入的粉尘量随之增加。煤工尘肺一直是中国危害最严重的职业病之一，不仅影响煤炭从业者的身体健康和劳动能力，也给其家庭、企业和社会带来巨大的疾病负担。全球的煤工尘肺发病状况也不容乐观，根据全球疾病负担数据，通过采取控制煤矿粉尘的措施，1990—2017 年，全球煤工尘肺的年龄别发病率从 24‰（95%置信区间：19‰～30‰）下降至 19‰（95%置信区间：15‰～25‰），但是，煤工尘肺的年均新发例数却从 9816 例上升至 15080 例；美国等多个国家的煤工尘肺例数增多，提示煤矿接尘从业者例数增加速度高于煤工尘肺增加例数，全球有更多的从业者面临煤矿粉尘暴露。未来 15 年，中国和全球的煤矿粉尘防控和煤工尘肺的预防形势依然十分严峻。

目前，中国煤炭行业尘肺等职业病防控水平与国际领先水平相比，仍有很大差距，煤炭行业职业安全健康力度仍然不足，《健康中国 2030 规划》中明确提出“职业健康”，对严重危害中国煤炭行业从业人群健康的煤矿粉尘和尘肺高发问题，亟须结合最新的研究技术和理念，拓展煤矿粉尘防控和职业安全健康研究。

首先，通过全面调研代表性的煤炭企业，明确煤炭工作场所职业有害因素种类、产生、演化、危害水平和目前的防控措施及效果；采用煤工尘肺的历史数据，分析国内外煤矿粉尘致尘肺的现状与疾病负担；汇总国内外相关研究进展，系统阐述煤矿粉尘致病规律、机制研究和早期诊断技术。在上述研究的基础上，提出未来 15 年中国煤矿粉尘防控和职业安全健康的研究要点：

（1）结合健康风险评价技术探索煤工尘肺等职业病的预警与风险评价，提出尘肺早期智能技术的关键识别点。

（2）综合职业病防控重点和煤矿常见病预防需求，从工作场所煤矿粉尘限值、分级管理和健康监护等方面，提出煤矿职业安全健康的技术标准需要。

（3）推进煤炭行业职业健康管理与服务水平，更新粉尘实时监测技术，制定健康煤矿行动指南、健康煤矿监护指南，促进中国煤炭行业粉尘控制及职业安全健康领域的研究跨越式发展，满足改善职业人群健康的重大战略需求。

3.1.2 研究方法

首先，依托 iSS 平台，对国内外现有科研项目、文献及专利进行交叉分析和数据融合，形成初级技术清单。其次，采用德尔菲法（专家问卷调查）等方法，结合煤矿灾害防治及职业安全健康防治方面的专家调研与会议研讨等方式，对初级技术清单进行补充完善，形成具有本领域特色与发展需求的领域技术清单。最后，结合国家及社会需求，提炼出本领域的中长期发展目标、需要重点发展的关键前沿技术、重点产品等，同时提出相关战略支撑与保障建议。

3.1.3 研究结论

通过对全球技术发展态势进行扫描分析后，制定了煤矿粉尘防控和职业安全健康领域的初级技术清单，通过专家会议审核、补充后，形成了包含煤矿粉尘防控、煤工尘肺诊疗、职业健康预警三大方面的技术清单，开展了专家问卷调查并对调查结果进行分析，总结出目前中国在煤矿粉尘防控和职业安全与健康领域存在的问题、需求及发展目标，分阶段梳理出亟待发展的关键前沿技术，提出推动中国在本领域发展的政策、资金、人才等战略支撑与保障建议。在此基础上，制定了面向 2035 年的中国煤矿粉尘防控和职业安全健康战略研究技术路线图。

3.2 全球技术发展态势

3.2.1 全球政策与行动计划概况

在国际职业安全与健康战略层面，美国、德国、英国、日本、澳大利亚等发达国家已经形成较为成熟的职业安全与健康治理模式[2]。经过多年的发展，发达国家已经进入了安全生产稳定期及事故发生率的下降期，这主要归结于发达国家工业化进程较早，对职业安全与健康问题关注较早，职业安全与健康治理步伐明显快于发展中国家。相关数据显示，发达国家的工伤事故每 10 万人死亡率一般在 6%以下，并呈现逐年下降的趋势，美国、法国、德国的这一数据均在 5%以下，英国的这一数据已在 1%以下，而发展中国家的这一数据却达到 10%左右[3]。

（1）美国在职业安全与健康治理方面，主张建立弹性的、以市场为基础的甚至“企业化”的政府，注重发挥社区、社会中介组织以及非营利性组织作用的治理模式。美国在这方面的治理进程分 3 个阶段。第一阶段：1910—1969 年，改善劳动条件、统计和报告相关数据，为政策制定提供依据，这一阶段成为美国保护劳工职业安全与健康的里程碑。第二阶段：1970—1978 年，美国颁布了《职业安全与健康法》，促进了监管体制的稳定和成熟，建立了职业安全与健康管理局；同时，促成了美国职业安全与健康治理永久性机构的建立，在联邦政府层面搭建了职业安全与健康立法、执法、仲裁、科研和培训机构，实现了政府主导、多部门参与的管理模式。第三阶段：1979 年至今，随着美国职业安全与健康治理进程的不断推进，美国相继建立了职业安全与健康培训机构、技术服务中心，帮助解决在管理过程中遇到的各类问题。通过社会成员的广泛参与，制定行业标准和法律法规，加强国家和地方政府部门相互合作，提高对重大事故和职业伤害的处罚力度。目前，美国在职业安全与健康治理方面取得了良好成效，在西方发达国家中具有典型代表意义，为其他国家的职业安全与健康治理模式提供了借鉴。

（2）德国在职业安全与健康治理方面，采用“国家法律和工伤保险的自主法律对职业安全与健康工作进行约束和调整”的双元制合作治理模式。德国是世界上最早设立劳动保障制度的国家，1881 年德国颁布的《社会保障法》标志着德国职业安全与健康治理工作的开端；

1844 年《工伤事故保险法》的颁布，开启了世界工伤社会保险的先河。自 1991 年以来，德国实行了国家监察、雇主与行业管理和雇员监督的管理模式，由国家系统、行业自主管理系统和雇员及其团体系统 3 个方面组成。在国家系统层面，德国劳工部负责立法起草，州政府劳工部负责执法，监察员对法律负责，受州政府领导，依法独立工作；行业自主管理系统由职业合作协会组成，是国家监察形式的重要补充，可依照“帝国保险法”独立开展工作，依法对企业职业安全与健康治理工作进行监管，保障劳动者权益；雇员及其团体系统主要包括工会组织，如德工联总部、产业工会、企业工会、技术监督协会等机构，代表雇员对企业实施监督、制定专业标准。多年来，德国的职业安全与健康状况一直处于良好的状态，成为世界上职业安全卫生水平较高的国家之一。

（3）英国在职业安全与健康治理方面，主要强调企业（雇主）、劳动者、政府机构、社会组织及其他利益相关方共同参与，对职业安全与健康问题进行治理。1802 年，英国议会首先通过了一项限制纺织厂学徒工作时间的《学徒健康与道德法》，这是英国（也可以说是世界）颁布的第一个重要的职业安全与卫生法规。1833 年，英国颁布了世界上第一个《工厂法》，该法对工人的劳动安全、卫生、福利做了规定，成为职业安全与健康立法的先驱。2000 年，英国公布了“振兴健康安全战略”，并将其视为人力资源战略的重要组成部分，强调雇主（企业）和雇员在工作场所的自我保护，提高工作场所的生活质量，以达到更健康、更安全的目标。目前，英国职业安全与健康治理主体是健康安全执行局（HSE）。该局共设 11 个部门：现场执法部门、危险设施部门、人力资源部门、科学技术部门、规划部门、财务和采购部门、企业服务部门、政策部门、执行战略部门、企业沟通部门、化学品法规部门，实行以政府治理为主，雇主、工人共同参与的治理模式。在 HSE 的帮助下，英国成为世界上职业安全最高的国家之一。

（4）日本的职业安全与健康治理一直以多主体方式运行，其主体包含政府机构、职业安全卫生协会和企业等。日本职业安全与健康的治理在《工厂法》实施（1916 年）之前，由农商务省、警察部门负责。1897 年，日本政府应 15 个府县的请求，草拟了《职工法》；1922 年，成立了内务省社会局，并于 1923 年修改了 1911 年颁布的《工厂法》，由该局管理相关事务；日本于 1947 年颁布了《劳动基准法》，该法成为日本现行法律、法规体系的出发点，同时，日本厚生劳动省设立劳动基准局，职业安全与健康治理由其合署的安全卫生部负责；1972 年，日本颁布了《劳动安全卫生法》，该法是综合性的职业安全与健康法，旨在确保工作场所中劳动者的安全与健康；2003 年，日本启动了第 10 个“工业事故预防五年计划”；2005 年，日本颁布了《石棉危害预防法》等。日本的劳动安全与健康法经过多年的修订、实施及不断完善，已经形成了一套有效治理安全健康的体系。

（5）澳大利亚在职业安全与健康治理方面，实行“政府-雇主-雇员三方机制”和“规制的自律模式”的平等型治理模式。在 20 世纪 70 年代以前，澳大利亚各州对职业安全与健康的治理，基本上都沿袭了以《工厂法》为标志的英国职业安全与健康立法与执法模式。到了

20 世纪 90 年代中后期，基于自律模式的法律显示出一些不足（加重了中小企业的负担、难以适应新型劳动关系需求），因此，澳大利亚政府对自律模式进行了改革，即宏观规制框架下的自律型法律模式。2000 年，澳大利亚安全健康委员会决定实施国家职业安全与健康战略，共分 2 个阶段实施。第一个阶段实施试行计划，它有助于负责任的政府部门、雇主团体和联盟更好地在国家职业安全与健康问题方面展开合作。2008 年，颁布了《澳大利亚职业安全健康法》，成为澳大利亚职业安全与健康的基本法。2011 年，颁布了《工作健康安全法》，这是澳大利亚历史上首部将联邦、州、地区等相关职业安全与健康立法进行统一，在全国范围内实施的重要立法，掀开了澳大利亚职业安全与健康法制建设的新篇章。

国际上先进的职业安全与健康治理战略为中国的职业安全与健康研究提供了一定的借鉴经验。在中国，党中央、国务院历来高度重视职业安全与健康工作，国家和各部门从法律、法规、部门规章等方面加强职业安全与健康的立法工作，建立了层次清晰、体系完善的职业安全与健康法律体系，体现了国家对职业安全与健康治理的重视。在职业安全与健康相关战略层面，《职业病危害治理“十三五”规划》指出，加强职业病危害治理工作是全面建成小康社会的重要任务和必然要求。因此，要大力推进依法治理，着力构建职业病危害治理体系。《国家职业病防治规划（2016—2020）》指出，要坚持正确的卫生与健康工作方针，强化政府的监管职责，督促用人单位落实主体责任，提升职业病防治工作水平，鼓励全社会广泛参与，有效预防和控制职业病危害，切实保障劳动者职业健康权益。此外，《中华人民共和国国民经济和社会发展第十四个五年规划和 2035 年远景目标纲要》中指出，要把保障人民健康放在优先发展的战略位置，坚持预防为主的方针，深入实施“健康中国行动”，完善国民健康促进政策，织牢国家公共卫生防护网，为人民提供全方位全生命期健康服务。构建强大公共卫生体系，强化监测与预警、风险评估、流行病学调查、检验检测、应急处置等职能。建立稳定的公共卫生事业投入机制，改善疾控基础条件，强化基层公共卫生体系。落实医疗机构公共卫生责任，创新医防协同机制。完善突发公共卫生事件监测与预警处置机制，加强实验室检测网络建设，健全医疗救治、科技支撑、物资保障体系，提高应对突发公共卫生事件能力。

3.2.2 基于文献和专利分析的研发态势

1. 文献分析

以“煤矿粉尘防控”和“Prevention and control of coal mine dust”、“Control and prevention of coal mine dust”为关键检索词，检索并分析相关论文共 18973 篇。对煤矿粉尘防控相关论文发表数量、期刊、研究机构所属国家分布、研究热点、全球趋势等进行详细分析，清晰呈现煤矿粉尘防控研究的基本现状。

分析结果显示，1900 年有一篇关于煤矿粉尘防控的文章，此后近百年（1900—1993 年），本领域年度论文发表数量在 20 篇以内，可将这一阶段定义为煤矿粉尘防控的“探索期”；1994

—2009 年，煤矿粉尘防控领域的论文发表数量迅速增长，年度论文发表数量在 1000 篇以内，可将这一阶段定义为煤矿粉尘防控的“成长期”；2010—2017 年，煤矿粉尘防控领域年度论文发表数量超过 1000 篇，并且呈迅猛增长趋势，可将这一阶段定义为煤矿粉尘防控的“爆发期”；2018 年以后，煤矿粉尘防控领域年度论文发表数量呈现下降趋势，可将这一阶段定义为煤矿粉尘防控的“成熟期”。

对煤矿粉尘防控研究机构所属国家分布情况进行分析发现，中国在该领域的论文发表数量较多，其中，中国矿业大学、西安科技大学等机构发表的论文数量较多，主要分布在《能源与节能》《煤炭技术》《煤炭科学技术》等期刊上。对学科进行分析后发现，“预防医学与卫生学”“地理学”“农学”这 3 个学科在文献中的数量较多。1994—2019 年煤矿粉尘防控研究机构与时间、研究期刊与时间的二维分布特征分别如图 3-1 和图 3-2 所示。

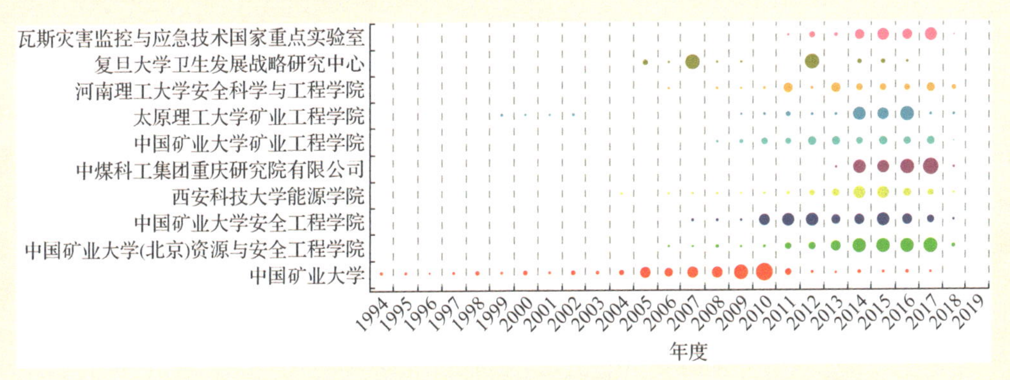

图 3-1　1994—2019 年煤矿粉尘防控研究机构与时间的二维分布特征

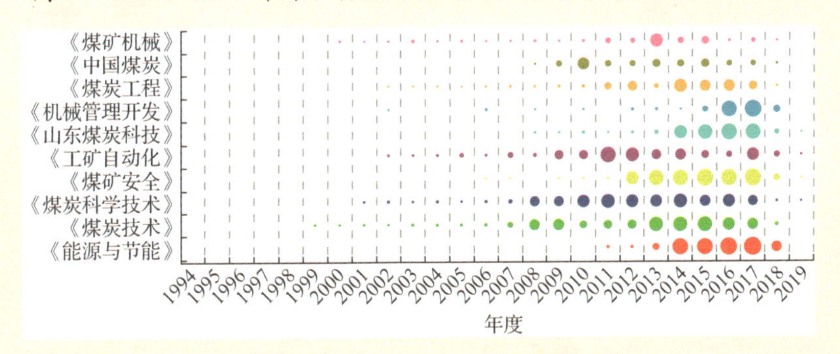

图 3-2　1994—2019 年煤矿粉尘防控研究期刊与时间的二维分布特征

煤矿粉尘防控领域研究热点文献的关键词词云分析如图 3-3 所示。其中，“煤矿”“prevention and control“coal mine”这 3 个关键词在文献中出现的次数较多，分别为 1229 次、1216 次、1146 次，这些关键词与煤矿粉尘防控固有的特点属性相关。除此之外，“煤与瓦斯突出”（494 次）“coal and gas outburst”（435 次）“数值模拟”（225 次）“防治水”（223 次）

“numerical simulation”（219 次）“医院感染”（216 次）等关键词也与煤矿粉尘防控的关联度较高，也是当前研究的重点。

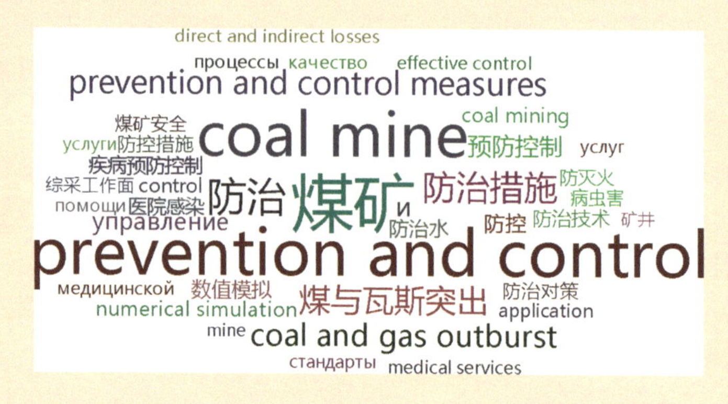

图 3-3　煤矿粉尘防控领域研究热点文献的关键词词云分析

煤矿粉尘防控领域研究热点文献的关键词相关性分析如图 3-4 所示。其中“粉尘”为中心词，其他词与“粉尘”的相关性越高，则其在图中与“粉尘”的距离越近；反之，与“粉尘”的距离相对较远。在图 3-4 中，每个词对应的；圆圈越大，则表示该词热度指数越高；圆圈越小，代表该词热度指数相对较低。通过分析可以发现，“煤矿”与“粉尘”的相关性最高。此外，“数值模拟”“防治”“矿井”“综放工作面”“综采工作面”“煤层注水”等与“粉尘”也呈现出高相关性特征。

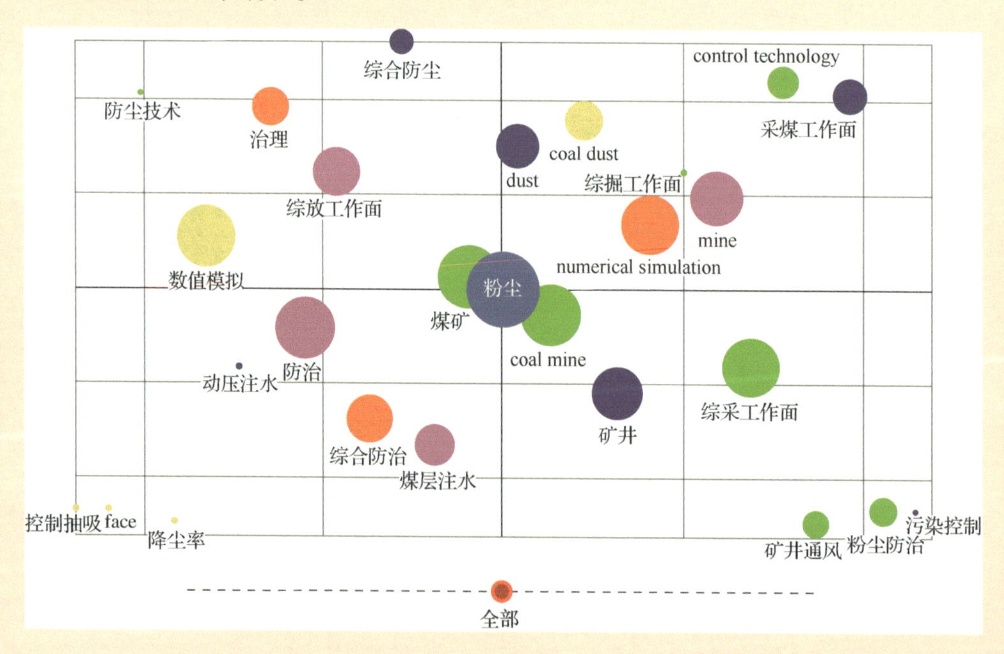

图 3-4　煤矿粉尘防控领域研究热点关键词相关性分析

对关键词进行共现网络分析：通过统计一组文献的关键词对（两个词）在同一篇文献出现的频率，形成一个由这些关键词对所组成的共现网络。然后，利用文献集中关键词对或关键名词短语共同出现的情况，确定该文献集所代表学科中各主题之间的关系。关键词对在同一篇文献中出现的次数越多，则代表这两个主题的关系越紧密。煤矿粉尘防控领域文献关键词共现网络分析如图 3-5 所示。从图 3-5 中可以看出，安全开采、防控措施、水文地质、开采沉陷等中心性最强，不同的线条代表其与中心性词汇的联系。

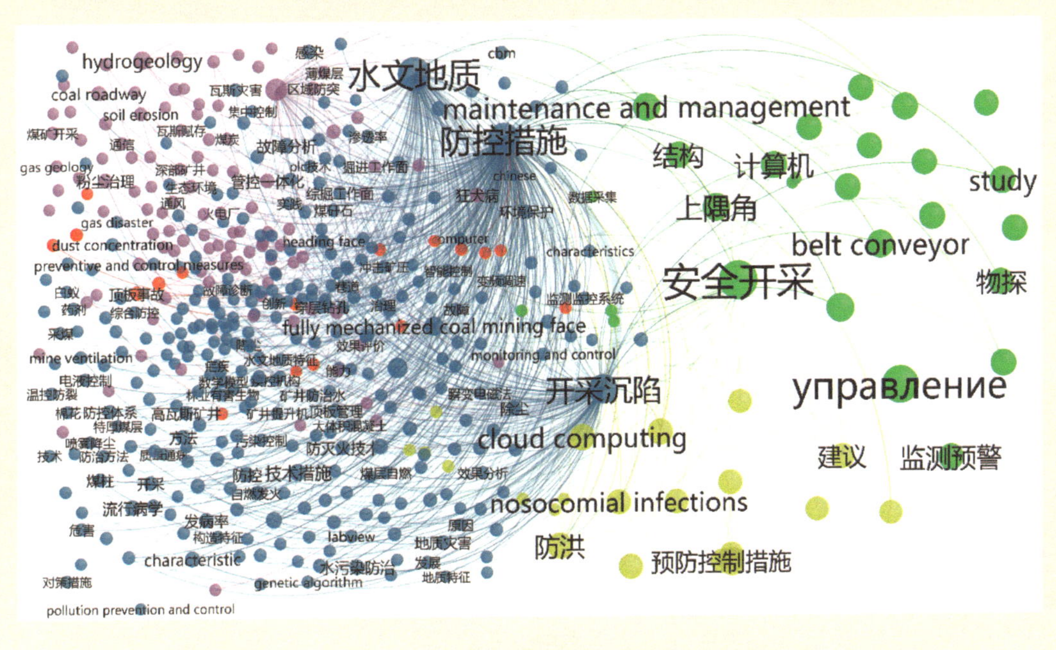

图 3-5 煤矿粉尘防控领域文献关键词共现网络分析

2. 专利分析

以“煤矿粉尘防控”“prevention and control of coal mine dust”和“control and prevention of coal mine dust”为关键检索词，检索并分析相关专利共 100000 件。在此基础上，对煤矿粉尘防控领域相关专利申请数量变化趋势、专利权人所属国家分布、重点专利权人以及研究热点等进行详细分析。

分析结果表明，煤矿粉尘防控领域相关专利从 1877 年开始申请，1877—1975 年本领域专利申请数量呈现出缓慢、平稳发展态势，在 1900 年，本领域专利申请数量突然增多，为 1399 件，这一期间本领域专利申请数量逐渐增多，表明煤矿粉尘防控领域技术创新趋向活跃；1976—2003 年，本领域专利申请数量迅速增多，表明煤矿粉尘防控领域技术研究活动逐渐趋于稳定，同时，煤矿粉尘防控领域技术发展进入瓶颈期，技术创新难度逐渐增大；自 2004 年至今，本领域专利申请数量呈现出缓慢下降趋势，并且在 2019 年、2020 年呈现迅猛下降态势，说明此时煤矿粉尘防控领域技术逐渐被淘汰或被新技术取代，社会和企业创新动力不足。1877—2020 年煤矿粉尘防控领域的专利申请数量变化趋势如图 3-6 所示。

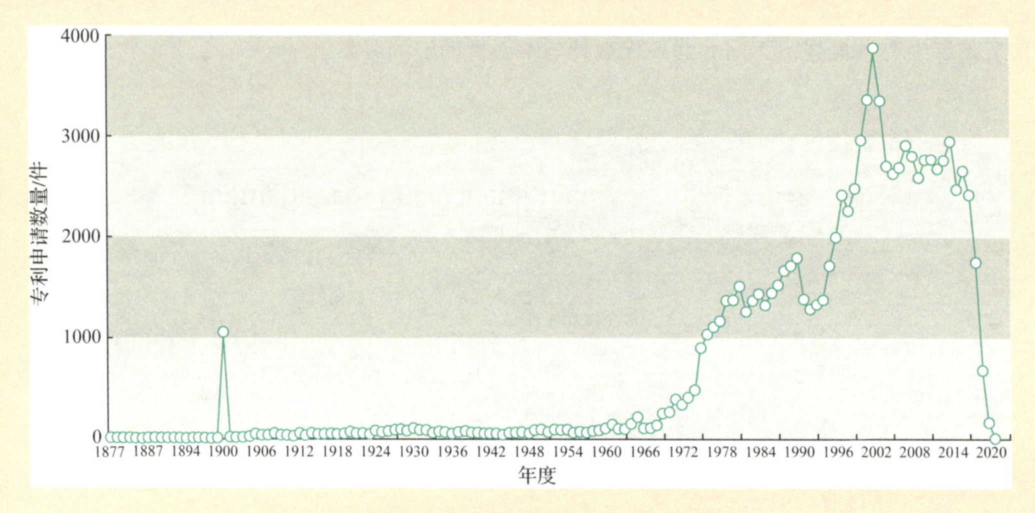

图 3-6　1877—2020 年煤矿粉尘防控领域的专利申请数量变化趋势

煤矿粉尘防控领域的专利申请人所属国家和组织如图 3-7 所示。从图中可以看出，美国、日本、韩国在本领发布的专利数量较多，分别为 20488 件、13101 件、10404 件。

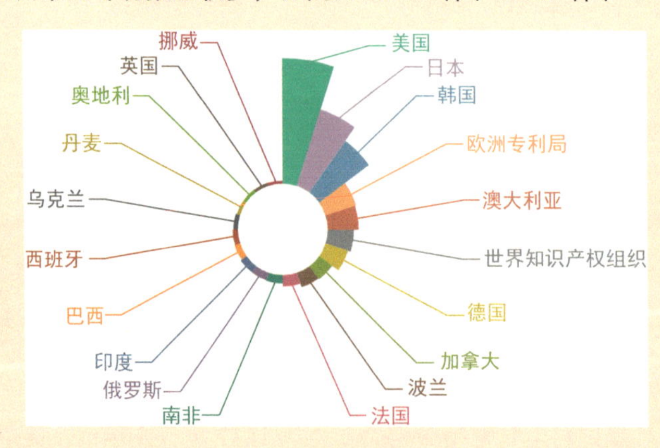

图 3-7　煤矿粉尘防控领域的专利申请人所属国家和组织

进一步分析本领域专利分类号情况可知，“医疗保健信息学，即专门用于处置或处理医疗或健康数据的信息和通信技术”、“含肽的医药配制品（含 β 内酰胺环的肽入 A61K 31/00；其分子中除形成其环的肽键外没有其他任何肽键的环状二肽，如哌嗪 2，5 二酮入 A61K 31/00；基于麦角林的肽入 A61K 31/48；含有按统计学分布氨基酸单元的大分子化合物的肽入 A61K 31/74；含有抗原或抗体的医药配制品入 A61K 39/00；特征在于非有效成分的医药配制品，如作为药物载体的肽入 A61K 47/00）〔6〕”和“抗体（凝集素入 A61K 38/36）；免疫球蛋白；免疫血清，例如抗淋巴细胞血清〔3〕”这 3 个 IPC 四级分类号在本领域专利中的数量较多，分别为 10712 件、2230 件、1881 件。

对煤矿粉尘防控领域研究热点专利关键词进行词云分析发现，“coal, lignite, and peat”“coal”“design”这 3 个关键词在摘要中出现的次数较多。对煤矿粉尘防控领域专利关键词进行聚类分析，分析结果如图 3-8 所示。从图 3-8 中以看出，“antineoplastic combined chemotherapy protocols”的中心性最强，处于绝对中心地位。此外，“signals”“air pollution control”的中心性也相对较强。

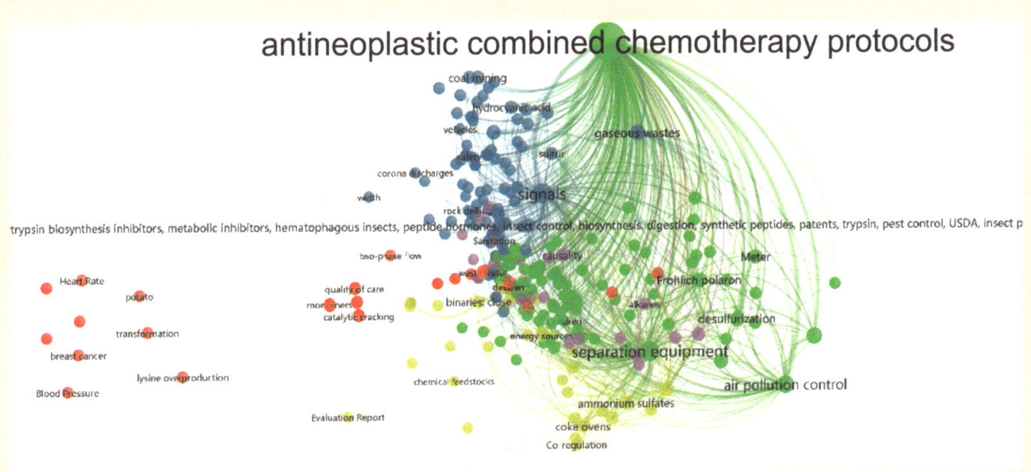

图 3-8 煤矿粉尘防控领域专利关键词聚类分析结果

对煤矿粉尘防控领域专利关键词的相关性进行分析，分析结果如图 3-9 所示。在图 3-9 中，“coal, lignite, and peat”为中心词，其他词与“coal, lignite, and peat”的相关性越高，则其与“coal, lignite, and peat”的距离越近；反之，与“coal, lignite, and peat”的距离相对较远。通过分析可以发现，“coal”与“coal, lignite, and peat”的相关性最高。此外，“air pollution control”“design”“environmental sciences”“desulfurization”“removal”“coal mining”等与“coal, lignite, and peat”也呈现出高相关性特征。

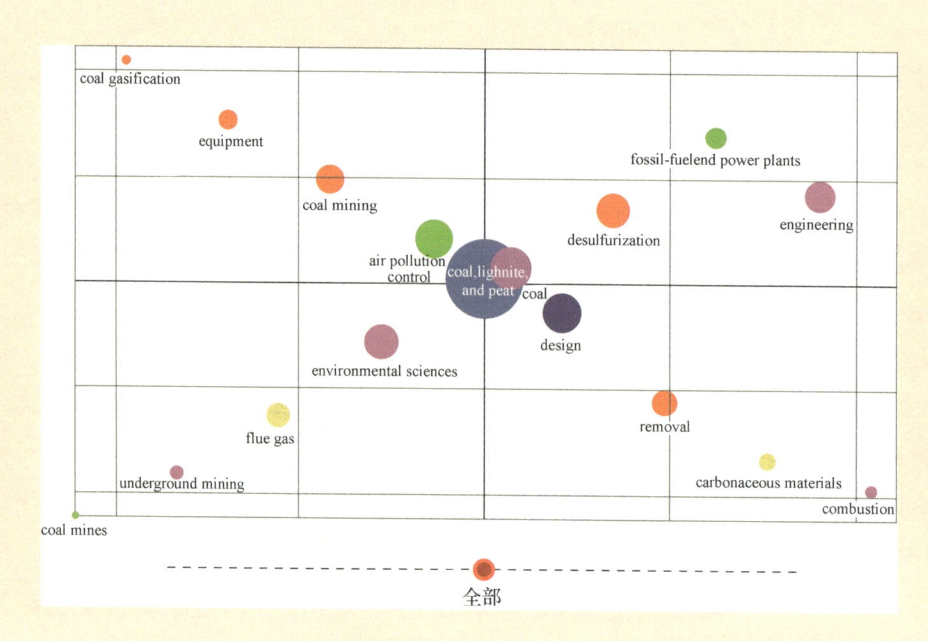

图 3-9 煤矿粉尘防控领域专利关键词相关性分析结果

3.3 关键前沿技术发展趋势

3.3.1 煤矿粉尘防控关键技术

1. 煤矿尘源精准防控技术

近年来，随着煤矿采掘机械化程度的不断提高，矿井的开采方法和采煤工艺向着高效、集约化生产的方向发展，产尘量大大增加，粉尘危害也不断加剧，对煤矿粉尘进行防治显得尤为重要[4]。煤矿少尘化开采及粉尘精准防控技术与装备是实现煤矿粉尘源头治理、少尘化作业的核心保障[5]。

目前，中国煤矿常用粉尘防控技术有煤层注水除尘、喷雾除尘、通风除尘、除尘器除尘、化学抑尘等。其中煤层注水防尘中在中国煤矿综合防尘中占据很重要的地位，是不可缺少的，具有所需设备要求低、使用方便、费用较低和除尘效果好等优点。

煤层注水防尘已有 120 多年的历史，早在 1890 年左右，德国就开始在萨尔煤田进行煤层注水实验，20 世纪 40 年代开始应用于矿井，20 世纪 50～60 年代，联邦德国、英国、苏联、美国、比利时、波兰、日本等国也相继开展了大量实验并推广应用[6]。1952 年，开滦矿务局和大同矿务局分别进行了煤层注水除尘技术的试验工作。1956 年，煤炭科学研究总院抚顺分院先后在本溪矿务局、阳泉矿务局进行了长孔注水实验，在开滦矿务局和萍乡矿务局进行了短孔注水实验，将其作为一项矿井防尘措施在煤矿推广应用是从 20 世纪 70 年代才开始的[6]。相关研究表明，煤体中的水分增加 1%，煤层开采时的粉尘产生量可以减少 60%～80%，同时也降低其他尘源点的粉尘产生量[7]。

喷雾除尘是一种利用压力水充满喷雾器，通过旋转、冲击或剪切作用，将喷雾器喷出的水流雾化成液滴后经喷嘴喷射到空气中，以所产生的液滴捕捉粉尘的降尘方法。该方法可以缓解人行道中的煤尘污染状况。

通风除尘是矿井中控制粉尘浓度的最根本方法之一，通风能够增加单位体积内的含氧量，降低有毒有害气体含量，稀释粉尘浓度并将细颗粒粉尘排除。

随着煤矿机械化水平的不断提高，与采掘机械等设备配套使用的矿用除尘器，如布袋除尘器、旋风除尘器、湿式除尘器等，越来越多被应用在矿井风流粉尘净化治理方面，有效集中处理密闭空间内的粉尘。

化学抑尘是抑制粉尘传播的有效途径之一。目前，化学抑尘剂按照其使用原理主要分为润湿剂、凝聚剂、黏结剂及复合抑尘剂 4 种[8]，自 20 世纪开始国内外学者就对抑尘剂开展多方面研究，现在主要以复合抑尘剂的研发和制备为主，应用增润剂后，在喷雾降尘基础上，中、高变质程度煤尘湿式除尘效率可分别提高 23%、17%左右，保证了煤炭开采安全健康的工作环境[9]。虽然化学试剂沉降呼吸性粉尘效率较高，但某些化学试剂本身含有毒性且价格昂贵，导致化学降尘剂的应用范围较窄，需要研制价格低廉、无毒无害、无二次污染的抑尘材料。

2. 作业环境智能监测技术

这里指的作业环境包括矿井和矿山。矿井作业环境主要参数包括粉尘、气体浓度、温度等。随着通信技术的发展，国内外煤矿企业引入煤矿作业环境安全监测系统，对矿井的安全隐患进行实时监控，预防灾害事故的发生。20 世纪 60 年代，国外开始研发煤矿作业环境安全监测系统，至今发展到了第四代[10]。中国从 20 世纪 80 年代开始，先后从波兰、美国和德国引进多型产品，如 DAN6400、TF200 等，并通过对引进产品的消化吸收，开发出了 KJ 系列早期产品。20 世纪 90 年代后，中国紧跟国外的发展，相继研制了较为先进的 KJ95 和 KJ2000 等系统[11]。其中，在粉尘监测方面，基于激光散射法，通过采用精密流量控制的真空泵，将吸入大气中的测试气体送至粉尘传感器测量组件，实现了对总粉尘和呼吸性粉尘浓度的定点检测，以及总粉尘浓度的在线连续监测[12]。但矿山作业环境中的呼吸性粉尘在线连续监测技术在中国还是空白，无法实现对职业危害进行实时有效地监测和预警，需要推进高精度呼吸性粉尘传感器的研发。同时，为了更为有效地将粉尘控制在一定作业空间内进行高效降尘，亟须研制煤矿井下多源多场信息的智能采集与智能融合处理技术，并开发井下全网络智能通风调控技术。

3.3.2 煤工尘肺诊疗关键技术

煤工尘肺精准诊疗是实现尘肺早期预防和救治的重要保障。2015 年，美国时任总统奥巴马宣布精准医疗计划，发布关于“精准医疗”的白皮书。此后，精准医疗迅速成为医学界关注的焦点，紧接着中国也将“精准医学研究”列为 2016 年优先启动的重点专项之一，并正式进入实施阶段[13]。基因检测、免疫检测、再生医学都是煤工尘肺诊疗所忽略的领域，对这些领域的应用研究将对尘肺的诊疗起到重大作用。

相关研究表明，许多疾病的发生都与遗传因素相关[14]。筛选出与煤矿粉尘暴露后肺部健康损伤相关的关键基因位点，通过建立基因易感性与接尘人群的关联分析，得出可靠的遗传信息，并深入研究遗传与环境复杂的相互作用，可以有效地预防和控制尘肺的发生。尘肺的发生与肺部受到感染后引起炎症反应有关[15]，通过对处于不同发病阶段矿工血液及尿液的关键炎性因子、氧化损伤应激等效应指标的检测，可以判识煤工尘肺损伤进程的不同阶段，并建立判定标准；采用信号通路筛选技术、分子垂钓-质谱技术、基因表达技术，明确具体分子；构建由不同剂量粉尘诱导的不同期别尘肺动物模型，模拟尘肺病理特征，通过组织化学、组织免疫学、肺活力功能学、反向遗传学等技术，进一步验证关键免疫细胞及关键免疫分子的作用；收集矿工生物样本，通过细胞学、分子免疫学检测，验证以上筛选鉴定出的免疫指标的有效性。开发针对呼气、尿液、唾液和血液等样本的煤工尘肺精准无创诊断技术及装备，在企业矿工定期体检时增加对应的项目，可以更精准地识别尘肺，有效地控制尘肺病的进程。研发分子与细胞免疫、干细胞与组织工程、再生医学等不同层次崭新的精准治疗技术及装备。实现对煤工尘肺的高效预防、无创诊断与精准治疗。

目前，中国矿业大学的研究团队已经研发出了一种无创、便捷的尘肺早期筛查技术，已采集矿工呼出气样 672 例，含 129 例矽肺，利用机器学习训练分类器方法分析结果，准确率为 96.8%，同时特异度和灵敏度分别达 98.0%和 87.0%。初步实现了早期尘肺无创、快速筛查，但仍需进一步增加该技术验证人群的样本量。

临床上用于治疗煤工尘肺的技术有双肺同期大容量灌洗新技术、体外膜式氧合联合肺灌洗技术、体外循环下大容量肺灌洗技术和改进式大容量肺灌洗技术。中国有 30 余家医疗单位已完成大容量肺灌洗治疗万余例，尚未见有死亡病例或医疗事故报道，临床效果好且安全。但大容量肺灌洗主要针对早期尘肺治疗，对中晚期尘肺治疗效果有限。

煤工尘肺治疗关键技术的开发将聚焦于煤工尘肺的精准诊断、煤工尘肺干预技术、煤工尘肺的治疗与康复 4 个环节。重点依靠智慧医学新技术、干预新技术，将医学的最新技术成果应用于煤工尘肺诊疗，惠及广大矿区职工，助推煤炭行业向高科技行业发展；以建立矿区煤工尘肺精准诊断与疗效评价新标准、提出治疗方案新思路、制定康复新定位为目标。

3.3.3 职业安全健康预警关键技术

粉尘持续高精度监测与职业安全健康预警为煤矿粉尘防控和职业安全健康提供了技术支撑。督促不同分布区的煤矿，联合构建多矿区煤工尘肺患者基因组、蛋白组、转录组、代谢组、细胞组、生物标记物、接尘环境等大样本群库，启动职业安全健康大设施群建设，更好地做到信息联合、数据比较及区域差异分析，从而提高尘肺防控水平，实现精准医疗。研发个体粉尘持续高精度监测、智能传感传输技术装备等，构建煤矿职业安全健康预警大数据平台，在各个层次使用过程中形成大数据库，通过大数据分析为监管人员提供决策分析，对从业者给出个性化健康建议，并筛查出需重点管理的人员。大数据为用人单位、从业者、各级监管部门提供数据整合，实现多部门联合管理，运用信息化平台管理企业的安全、环保、职业安全健康等工作，更好地调整宏观政策和微观监管手段，实现煤矿职业安全健康智能预警。

近年来，煤矿粉尘监测与预警系统研发虽然取得一定进展，但是煤矿粉尘的防控工作执行力不够，相关的煤矿粉尘预警系统也尚未建立。国内对煤矿井下粉尘的测定，主要采用粉尘采样器、测尘仪及粉尘浓度传感器 3 种设备进行测量[16]。全尘监测可以有效预防煤矿粉尘爆炸事故的发生，并且可以在一定程度上反映井下作业场所粉尘的污染状况[17]，但是煤工的个体接尘情况仍是空白，国内的煤矿大多数采用全尘监测，而国外煤矿大多采用个体呼吸性粉尘监测。个体呼吸性粉尘监测能更加真实地反映煤工在工作时间内呼吸性粉尘接尘状况，从而可以针对不同工作环境中粉尘浓度、不同程度的接尘工种采取相应的监管，减少和预防尘肺及其他职业损害的发生。

建立煤矿粉尘与职业危害的综合识别预警理论，研发相关技术，修订煤矿粉尘接触限值及其致煤工尘肺危害风险智能识别技术体系，实现煤矿粉尘致煤工尘肺的监测与预警。具体如下：基于煤矿粉尘接触限值及其致职业危害的研究，构建监测与预警指标体系，研发关于煤矿粉尘的浓度、粒径和分散度与职业危害发生风险的智能识别方法和技术，为煤矿粉尘与职业煤工尘肺危害发生风险监测与预警奠定理论基础。同时，制订相关的应急处理预案，在处理煤矿粉尘超标时可以做到有章可循，达到及时降低其危害、保护煤矿从业人员身体健康目的。

基于理、工、医多学科交叉融合，以大数据、云技术、人工智能和物联网等新一代信息技术为支撑，创新“四位一体”科学研究方法，以煤工尘肺精准治疗和智能预警等为核心，研发高精度、宽量程和高灵敏度的便携式个体接尘智能监测技术装备，使之能实时显示个体接尘浓度与游离二氧化硅含量，提高井下复杂环境粉尘监测准的确性和可靠性；建立高可靠性且可扩展的煤矿职业安全健康动/静态数据网络传输架构，实现煤矿环境多区域多工序的动/静态连续监测、数据交换与共享；构建煤矿职业安全健康预警信息大数据中心，建立煤工尘肺预警指标体系与预警模型。实现煤工尘肺风险评估、智能预警和智慧诊疗，降低煤工尘肺发病率。

3.4 技术路线图

3.4.1 需求与发展目标

1. 需求

本课题组针对中国尘肺防治工作发展阶段所做的专家问卷调查结果如图 3-10 所示，大多数专家认为中国尘肺防治工作仍然处于起步或中低速发展阶段。在粉尘防控领域，亟须发展粉尘呼吸个体防护技术、粉尘超限自动预警技术、呼吸性粉尘实时在线监测技术、通风除尘技术、注水减尘技术、水雾降尘技术、水质净化技术；在煤工尘肺诊疗领域，亟须发展煤工尘肺标志物筛选技术、煤工尘肺精准治疗技术、煤工尘肺病诊断技术及装备；在煤矿职业安全健康预警领域，亟须建立煤矿从业人员实时健康状况大数据平台和研发职业病智能研判技术与职业病发病预测预警技术。

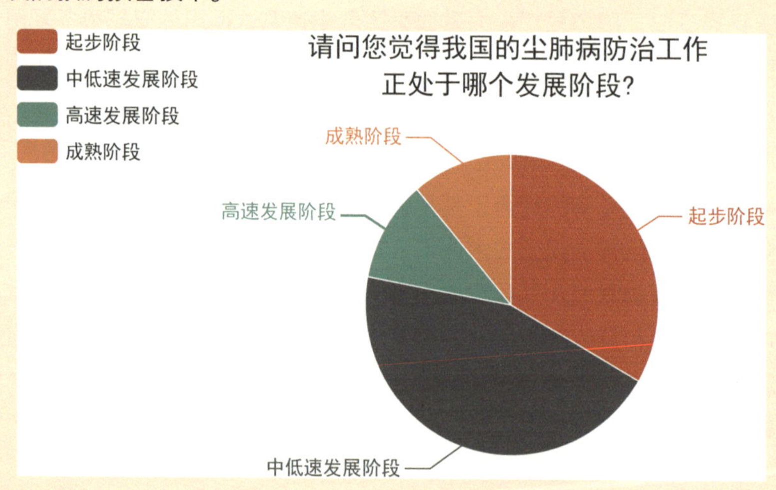

图 3-10 针对中国尘肺防治工作发展阶段所做的专家问卷调查结果

目前，中国煤炭行业粉尘防控形势依然严峻，煤矿职业安全健康危害上升趋势尚未得到有效遏制。仍然存在以下 3 个方面的需求：

（1）煤矿粉尘防控技术及装备的研究与应用有待突破。不管是为了预防煤矿粉尘爆炸还是为了改善煤矿职业安全健康环境、延长煤矿机械使用寿命、减少企业生产成本，煤矿粉尘防控技术及装备的研究与应用都非常必要。目前，煤矿各产尘源的高效精准防控技术尚不成熟，主流的光学粉尘浓度传感器尚不能很好地适应煤矿井下水雾大、潮湿等复杂多变的工况条件，使用效率较低；个体防护装备的密合性、舒适性差，导致呼吸性粉尘防护效果不佳。针对以上情况，采用远程智能化开采技术，是进一步提升煤矿职业病防治水平的关键。

（2）煤工尘肺诊疗技术亟待升级。煤工尘肺精准诊疗是实现尘肺早期救治的重要保障。传统煤工尘肺早期诊断技术装备无法实现无创、快速、准确筛查，缺少有效治疗技术和方法。应该重点围绕筛查煤工尘肺的易感基因和生化指标，判识煤工尘肺损伤进程的不同阶段，开发煤工尘肺创新性的治疗技术及装备，实现对煤工尘肺的高效无创诊断与精准治疗。

（3）职业安全健康监测与预警技术亟须完善。目前，虽然全国报告了数十万煤矿职业病患者，但是没有建立煤矿职业病大样本数据库群，缺乏基于个体差异、生活方式、作业环境等多因素职业安全健康智能预警与职业病智慧诊疗技术手段，职业安全健康保障水平低下。针对此问题，以大数据、云技术、人工智能和物联网等新一代信息技术为支撑，创新“四位一体”科学研究方法，以煤矿无害作业、职业病精准治疗和职业安全健康智能预警等为核心，最终实现煤矿从业人员职业安全健康。

2. 发展目标

结合目前中国关于煤矿粉尘防控和职业安全健康领域的规划及社会发展需求，提炼出本领域中长期的发展目标。

（1）2020—2030年的中期目标。在煤矿粉尘防控与职业安全健康领域取得阶段性突破，提高尘源精准防控能力，升级作业环境智能监测技术及装备，进一步完善健康智能防护和精准诊疗技术体系。

（2）2030—2035年的远期目标。在煤矿粉尘防控与职业安全健康领域取得全面突破，从根本上杜绝煤矿粉尘等对煤矿从业人员的健康危害，实现职业周期内煤工尘肺少发病。

3.4.2 重点任务

1. 煤矿粉尘防控关键技术

1）尘源精准防控技术

近期任务：研究不同工况下煤矿多源粉尘产尘机理，构建不同工况下煤矿粉尘高效防控理论体系，研发煤炭智能化开采成套技术与装备，开发煤矿高效降（除）尘新技术。

远期任务：研发采掘区域重点尘源精准控制技术装备，构建不同工况下粉尘分源精准防控技术体系，实现煤矿多源粉尘“少尘化作业、全空间控制”。

2）作业环境智能监测技术

近期任务：改进煤矿粉尘检验检测方式，研发高精度粉尘浓度传感器，实现对作业环境实时在线监测。

远期任务：研制多源多场信息智能采集与智能融合处理技术及装备，开发井下全网络智能通风调控技术。

3）个体粉尘防护技术

近期任务：基于人机工程学，设计个体防护设备，根据个体差异量身定制，提高个体防护装备的密合性、舒适性和有效性。

远期任务：研发智能化个体防护技术及装备，实现煤工个体空间主动净化功能。

2. 煤工尘肺诊疗关键技术

1）煤工尘肺标志物筛选技术

近期任务：筛查煤工尘肺的易感基因和生化指标，筛选出标志物。

远期任务：研发出煤工尘肺易感基因快速筛查技术，完成标志物特异性实验及人群验证。

2）煤工尘肺个体诊断技术

近期任务：开发针对呼气、尿液、唾液和血液等样本的煤工尘肺精准无创诊断技术及装备。

远期任务：实现高精度、高灵敏度、便携式精准无创诊断技术及装备实体化。

3）煤工尘肺精准治疗技术

近期任务：明确煤工尘肺不同发病阶段的关键环节。

远期任务：针对煤工尘肺不同发病阶段的关键环节，研发分子与细胞免疫、干细胞与组织工程、再生医学等不同层次崭新的精准治疗技术及装备。

3. 职业安全健康预警关键技术

1）职业安全健康智能研判技术

近期任务：建立煤工接尘大样本队列，构建煤矿不同作业岗位的健康风险评价模型，研究煤工尘肺始发阶段的关键节点。

远期任务：运用基因、蛋白、代谢和细胞等多组学方法，系统研究煤工尘肺的发病机理。

2）尘肺预测及风险评估技术

近期任务：梳理尘肺致病规律，建立疾病预测模型。

远期任务：完成发病风险评估及人群验证。

3）煤工接尘智能检测技术

近期任务：研发高精度、宽量程和高灵敏度的便携式个体接尘智能监测技术装备。

远期任务：建立高可靠性且可扩展的煤矿职业安全健康动/静态大数据库及实时分析系统。

4）职业安全健康预警技术

近期任务：研发智能传感传输技术及装备，构建煤矿职业安全健康预警信息大数据中心。

远期任务：建立煤工尘肺预警指标体系与预警模型，建设基于云技术的预警系统。

3.4.3 战略支撑与保障

1. 构建社会共治、协同联动的职业安全健康合作治理体系

加强职业病危害治理，是全面建成小康社会的重要任务和必然要求，要大力推进依法治理，着力构建职业病危害治理体系。在职业安全健康治理中要“明确职责，齐抓共管”，坚持党政同责、社会共治，建立完善“齐抓共管”的工作机制。具体如下：要建立起保障中国职业安全健康合作治理的法律体系、政策体系及标准体系，构建具有兼顾多主体合作治理价值诉求特征的顶层设计框架，建立用人单位主动负责、政府行政机关严格监管、职工积极参与、行业严格自律和社会密切监督的统一机制，发挥联动作用，坚持预防为主、防治结合的方针。同时，要健全职业安全健康合作治理管理机制，重视合作治理过程中的监督及反馈，依法依规开展工作落实法定防治职责，坚持管行业、管业务、管生产经营的同时，管好职业病防治工作。要建立起多主体联动的信任机制、决策机制、行动机制、激励约束机制及绩效评价机制，从而构建起社会共治、协同联动的职业安全健康合作治理体系，提高职业安全健康治理效能。

2. 加大煤矿粉尘防控和职业安全健康治理领域的研发资金投入

加大资金和财税支持力度，设置专项资金，用于加强粉尘防控与职业安全健康治理。将煤矿粉尘防控和职业安全健康领域重大科技难题与技术及装备研发纳入“十四五”国家重大科技与国家自然科学基金的优先资助领域；支持煤矿粉尘防控和职业安全健康行业大团队建设，开展矿山企业、高等院校、科研院所和医院等“产、学、研、用”一体化协同攻关，为

粉尘科学防控与职业安全健康提供支撑。加大资金投入力度，突破关键核心技术及装备，重点支持粉尘防控研究成果产业化的资金投入，加强对社会共治、协同联动的职业安全健康合作治理体系构建的资金支持，加强对跨部门、跨专业合作的资金支持。同时，政府应加大资金投入力度，支持相关部门开展典型矿区粉尘防控调研与职业病现状摸底调查，建立煤矿职业病大样本数据库群，加大职业安全健康宣传与教育培训力度，加强煤矿粉尘防控与职业安全健康长效机制及保障体系建设。

3．建设高等院校理、工、医交叉学科，培养复合型专业人才

煤矿粉尘防治和职业安全健康治理需要高素质的人才支撑。支持有条件的高等院校把职业安全健康学科创建成世界一流学科，加大该学科领域硕士点和博士点布局，鼓励开展“理、工、医融合，医、教、研协同”创新，增设职业安全健康领域“新医科”“新工科”专业，增加研究生指标，指导学生向医学、采矿、安全、管理、机械等多学科全面发展，培养宽基础、高素质、强能力的职业安全健康治理复合型人才。以国家重点实验室、国家协同创新联盟和企业事业单位为主体，完善育人、选人、用人机制，加快和促进煤矿粉尘防控和职业安全健康治理复合型人才的培养，为煤矿粉尘防控和职业安全健康领域高素质人才培养提供保障。

4．建立煤矿粉尘防控和职业安全健康领域国家级创新平台

职业安全健康是保障“健康中国战略”实施的重要组成部分。支持有条件的高等院校建设煤矿职业安全健康领域的省部共建国家重点实验室、国家工程研究中心等国家级创新平台。开展粉尘产尘机理与致病机理等基础研究，加强粉尘分源精准防控、职业病早期诊断与精准治疗、从业人员的职业安全健康智能监测预警等关键技术及装备研发，最终构建煤矿粉尘防控和职业安全健康技术体系。增强原始创新能力和科技储备，加强协同创新联盟建设，鼓励煤矿企业与高等院校、科研院所、医院等加强合作，吸引社会资金，加大成果转化支持力度。以大数据、人工智能和 5G 技术为支撑，以煤矿智能少尘化作业、职业病早期精准筛查、职业病智慧诊疗和职业安全健康智能监测预警等为核心，构建煤矿智慧健康保障体系，实现矿工职业安全健康。

3.4.4 技术路线图的绘制

面向 2035 年的中国煤矿粉尘防控和职业安全健康技术路线图如图 3-11 所示。

里程碑	子里程碑	2020年　2025年　2030年	2035年
需求		煤矿粉尘防控技术及装备有待突破	
		煤工尘肺诊疗技术亟待升级	
		职业健康监测与预警技术亟须完善	
目标		提高尘源精准防控能力，升级作业环境智能监测技术及装备，健康智能防护和精准诊疗技术体系进一步完善	从根本上杜绝煤矿粉尘等对从业人员的健康危害，实现职业周期内煤工尘肺少发病
关键前沿技术	尘源精准防控技术	研究不同工况下煤矿多源粉尘产尘机理，构建不同工况下煤矿粉尘高效防控理论体系，研发煤炭智能化开采成套技术与装备，开发煤矿高效降（除）尘新技术	研发采掘区域重点尘源精准控制技术装备，构建不同工况下粉尘分源精准防控技术体系，实现煤矿多源粉尘“少尘化作业、全空间控制”
	作业环境智能检测技术	改进煤矿粉尘检验检测方式，研发高精度粉尘浓度传感器，实现对作业环境实时在线监测	研制多源多场信息智能采集与智能融合处理技术装备，开发井下全网络智能通风调控技术
	个体粉尘防护技术	基于人机工程学，设计个体防护设备，根据个体差异量身定制，提高个体防护装备的密合性、舒适性和有效性	研发智能化个体防护技术及装备，实现煤工个体空间主动净化功能
	煤工尘肺标志物筛选技术	筛查煤工尘肺的易感基因和生化指标，筛选出标志物	研发出煤工尘肺易感基因快速筛查技术，完成标志物特异性实验及人群验证
	煤工尘肺个体诊断技术	开发针对呼气、尿液、唾液和血液等样本的煤工尘肺精准无创诊断技术及装备	实现高精度、高灵敏度、便携式精准无创诊断技术及装备实体化
	煤工尘肺精准治疗技术	明确煤工尘肺不同发病阶段的关键环节	研发分子与细胞免疫、干细胞与组织工程、再生医学等不同层次崭新的精准治疗技术及装备
	职业安全健康智能研判技术	建立煤工接尘大样本队列，构建煤矿不同作业岗位的健康风险评价模型，研究煤工尘肺始发阶段的关键节点	运用基因、蛋白、代谢和细胞等多组学方法，系统研究煤工尘肺的发病机理
	尘肺预测及风险评估技术	梳理尘肺致病规律，建立疾病预测模型	完成发病风险评估及人群验证
	煤工接尘智能检测技术	研发高精度、宽量程和高灵敏度的便携式个体接尘智能监测技术装备	建立高可靠性且可扩展的煤矿职业安全健康动/静态大数据库及实时分析系统
	职业安全健康预警技术	研发智能传感传输技术装备，构建煤矿职业安全健康预警信息大数据中心	建立煤工尘肺预警指标体系与预警模型，建设基于云技术的预警系统

图 3-11　面向 2035 年的中国煤矿粉尘防控和职业安全健康技术路线图

里程碑	子里程碑	2020年 2025年 2030年 2035年
战略支撑与保障	职业安全健康合作治理体系	建立保障中国职业安全健康合作治理的法律、政策及标准体系
		构建具有兼顾多主体合作治理价值诉求特征的顶层设计框架
		建立起多主体联动的信任机制、决策机制、行动机制、激励约束机制及绩效评价机制
	资金和财税支持	设置专项资金，用于加强粉尘防控与职业安全健康基础研究，开展矿山企业、高等院校、科研院所和医院等“产、学、研、用”一体化协同攻关
		加大资金投入力度，突破关键核心技术及装备，重点支持粉尘防控研究成果产业化
		加强对跨部门、跨专业合作的资金支持
	理、工、医多学科交叉融合	加大学科领域硕士点和博士点布局，鼓励开展“理、工、医融合，医、教、研协同”创新
		增设职业安全健康领域“新医科”“新工科”专业
	国家级创新平台构建	以大数据、人工智能和5G技术为支撑，搭建国家重点实验室、国家工程研究中心等国家级创新平台
		增强原始创新能力和科技储备，加强协同创新联盟建设，鼓励煤矿企业与高等学校、科研院所、医院等加强合作，吸引社会资金，加大成果转化支持力度

图 3-11　面向 2035 年的中国煤矿粉尘防控和职业安全健康技术路线图（续）

小结

本章针对未来 15 年煤矿粉尘防控和职业安全健康领域的需求与发展目标，利用相关文献和专利的大数据分析了全球本领域的发展态势。在此基础上，通过专家研讨的方式，制定了面向 2035 年的中国煤矿粉尘防控和职业安全健康发展技术路线图，提炼出煤矿尘肺病防治关键技术，从煤矿粉尘防控、煤工尘肺诊疗、职业健康预警 3 个方面提高尘源精准防控能力，升级作业环境智能监测技术及装备，完善健康智能防护和精准诊疗技术体系，从根本上杜绝煤矿粉尘等对从业人员的健康危害。同时建议，加大职业安全健康资金投入力度，培养复合型专业人才，建立创新平台，实现职业周期内煤工尘肺少发病。

第 3 章撰写组成员名单

组　长：袁　亮

成　员：薛　生　周福宝　陈卫红　程卫民　江丙友　周　刚　聂　文
　　　　任　波　穆　敏　朱峰林

执笔人：陈卫红　郑苑楠　李姗姗　薛深源　穆　敏　江丙友　任　波
　　　　王　佳　汪时菊　苏明清　林汉毅

4

面向 2035 年的中国再生医学创新与产业发展技术路线图

4.1 概述

再生医学是指应用生命科学、材料科学、临床医学、计算机科学和工程学等学科的原理和方法，研究和开发用于替代、修复、重建或再生人体各种组织器官的理论和技术的新型学科和前沿交叉领域，旨在综合利用生命科学、材料学、化学、工程学等多学科的理论和方法，修复、替代和增强人体内受损、病变与有缺陷的组织和器官，直接或间接恢复患者的生理功能，实现疾病治疗。再生医学面临着多学科协同创新的巨大挑战，发展再生医学是抢占生物产业制高点，避免受制于人的战略需求。因此，布局生物经济，发展再生医学，掌握关乎亿万民众生命与健康的发展主动权和关键核心技术，是实现“动能转换与改善民生”的重要抓手。

4.1.1 研究背景

中国作为世界人口大国，由创伤、疾病、遗传及衰老造成的人体组织与器官缺损、衰竭或功能障碍病例数量也位居世界各国之首，以药物和手术治疗为基本支柱的经典医学治疗手段已不能满足临床医学的巨大需求。脊髓损伤在全球呈现高发生率、高致残率、高耗费和低龄化的“三高一低”的态势，然而，目前对此尚无有效修复手段，这是当前亟待解决的世界性难题。中国约有 400 万角膜盲患者，角膜供体严重匮乏是阻碍患者复明的关键因素，单纯依靠器官捐献远不能满足临床需求，90%的患者终身生活在黑暗中，由此造成的经济损失上亿元。生物 3D 打印作为目前再生医学研究中的重要技术手段，已在心脏、肝脏、血管、肺、骨、软骨等多种组织与器官的重建中展示出其应用潜能。

再生医学是生物医药领域新兴的学科和产业，面临着巨大的社会需求和国家战略需求，不仅为“健康中国”、人类医疗事业做贡献，而且有望成为 21 世纪具有巨大潜力的高科技支柱产业之一。在科技部连续 15 年来的重大项目资助下，中国再生医学已有较好的基础，在某些方面已形成国际特色，并具备产业化基础。为落实党中央提出的建设具有全球影响力的产业科技创新中心和具有国际竞争力的先进制造业基地的战略，实施国家创新驱动发展战略，建设科技强国使中国再生医学创新与产业发展在国际竞争中保持应有的特色与优势，拟开展中国再生医学创新与产业发展的对策研究。

4.1.2 研究方法

在绘制面向 2035 年的中国再生医学创新与产业发展技术路线图过程中，首先，分别以科睿唯安公司的 Web of Science（WoS）平台上的 SCIE 数据库和德温特专利数据库作为期刊文献和专利文献来源，应用智能支持系统（iSS）提供的方法工具及科学知识图谱工具VOSviewer，对再生医学领域论文和专利进行分析，完成再生医学领域的技术态势扫描分析报告。其次，结合全球最新相关技术清单及技术态势分析结果，通过专家咨询，形成专家意见和数据交互后的备选技术清单。针对备选技术清单设计调查问卷，开展德尔菲法调查，并对调查结果进行汇总和统计，最终制定本领域14项技术清单，提出再生医学领域工程科技重点方向或重要技术，为本领域的发展选择重要方向提供支撑。

4.1.3 研究结论

研究结果表明：

（1）再生医学领域技术研发态势越趋明显，本领域的相关专利申请数量也保持增长趋势。中国在再生医学领域的论文发表数量和专利申请数量较多，在某些方面处于国际领先地位。

（2）本领域的关键技术有可降解心脑血管支架技术、可降解骨修复材料技术、间质干细胞技术、血液系统疾病的干细胞治疗技术、运动损伤及骨骼肌肉系统疾病的干细胞治疗技术、诱导性多能干细胞的进一步优化技术与临床应用技术、干细胞发育与定向诱导分化技术及临床应用技术、新型仿生材料技术、新型仿生组织与人工器官构建技术、功能性类器官技术、组织工程肝脏构建技术、3D化组织工程构建技术、组织芯片与器官芯片构建技术、异种器官移植的人源化技术。

（3）为满足国家中长期发展的宏观需求，确保中国在再生医学领域的国际竞争力，从加强先进生物材料基础研究、完善细胞工程/干细胞与衍生物的质量与标准化建设、创新仿生复杂器官构建关键技术和注重创新体系建设4个方面，提出了本领域面向2035年的技术发展目标。

4.2 全球技术发展态势

4.2.1 全球政策与行动计划概况

再生医学领域的基础及应用研究已引起全球多个发达国家政府部门的重视，美国、英国、日本等国家都已在本领域展开布局。英国在2005年发布了“英国细胞计划”，并且不断扩展、完善其生物细胞库和干细胞库的建设与应用，以求在基因和细胞数据分析方面实现引领发展。日本于2014年发布了《再生医学安全法案》和《药品和医疗器械法》，旨在更好地实现干细胞的经济价值，促进企业发展。美国在2019年发布了《针对严重疾病的再生医学疗法的快速审评计划》和《基于再生医学先进疗法的医疗器械的评估》，为从事细胞和基因治疗的研发人员提供了审评的明确要求，促进了本国再生医学领域的发展。

4.2.2 基于文献和专利分析的研发态势

1. 各国研发态势分析

通常情况下，从一个国家在某一领域的论文发表数量可以看出，这个国家对该领域的重视程度，以及对该领域研究的支持力度；也反映出本国在该领域的技术发展状况和国际地位。图 4-1 所示为 2011—2020 年全球再生医学领域的论文发表数量排名前 20 的国家。从图 4-1 可以看出，美国、中国、德国在本领域的论文发表数量较多，分别为 10559 篇、9126 篇和 2737 篇。

通常情况下，某一领域公开专利申请数量较多的国家和地区的专利申请人的创新能力相对较强，或具备相当的技术优势；公开专利申请数量较少的国家和地区的专利申请人的创新能力相对较弱，或不具备技术优势。图 4-2 所示为 2011—2020 年全球再生医学领域的专利申请数量排名前 20 的国家和组织。从图 4-2 可以看出，中国、世界知识产权组织、美国、俄罗斯和韩国在再生医学领域的专利申请数量排名前 5，在本领域的实力较强。

对比图 4-1 和图 4-2 中的国家和组织名单，可以发现，2011—2020 年，在全球再生医学领域的论文发表数量排名前 19 的国家中，有 5 个国家在再生医学领域的专利申请数量不在前 20 名中，分别是意大利、伊朗、荷兰、葡萄牙和瑞士。中国再生医学领域的论文发表数量少于美国，但专利申请数量超过美国。从全球范围看，中国再生医学领域论文发表数量和专利申请数量都在前 3 之列。

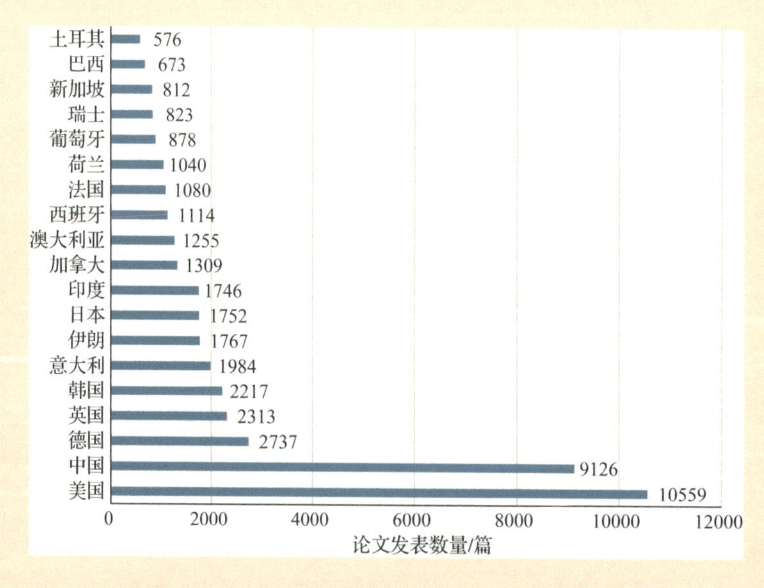

图 4-1 2011—2020 年全球再生医学领域的论文发表数量排名前 19 的国家

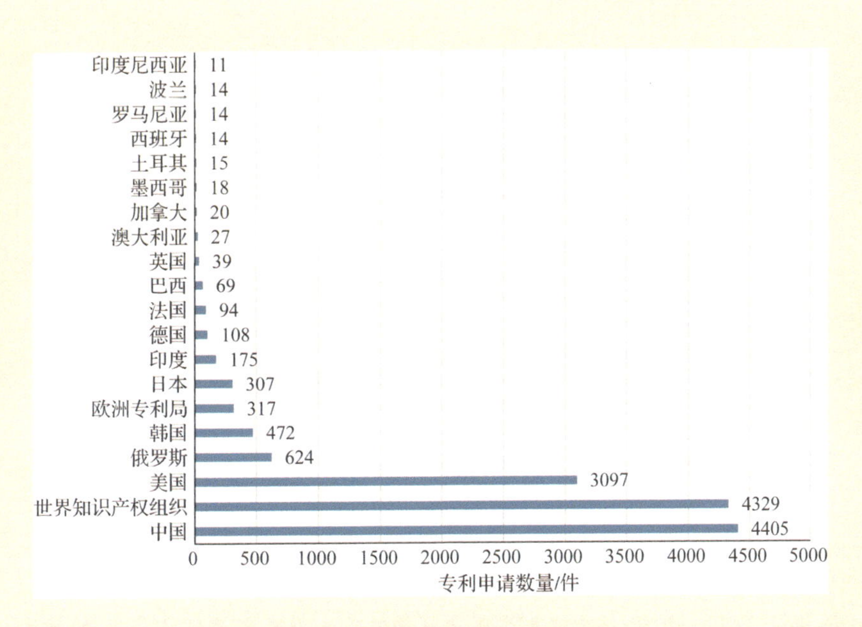

图 4-2 2011—2020 年全球再生医学领域的专利申请数量排名前 20 的国家和组织

2. 机构的文献和专利分析

主要分析本领域研究机构的论文发表数量随时间的变化趋势。通常情况下，机构发表论文数量的多少，可以反映该机构在本领域的技术发展状况、在本领域中的技术领先程度、所处的国际地位。图 4-3 所示为 2011—2020 年全球再生医学领域的论文发表数量排名前 20 的机构。从图 4-3 可以看出，排名前 20 的机构分别属于美国、中国、伊朗、新加坡、葡萄牙、加拿大和韩国。

通常情况下，在某一领域拥有专利申请数量较多的专利权人（或机构）的创新能力相对较强，或具备更强的从技术向实体转化的能力，或具备相当的技术优势；拥有专利申请数量较少的专利权人或机构的创新能力相对较弱，或技术转化能力一般，或不具备技术优势。图 4-4 所示为 2011—2020 年全球再生医学领域重点专利权人或机构的占比。从图 4-4 可以看出，KROLEVETS A A（KROL-Individual）、UNIV CALIFORNIA（REGC-C）、UNIV ZHEJIANG（UYZH-C）、CARDIAC PACEMAKERS INC（BSCI-C）和 UNIV DONGHUA（UYDG-C）这 5 个机构或个人拥有专利权的数量较多，分别为 241 件、132 件、103 件、91 件和 87 件。

对比本领域发表论文数量和专利申请数量排名前 20 的机构，可以发现，发表论文的机构都是高等院校，而申请专利的机构类型比较多，包括高等院校、公司和个人等。其中，美国的加利福尼亚大学在本领域的论文发表数量和专利申请数量都排名前列，中国的四川大学、浙江大学和东华大学在这两项数量上也占据较大优势。

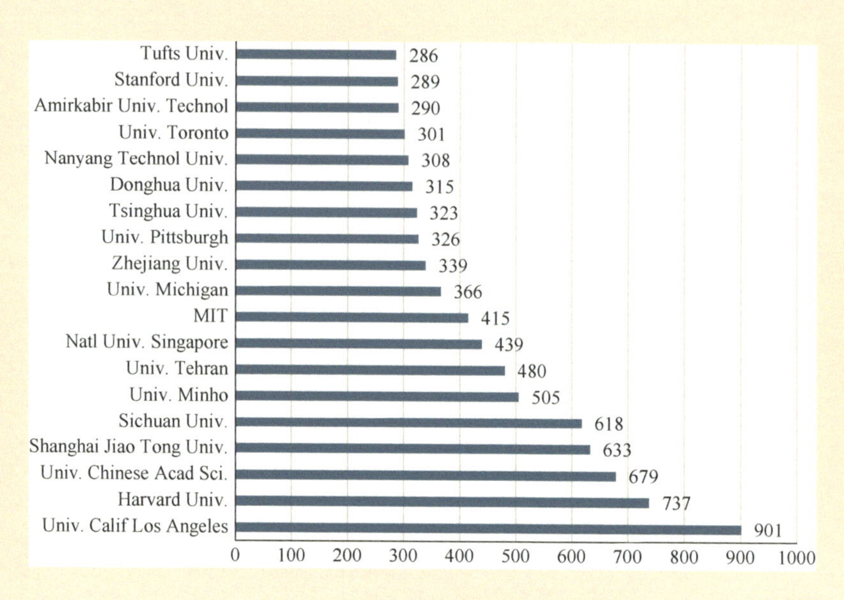

图 4-3　2011—2020 年全球再生医学领域的论文发表数量排名前 20 的机构

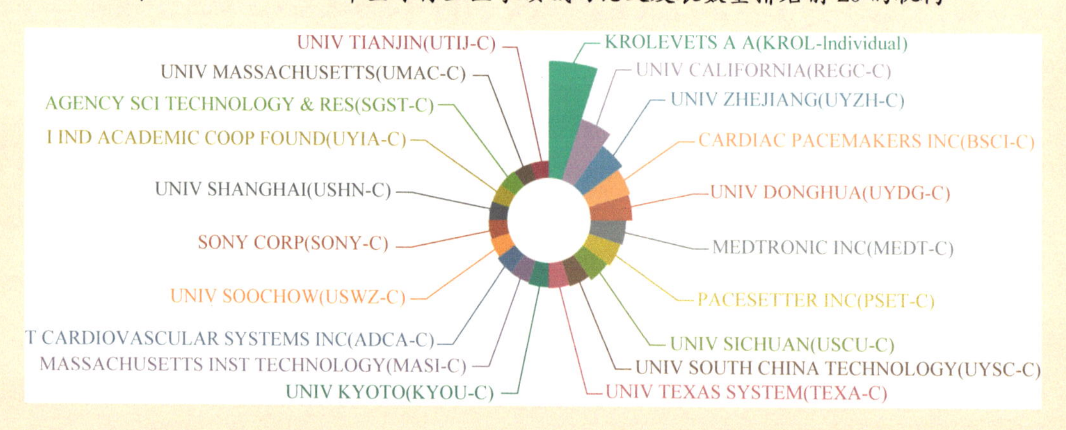

图 4-4　2011—2020 年全球再生医学领域重点专利权人或机构的占比

3. 研究热点分析

通过 VOSviewer 软件提取期刊论文的关键词进行聚类分析，每一个聚类对应相关的研究方向，如图 4-5 所示。从图 4-5 可以看出，本领域的热点研究方向大致分为四大类，分别是细胞治疗、生物材料/药物运输、骨组织工程和神经再生。

进一步分析了再生医学领域国际专利分类号情况，见表 4-1。从表 4-1 可以看出，“突变或遗传工程；遗传工程涉及的 DNA 或 RNA，载体（如质粒）或其分离、制备或纯化；所使用的宿主（突变体或遗传工程制备的微生物本身入 C12N 1/00、C12N 5/00、C12N 7/00；新的植物入 A01H；用组织培养技术再生植物入 A01H 4/00；新的动物入 A01K 67/00；含有插入活体细胞的遗传物质以治疗遗传疾病的药剂的应用，基因疗法入 A61K 48/00，一般肽入 C07K）〔3，5，6〕”、“包含酶或微生物的测定或检验方法（带有条件测量或传感器的测定或试验装置，如菌落计数器入 C12M 1/34）；其组合物；这种组合物的制备方法〔3〕”和“假体材料或假体被覆材料（假牙入 A61C 13/00；假体的形状或结构入 A61F 2/00；假牙配制品的应用入 A61K 6/02；人工肾脏入 A61M 1/14）〔4〕”这 3 个国际专利四级分类号在本领域专利中的数量较多，分别为 2906 件、2550 件、2310 件。

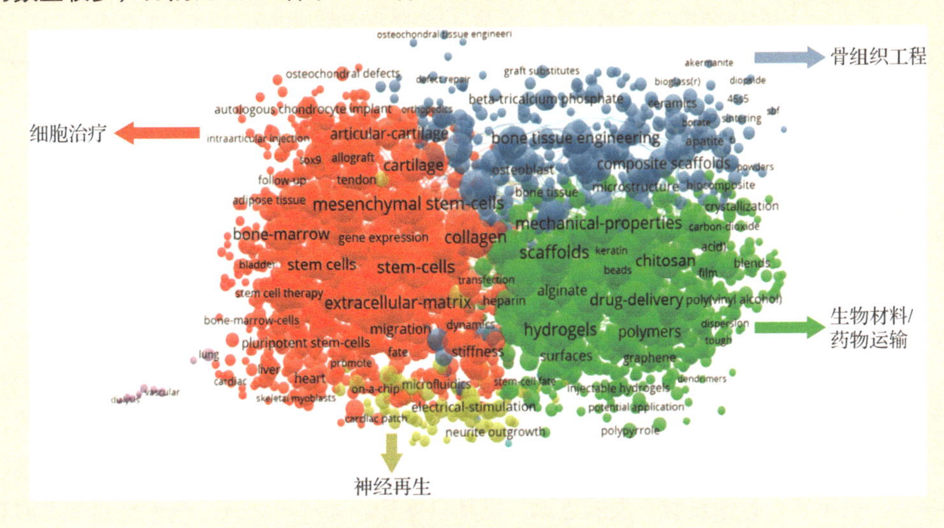

图 4-5　期刊论文关键词聚类

表 4-1　再生医学领域国际专利分类号、含义及专利数量

国际专利分类号	含义	专利数量
C12N 15/00	突变或遗传工程；遗传工程涉及的 DNA 或 RNA，载体（如质粒）或其分离、制备或纯化；所使用的宿主（突变体或遗传工程制备的微生物本身入 C12N 1/00、C12N 5/00、C12N 7/00；新的植物入 A01H；用组织培养技术再生植物入 A01H 4/00；新的动物入 A01K 67/00；含有插入活体细胞的遗传物质以治疗遗传疾病的药剂的应用，基因疗法入 A61K 48/00，一般肽入 C07K）〔3，5，6〕	2906
C12Q 1/00	包含酶或微生物的测定或检验方法（带有条件测量或传感器的测定或试验装置，如菌落计数器入 C12M 1/34）；其组合物；这种组合物的制备方法〔3〕	2550
A61L 27/00	假体材料或假体被覆材料（假牙入 A61C 13/00；假体的形状或结构入 A61F 2/00；假牙配制品的应用入 A61K 6/02；人工肾脏入 A61M 1/14）〔4〕	2310
A61K 31/00	含有机有效成分的医药配制品〔2〕	1836
C12N 5/00	未分化的人类、动物或植物细胞，如细胞系；组织；它们的培养或维持；其培养基（用组织培养技术再生植物入 A01H 4/00）〔3，5〕	1703
A61K 9/00	以特殊物理形状为特征的医药配制品	1202

续表

国际专利分类号	含义	专利数量
A61K 47/00	以所用的非有效成分为特征的医用配制品，例如载体、惰性添加剂〔2〕	1200
G01N 33/00	利用不包括在 G01N 1/00 至 G01N 31/00 组中的特殊方法来研究或分析材料	1020
A61K 48/00	含有插入活体细胞中的遗传物质以治疗遗传病的医药配制品；基因治疗〔5〕	1015
A61F 2/00	可植入血管中的滤器；假体，即用于人体各部分的人造代用品或取代物；用于假体与人体相连的器械；对人体管状结构提供开口或防止塌陷的装置，如支架（stents）（作为化妆物品见相关小类，如假发、发件入 A41G 3/00，A41G 5/00；人造指甲入 A45D 31/00；假牙入 A61C 13/00；用于假体的材料入 A61L 27/00；人工心脏入 A61M 1/10；人工肾入 A61M 1/14）〔4，6，8〕	968

4.3 关键前沿技术发展趋势

4.3.1 可降解骨修复材料技术

利用骨修复材料解决骨缺损修复这一骨科领域亟待解决的难题，是切实可行的方法，而用于骨缺损修复的材料必须具备 4 个基本特性：生物相容性、机械耐受性、生物降解性、诱导再生性。近年来，骨修复材料发展迅速，已从自体骨、同种异体骨、惰性材料等发展到高活性、多功能的骨组织工程支架材料。其中，可降解材料的一大贡献是用于颅骨修复。金属材料最早被应用于颅骨修补，但由于大多数金属物质可被腐蚀、可导热；非金属骨替代物中的有机玻璃也曾经被普遍应用于颅骨修复，但其生物相容性差，造成皮下积液感染率高，现在已经很少应用这种材料修复颅骨了。另外，骨水泥组织、医用硅胶等材料也各有优劣。经过对比发现，钛具有良好的生物相容性，可与颅骨结合，这使其成为当前主流骨修复材料而得以广泛应用[1]。

4.3.2 可降解心脑血管支架技术

按照治疗部位的不同，可以将血管介入器械分为心血管介入器械（如心血管支架）、脑血管介入器械（如颅内支架）、外周血管介入器械（如外周血管支架）。心血管支架的应用在国内已经成熟，并顺利完成国产替代，国内相关企业生产的心血管支架和外资品牌可以一比高低；颅内支架、外周血管支架在国内的应用还属于起步阶段，布局该“赛道”的国内医疗器械企业较少，并且产品大多处在研究开发中，外资品牌占据绝对主导地位，因而对国内医疗器械企业而言，存在巨大的发展机会。传统心脑血管支架已不能支撑医疗器械企业的发展，新一代可降解心脑血管支架成为行业发展趋势。可降解材料是决定可降解心脑血管支架研发成败最关键的因素，随着材料工艺的加速演进，在目前所用聚合物支架、镁合金支架、铁合金支架及锌合金支架基础之上，今后还会出现新的可降解材料，以便制备出具有更高的径向支撑力、更小的回弹性、较小的支架覆盖率且能更均匀降解的心脑血管支架[2]。

4.3.3 间充质干细胞技术

间充质干细胞又称为多潜能基质细胞，简称 MSCs。它是属于中胚层的一类具有自我更新能力的多潜能祖细胞，来源广、分化能力强，主要存在于结缔组织和器官间质中，包括骨髓、脐带、脂肪、黏膜、骨骼、肌肉、肺、肝、胰腺等组织，以及羊水、羊膜、胎盘等。在适宜条件下可分化为脂肪、骨、软骨等多种组织细胞。间充质干细胞具有免疫调节、抗炎、促进组织器官再生修复等功能，尤其在促进软骨再生方面效果明显。此外，间充质干细胞还有易于培养、扩增、抗原性低、可进行异体移植等优点。对大部分已获批上市的间充质干细胞产品，主要根据其免疫调控和促进血管生成这两个生物学特性选择适应症，如移植物抗宿主病、膝骨关节炎、克罗恩病、严重下肢缺血等[3]。

4.3.4 血液系统疾病的干细胞治疗技术

随着造血干细胞移植在临床的应用日益广泛，使得原本无法治愈的造血疾病得以缓解甚至治愈，给大批患者带来新的希望。但移植前造血干细胞数量不足、预处理损伤、移植后急慢性移植物抗宿主病（Graft-Versus-Host Disease，GVHD）、长期服用免疫抑制药物等问题严重影响了造血干细胞移植存活率及患者的生存质量。因此，寻找支持造血干细胞的植入和恢复造血功能、加强移植前后 GVHD 的预防与治疗，提高造血干细胞移植存活率和患者生存质量成为亟待解决的问题[4]。

4.3.5 运动损伤及骨骼肌肉系统疾病的干细胞治疗技术

运动系统由骨、骨连结和骨骼肌 3 种器官组成。随着年龄的增长，骨关节由于运动磨损不可避免地会出现退行性改变，这是一种正常的老化表现。骨关节炎是一种关节退行性疾病。干细胞可以转化成多种不同类型的特殊细胞，因此，它有能力变成软骨细胞，更新曾经不可更新的软骨，并且干细胞可分泌多种生物活性分子，具有调节免疫和抗炎作用。这些特点可减轻和缓解骨关节炎的临床症状，从根本上改善骨关节炎患者的软骨缺陷，在提升疗效的同时也降低了患者治疗过程中的痛苦和副作用[5]。

4.3.6 诱导性多能干细胞的进一步优化技术与临床应用技术

经过十几年的技术优化，现在诱导性多能干细胞已经可以从多种体细胞中诱导产生，包括血液、尿液、皮肤等。各种重编程技术的区别主要在于转录因子的选择以及载体的使用，其技术路径主要分为病毒转染、质粒电转及小分子诱导。在早期应用中，诱导性多能干细胞存在分化效率低和残留致癌的安全性问题。随着技术的不断发展，全球范围内已有多个诱导性多能干细胞产品进入了临床应用，或者拿到了新药临床研究注册申报（IND）许可，主要应用方向包括眼科类的退行性疾病、神经退行性疾病、癌症等[6]。

4.3.7 干细胞发育与定向诱导分化技术及临床应用技术

干细胞诱导分化是干细胞研究中的一个重点。目前，干细胞可以定向诱导出成骨细胞、软骨细胞、脂肪细胞、神经细胞、心肌细胞、血管内皮细胞等，这些分化的细胞将会有非常大的用途。例如，干细胞在组织支架中诱导出心肌细胞，可以长出一个功能完整的心脏，给那些需要更换心脏的患者使用。研究人员通过不同的途径实现诱导目的。其中，添加外源因子诱导是目前研究得最多、成果最多的方式。在培养过程中添加或撤除某一种或某些细胞因子，可指导干细胞的增殖或分化。目前，在发育学方面研究比较深入的诱导因子主要有维甲酸、骨形态发生蛋白、成纤维细胞生长因子、地塞米松、维生素 C 等。在各阶段添加的细胞因子不同，具体表现为细胞因子种类、浓度或组合方式的不同[7]。

4.3.8 新型仿生材料技术

当前仿生材料的研究热点包括贝壳仿生材料、蜘蛛丝仿生材料、骨骼仿生材料、竹纤维仿生材料、植物根部的网状结构和纳米仿生材料等，它们具有各自特殊的微结构特征、组装方式及生物力学特性。仿生材料将对未来材料的多样化、新型化，智能化做出重大贡献[8]。

4.3.9 新型仿生组织与人工器官构建技术

组织和器官的再生与重建是组织工程领域追求的目标，而具有仿生结构与功能的组织工程支架是实现这一宏伟目标的基础。组织和器官结构与功能的复杂性使得构筑仿生组织工程支架超越了传统的制造技术。3D 生物打印是精准构筑复杂组织工程支架或人工器官的前沿技术，这方面的成功有赖于 3D 打印墨水的发展[9]。

4.3.10 功能性类器官技术

类器官是一种由不同类型干细胞通过自组织方式制备，能够模拟原生器官结构和功能的三维“微器官模型”，即3D类器官。目前，利用3D类器官培养技术，已经成功培养出了大量具有部分关键生理结构和功能的类器官，如肾、肝、肺、肠、脑、前列腺、胰腺和视网膜等。类器官技术代表着一种能够概括整个生物体生理过程的创新技术，具有更接近生理细胞组成和行为、更稳定的基因组、更适合生物转染和高通量筛选等优势。与动物模型相比，类器官模型的操作更简单，它还能用于研究疾病发生和发展等机理。类器官的制备可以利用体细胞、成体干细胞（包括祖细胞）或多能干细胞[10]。

4.3.11 组织工程肝脏构建技术

肝脏是一个具有复杂结构和功能的器官，原代肝细胞由于体外增殖能力低、培养成本高而无法满足临床治疗的需求。通过干细胞或以其为基础的多种细胞共培，辅以生物材料技术手段，重现或取代肝细胞功能一直是类器官构建研究的方向，而细胞片、脱细胞支架、嵌合体和肝芽为制备人源化肝脏提供了有效途径。组织工程肝脏构建技术基于生物材料、细胞生物和工程技术的原理，用肝细胞或肝样细胞结合支架材料，在体外构建一个完整的、具有相应功能的肝脏组织器官，对病变肝脏进行形态、结构和功能的重建进而永久性替代[11]。

4.3.12 3D化组织工程构建技术

利用3D生物打印技术，使生物材料并复合细胞、生长因子等活性成分逐层打印，以构建出具有目标器官的外形和微观结构的活体支架，并把它们植入体内，以达到修复和替代体内病变的组织或器官的目的。用于组织构建的支架材料主要包括金属、生物陶瓷、高分子材料和细胞生物材料等。3D生物打印技术的发展，使其在组织工程中的应用备受青睐，给医疗卫生领域带来了强劲的动力。可以打印内含细胞的、具有活体器官构造的支架，模拟构建人工组织和器官，以实现修复人体病变组织的目的[12]。

4.3.13 组织芯片与器官芯片构建技术

组织芯片也称为组织微阵列，是生物芯片技术的一个重要分支，即将许多不同个体组织标本以规则的阵列方式排布于同一载玻片上，进行同一指标的原位组织学研究。该技术自1998年问世以来，以其大规模、高通量、标准化等优点得到大范围的推广应用。器官芯片

（Organ-on-chip）是近几年发展起来的一门前沿生物科技，也是生物技术中极具特色和活力的新兴领域，融合了物理、化学、生物学、医学、材料学、工程学和微机电等多个学科，被列为“十大新兴技术”之一。器官芯片已成为人类生物学研究中最热门的新兴工具之一。器官芯片可在体外模拟人体不同组织和器官的主要结构功能特征与复杂的器官间的联系，用于预测人体对药物或外界不同刺激产生的反应，在生命科学和医学研究、新药研发、个性化医疗、毒性预测和生物防御等领域具有广泛的应用前景[13]。

4.3.14 异种器官移植的人源化技术

由于人与人之间的移植供体资源匮乏，并且同型合适匹配的脏器来源更为稀缺，异种器官移植就成为解决供体来源最重要的方法。相比于同种器官移植，异种器官移植存在的障碍更多，包括更为复杂的免疫排斥反应、内源性逆转录病毒感染、异种功能蛋白在人体发挥的功能及安全性问题等[14]。

4.4 技术路线图

4.4.1 需求与发展目标

1. 需求

布局生物经济，发展再生医学，掌握关乎亿万民众生命与健康的发展主动权和关键核心技术，是实现“动能转换与改善民生”的重要抓手，是建设“健康中国”的现实需求，中国庞大的人口尤其是庞大的老龄化人口既是宝贵的潜在医学资源，也是再生医学产业健康发展的巨大市场需求基础。当前，再生医学市场规模已达数百亿美元，并且发展迅猛。技术创新、理论创新必须与产品研发和市场拓展相结合，助推中国再生医学产业发展，瞄准国际市场，形成具有国际影响和竞争力的战略性新兴产业。当前国内再生医学产业市场巨大，每年经济效益达数百亿元，是低消耗、高附加值的高科技产业。推进中国再生医学创新与产业发展，推动该领域引领国际发展方向，使该产业成为国家新兴支柱及战略性新兴产业。

2. 发展目标

加强先进生物材料基础研究；完善细胞工程、干细胞与衍生物的质量与标准化建设；创新仿生复杂器官构建关键技术；注重创新体系建设。

4.4.2 重点任务

基于上述发展目标，确定了各项目标对应的关键技术及时间节点。

2020—2030 年，要逐步掌控关键核心技术，在先进生物材料基础研究方面，突破可降解骨修复材料、可降解心脑血管支架；在创新体系建设方面，要建立质量标准与评价体系，以及国家创新与产业发展中心、国家与区域再生医学中心和国际创新联盟。

2020—2035 年，要继续完善细胞工程、干细胞与衍生物的研究及应用，突破间质干细胞技术、血液系统疾病的干细胞治疗技术、运动损伤及骨骼肌肉系统疾病的干细胞治疗技术、诱导性多能干细胞的进一步优化技术与临床应用技术、干细胞发育与定向诱导分化技术及临床应用技术等；创新仿生复杂器官构建技术，突破新型仿生材料技术、新型仿生组织与人工器官构建技术、功能性类器官技术、组织工程肝脏构建技术、3D 化组织工程构建技术。在器官移植方面，突破异种器官移植的人源化技术。

4.4.3 战略支撑与保障

1. 加强政府对再生医学领域的政策支持力度

为落实党中央提出的建设具有全球影响力的产业科技创新中心和具有国际竞争力的先进制造业基地的战略，需要从国家层面加强顶层设计工作，做好统筹规划，强化平台建设，增强科技创新能力，注重在再生医学领域设立重大专项计划，并给予重点的、稳定的、持续的支持，组织攻克重要关键技术，加强自主研发与投入力度，推动再生医学产业的创新能力持续提升。

2. 实施创新驱动规划，推动再生医学领域技术与产业协同创新发展

再生医学作为新兴发展学科，国际竞争异常激烈，学科发展与日俱进。目前，中国在组织工程神经、皮肤、角膜、肌腱、3D 打印成骨等方面已处于国际先进行列。若要继续保持国际领先地位，则必须不断地创新，开拓前进。

为此，需要从国家层面、政策层面给予关注和支持，瞄准中国再生医学领域的发展目标，整合多学科研究力量，在理论创新、技术创新方面一直保持强劲势头，不断地突破战略性新兴产业关键核心技术，培育新的增长点，推动产业集群发展，支撑国家战略决策。

通过政策引导，构建完整的产业链，围绕产业链布局创新链，构建从理论到技术，从技术到产品，从产品到商品，从商品到品牌、精品的创新链，积极参与国际同行竞争，使中国在本领域从并跑进入领跑时代。

整合国内资源，积极推动再生医学创新技术联盟的建立和协同攻关。组建跨国家跨地区的国际联合创新团队、联合实验室或联盟，推进协同创新与交流。

3．完善再生医学领域相关政策，健全相关法律法规与行业标准体系

再生医学临床转化和产业化研发周期长，中国在再生医学领域的法律法规、行业标准需进一步健全和完善。再生医学从创新的基础研究到成功临床转化，需要评审与监管方面科学且强有力的支持与参与，如果这种评审与监管尽早介入，可能更为有效。基于组织再生生物材料的医疗产品需要被分类界定，此类产品的临床前研究和安全性评价可能需要新的工具、方法、标准和指导性原则，其生产和制造需要在完善的质量体系规范下受控于生产管理规范。临床成功转化此类产品需要在良好的规范下进行临床试验，以证明其有效性，并且此类产品的临床试验，应该选择合适的适应症、对照组和主要疗效指针等。此类产品成功注册和上市后，其后市场监管活动仍需要在对其科学理解的基础上而开展，其与评审、监管科学的紧密合作应该被重点关注。

中国再生医学产业发展基础较弱，真正进行自主研发的企业较少，需大力推进企业自主技术的创新与研发及其产业化，这就需要相关政策的支持和相关法律法规的约束。通过企业研发、临床试验与食品药品监督管理局监管，通过技术与产品的标准制定，在安全性与有效性获得客观评价后，将再生医学新技术新产品应用于人体，这是一个多环节的复杂工程系统。因此，必须进一步强化政策引导，完善创新再生医学技术发展与产业发展的政策环境，建立监管体系，健全相关法律法规。

4．做好人才队伍建设，实施科技人才战略，积极开展国内国际交流与合作

应合理利用高等院校、科研院所的科技资源和优势，注重培养复合型人才，积极探索人才培养的新模式，以多种方式吸引本领域中各类拔尖人才，注重培养青年科学家与工程技术人员，使其能应对挑战，推动可持续发展，并大力开展国际技术交流活动，提升中国再生医学相关技术发展水平与创新能力。

4.4.4 技术路线图的绘制

面向 2035 的中国再生医学创新与产业发展技术路线图如图 4-6 所示。

里程碑	子里程碑	2020年　2025年　2030年　2035年
需求		发展再生医学，掌握关乎亿万民众生命与健康的发展主动权和关键核心技术，是实现“动能转换与改善民生”的重要抓手
		建设“健康中国”的现实需求，中国庞大的人口尤其是庞大的老龄化人口，是再生医学产业健康发展的巨大市场需求基础
		推进中国再生医学创新与产业发展，推动本领域引领国际发展方向，助催其产业成为国家新兴支柱及战略性新兴产业
目标		加强先进生物材料基础研究
		完善细胞工程、干细胞与衍生物的质量与标准化建设
		创新仿生复杂器官构建关键技术
		注重创新体系建设
关键前沿技术	先进生物材料基础研究	可降解骨修复材料技术
		可降解心脑血管支架技术
	细胞工程、干细胞与衍生物的研究	间质干细胞技术
		血液系统疾病的干细胞治疗技术
		运动损伤及骨骼肌肉系统疾病的干细胞治疗技术
		诱导多能干细胞的进一步优化技术与临床应用技术
		干细胞发育与定向诱导分化技术及临床应用技术
	创新仿生复杂器官构建关键技术	新型仿生材料技术
		新型仿生组织与人工器官构建技术
		功能性类器官技术
	复杂器官构建关键技术	组织工程肝脏构建技术
		3D化组织工程构建技术
		组织芯片与器官芯片构建技术
	器官移植	异种器官移植的人源化技术
战略支撑与保障		加强政府对再生医学领域的政策支持力度
		实施创新驱动，推动再生医学领域技术与产业协同创新发展
		完善政策，健全相关法律法规
		做好人才队伍建设，实施科技人才战略，积极开展国内国际交流与合作

图 4-6　面向 2035 的中国再生医学创新与产业发展技术路线图

小结

作为生物医药领域中新兴发展的学科，再生医学不仅面临着多学科协同创新的巨大挑战，而且有着巨大的社会需求和国家战略需求，具有极大的发展前景。为此，需要布局生物经济，加强政府对再生医学领域的政策支持力度，实施创新驱动，不断完善本领域相关政策，健全相关法律法规与标准体系，做好人才队伍建设，实施科技人才战略，努力推进中国再生医学创新与产业的发展。

第 4 章撰写组成员名单

组　长：顾晓松

成　员：于　彬　欧阳昭连　龚蕾蕾　汤　欣　孙华林　孙　诚　顾　芸
　　　　王星辉

执笔人：徐　来　房梦雅

5

面向2035年的中国饮用水水源新兴污染物防控技术路线图

5.1 概述

当前，中国饮用水安全保障已取得阶段性成果，但近年来水体中诸多新兴污染物的频繁检出给饮用水的安全保障带来了新挑战。新兴污染物作为饮用水污染防控的新领域，存在污染种类又“新”又“多”、环境迁移转化途径不清晰、健康风险不明确、常规处理技术时效低，以及相关政策法规不完善等多方面问题，目前对此缺乏切实有效的防控技术与治理手段。因此，对水体中的新兴污染物相关研究和技术的发展态势进行分析与研判，有利于深化和开拓新兴污染物研究领域，从而促使饮用水水源控制技术与防控策略研究的层次不断提升。本章结合文献统计、专家问卷调查，全面分析和评价全球本领域内的技术研究现状和发展态势；通过对中国饮用水水源新兴污染物来源和种类进行调研，总结本领域的发展目标和重点任务，提炼出前沿科学问题和关键治理技术与装备，形成本领域的技术路线图，为中国饮用水安全保障的中长期发展提供战略决策支持。

5.1.1 研究背景

水是保障人类生存的生命资源和社会正常运转的基本需求，饮用水安全现已成为社会发展及稳定的主要因素。在中国工业化及城镇化持续性发展状态下，水源污染等问题层出不穷，饮用水安全面临着巨大挑战，中国在“十二五”和“十三五”期间的《水体污染控制与治理科技重大专项计划》中设立了“饮用水安全保障技术研究与示范”研究课题，旨在通过政策和标准的制定、关键技术的研发等，构建饮用水水源污染防治与安全保障体系。同时，围绕环境保护“消减总量、改善质量、防范风险”的总体思路，中国通过对传统有机污染物指标的总量不断进行严格控制与监管，有效改善了水源质量，推进了水污染治理工作。党的十九大还明确提出了，要系统推进水污染防治的发展，加强在水生态、水环境以及地下水的监管力度，对饮用水安全进行严格保护和监察。总体上，中国饮用水安全保障已取得了阶段性成果。

近年来，国内外诸多水域里频繁检出新兴污染物，给饮用水安全保障带来了新的挑战，也成为国际性的研究热点。新兴污染物在水循环系统中，通过径流、扩散等途径渗入地下，污染了地下水源。由于人类的饮用水水源大多是地下水，因此，地下水水源的污染势必会威胁到人类健康。新兴污染物浓度低、种类繁多、性质复杂，导致其来源、区域污染特征与迁移转化等环境化学属性不明。此外，新兴污染物的暴露途径复杂，人们对其环境生态与健康毒性的认识不一致，现有新兴污染物的处置方案和处理技术效率不高。中国饮用水水源新兴污染物的研究正逐渐兴起，亟须开展饮用水水源的新兴污染物防控研究，以提高中国饮用水水源新兴污染物防控的总体水平和能力，为中国饮用水安全保障的中长期发展战略提供决策依据，更是打赢碧水保卫战的重要保障。

5.1.2 研究方法

以 Web of Science 数据库作为饮用水水源新兴污染物研究的数据源，对全球饮用水水源新兴污染物领域的相关论文和专利进行检索；依据检索到的文献数据，借助统计分析工具，分析饮用水水源新兴污染物防控方面的全球技术发展态势、核心技术的研究热点，并绘制出本领域的技术路线图。同时，通过召开专家咨询会，展开专家问卷调查等，研究面向 2035 年的中国饮用水水源防控的技术需求，结合技术预见成果，提出本领域的发展目标、需开展的重大科技专项，以及所包含的关键前沿技术、重点产品和重大工程等，并对推动工程化应用提出建议，完善面向 2035 年的中国饮用水水源新兴污染物防控战略的研究工作。

5.1.3 研究结论

经过前期调研、文献动态扫描、专家研讨等研究方法，本课题以构建面向 2035 年的中国饮用水水源新兴污染物防控技术体系为目标，针对饮用水水源新兴污染物的种类与分布特征、污染物迁移与转化规律、新兴污染物的生态与健康风险评价，以及实用型防控与治理技术，拟定了饮用水水源的新兴污染物防控发展的关键前沿技术，并确定了一系列需要着重部署的基础研究方向、重点产品和重大工程专项，提出战略支撑与保障意见和建议。

5.2 全球技术发展态势

5.2.1 全球政策与行动计划概况

2015 年，联合国颁布了《2030 年可持续发展议程》，水治理是其中 17 项可持续发展目标之一，体现了世界各国对全球面临的水危机及其未来发展战略达成共识。近年来，世界许多国家纷纷对饮用水水源新兴污染物防控提出相关政策和行动方案，保障本国民众用水安全。

1. 美国

自 20 世纪 90 年代起，美国就提出了饮用水水质的规范要求，不断推出对饮用水水源新兴污染物的控制标准和政策措施。美国出台的饮用水水源新兴污染物防控政策见表 5-1。美国环保署先后出台了《水环境质量标准（1994 年）》《地表水水质标准（2006 年）》《关于直接饮用再利用系统的公共卫生标准的报告（2013 年）》等水质标准，将邻苯二甲酸酯（PAEs）和多氯联苯（PCBs）等新兴污染物纳入优先控制污染物名单，并对地表水及直接饮用水回用二级出水中部分药物及个人护理用品（PPCPs）、内分泌干扰素（EDCs）等设置浓度限值。2009 年，美国环保署颁布了《饮用水安全法》，进一步完善了饮用水中的新兴污染物的监测指标，对多种 EDCs、全氟化合物（PFAS）、PCBs、多环芳香烃（PAHs）等设置浓度限值。2019 年，美国环保署出台了针对全氟辛烷基磺酸（PFOS）和全氟辛酸（PFOA）的行动方案，此项举措推动了对饮用水中该类物质的有效监管。

表 5-1　美国出台的饮用水水源新兴污染物防控政策

时　间	主要措施	具体内容
1994 年	美国环保署出台《水环境质量标准》	将 16 种 PAEs 和多氯联苯纳入优先控制污染物名单
2006 年	美国环保署颁布《地表水水质标准》	对地表水中壬基酚等 EDCs 设置浓度限值
2009 年	美国环保署修改《饮用水安全法》	对饮用水中的多种 EDCs、全氟化合物、多氯联苯、多环芳烃设置浓度限值
2013 年	美国国家水研究所出台了《关于直接饮用再利用系统的公共卫生标准报告》	对直接饮用水回用的二级出水中部分 PPCPs、EDCs 设置浓度限值
2019 年	美国环保署出台了针对 PFAS 的行动方案	推动对 PFOS 和全氟辛酸排放限值的制定，及实现对该类污染物的有效监管

2. 欧洲国家

早在 2000 年，欧盟理事会和欧洲议会就制定并下达了欧洲水框架指令（Water Frame Directive，WFD）。该指令开发了基于计分排序法的优先污染物筛选方法，促进了饮用水水源新兴污染物筛选项目的发展，这为欧盟各成员国在本领域的发展提供了方向和指导。随着对饮用水水源新兴污染物认知的深入，欧洲委员会在 2006 年和 2011 年，分别对 WFD 指令进行了重新修改和增补说明，完善了多种 EDCs、PPCPs、PFOS 的地表水质量标准。除此之外，在欧盟委员会的“Modelkey”项目支持下，效应导向分析（Effect-directed Analysis，EDA）方法得到了极大的发展，这为未来新兴污染物监测标准的制定提供了科学基础。近年来，随着数字革命的进程，欧盟启动了一系列项目，旨在支持水务信息化发展，实现智慧水务。欧盟成立了“Ctrl+SWAN”（Cloud Technologies and Real Time Monitoring+ Smart Water Network），整合了科研力量，为新兴污染物的在线监测研究提供了基础。欧盟出台的饮用水水源新兴污染物防控政策与规划见表 5-2。

表 5-2　欧盟出台的饮用水水源新兴污染物防控政策与规划

时　间	主要措施	具体内容
2000 年	欧盟理事会发布了《欧洲水框架指令》（Water Frame Directive，WFD）	通过更新和实施流域管理方案，实现欧洲所有水体的良好生态和化学状况
2006 年	修正 WFD	提出了集中 EDCs、PPCPs 和 PFOS 的地表水质量标准
2013 年	更新优先控制污染物名单，提出了《地表水环境质量标准》	有效地提高了对新兴污染物的监管
近年来	欧盟委员会“Modelkey”项目支持下 EDA 方法得到了极大的发展	通过发展有效的致毒污染物筛选手段，为新兴污染物毒性评估提供基础
近年来	欧盟成立“Ctrl+SWAN”行动小组	整合科研力量，力图推动智慧水网监测系统创新

瑞士作为全球率先完成饮用水水源新兴污染物点源控制的国家，在新兴污染物的防控方面积累了较多经验。2016 年，瑞士政府出台了《水保护法案》。该法案的目的是控制污水处理厂等的排放源，减少新兴污染物的出现次数，并为此设定了新兴污染物排放的浓度限值，以加强水源保护。该法案力图通过对污水处理厂进行改造，更新处理技术，实现新兴污染物的超低排放。此外，瑞士生态毒性研究中心对部分饮用水水源新兴污染物的环境质量标准进行补充和实行有效监管。

3. 中国

中国对饮用水水源新兴污染物防控也给予了高度关注并采取了行动（见表 5-3）。20 世纪 90 年代以来，原国家环境保护总局（现为生态环境部）发布了多个水环境治理和保护标准——《污水综合排放标准（1996 年）》《城镇污水处理厂污染物排放标准（2002 年）》《地表水环境质量标准（2002 年）》；原卫生部（现为国家卫生健康委员会）发布了《生活饮用水水质卫生规范（2006 年）》等。以这些标准和规范为引导，中国从源头到末端不断完善对新兴污染物的控制要求。“十三五”规划（2016—2020 年）期间，中国顺应智慧城市的发展潮流，推进水务信息化建设，先后在上海浦东新区和深圳建立区域智慧水务平台，推荐智慧水务的应用实践，为新兴污染物的智慧监测提供平台。

表 5-3　中国出台的饮用水水源新兴污染物防控政策

时　间	主要措施	具体内容
1996 年	原国家环境保护总局发布《污水综合排放标准》	对部分新兴污染物的排放浓度设定限值
2002 年	原国家环境保护总局发布《城镇污水处理厂污染物排放标准》	进一步限制新兴污染物的排放
2002 年	原国家环境保护总局发布《地表水环境质量标准》	为多氯联苯（PCBs）在饮用水中的含量设置浓度限值

续表

时　间	主要措施	具体内容
2006 年	原卫生部发布了《生活饮用水水质卫生规范（2016 年）》	为 EDCs 和 PAHs 在饮用水中的含量设置浓度限值
2007 年	启动《中国履行〈关于持久性有机污染物的斯德哥尔摩公约〉国家实施计划》	推动对二噁英等新兴污染物的减排
2016 年	响应“十三五”规划，推进水务信息化建设	为饮用水水源新兴污染物的监测提供平台

5.2.2 基于文献和专利分析的研发态势

新兴污染物（Emerging Contaminants，ECs）一词于 2003 年由 Mira Petrovic 等人首次提出，指尚未被列入相关的管理或管制名单的污染物。这些污染物通常对人类健康和生态环境会产生潜在或实质性危害。本节以“Emerging Contaminants”为关键词，通过检索 Web of Science 数据库，得到 2003—2020 年全球饮用水水源新兴污染物防控领域年度论文发表数量变化趋势，如图 5-1 所示。从图 5-1 可以看出，新兴污染物虽是一个较新的概念，但其相关领域的研究在过去 20 年间得到发展。这一过程主要分为 3 个阶段：2003—2007 年，起步阶段；2008—2015 年，发展阶段；2015—2020 年，快速发展阶段。

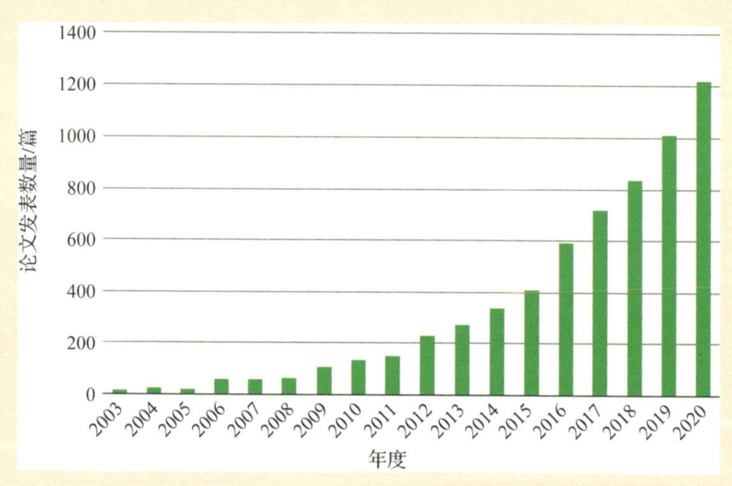

图 5-1　2003—2020 年饮用水水源新兴污染物防控领域年度论文发表数量变化趋势

自饮用水水源新兴污染物相关研究开展以来，形成了全球共同参与，美国、中国、西班牙领先的研究格局。主要国家在饮用水水源新兴污染物防控领域的论文发表数量占比如图 5-2 所示。其中，美国、中国、西班牙、意大利、德国、加拿大、巴西在 2003—2020 年发表的本领域论文数量占全球本领域总发表论文数量的 69.49%，由此可以看出，以上 7 个国家在饮用水水源新兴污染物防控研究方面比较活跃。美国仍处于领先位置（占比为 19.99%），中国紧随其后（占比为 16.12%）。以上情况也说明中国对饮用水水源新兴污染物防控研究十分重视，相关学者已经在相关领域不断深入研究、积极创新。

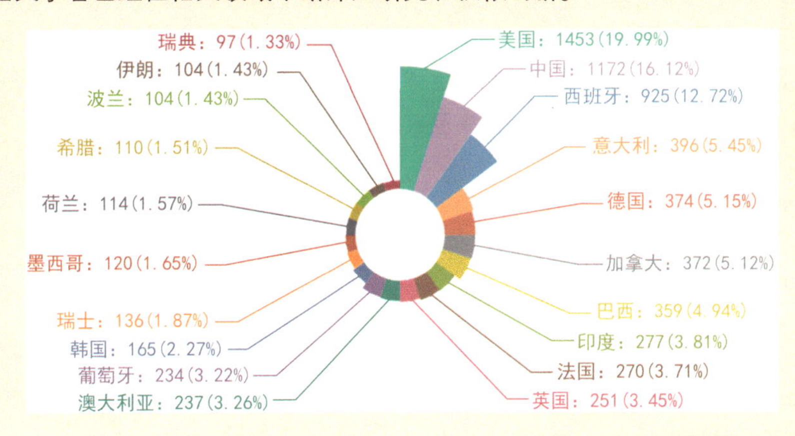

图 5-2　主要国家在饮用水水源新兴污染物防控领域的论文发表数量占比

2003—2020 年全球饮用水水源新兴污染物防控领域研究涉及的主要学科及其对应的论文发表数量如图 5-3 所示。从图 5-3 可以看出，全球饮用水水源新兴污染物防控领域的研究涉及污染物检测、风险评估、防控、系统管理等领域；与环境科学、环境工程、水源、化学工程、毒理学等学科相关联，是多学科交叉的研究领域。

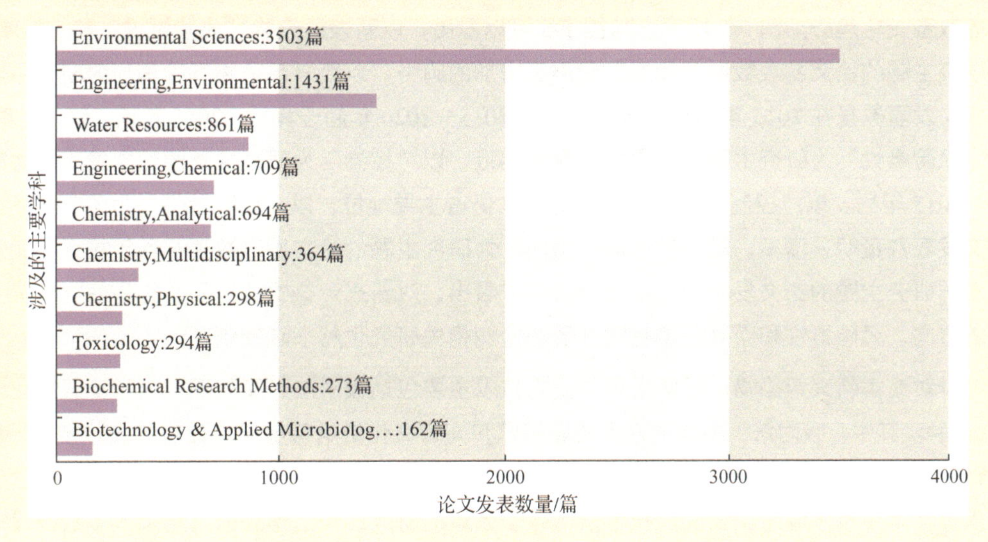

图 5-3　2003—2020 年全球饮用水水源新兴污染物防控领域研究涉及的主要学科及其对应的论文发表数量

2003—2020 年全球饮用水水源新兴污染物防控领域论文关键词词云分析如图 5-4 所示，从图 5-4 可以看出，“water”是高频率关键词，说明以水体为载体的分布形式是新兴污染物的主要分布形式。大量研究表明，地下水、地表水、暴雨废水等多种水环境中都能或多或少地检出新兴污染物，其迹象在污水（waste-water）处理厂中最显著，并可进一步通过环境迁移和转化扩散到其他水源中。同时可以看出，全球饮用水水源新兴污染物防控领域的研究热点主要集中在药物及个人护理品等新兴污染物及其毒性评估、去除技术等方面。

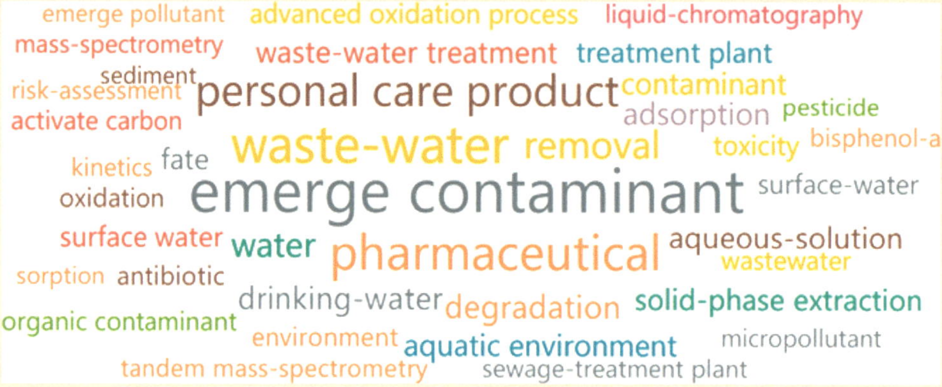

图 5-4　2003—2020 年全球饮用水水源新兴污染物防控领域论文关键词词云分析

2003—2020 年全球饮用水水源新兴污染物防控领域 3 个研究主题及其相对应的年度论文发表数量变化趋势如图 5-5 所示。从图 5-5 可以看出，以新兴污染物“风险毒性”和“控制”为研究主题的论文发表数量总体上呈现逐年增加的趋势，以新兴污染物“检测”为研究主题的论文发表数量在 2015 年前存在波动性，在 2015—2020 年趋于稳定。2015 年前，以“检测”和“风险毒性”为研究主题的论文发表数量相近，以“控制”为研究主题的论文发表数量较多。2015 年后，以“控制”为研究主题的论文仍占主导地位，以“风险毒性”为研究主题的论文发表数量明显增多，逐渐超过以“检测”为研究主题的论文发表数量并逐年拉开差距。从不同研究主题的论文发表数量变化趋势可以看出，对新兴污染物的控制始终是研究者最关注的方向，风险毒性和新兴污染物赋存形态检测相关研究也越来越受到关注。

针对这类新兴污染物，所能采用的去除技术主要包括吸附法、膜处理技术和高级氧化法等 10 种。其中，吸附法、生物法、膜处理技术和高级氧化法是目前研究最多的去除技术，这 4 个技术领域的论文发表数量约占图 5-6 中的 10 个技术领域总论文发表数量的 70%。尽管研究人员在饮用水水源污染物去除技术领域做了大量的研究，但是这些研究结果大多数都没有到达中试和实际运行阶段，这一技术领域论文基本是关于实验室研究结果，占比达到 93%，如图 5-7 所示。

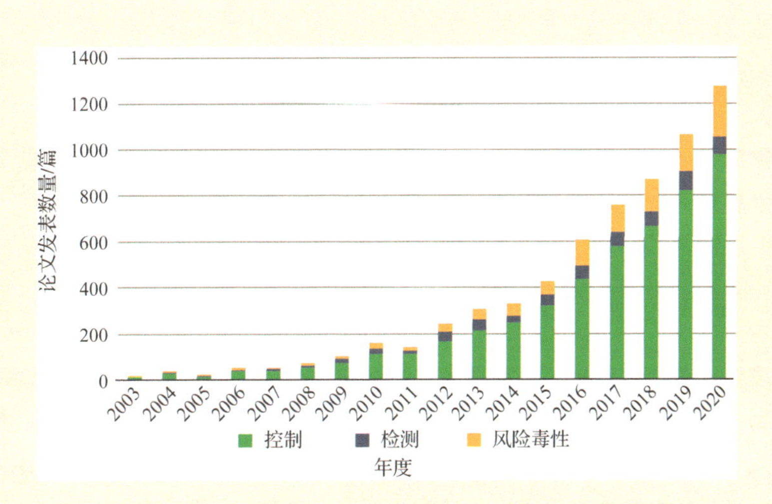

图 5-5　2003—2020 年全球饮用水水源新兴污染物防控领域 3 个研究主题及其相对应的年度论文发表数量变化趋势

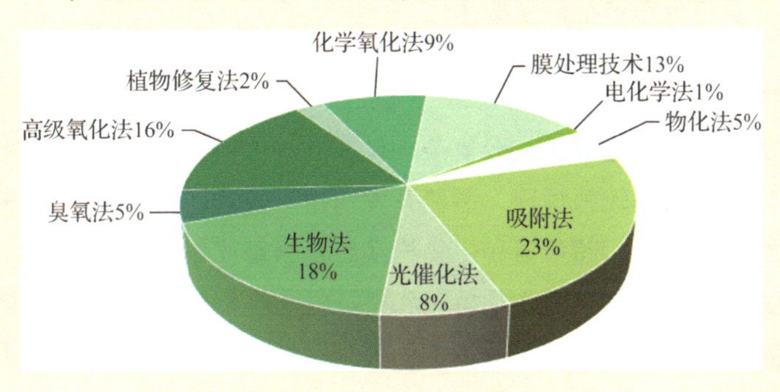

图 5-6　饮用水水源新兴污染物主要去除技术及其相对应的论文发表数量占比

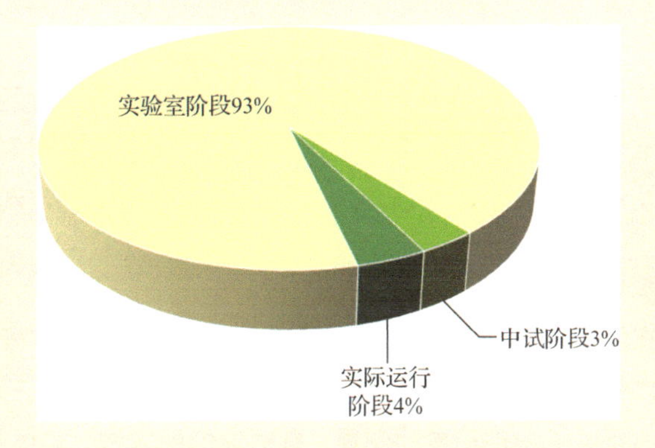

图 5-7　饮用水水源新兴污染物去除技术试验阶段论文发表数量占比

5.3 关键前沿技术发展趋势

经过专家研讨，对饮用水水源新兴污染物防控的关键技术进行了态势扫描，并对关键前沿技术及其发展趋势进行如下分析。

5.3.1 新兴污染物检测标准化技术体系

在水环境中，有几类新兴污染物最为常见，即内分泌干扰素、药品和个人护理用品、新兴消毒副产物、全氟化合物（PFCs）等。随着检测技术的进步，一些新的或刚被检出的物质也逐渐被纳入了 EDCs 范畴。例如，水处理过程中产生的新兴消毒副产物（DBPs）、微塑料等化学品和新兴的病原微生物等。检测技术是新兴污染物鉴别和分析的直接手段。由于新兴污染物一般浓度较低、成分未知，因此，对其进行定性和定量分析难度大，分析技术一直是研究新兴污染物来源与分布特征的重要手段。

1. 快速、高效、灵敏的检测技术

新兴污染物水样多为痕量级且成分复杂。目前的水样检测技术包含萃取、净化、浓缩富集等多个前处理步骤，操作较为烦琐，需要开发快速、高效、灵敏的检测技术。具体如下：开发适用于污染水样中痕量、超痕量和生物样品等复杂基质中超低浓度分析物测定的一体化前处理技术；建立新兴污染物关键物化特性和特征性化合物数据库，组合应用大数据、生物信息学开发高效精准的新兴污染物溯源技术；提升定性和定量分析技术的灵敏度、操作的简便性和检测的快捷性。

2. 新兴有机污染物检测多技术联用

新兴污染物水样成分复杂，采用单一检测技术进行成分分析十分困难。为实现对复杂新兴污染物混合物的精准测定和分析，需要将不同先进的检测技术进行联用。例如，利用色谱分离能力和质谱定性功能的互补性，对新兴污染物水样进行精准测定和分析。

3. 微塑料量化分析技术

微塑料一般分布在淡水水体和处理过的饮用水中，威胁着饮用水安全。近年来，针对微塑料颗粒污染的研究广受关注。然而，微塑料的检测比较困难，尚未形成相关标准。需要开发高效的分析方法；研究粒子识别和自动测量、自动评价的方法，实现对微塑料的全面分析；确定统一的量化标准，深化对微塑料污染的认识。

4. 新兴病原微生物检测技术

新兴病原微生物包括耐氯或抗紫外线的病毒和微生物、具有抗生素耐药性的细菌等。新兴病原微生物检测技术的研究内容如下：依靠现代生物技术手段，发展适用于生化水平、基因水平和蛋白质水平等多层次的微生物检测新技术；关联新兴微生物的污染评估和流行病学研究，对新兴微生物的阈值进行调整。

5. 自动化、智能化、高效的水质在线监测技术

传统随机采样及实验室分析技术容易产生时间差，存在滞后性。自动化、智能化、高效的水质在线监测技术研究内容如下：研发先进的智能传感技术，利用先进的科学技术实时监测水渗流的路径和污染物的迁移，引入先进的比例采样技术，结合实时传感器，实现对饮用水中各种污染物的实时监测，可作为早期预警工具，快速地应对潜在的污染事件，提高污染物应急响应的反应时间。在该子领域，以在线自动分析仪器为主，应发展先进的传感器技术、自动检测和控制技术、软件分析技术及无线数据传输等。

5.3.2 新兴污染物健康风险效应评价体系

1. 基于分子技术的健康风险评价技术

该关键技术旨在全面掌握新兴污染物的生态与毒性，具体应发展的前沿技术如下：跟随毒理学研究的发展进程，建立一个从个体水平到分子水平、从整体到微观、从急性毒性发展到慢性毒性的全方位新兴污染物毒性评价体系；发展全基因组的分子技术，通过基因表达反应等分子技术关联传统毒理学的毒性终点和基因表达，揭示从分子水平到个体水平的毒性效应，统一急性毒性和慢性毒性的表征，进而完善新兴污染物毒性评价体系。

2. 基于计算化学、分子模拟手段构建虚拟污染物数据库

由于试验获得的新兴污染物与毒理关系的局限性，对现有新兴污染物的类似物或衍生物，需要结合计算机手段对其物化性质与毒理特性进行合理地预测。该关键技术旨在通过建立数学模型，将新兴污染物的化学结构特征与其生物毒性相联系，即给出生物毒性和化学结构特征之间的数学关系，用于预测未知污染物的生物毒性，缩短对未知污染物的响应时间，最终获得更为全面的新兴污染物毒理数据库。

3. 基于大数据完善新兴污染物风险效应

当前，风险评价大多基于单一新兴污染物指标，缺乏多污染物复合评价，需要研究基于大数据完善新兴污染物风险效应，具体研究内容如下：借助计算机模拟技术和已有的生物化

学信息，构建新兴污染物风险评价总体框架，通过构建各类数据模型完善各模块的协同效应，实现对巨量信息的关联分析、实时分析和动态监测，提升对新兴污染物的风险评估精度，缩短风险评估时间，建立多目标物、多途径的全面健康风险评价体系。

5.3.3 新兴污染物实用型防控技术

1. 前端绿色制造技术

在产业链上游推广绿色制造技术，可以有效遏制新兴污染物的产生源头，降低环境中的新兴污染物存量，进而降低新兴污染物去除成本。前端绿色制造技术研究内容具体如下：产品绿色化，使用不易产生新兴污染物的原料代替具有环境风险的化学品；生产流程绿色化，采用绿色生产技术代替高毒高危生产技术、工艺流程；三废绿色化，针对制造产生的废气、废液、废固三废，统一处理其中所含的新兴污染物，控制制造过程产生的新兴污染物向环境排放。

2. 基于智慧水网的新兴污染物转移监测技术

结合物联网、大数据、人工智能等新一代信息技术，构建互联的智慧水网，实现对饮用水水源新兴污染物的自动感知、自动分析、自动控制，是智慧水务发展的必然趋势。需要发展的智慧水质控制的全流程如下：利用在线监测设备和信息传输设备实时监测水质，利用云计算、大数据、人工智能等技术分析水质信息，利用控制设备调控水网和净化设备的运行。自动感知的实现，需要基于监测技术、信息传输技术，开发智慧水表等终端设备；自动分析的实现，需要构建高效智能的城市水务信息数据库、数据运营平台、管网监测平台和评估体系；自动控制的实现，需要构建高精度实时管网水力水质模型、开发智能化管网控制设备。

3. 新兴污染物实用型去除技术体系

新兴污染物去除技术主要有 3 种方式——化学法去除、物理法去除及生物法去除。化学去除法中的高级氧化技术最为先进，这种去除方式又包含臭氧氧化法、Fenton 氧化法、过硫酸盐活化法等氧化方法，其去除原理是利用氧化水平高的高活性自由基降解新兴污染物；物理法去除的前沿技术主要为吸附法、膜处理技术，二者分别利用选择性吸附和选择性通过的原理分离新兴污染物和水体；生物法去除的前沿技术主要为生物酶去除技术，该技术利用特异性酶在温和环境下高效去除新兴污染物。针对以上前沿技术，仍需进一步探究去除机理、优化去除条件、提升去除效率、摸索大规模工业应用条件。

4. 绿色、高效的新型水环境功能材料开发

纳米材料等新材料的开发为饮用水水源新兴污染物的去除提供了更高效、更环保的选择。

应关注的研究方向和关键技术如下：高效催化的新型催化剂，绿色、高效吸附的新型吸附材料，如沼渣生物炭等，抗氧化、耐污染型高性能膜材料等；基于仿生材料启发的新材料开发；与 3D 打印技术联用定向开发特定结构的新材料。上述新材料的开发还应兼顾廉价、易得、高效，以适用于工业应用。

5. 基于多技术联用的新工艺开发

开发基于多技术联用的新工艺，可以有效地发挥各技术特点的互补优势，提高复合污染物的综合去除效率。联用技术主要包括以下几项：化学法和物理法去除技术联用，化学法原位去除物理法富集的新兴污染物、物理法收集由化学法产生的有害副产物，实现深度处理；太阳能技术与耗能技术联用，使去除工艺更绿色环保；自然过程与去除过程联用，如河岸过滤和反渗透联用，利用地形结构降低能耗；基于在线监测、人工智能的智能工艺流程开发，针对实时观测的水质进行相应工艺处理，实现灵活、高效、低排放的目标；新技术与传统技术联用，如可以提高材料和反应体系接触面积的纳米技术。

5.4 技术路线图

5.4.1 需求与发展目标

1. 需求

2020 年发布的《中共中央关于制定国民经济和社会发展第十四个五年规划和 2035 年远景目标的建议》中提到了重视新兴污染物治理的内容。中国生态环境部部长也强调要加大对新兴污染物治理力度，重视新兴污染物评估治理体系建设。对新兴污染物的管理控制和治理力度，要符合中国和国际社会管控化学品环境危害的标准，这是中国饮用水安全保障的迫切需求，也是国家打好"碧水保卫战"的重要部分。

在水治理方面，无论是对 COD、BOD 的控制还是对新兴污染物的风险防控，发达国家已经形成了较为丰富和完善的治理体系。因此，为了能够更好地保护水环境、保证饮用水安全，中国亟须建立更加成熟的新兴污染物风险评价及控制技术体系，丰富风险评价方法相关的理论，分析并把控重点风险源，更新适应国情在本领域的相关技术。利用这一系列的理论和技术，为中国在本领域的发展提供理论和技术支持。

2. 发展目标

针对饮用水安全保障面临的新挑战和新兴污染物的防控需求，需要大力发展高效、灵敏的新兴污染物检测技术，实现污染物识别和清单研究；开展新兴污染物生物毒性和健康风险评价体系研究，发展绿色、高效的新兴污染物实用型去除技术，研发并构建大数据分析的新兴污染物转化迁移体系的智慧化水网。通过攻克上述关键技术，研发具有自主知识产权和国际竞争力的新兴污染物防控技术与装备，掌握一批世界领先的关键核心技术，实现新兴污染物防控体系的标准化、优质化；基于上述实用型去除技术和智能化供水系统，对自来水厂进行升级改造，建立相互关联和相互依托的示范工程，为面向 2035 年的中国饮用水水源新兴污染物防控提供较为完善的理论、技术和平台支撑，进一步为中国饮用水安全提供保障。

5.4.2 重点任务

实现饮用水水源新兴污染物防控技术的重点任务包括以下 4 个方面：

（1）完善新兴污染物对饮水安全评价体系。

（2）加快新兴污染物环境与健康风险评估平台建设。

（3）加强饮用水供水系统中的新兴污染物的智慧化监测。

（4）发展和储备绿色、高效的新兴污染物控制技术与装备。

1. 优先发展的基础研究方向

1）新兴污染物识别的理论与方法

新兴污染物水样成分复杂，识别单一成分的高风险污染物极具挑战性。为解决这一问题，需要开展的基础研究如下：研发整合分析化学和生物学检测的环境分析方法，根据化学品的理化性质对其进行分级分离，采用计算手段鉴别不同组分的毒性贡献；构建一个基于分子技术的健康风险评价体系，对毒性鉴定评价方法进行多方位、多层次的完善；利用计算机构建辅助模型，对定量结构-活性相关等毒性外推方法不断进行完善和丰富，并利用模型分析得到各种物种毒性的数据，再利用这些数据建立物种敏感性分布模型。此外，还要利用模型对环境进行预测和评估，深入研究新兴污染物对人体暴露和生物累积方面的危害，建立完善的体系以便评价人体健康和新兴污染物；建立快速、高效、灵敏的新兴污染物实时监测系统，加强新兴污染物监测力度和普查水平。

2）新兴污染物控制方法与原理

新兴污染物去除原理的基础研究对揭示去除历程、预测去除效果、提高去除效率等至关重要。应重点探究的原理如下：新型去除方法的原理，如化学法去除和物理法去除联用的原理；新兴污染物去除体系的去除原理，如不同吸附剂或不同反应体系的去除原理；构效关系的原理，如膜结构与去除效率的关系及膜结构的精细调控；接近实际场景的多污染物吸附原理，以实际水源为对象探索新兴污染物去除原理。

为准确把握新兴污染物在环境中的转移、归趋行为，需建立从源头到受体定量分析新兴污染物生命周期的分析方法。需构建的模型包括转移路线模型、环境条件下新兴污染物化学反应模型、污染物在环境相界面分配行为模型、转移过程中污染物衰减模型等。综合各环节模型与大数据库得出环境多介质归趋模型，利用多变量分析方法得到新兴污染物转移过程中的关键变量，从而通过关键变量实现饮用水水源新兴污染物的防控。

2. 重点产品

1）新兴污染物一体化检测技术与高端设备

该重点产品包括完善新兴污染物常规检测方法、形成高灵敏度新兴污染物离线检测技术、开发便携式高灵敏度新兴污染物检测设备、发展新兴污染物快速高灵敏度检测技术与方法。

2）新兴污染物毒性风险评估系统

该重点产品包括完备的新兴污染物毒性数据库、先进的新兴污染物毒性分析技术、高效的新兴污染物环境风险评估软件。

3）新兴污染物数据库与虚拟构建平台

该重点产品功能目标：基于污染物分析技术，确定、更新新兴污染物的种类与物化性质，获取新兴污染物基础数据和作用参数，结合分子模拟、计算化学构建虚拟污染物，建立新兴污染物的物化性质数据库，获取新兴污染物环境暴露风险基础数据。

4）新兴污染物实用型去除技术的虚拟优化平台

该重点产品功能目标：基于新兴污染物的物理参数和化学结构的数据库，预判、对比不同类型实用型去除技术对特定污染物的去除效率，结合去除效率数据，选择最优去除组合工艺。

5）饮用水智慧供水系统

该重点产品包括以下几项：集成传感器检测网络、高精度实施管网水力水质模型，结合新兴污染物转化迁移和健康风险评价数据体系，建立“监测—模拟—评估—预测—决策”一体化的智能水网，实现对供水系统中新兴污染物监测的科学化、精细化和智能化，打造前瞻性的未来智慧水厂是新兴污染物防控的重要方向。

3. 示范工程

依托面向 2035 年的饮用水水源新兴污染物防控技术，选择存在新兴污染物风险的自来水厂，构建“预处理+强化常规+实用型去除工艺”的多级屏障处理技术，开发绿色、高效的饮用水水源新兴污染物控制技术，对各项生产参数进行优化，对常规自来水供水工艺改造升级。

5.4.3 战略支撑与保障

1. 加强科技攻关，提高自主创新能力

从国家层面，在国家科技计划中加大力度设立“新兴污染物防控”重点专项，统筹国内科技力量，加强“产、学、研、用”结合，打造综合性研究平台，实现科研和工程成果数据共享。对核心技术，则需要重点突破，研发出先进的新兴污染物防控技术与装备，打造出市场竞争力强的品牌装备，并不断深入研究这个领域，为中国突破技术垄断奠定基础。同时，发挥“新兴污染物防控”重点专项总体专家的作用，加强防控战略和政策研究；跟踪国内外相关研究前沿和最新进展，加强学术研讨，并提出符合中国国情的科学策略和针对性举措，为饮用水水源新兴污染物的防控研究取得更多突破性成果提供保障。

2. 加强监管制度，完善相关法律法规

建立饮用水水源新兴污染物的防治制度体系，覆盖污水处理厂、医院、养殖场等污染点源，制定相关政策法规，加大监察力度，对主要污染物排放行业加强监管、检查、整改、验收，从根本上控制新兴污染物的排放，降低对水环境的污染。充分发挥政府和相关行业在政策、标准、法规制定方面的主导性，建立适应中国国情并与国际接轨的新兴污染物防控的国家、行业和团体标准体系。完善新兴污染物防控体系，健全评估机制。不断参与本领域国际标准制定中，发挥自身的优势和作用，建立技术标准，并不断推动该标准走向，以此增强中国的国际影响力。

3. 加强学科建设，发展人才培养体系

新兴污染物防控涉及环境化学、生物学、分离工程和分析化学等，在现有环境学科基础上，建立完整且有序全面的学科体系，增设新的学科增长点。培养饮用水水源新兴污染物防控领域的人才，培养多部门统管的水环境领域人才，建立竞争性的科研管理机制。

4. 加强宣传引导，强化公众沟通机制

提高政府部门的引导力，整合政府环保部门、科研院所、高等院校、行业协会等多方资源，推进科普宣传和公众沟通，进一步增加公众的环境保护意识，促使公众自觉保护环境，调用相关的知识科学处置过期药品等新兴污染物。公众整体参与对落实新兴污染物防控具有重要意义。

5.4.4 技术路线图的绘制

面向 2035 年的中国饮用水水源新兴污染物防控技术路线图如图 5-8 所示。

里程碑	子里程碑	2020年 → 2025年 → 2030年 → 2035年
需求		中国新兴污染物防控处于起步阶段，亟须建立完善的新兴污染物防控体系
		新兴污染物防控是中国饮用水安全保障的迫切需求，是打好“碧水保卫战”的重要部分
目标	建立标准化、优质化的饮用水源新兴污染物防控体系	大力发展高效、灵敏的检测技术，建立新兴污染物识别体系与清单研究
		基于大数据构建新兴污染物转化迁移规律体系，建成饮用水源新兴污染物监测的智慧化水网
		做好关键去除技术攻关，研发具有自主知识产权的防控技术与装备
重点任务		完善新兴污染物对饮用水安全影响的评价体系
		建设新兴污染物环境与健康风险评估平台
		发展和储备绿色、高效的新兴污染物控制技术与装备
		建立饮用水供水系统新兴污染物的智慧化监测体系
基础研究方向		依托环境化学、分子生物学、计算化学等基础学科，发挥组学优势，建立污染物识别的理论与方法
		融合化学工程、环境工程等工程应用科学，探明新兴污染物控制方法与原理
重点产品	新兴污染物一体化检测技术与高端设备	高灵敏度新兴污染物离线检测技术 → 便携式新兴污染物检测设备 → 高效、快速的新兴污染物在线检测系统
	新兴污染物毒性风险评估系统	先进的新兴污染物毒性分析技术 → 新兴污染物的毒理数据库 → 高效的新兴污染物环境风险评估软件
	新兴污染物数据库与虚拟构建平台	积累新兴污染物环境暴露风险基础数据 → 建设新兴污染物物化性质数据库
	新兴污染物实用型去除技术的虚拟优化平台	基于新兴污染物去除技术的原理，构建污染物体系与技术的虚拟优化平台，提供实用型去除工艺的解决方案
	饮用水智慧供水系统	高精度实施管网水力水质模型 → 建设集成传感器检测网络 → 新兴污染物转化迁移和健康风险评价数据体系
关键前沿技术	新兴污染物检测标准化技术体系	新兴有机污染物检测多技术联用；开发微塑料量化分析技术；开发新兴病原微生物检测技术 → 开发快速、高效、灵敏的检测技术 → 开发新兴污染物在线监测技术
	新兴污染物健康风险效应评价体系	基于计算化学、分子模拟手段构建虚拟污染物数据库 → 基于分子技术开发健康风险评价技术 → 基于大数据完善新兴污染物风险效应评估完整度
	新兴污染物实用型防控技术	优化前端绿色制造技术 → 开发基于智慧水网的新兴污染物转移监测技术 → 基于绿色高效目标开发新材料 → 优化新兴污染物实用型去除技术体系 → 基于多技术联用开发新工艺
示范工程	“预处理+强化常规+实用型去除工艺”	开发绿色、高效的饮用水新兴污染物控制技术 → 优化污水处理生产参数 → 改造升级常规自来水供水工艺
战略支撑与保障	加强科技攻关 提高自主创新能力	设立加强“新兴污染物防控”重点专项
		“产、学、研、用”结合，实现科研和工程成果数据共享
	加强监管制度 完善相关法律法规	完善新兴污染物防控领域的强制性标准，健全标准实施效果评估机制
	加强学科建设 发展人才培养体系	积极进行有效的跨学科队伍建设，完善人才发展体系，稳定、壮大新兴污染物防控专业人才队伍
	加强宣传引导 强化公众沟通机制	政府部门利用科普宣传和公众沟通等手段，引导公众重视新兴污染物防控

图5-8　面向2035年的中国饮用水水源新兴污染物防控技术路线图

小结

当前，中国饮用水安全保障已取得阶段性成果，但水体中新兴污染物的频繁检出给饮用水安全保障带来了新挑战，中国在新污染物防控与治理方面的发展还十分不完善。在国家政策引导和驱动下，新污染物已成为中国“十四五”期间和长期治理的新焦点和新领域。本研究基于文献的研究热点和专利的应用方向，结合专家的意见修正，预测了中国未来 15 年内新兴污染物的防治技术路线发展，对当前的主流技术和未来的潜力技术进行了重点介绍，为下一步的科技立项、产业扶植和政策支持提供了明确的方向，为中国饮用水安全保障的中长期发展提供战略决策支持，助理打赢污染防治攻坚战和“碧水保卫战”。

第 5 章撰写组成员名单

组　长：侯立安

成　员：张　林　张雅琴　姚之侃　周志军　李　鸽　窦　竞　许施荧

执笔人：张　林　张雅琴

6

面向2035年的中国信息产品制造生产线数字化测量技术路线图

6.1 概述

信息产业是中国工业发展的重点领域，信息产品的大规模流水线制造模式，对在线高效率数字化测量技术需求十分迫切。本课题拟在“工业4.0”背景下，面向信息产品制造领域，重点针对信息产品制造生产线数字化测量技术，对国内外取得的重大研究进展与突破、目前存在的重大科学问题与关键技术问题、具有发展优势的新技术路线、重点应用需求，以及产业前景、发展战略、产业政策等进行深入研究。研究以产业需求为导向，以数据为支撑，清晰梳理中国在本领域的技术发展水平、行业现状和差距，精准预判本领域发展态势与重点突破方向，提出本领域的发展战略、发展路线、产业政策和科研政策等建议，促进中国信息产业升级与技术变革，推动制造强国战略等国家战略规划的实施。

6.1.1 研究背景

2013年，德国在汉诺威工业博览会上提出“工业4.0”概念，目前这一概念被多国接纳并优化。随着第四次工业革命的到来，生产制造数据量急剧增多，“工业4.0”可链接范围越来越广，响应速度越来越快。作为“工业4.0”的重要组成部分，信息产业对世界经济发展的贡献度越发突出，逐渐成为世界经济和社会发展的重要驱动力，也是中国未来工业发展的重点领域。智能制造是“工业4.0”时期信息化背景下制造业的发展方向，以组建信息产品智能制造生产线为目标，先进的数字化测量技术是其中关键一环。

中国一直高度重视测试计量技术体系与仪器体系的发展。随着科学技术的不断进步，各种重要性、前瞻性的科研成果不断涌现，中国测试计量技术体系与仪器体系逐渐完善，保证了统一准确的全国单位制、量值及测试计量手段。中国目前在几何量、时频等相关测量细分领域，已处于国际前列水平，但在测量基础技术，如核心传感器、基础材料、基础工艺、基础软件等关键技术方面积累明显不足。薄弱的基础使中国信息产品制造生产线数字化测量技术面临自主可控的考验，若后续发展不力，则极有可能陷入相关技术、产品和市场被国外瓜分的境地，在技术竞争和贸易战中处于不利地位。

新一代信息产品制造多以超大/极大规模集成电路为基础，在高集成度的基础上，尺寸缩小至微米甚至纳米级别。在生产过程中多采取大规模流水线制造模式，对各制造环节的精确度均有更严格的要求，在此模式下对在线数字化测量技术的需求也愈发强烈。信息产品制造是中国智能制造的基础，为了能在智能制造领域取得国际竞争力、面向2035年实施科技强国和制造强国战略，需要积极推动测量技术更新换代，实现信息产品制造测量的自动化、数字化、网络化与智能化；提升企业的认识水平和对新一轮科技变革的重视程度，构建信息产品制造生产线的高端测量仪器体系；严格把控生产环节中的核心传感与测量技术，积极迎接新一轮工业革命与科技变革的到来。

6.1.2 研究方法

项目组根据信息产品制造生产线数字化测量技术领域的发展趋势，利用中国工程科技战略咨询智能支持系统（简称智能支持系统），通过调研和分析美国、德国、日本、中国等国家和地区在信息产品制造生产线数字化测量领域的研究现状，开展相关研究论文和专利的定量统计，从多维度、多角度，宏观分析了目前信息产品制造生产线数字化测量技术领域的总体态势。

课题组同期采取线上、线下相结合的方式，线上利用智能支持系统进行关键词共现网络分析，筛选全球相关技术清单，构建聚类清单。线下课题组进行了多方走访调研，并制作信息产品制造生产线数字化测量技术发展战略研究调查问卷，利用 2020 年举办的“国际高端测量仪器高层论坛暨第 11 届精密工程测量与仪器国际会议（IFMI & ISPEMI 2020）”的契机，邀请参会专家填写调查问卷，统计和分析调查结果。最终形成包含 13 项前沿技术的清单，并绘制出本领域技术路线图。

6.1.3 研究结论

在新一轮科技革命和中国信息产业快速发展的新形势下，信息产品制造生产线数字化测量技术发展十分迅猛。从全球市场看，美国仍具有技术领先优势，不论信息产品迭代、数字生产线建设和测量技术成熟度等均处于领先地位；中国在本领域的技术水平正处于并将长期处于发展状态，依托制造强国战略和“十四五”规划，企业数字化转型加速推动产业链间的跨界融合和数字化、网络化与智能化进程。面向 2035 年，中国需建立信息产品制造生产线数字化测量技术体系。一方面，打牢测量领域技术基础，推动信息产品制造领域相关技术发展，促进国家测量技术体系和高端测量仪器体系的深刻变革；另一方面，应从国家层面应引导企业之间积极构建信息化管理框架和数字化检测系统，实现跨部门、跨企业、跨产业链的测量数据管理，构建开放的企业合作平台，有助于组织跨地域、多元化、高效率制造生产，享受数字红利，提升中国信息产品的核心竞争力。

6.2 全球技术发展态势

随着“工业 4.0”时代的到来，世界各发达国家均积极投入新一轮科技革命与产业革命，信息产业化时代的生产线数字化测量技术的快速发展与迭代是必然趋势。从全球市场来看，随着工业技术水平的持续提升、国民消费能力的不断提高、信息产业的快速发展，信息产品制造越来越趋向于大规模批量生产，也推动着信息产品制造生产线数字化测量技术的发展。从2018年以来，全球测试测量设备的市场规模一直保持着3.90%的年均复合增长率。

6.2.1 全球政策与行动计划概况

1. 美国

在奥巴马担任总统，美国政府出台了一系列政策法案，着力于重振本国制造业，期待通过信息产业等高新技术产业的发展带动美国经济的可持续增长。

2011年6月，美国政府正式开启了“先进制造伙伴计划”，后续打出了一系列组合拳，包括“先进制造业国家战略计划” “国家制造业创新网络初步设计”等，积极重振美国实体工业，发展创新型科学与工业技术；建立全球数字化工厂，提高生产效率，优化产业配给。

美国目前的发展方向更侧重于推动信息网络、5G通信、新能源、生物工程等能在未来支撑经济增长的高端产业，旨在优化产业结构，占领更大的国际市场。美国的“工业4.0”更倾向于着眼“软”实力的提升，期望借助数据网络，提升产品价值的创造能力。通用电气公司于2012年提出“工业互联网”概念，希望各个厂商之间数据共享，通过制定标准，打破技术壁垒，更好地促进实体产业和信息产业的融合，最终实现传感器、计算机、云计算系统、企业等实体的全面整合，推动整个工业产业链的提升。

2012年，美国国土安全部、国防部、国家卫生研究院、能源部、地质调查局等联合投资两亿美元，用于启动“大数据研究和发展计划”，旨在搜集、存储、分析、共享核心技术，提高信息获取速度，推进科学和工程领域发展。

2016年，美国先后出台了“先进无线通信研究计划”“推动量子信息科学：国家挑战与机遇”“与基础科学、量子信息科学和计算交汇的量子传感器”等计划，剑指量子通信领域，将量子前沿视为最有潜力的科学方向，分析美国面临的机遇与挑战，并提出相应的应对策略，确保美国在该领域的领先地位。

为确保在半导体领域的长期领导地位，2017年，美国投资15亿美元支持芯片架构、设计、材料与集成方面的创新；2018年，美国投资13亿美元用于支持量子技术相关领域的研究，推动量子科技的发展；同年，美国联邦通信委员会出台《Ray Baum法案》和“5G Fast战略”；2020年，美国政府提出“引领国家频谱战略”和“美国量子网络构想”等规划，均瞄准本领域基础设施的发展，促使市场中设备更新换代，加快美国的5G网络布局。

2. 欧洲

欧洲国家对工业实体经济高度重视，培育出了一批知名企业，如英飞凌、飞利浦、意法半导体等。虽然历经产业整合和重组等波折，但是雄厚的实力使他们在信息产业等高端实体产业仍占据重要的一席之地。伴随着产业的不断竞争、淘汰和重组，形成了完整的可持续独立发展的信息化与智能化制造产业链。

欧洲各国政府对信息和通信等工业技术高度重视和大力支持，同时积极推动各国间产业交流与合作开发，所提出的若干政策在欧洲产生了重大影响。20 世纪 80 年代，欧洲规划了“欧洲信息技术研究发展战略计划”“欧洲先进通信技术研究与开发计划”“欧洲工业技术基础研究计划”“欧洲先进材料基础研究计划”等，注重先进的信息和通信技术开发，并且将通信技术作为发展重点，有力地推动了欧洲各国科技创新能力的提升。

同一时期，欧盟推出“欧洲联合亚微米硅计划”项目，总投资约 30 亿欧元。超过 3000 名工程师、数十个国家、数百家研究机构参与该项目，支持微芯片技术的研发，使欧洲集成电路企业在通信、多媒体等多个领域牢牢占据领先地位，这也是目前欧洲企业竞争优势明显的原因。后期欧盟推出了“欧洲微电子应用发展计划”，作为前一个计划的延续，推动半导体芯片线宽进一步降低，显著增强了欧洲企业的市场竞争力。

欧盟委员会于 2016 年启动“数字化单一市场战略”，在各国提出的工业 4.0、智能工业和未来工业倡议书的基础上，围绕经济支柱产业采取行动措施。这些措施包括利用政策工具、财政支持等，以便所有部门在个人数据处理和数字服务中建立公信力，提升数字经济增长潜力。数字化单一市场战略为先进的数字网络化社会和数字创新型服务提供了适宜的条件和公平的竞争环境，提升了企业的竞争力。

工业是欧洲经济的重要支柱之一，欧盟制造业为 200 万家企业、3300 万个就业岗位和 60% 的生产力增长贡献了力量。在物联网、云计算、大数据和数据分析、机器人技术和 3D 打印等新一代信息技术的推动下，欧洲的产业结构正在发生深刻的变革，各大制造业企业改进工艺流程，开发创新产品和服务，致力于开发低消耗、低污染的新兴技术，以确保自身在全球市场的竞争力。根据最近的研究报告，预计未来 5 年，数字化产品和服务每年为欧洲经济增加超过 1100 亿欧元。

2020 年 3 月，欧盟委员会提出了一系列新战略，包括“数字服务法”“欧洲数据策略”“欧洲工业战略”等，帮助欧洲数字化制造业获得战略自主权，提升竞争力。

3. 日本

相对欧美自由市场经济发展模式而言，日本政府在市场经济调节中扮演了重要的角色，这种发展模式对中国制造业和服务业的发展具有一定的借鉴意义。

20 世纪 90 年代，日本处于“失去的十年”阶段，制造业转型十分吃力，导致产业空心化。同时，人口老龄化问题严重。对此，日本借助全球新一轮技术革命与产业调整机遇，在 1995 年颁布了《科学技术基本法》，提出应大力发展科技服务行业，将“科学技术创造立国”作为本国的基本国策，积极开发软硬环境，提高自主创新能力，加强科研投入，深入改革和调整人才培养模式，为制造业发展保驾护航。

2001 年，日本颁布了《推动形成高度信息化社会基本法》，成立了 IT 战略本部，政府与企业合作推进 e-Japan 计划，将包括信息服务业和 IT 制造业在内的信息产业作为未来发展的重点投资方向，推动信息服务资源的普及，将日本建设成完全的信息社会。经过努力，日本的信息服务业很快发展成为第一大产业，与传统的汽车、钢铁等制造业充分融合后，通过提高产品生产环境的信息化、自动化、智能化和精密化水平，减小制造过程中出现的误差，从而降低生产成本，缩短生产调试时间，增加产品创新性和科技感，提高制造业产品附加值，促进符合时代趋势的先进制造业发展。

4. 中国

中国工业经济摒弃了西方盛行的自由放任政策，启动优化自身产业结构政策以强化自身优势，弥补产业链弱项。

2012 年 5 月发布的《高端装备制造业“十二五”发展规划》提出，重点开发新型传感器及系统、智能控制系统、智能仪表、精密仪器、工业机器人与专用机器人、精密传动装置、伺服控制机构和精密元件及其系统八大类典型的智能测控装置和部件并实现产业化，大力推进智能仪表、自动控制系统、工业机器人、关键执行和传动零部件的产业化，开展基于机器人的自动化成形与加工装备生产线研发。

2016 年 12 月发布的《“十三五”国家战略性新兴产业发展规划》提出，促进高端装备产业突破发展，加快推动新一代信息技术与制造技术的深度融合，全面突破高精度减速器、高性能控制器、精密测量等关键技术与核心零部件；做强信息技术核心产业，提升核心基础硬件供给能力，推动智能传感器、电力电子、印刷电子等领域关键技术的研发和产业化。

2017 年 4 月发布的《“十三五”先进制造技术领域科技创新专项规划》提出，针对工业互联、智能制造的高端需求，顺应传感器微型化、集成化、智能化的发展趋势，形成一批高端传感器和仪器仪表产品；研发高精度压力/质量/流量/物位仪表，压力/质量流量仪表在线批量化标定装置，小型化在线分析仪、感知/控制/驱动一体化控制器等产品。

2019 年 12 月发布的《首台（套）重大技术装备推广应用指导目录（2019 年版）》中，列出了 18 项精密测量仪器产品，涉及医疗、装备制造、工业检测等领域。

2020 年 12 月国家市场监督管理总局发布的《关于构建区域协调发展计量支撑体系的指

导意见》指出，应加大“产、学、研、用”合作，以需求为导向，以计量为手段，推动高端仪器仪表的研制和国产化应用，促进仪器仪表产业高质量发展；搭建产业计量测试云平台，鼓励社会资本多元参与，推动“工业强基”和关键测量领域关键核心技术发展。

6.2.2 基于文献和专利统计分析的研发态势

信息产业是未来工业发展的重点领域，信息产品的大规模流水线制造模式对在线高效率数字化测量技术需求巨大。本课题组调研并分析了美国、德国、日本、中国等国家和地区在信息产品制造生产线数字化测量领域的论文和专利情况，结合论文和专利定量分析，从多维度多角度，宏观阐释了本领域目前的总体态势。其中，论文分析数据基于 Web of Science（WoS）数据库，专利及基金分析基于 KOG 数据库。

1990—2020 年信息产品制造生产线数字化测量领域论文发表数量变化趋势，如图 6-1 所示。从图 6-1 可以看出，从 1998 年起，各国开始重视本领域的研究，相关论文发表数量稳步提升。2017—2018 年，本领域的论文发表数量又创新高，分别为 1405 篇、1423 篇、1445 篇，呈现高速发展态势，说明本领域目前处于发展的黄金时期。

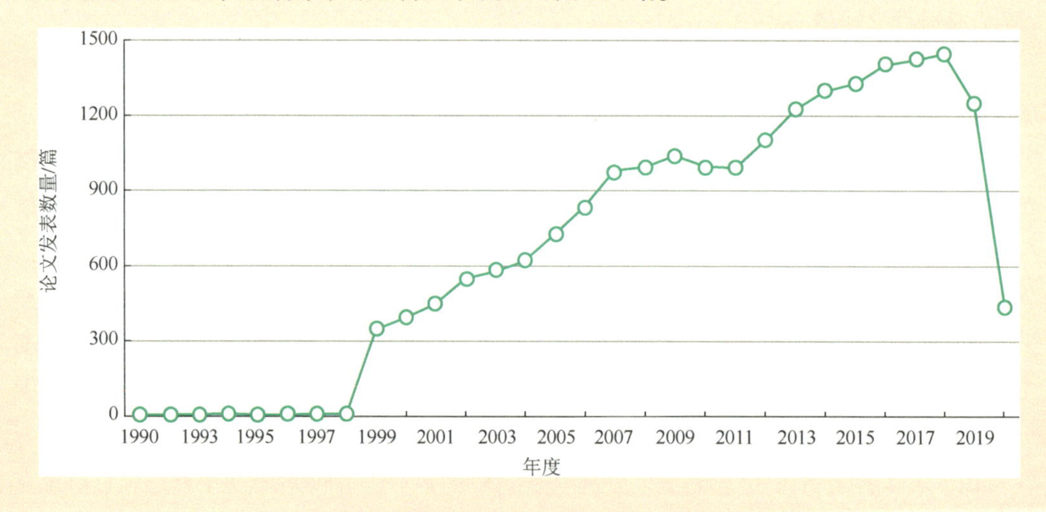

图 6-1　1990—2020 年主要国家信息产品制造生产线数字化测量领域论文发表数量变化趋势

1990—2020 年各国在信息产品制造生产线数字化测量领域的论文发表数量及其占比如图 6-2 所示。从图 6-2 可以看出，美国在本领域处于领先地位。目前，本领域总体发展情况是美国一家独大，中国等其他国家正在奋起追赶。

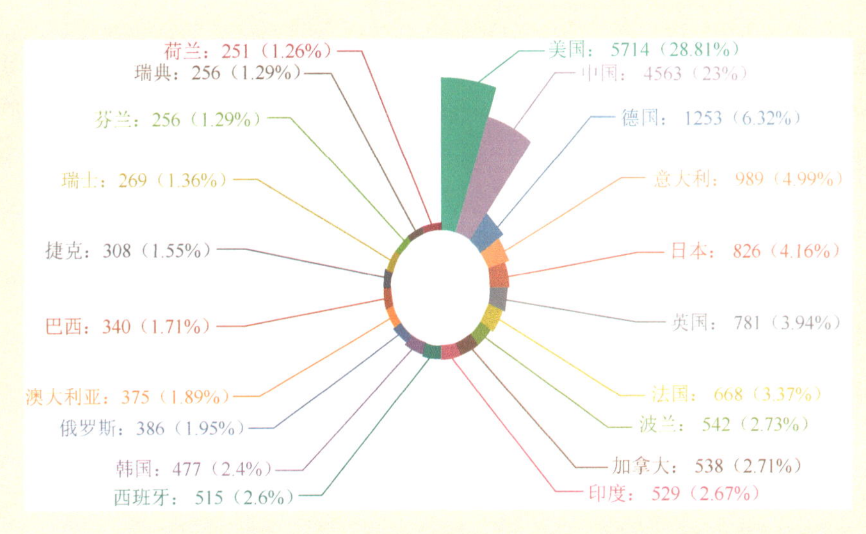

图6-2 1990—2020年各国在信息产品制造生产线数字化测量领域的论文发表数量及其占比

根据专利统计分析结果，1990—2020年，信息产品制造生产线数字化测量技术的专利申请经历了3个增速阶段。1990—2000年，这一时期是本领域技术孵育阶段；2001—2013年，这一时期是稳步增速发展阶段；2014—2020年，进入第二次高速发展阶段。同时，2014年后本领域的发展近似直线上升，说明这一领域是专利申请的热门领域，主要国家和机构都在对这一领域展开研究，利用相关专利技术在市场抢占先机。1990—2020年全球信息产品制造生产线数字化测量技术领域专利申请数量变化趋势如图6-3所示。

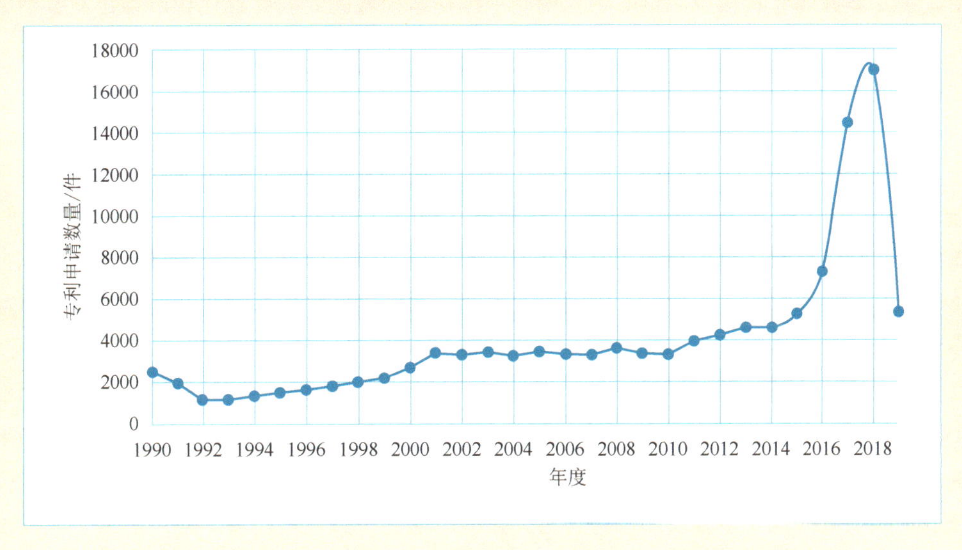

图6-3 1990—2020年全球信息产品制造生产线数字化测量技术领域专利申请数量变化趋势

各国和专利组织在信息产品制造生产线数字化测量技术领域的专利申请数量及其占比如图 6-4 所示。其中，中国在本领域的专利申请数量遥遥领先，美国和日本在本领域的专利申请数量分别排第 2、3 位。

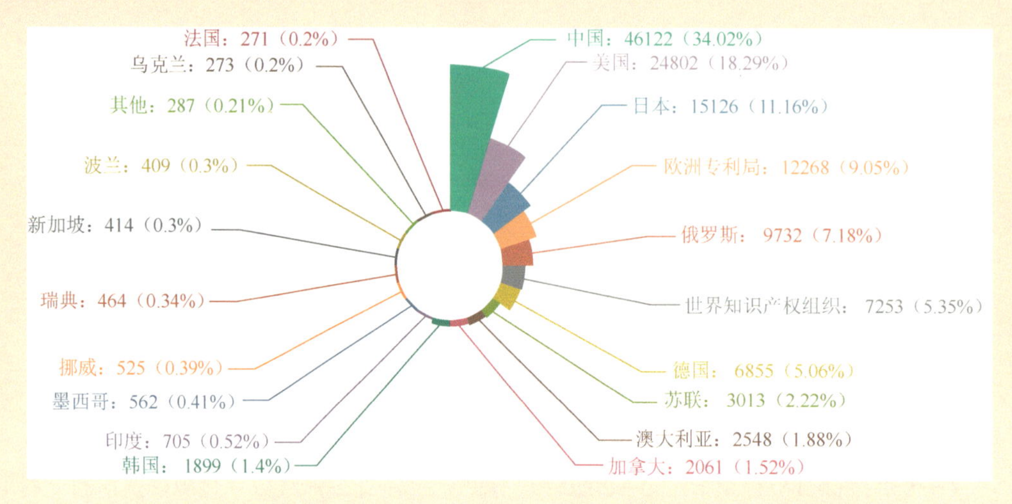

图 6-4　各国和专利组织在信息产品制造生产线数字化测量技术领域的专利申请数量及其占比

值得注意的是，在美国、日本、德国等工业化发展较早的国家，本领域的专利基本掌握在各大企业手中，而在中国信息产品制造生产线数字化测量技术的专利基本掌握在高等院校手中，企业掌握的专利较少。这一现象说明中国在本领域的专利商业化和市场化发展不足。

6.3　关键前沿技术发展趋势

本课题组采取线上线下相结合的方式：线上利用 iSS 平台建立关键词共现网络，筛选全球技术清单，构建聚类清单；线下制作“信息产品制造生产线数字化测量技术发展战略研究”调查问卷，利用召开“国际高端测量仪器高层论坛暨第 11 届精密工程测量与仪器国际会议（IFMI & ISPEMI 2020）”的机会，邀请参会专家填写调查问卷，然后统计分析调查结果，形成本领域关键技术清单。

来自英国、美国、德国、加拿大、日本、瑞士、荷兰、俄罗斯、中国等 12 个国家和地区的 180 余名代表以线上或线下方式参加 IFMI & ISPEMI 2020 会议。同时，该会议通过学术会议直播平台进行直播，实时在线观看人数达到 3200 余人。该会议共同探讨和交流了国际仪器领域的重大前沿问题、主要发展趋势与重大挑战、最新重大突破、重大应用需求，以及仪器产业发展战略等重大问题。与会代表就目前中国仪器领域面临的突出问题、急需的政策支持及未来的发展战略进行了充分的研讨，同时对未来仪器科学研究、共性核心技术攻关、创新链与产业链构建、仪器产业与背景产业需求的有效对接、仪器产业生态环境营建、宏观发展战略等问题进行了深入探讨。

根据调研需求，本课题组对相关信息产品制造、应用与数字化测量技术研发企业进行了实地调研，按照生产厂家实际需求，完善了本领域技术清单。最终本课题组归纳了 3 个子领域代表性的关键前沿技术。

（1）电子与通信测量领域：毫米波与太赫兹测量仪器及系统、网络化测量与分析技术、大规模工业数据采集技术。

（2）传感与检测技术领域：面向信息产品制造生产线的非接触式测量技术、高精度相对/绝对式栅尺测量技术、视觉检测技术、激光传感与测量技术、面向生产线的坐标测量技术、微/纳测量技术。

（3）生产线检测技术领域：生产线在线检测与质量控制技术、机器人柔性检测技术、信息化与网络化技术、数字孪生智能化测量技术。

6.3.1 电子与通信测量领域关键前沿技术

1. 毫米波与太赫兹测量仪器及系统

在 5G 时代和未来的 6G 时代信息通信中，毫米波和太赫兹通信技术、测量技术都将发挥重要的作用。高频毫米波、太赫兹频段的通信数据流速率可以高达几十吉比特每秒，高速率低延迟，有望在未来给用户带来更好的体验。开展毫米波和太赫兹测量技术研究的基础是开发相应的检测仪器与设备。早期的精密元器件工艺基础薄弱，无法满足毫米波和太赫兹测量仪器的要求。面向信息产品制造生产线的需求，需研发毫米波和太赫兹信号高效检测、快速响应和高灵敏度的检测设备和关键技术，提升检测效率和速度。

2. 网络化测量与分析技术

大规模信息产品制造生产线应用及其升级换代，使测量数据的复杂程度和数据量不断攀升，这对数据测量与分析系统的数据吞吐量和可靠性提出很高的要求。网络化测量与分析技术引入分布式多点测量模式，可以获得综合且详尽的大规模网络化数据。测量数据可以即时、准确、全面地反馈设备运行状况，发现问题，优化配置，尽可能地为用户提供安全的服务。该技术通过数据测量、模型建立和网络管理，满足稳健、准确的网络化数据库构建要求。目前需推动部署更快速、更高效的 5G 服务，实现信息网络向 5G 技术平稳过渡升级。

3. 大规模工业数据采集技术

在 5G+时代，工业数据采集模式如下：利用各种传感器从信息产品制造生产线上采集测量信号，并将采集到的数据存储到计算机中。测量信号包含不同的类型信号，如振动信号、声音信号、温度和电流等，捕获的信号通过数据采集设备传输到计算机中存储并进一步分析应用。随着先进的传感器和计算机技术的迅速发展，许多新的数据采集设备和技术被开发并应用于现代工业中。在未来发展中应重点考虑以下两个问题：

（1）大数据量信息处理问题。大规模先进信息产品制造生产线通常处于高速运转状态，由设备产生且需要被采集处理的数据包括实时的设备状态参数和作业环境等数据量，这类数据呈爆发式增长态势。

（2）实时数据采集处理模式问题。需要开发合适的模式，以满足生产线管理的实时监控与快速响应需求。

6.3.2 传感与检测技术领域关键前沿技术

1. 面向信息产品制造生产线的非接触式测量技术

生产线上的非接触式测量通常基于光电、电磁、超声等技术实现。在信息产品制造生产线上，非接触式测量技术可在传感元件与被测件不接触的情况下，获得被测件的各种外观数据或内在特征数据信息。目前，非接触式测量具有代表性的关键前沿技术包括相机传感器、激光传感器和 CT（电子计算机断层扫描）技术等。通常在接触式传感器受到技术限制或生产线需智能判断与规划等情况下，需要部署相机传感器。激光传感器主要应用于点和自由曲面数据的捕获。CT 技术主要应用在无损检测和内部零件分析，如零件气孔测量、部件装配或缺陷检测等。对速度的测量，也推荐使用非接触方式，因为非接触式测量通常能比接触式探针更快地获取数据。

2. 高精度相对/绝对式栅尺测量技术

信息产品制造业的发展对数控机床等高端制造装备的加工精度提出了越来越严格的要求，数控机床等高端制造装备最重要的两个指标就是定位精度和重复性，这些指标的测量可以通过数字化在线检测的方式实现。高端制造装备与系统的在线位移检测方式逐渐升级为高精度相对/绝对式栅尺测量。光栅、磁栅等栅尺测量技术具有精度高、成本低、测量范围宽、抗干扰能力强、易于小型化等优点。近年来，中国大力支持研发高精度相对/绝对式光栅尺，提升栅距、分辨率等指标参数，满足信息产品制造业对制造装备精度提升及更新换代的需求。

3. 视觉检测技术

视觉检测是一种可用于生产线自动化和质量控制的图像采集与处理技术，可面向多种生产线对象与应用场景。将视觉检测技术应用到信息产品制造、装配和测试过程，可提高生产线的自动化与智能化程度，提升成品良率，降低生产成本。为了实现自动视觉检测的高鲁棒性和提高计算效率，在先进视觉检测系统设计和技术实现过程中，需要用到精密制造和先进图像处理技术的交叉学科知识。基于视觉的产品质量检测以良好的性能和高效率在现代工业中发挥着越来越重要的作用，由柔性传感器和多个固定传感器组成的工业机器人混合视觉检测系统已广泛应用于信息产品制造业的大批量生产。

4. 激光传感与测量技术

激光传感与测量技术具有高分辨率、高精度与高测量速度优势，可准确地测量各种宏/微观尺度、表面形貌、位置与频谱信息，广泛应用于信息产品制造生产线。基于激光传感与测量原理的先进测量技术，除了可用于物体长度、移动距离和速度、振动、方位等物理参数测量，还可用于成分谱分析、污染物监测等，可显著提高生产线测量精度、生产效率和产品质量。

5. 面向信息产品制造生产线的柔性坐标测量技术

坐标测量技术是近50年发展起来的新型高效率精密测量技术。由于坐标测量仪器通用性强、测量范围大、精度高、效率高、性能好，能与柔性制造系统相连接成为大型精密仪器，故有“测量中心”之称。坐标测量技术的出现和发展，一方面是由于数控机床高效率加工，以及越来越多复杂形状零件制造需要快速、可靠的测量技术与之配套；另一方面是由于先进电子技术、计算机技术、数字控制技术及精密加工技术的不断发展，不断为坐标测量技术的发展提供技术基础。在信息产品制造生产线中集成坐标测量技术，可快速、可靠地对加工成品与半成品，以及越来越多的复杂形状零部件进行在线/离线、原位/离位测量。

6. 微/纳测量技术

20世纪末，探测物质结构的功能尺寸与分辨力达到微米甚至纳米级，使人类对自然的观测与改造深入到原子、分子级；相应地，微米和纳米级测量技术与仪器迅速发展。采用激光干涉测量仪器、聚焦测量仪器等，可对微米及深亚微米级的几何量与表面形貌进行测量，利用扫描隧道显微镜、原子力显微镜等，可以直接观测原子尺度结构。目前，成熟应用的面向生产线的微/纳测量技术主要基于以上原理，以高分辨率对器件内部微/纳尺度结构、封装、引线、表面形貌等进行测量与分析，从而对集成电路芯片、光电子器件、微机电（MEMS）与微光机电（MOEMS）器件、显示面板等信息产品的生产过程进行质量控制。

6.3.3 生产线检测技术领域关键前沿技术

1. 生产线在线检测与质量控制技术

产品生产线质量控制包括两个主要特征：测量技术和质量管理措施，其中测量技术用于确定当前的生产质量。测量技术的应用包含两个要素：传感器和基于软件的数据分析工具。通过比较期望的质量参数和实际测量的质量参数，检测出潜在的质量差距，该差距用作后续质量管理评价的输入量，从而得出用于改进生产系统中生产过程的指令。在线质量控制可在生产过程的早期发现生产错误，从而节省成本。生产错误造成的成本会随着错误发生后的每一个生产步骤而增加，若在产品完成后错误才被检测出来，则会造成更大的资源浪费。因此，重复在线检查的成本往往低于错误产生后的生产步骤的累计成本。实现高质量标准是应用在线测量技术的另一个原因，只有通过在线质量控制，才能及时地响应客户期望与反馈，提高高端信息产品的市场竞争力。

2．机器人柔性检测技术

机器人柔性检测技术是以机器人为载体，以视觉采集单元、接触式探针、小型化测量系统等作为机器人系统的负载，通过机器人及测量单元的功能及坐标融合，实现柔性自动检测与测量。机器人已成为先进制造业中必不可少的一环，例如，在信息产品制造生产线上，利用机器人作为载体执行自动检测、探查与测量，实现高度柔性的测量、装配及极端环境测试等。机器人技术成熟度越来越高，成本迅速降低，相关技术与产品应用广泛。

3．信息化与网络化技术

利用物联网与 5G 通信技术，打通“数据孤岛”，实现大数据采集与应用，构建智慧车间、智慧工厂与信息化集团制造平台，是面向 2035 年的中国信息产品制造业升级主要任务。其中，网络化是指利用通信技术和计算机技术，把分布在不同地点的各类电子终端设备和计算机互联起来，按照一定的网络协议相互通信；信息化是指以现代通信、网络、数据库技术为基础，将所研究对象的各种数据信息汇总至数据库。信息化与网络化在降低成本、提高效率、提升核心竞争力等方面逐渐发挥重要作用，能够跨越不同生产单元之间的空间差距，把不同生产单元的信息和业务过程集成，实现资源共享，实现产品的需求反馈网络化，对用户需求做出灵敏快速反应，实现产品全过程、全生存周期协同及资源共享制造模式。

4．数字孪生智能化测量技术

针对信息产品制造生产线，构建数字孪生系统，可优化测量过程，提高测量效率，实现测量精度，使成本和产品质量控制最优化。当前，中国从制造大国向制造强国迈进，随着制造车间向数字化、网络化、智能化发展，数字孪生技术将大幅度推进产品设计、生产和运行维护等的变革发展。未来发展的重要方向是，建立数字孪生智能车间，优化资产的性能和利用率，利用复杂的预测和智能系统维护平台，及时发现问题并提高生产力，实现车间生产和质量控制最优的运行模式。

6.4 技术路线图

6.4.1 需求与发展目标

1. 需求

人类正步入第四次工业革命。这是一场由物联网等新兴前沿科技革命，将对各领域产生深远影响，能够更好地满足社会和环境需求，通过生产过程中的技术迭代和创新，大幅度提高生产效率，挖掘可持续发展的潜力。

从长远来看，信息产品制造生产线数字化测量技术领域面临的挑战是跨学科数据测量及处理的方法，以及高效收集并利用数字系统所捕获的生产线信息，提高企业竞争力，控制生产成本，保证高质量生产。由于商业模式变革和产品生命周期缩短，全球的先进制造业企业面临着零部件的多样化和复杂化、利润空间受挤压，劳动力老龄化，生产维护成本增加等问题。对于制造业企业来说，竞争力就是一切，必须通过工艺创新实现效率和利润的提升。信息产品制造生产线数字化测量能够对生产系统中的质量偏差提供直接反馈与快速响应，因此是保证产品高质量标准的有效手段。先进制造业的发展方向是提高生产效率，保证高精度、高可靠、高效率、智能化、绿色化（“三高两化”）及可持续发展的潜力。相应地，工程测量技术向构建新型工业解决方案和数字化、网络化、智能化方向快速发展。

2. 发展目标

基于以上需求，本课题组初步提出以下发展目标:

到 2025 年，针对中国信息产品制造生产线发展的瓶颈性数字化测量问题，推动对相关技术基础进行深入研究，突破一批具有自主知识产权的关键核心技术、核心基础零部件和仪器系统集成，提升量值的可追溯性，推进量值溯源的量子化与扁平化，逐步满足信息产品制造生产线对数字化、网络化、智能化测量技术的需求，促使中国测量技术水平的进一步提升。

到 2030 年，建立完整的信息产品制造生产线数字化检测仪器体系。提高信息产品制造的质量和效率，充分发挥数字化、网络化、智能化测量技术的高准确性、高实时性、强交互性等特点和优势，使大规模信息产品制造过程中测量数据的质量、实时性和有效性进一步提高，促进信息产业技术升级和产业发展，显著提升中国信息产品的市场竞争力。

到 2035 年，以信息产品制造生产线数字化测量技术领域作为典型示范，促进国家测量体系和高端测量仪器产业的深刻变革。各地政府投资建设一批超精密测量国家/省部级实验室、科技基础设施、创新中心，全面缩短与发达国家的技术差距，积极拓展高端测量仪器制造优势领域。优先布局信息产品制造数字生产线、数字工厂，在企业生产线中构建信息化管理框架和数字化检测系统，优化现有数据采集和传输模式，实现跨部门、跨企业、跨产业链管理，培育数字化测量新产业模式，形成完整、自主、安全的产业生态。

6.4.2 重点任务

在“工业 4.0”的背景下，所需的生产线测量仪器和检测系统应具有数字化、网络化、智能化的特征。这要求中国未来的信息产品制造业应向智能制造方向发展，基于中国高端测量技术与设备相对缺乏、在线检测技术支撑不足、企业认知水平不够等现状，本课题组认为应结合重点技术在产业层面展开新布局。

1. 重点技术

1）面向微电子与光电子制造的数字化测量技术

未来信息产品的高度集成化、小型化甚至微型化的趋势，使微电子与光电子制造在先进制造中的占比越来越大，精密测量和质量保证是微电子与光电子器件研发生产的关键核心问题。

2）利用大数据、人工智能、先进计算等高技术，优化信息产品制造生产线数字化测量过程

市场的不确定性与激烈竞争迫使制造业企业增加生产的灵活性。大部分信息产品制造工厂已经实现了自动化流程，通过网络连接和协调高端测量与加工装备，执行实时数据采集与分析。未来，利用大数据、人工智能、先进计算等新型颠覆性技术，优化信息产品制造生产线数字化测量过程，将成为各国抢占的技术制高点。为了在未来市场上占据领先地位，中国信息产品制造业企业应主动构建并升级数字化生产线与测量系统，搭建工业生产数据库，建立数字网络，收集和处理所有生产数据，构建强大的数据分析反馈系统；启用边缘计算、自我质量检查、不同的数据传输模式，实现传感器、测量设备与系统与网关的智能连接及云空间数据上传等。

2. 重点产业

1）生产线数字化测试及信息系统与产业

应鼓励企业进行生产线数字革命，逐步实现生产线全自动化检测，提升生产质量和效率。智能数字化检测模式可以有效降低生产线风险，人工检验存在反馈慢、效率低、时间长等缺点，而在线数字化测量装置可以对生产的各个环节即时检测、实时反馈。大力发展创新生产线数字化测试仪器及系统，可使制造业企业因产品质量问题导致的损失率大大降低。推动发

展信息化的检测系统及相关产业，可在保证产品质量、降低生产成本、加强中国信息产品的市场竞争力方面发挥重要作用。

2）新型信息产品制造检测与信息服务型企业

全球信息化背景下，制造服务业应运而生，制造业和服务业的结合是重要的发展趋势。为此，应促进信息产品制造业的产业细分与优化，发展面向信息产品制造的检测与信息服务型企业，推进新一代信息技术、先进装备、产业资本资源的优化配置，从而整合制造业内部要素间的关联性和互补性，形成产业共生、资源共享的开放协同的发展格局。政府应鼓励市场建立平台化、规模化、定制化的制造检测与信息服务型企业，企业坚持技术创新、模式创新的高质量服务态度，提供信息产品智能制造定制化服务，从而提升中国生产线供应链的多样性，增强国际市场竞争力。

3）高端数字化测量仪器与装备产业

科学从测量开始，标准化测量的物质基础是精密测量仪器。发展高端数字化测量仪器与装备产业仍然是信息产品制造业在未来一个时期内的重点任务。随着科学技术的发展，多学科交叉融合，生产线对测量的要求更加精密和多元化。建议未来本领域的中长期发展规划应重点满足信息产业相关高端检测设备开发，提升检验的可靠性，降低检测成本，打破国外龙头企业的垄断地位。同时重点发展面向物联网、工业互联网、离散型工业等以智能传感器为代表的关键核心技术，开发新型视觉传感器等产品，提升产品制造的网络化与智能化程度，实现中国制造业的转型升级。

6.4.3 战略支撑与保障

1. 增强新兴科技产业地域性统筹布局

对于信息产品制造业等新型科技产业的布局，建议结合各地特点，多维度布局，避免企业核心技术同质化、产能过剩、盲目竞争，而使产业链关键技术缺失。各地方政府应鼓励本地企业发展产业集群优势，同时满足用户个性化定制需求，打造产品独特的差异化竞争优势。国家和地方经济型策略均应注重信息产品制造业从研发到生产的全链条环节，增强产业链的自主可控能力。信息产品制造业等高技术产业具有多学科交叉融合的特点，涉及较多的相关产业与技术，建议在地方进行产业布局时应尽量围绕主线展开，多元化发展。

2. 产业化导向，聚焦完整产业链

建议政府聚焦信息产品制造业的完整产业链，加强前瞻性布局，发挥投资带动作用，加大投资补短板，突破产业核心瓶颈，实现产品核心零部件自主生产、技术自主可控。建议引

导科研以产业化为导向，加大实体科学研究投入，“产、学、研”相结合，形成以自主创新为主导的新兴产业发展格局。政府应有针对性地支持企业完善技术补链，把产业链研发向前端延伸；以本土龙头企业为主导，培育中小企业，鼓励双方建立稳定的供应链体系，实现利益共享，形成完整的自主产业生态。

3. 发展数字化产业模式，提高社会参与度

建议从国家层面和地方政府层面共同发力，完善数字化发展的顶层设计，推动数字经济模式创新建设，加快推进 5G 通信、人工智能、大数据中心等基础设施布局。对推动信息产品制造业的数字化测量形成重要的基础支撑作用，为信息产业的可持续发展源源不断提供推动力。建议政府支持建设数字化产业综合配套服务机构，完善数字化信息网络建设；围绕生产线数字化测量技术与产品，引领相关企业和科研团队多方共建共享，搭建技术交流公共服务平台，完善创新创业服务工作。

4. 从国家层面统一检测标准，提示行业标准化程度

建议由政府主导信息产品制造数字化测量技术相关标准的制定并结合市场配套的标准细则。在信息时代的数字化生产线上，制定统一的标准有助于从国家层面对整个行业的把控，企业执行标准、遵守底线，增强产品质量，也能有效提高市场竞争力。标准流程化的数字化生产线能够有效降低产品定制周期，标准化产品数据能显著提升科研成果转化率，同时夯实的标准化基础能够使技术布局更加合理，管理更加规范，从而实现信息的互联互通。

5. 建立健全的人才激励政策和共享机制

高端人才是信息产品制造业可持续发展的第一资源，地方政府与企业都应广纳天下英才，尤其要注重高端技术型人才。建议地方政府应建立健全的人才激励政策和人才共享机制，切实关注和解决科技产业人才的住房、医疗、子女教育等基本问题，同时完善技术带头人制度，健全高技术人才的职务津贴、特殊岗位津贴等待遇，通过政策性补贴与激励、物质激励与精神激励相结合，激励专业人才专心聚焦信息产品制造数字化测量相关领域。建议企业应提升职工技术要素的工资占比，建立通畅的技术人才向专项人才和管理型人才发展的桥梁。国家应推动技能型人才的认可、认证和待遇提升，培育“大国工匠”，同时突出信息产品制造业的需求导向，加大力度实施国家高层次人才特殊支持计划，构建科学、技术、工程专家协同的创新机制。

6.4.4 技术路线图的绘制

面向 2035 年的中国信息产品制造生产线数字化测量技术路线图如图 6-5 所示。

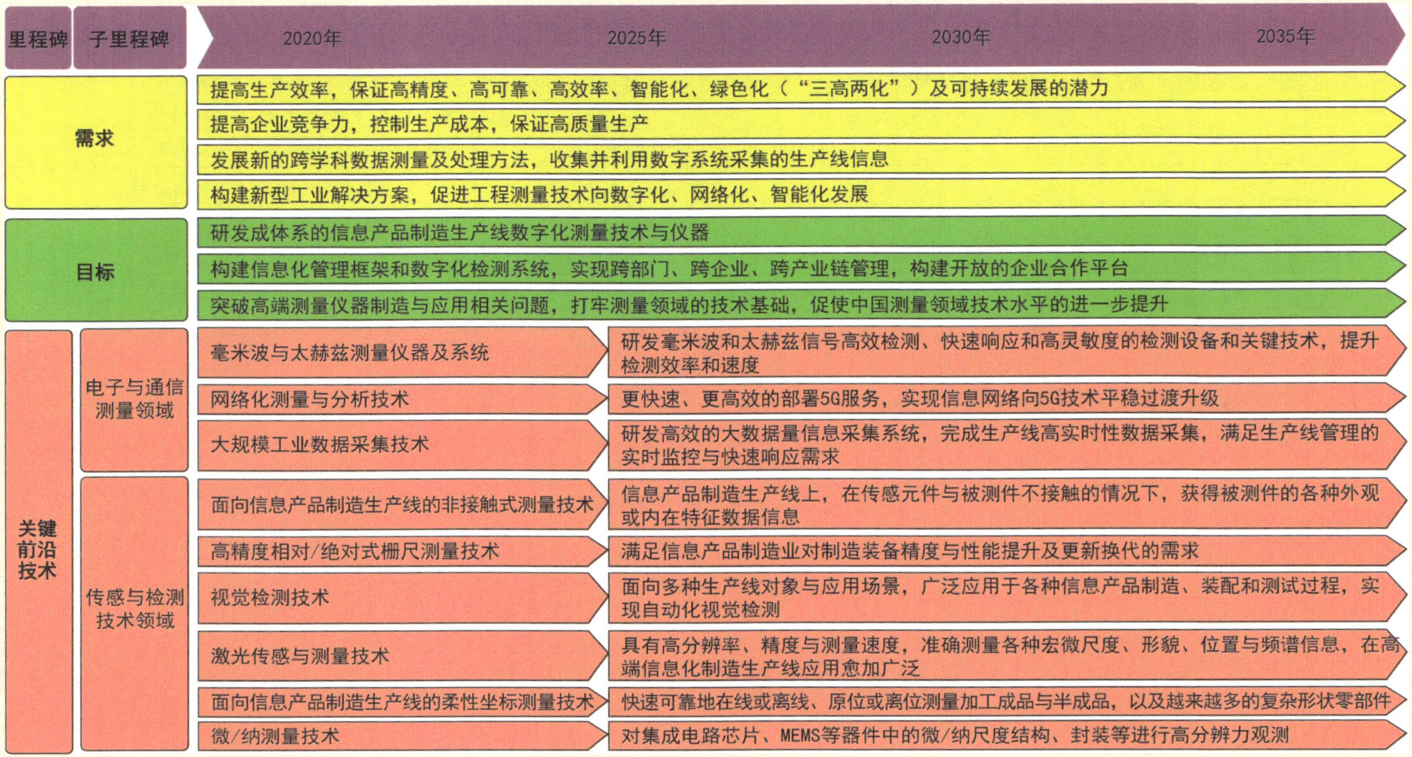

里程碑	子里程碑	2020年	2025年 / 2030年 / 2035年
需求		提高生产效率，保证高精度、高可靠、高效率、智能化、绿色化（“三高两化”）及可持续发展的潜力	
		提高企业竞争力，控制生产成本，保证高质量生产	
		发展新的跨学科数据测量及处理方法，收集并利用数字系统采集的生产线信息	
		构建新型工业解决方案，促进工程测量技术向数字化、网络化、智能化发展	
目标		研发成体系的信息产品制造生产线数字化测量技术与仪器	
		构建信息化管理框架和数字化检测系统，实现跨部门、跨企业、跨产业链管理，构建开放的企业合作平台	
		突破高端测量仪器制造与应用相关问题，打牢测量领域的技术基础，促使中国测量领域技术水平的进一步提升	
关键前沿技术	电子与通信测量领域	毫米波与太赫兹测量仪器及系统	研发毫米波和太赫兹信号高效检测、快速响应和高灵敏度的检测设备和关键技术，提升检测效率和速度
		网络化测量与分析技术	更快速、更高效的部署5G服务，实现信息网络向5G技术平稳过渡升级
		大规模工业数据采集技术	研发高效的大数据量信息采集系统，完成生产线高实时性数据采集，满足生产线管理的实时监控与快速响应需求
	传感与检测技术领域	面向信息产品制造生产线的非接触式测量技术	信息产品制造生产线上，在传感元件与被测件不接触的情况下，获得被测件的各种外观或内在特征数据信息
		高精度相对/绝对式栅尺测量技术	满足信息产品制造业对制造装备精度与性能提升及更新换代的需求
		视觉检测技术	面向多种生产线对象与应用场景，广泛应用于各种信息产品制造、装配和测试过程，实现自动化视觉检测
		激光传感与测量技术	具有高分辨率、精度与测量速度，准确测量各种宏微尺度、形貌、位置与频谱信息，在高端信息化制造生产线应用愈加广泛
		面向信息产品制造生产线的柔性坐标测量技术	快速可靠地在线或离线、原位或离位测量加工成品与半成品，以及越来越多的复杂形状零部件
		微/纳测量技术	对集成电路芯片、MEMS等器件中的微/纳尺度结构、封装等进行高分辨力观测

图 6-5　面向 2035 年的中国信息产品制造生产线数字化测量技术路线图

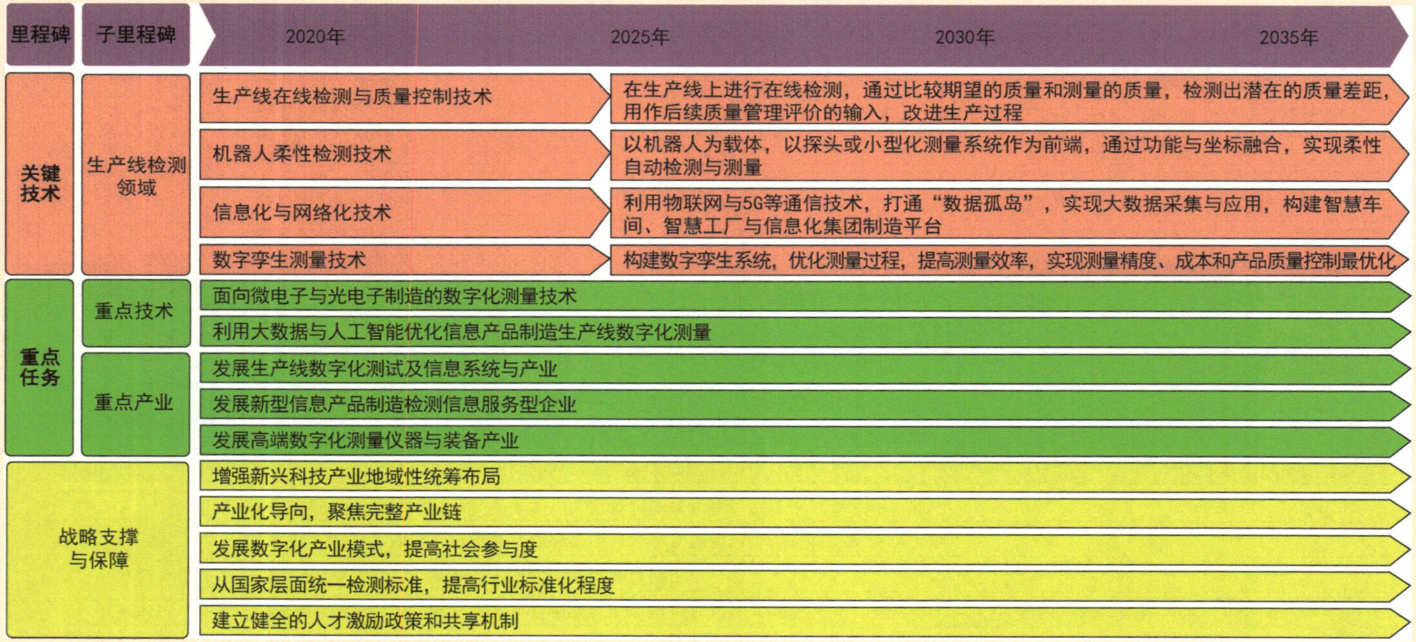

里程碑	子里程碑	2020年	2025年	2030年	2035年
关键技术	生产线检测领域	生产线在线检测与质量控制技术	在生产线上进行在线检测，通过比较期望的质量和测量的质量，检测出潜在的质量差距，用作后续质量管理评价的输入，改进生产过程		
		机器人柔性检测技术	以机器人为载体，以探头或小型化测量系统作为前端，通过功能与坐标融合，实现柔性自动检测与测量		
		信息化与网络化技术	利用物联网与5G等通信技术，打通“数据孤岛”，实现大数据采集与应用，构建智慧车间、智慧工厂与信息化集团制造平台		
		数字孪生测量技术	构建数字孪生系统，优化测量过程，提高测量效率，实现测量精度、成本和产品质量控制最优化		
重点任务	重点技术	面向微电子与光电子制造的数字化测量技术			
		利用大数据与人工智能优化信息产品制造生产线数字化测量			
	重点产业	发展生产线数字化测试及信息系统与产业			
		发展新型信息产品制造检测信息服务型企业			
		发展高端数字化测量仪器与装备产业			
战略支撑与保障		增强新兴科技产业地域性统筹布局			
		产业化导向，聚焦完整产业链			
		发展数字化产业模式，提高社会参与度			
		从国家层面统一检测标准，提高行业标准化程度			
		建立健全的人才激励政策和共享机制			

图6-5　面向2035年的中国信息产品制造生产线数字化测量技术路线图（续）

小结

本章重点阐述在新一轮科技革命与产业变革的背景下，近年来信息产品制造生产线数字化测量技术国内外的重大研究进展与突破、目前存在的重大科学问题与关键技术问题、具有发展优势的新技术路线、重点应用需求及产业前景、发展战略和产业政策等，细致梳理中国的测量技术发展水平、行业现状和差距，精准预判本领域发展态势与重点突破方向，提出本领域的发展战略、路线图、产业和科技政策等建议，促进中国信息产品制造业的升级与技术变革，为推动制造强国战略的实施建言献策。

第 6 章撰写组成员名单

组　长：谭久彬

成　员：崔俊宁　李慕航　赵　硕　边星元　赵亚敏　李　伟
　　　　崔荣显　崔文文　赵东方

执笔人：崔俊宁　李慕航

7

面向2035年的中国“智能摩尔之路”半导体器件发展技术路线图

7.1 概述

1965 年，英特尔创始人之一戈登·摩尔提出了关于集成电路发展趋势的预测：集成电路上可容纳的晶体管数目每隔约两年便会增加一倍。50 多年来，集成电路的实际发展趋势与这个预测惊人地吻合，这个预测就是著名的摩尔定律。

目前，半导体器件的沟道宽度接近原子直径量级，量子效应已经显著影响到器件的性能，后摩尔定律时代的创新之路该怎么走？

“数字多媒体国家重点实验室”首次提出智能摩尔技术路线并指出，虽然在物理层面和信号层面都受到物理规律的制约，看似已接近极限，但是在信息层面的技术创新还远没有达到极限。而下一次信息革命的关键在于通过进一步借鉴人脑智慧机制研究新型人工智能计算方法，达到进一步提升信息处理的“性能/功耗价格”比的目标。

7.1.1 研究背景

摩尔定律是对集成电路发展趋势的总结、归纳和预测。集成电路按摩尔定律发展主要有两条技术路线：延伸摩尔（More Moore）定律和超越摩尔（More-Than-Moore）定律。

从 1998 年开始，由欧盟、日本、韩国、中国台湾和美国等国家和地区半导体行业的专家组成的 ITRS（International Technology Roadmap for Semiconductors）团队每年发布一次以“延伸摩尔”命名的半导体行业的技术路线图，供高等院校、公司和行业研究人员参考，刺激各个技术领域的创新。自 2015 年起，这项工作由 IEEE 下属的 IRDS（International Roadmap for Devices and Systems）接手。“延伸摩尔”技术路线图在器件结构、沟道材料、连接导线、高介质金属栅、架构系统、制造工艺等方面进行创新研发，推动摩尔定律向前发展[1]；进入 21 世纪后，ITRS 又发表了《超越摩尔技术白皮书》，提出在另一个维度上创新，即系统集成方式创新，系统性能提升不再单纯地依靠缩小晶体管特征尺寸，而是更多地依靠电路设计以及系统优化，典型方法如数模混合、存储集成、射频集成、高压电路集成、传感器集成、微机电集成等 SoC（System on Chip）技术、Chiplet 技术、3D 堆叠（3D Stack）技术和微系统异构集成技术等，“超越摩尔”以异质堆叠方式增加了芯片的功能，提高系统整体性能并降低了能耗[2]。

目前，“延伸摩尔”的技术演进路线已经遭遇到物理极限。而“超越摩尔”在功耗、散热和厚度等方面也受到限制。后摩尔定律时代的创新之路怎么走？

2018 年，“数字多媒体国家重点实验室”（以下简称国重实验室）首次提出“智能摩尔

（Intelligent Moore，i-Moore）之路”。“智能摩尔之路”立足于信息处理架构的创新，它在“延伸摩尔”和“超越摩尔”之外开创了一个新的创新维度，不但不会和前两者相冲突，而且能够利用前两者的发展成果产生合力，共同作用，大幅度提高产品的整体性能。

7.1.2 研究方法

信息技术促进了大数据技术的发展，从而催生了新一代人工智能技术，以深度学习为代表的人工智能技术具有显著的大数据特征，传统的 CPU 处理器计算能力无法支持大数据回归的效率需求，以英伟达为代表的图像处理器（Graphics Processing Unit，GPU）在深度神经网络计算中大放异彩，引发了研究人员对大规模并行计算架构的新一轮探索。而深度神经网络具有严整的数据结构、可预测的数据流路径和显著的稀疏化特点，从而催生了“数据流驱动并行计算”新型处理器的诞生，以谷歌张量处理器（Tensor Processing Unit，TPU）为代表的深度学习专用处理器使得深度神经网络的计算效率（性能/功耗比）提升了 3 个数量级[3]，国内研发的类似架构的神经网络处理器（Neural network Processing Unit, NPU）也取得了大量进展[4]，NPU 以其极高的计算效率和低功耗特性，在安防、银行、交通等领域以及其他嵌入式应用场景得到了大量应用。

“智能摩尔之路”在“延伸摩尔”和“超越摩尔”技术路线之外开拓了一个崭新的技术维度，3 个维度的技术路线可同时发展，共同作用，促进半导体技术持续演进。为了准确地绘制面向 2035 年的中国“智能摩尔之路”半导体元件发展技术路线图，本课题组同时对“延伸摩尔”和“超越摩尔”技术路线上的新发展也进行了深入的研究，主要采用的研究方法如下：

（1）技术体系的探讨。研究并提出本领域技术体系框架，邀请本领域专家进行研讨和交流，初步形成技术体系框架。

（2）技术动态的分析。通过 Web of Science 和 iSS 等科研数据平台进行本领域技术关键字扫描分析，对本领域的论文和专利进行汇总分析，提出初步的技术清单。

（3）组织专家研讨。组织行业内专家研讨，结合重大项目专家意见，更新和优化技术清单。

（4）绘制技术路线图。对技术清单进行归纳汇总，对技术发展方向进行研究和探讨，对未来的半导体处理器架构进行预测，形成三维的技术路线图。

7.1.3 研究结论

经过对半导体器件设计、制造领域的论文和专利进行扫描分析、专家研讨等，本课题日提出面向未来新型算法架构的“智能摩尔之路”，针对传统摩尔定律在遭遇量子极限时所存在的工艺瓶颈，从新的技术维度持续提高芯片“性能/功耗价格”比，从而支持摩尔定律持续演进，维持摩尔定律原有的“技术—性能—市场—投资”的正循环机制，推动半导体产业持续良性地发展。

人工智能技术在近年来获得迅猛发展，深度神经网络技术对以数据驱动并行计算的新型算法架构的发展起到了极大的推动作用，而这种以“数据流驱动并行计算”的新型算法架构的成功也为“智能摩尔”技术路线提供了很好的事实依据。“智能摩尔之路”主张通过进一步借鉴人脑智慧机制研究智能计算的方法，表明目前的深度学习技术及未来的新型人工智能技术仍然是推动算法架构体系持续进步、推动芯片设计技术持续革新、推动摩尔定律持续演进的强大引擎。

7.2　全球技术发展态势

7.2.1　全球政策与行动计划概况

作为信息时代的基础技术，半导体技术特别是集成电路技术具有战略性的意义。半导体技术的竞争不仅仅是科技与产业的竞争，还对政治、经济、国家安全等领域具有重大影响。集成电路是一个技术和资本密集型产业，其研发、生产都需要投入极大的人力和物力。半导体产业在国家整体发展战略中占有重要地位，因此，各国政府都不可能对其放任自流，半导体产业的表面竞争主体是企业，而企业的背后离不开国家支持。

在宏观层面上，各国政府纷纷采取一系列重大举措推动半导体产业的创新。例如，发布半导体发展战略、成立半导体行业协会、制定国际半导体技术路线图、推出国家半导体技术计划、设立集成电路专项等。这些举措将半导体的发展提升到国家战略高度。2018 年以来，美国、欧盟、韩国等国家和地区积极部署重大研发计划，瞄准新材料、新体系结构、软硬件设计、新兴半导体制程等重点方向进行攻关，抢占未来半导体技术的制高点[5]。

1. 美国

美国是半导体产业的发源地，1947 年，晶体管在贝尔实验室的发明标志着半导体的诞生。在半导体产业发展的早期阶段，美国政府通过军事采购及国防技术研发为产品提供了最初的市场，并确定了早期产品的技术导向：微型化、高性能和可靠性。

美国一直致力于维护其半导体技术的变革性创新发展优势，美国国防部高级研究计划局（Defense Advanced Research Projects Agency，DARPA）重金打造了一项具有国家战略意义的计划，于 2017 年 6 月宣布旨在开启下一次电子革命的“电子复兴计划”（Electronics Resurgence Initiative，ERI），计划在 5 年内投入 15 亿美元，着力于促进先进新材料、电路设计和系统架构等方面的创新性研究，以保持美国在半导体技术的领先地位，为美国下一轮半导体发展奠定基础。ERI 成为近年来美国在半导体领域实施的最大规模计划，涵盖基础研究、应用基础研究、转化研究、国防和商业应用等创新环节。

2021 年 1 月 1 日，美国国会通过《2021 年国防授权法案》(National Defense Authorization Act of 2021，NDAA 2021)，着力实现美国半导体制造业复苏，授权为与半导体制造、组装、测试、先进封装或先进研发有关设施的建设或现代化提供数十亿美元的财政支持，还授权进行微电子相关的研发，开发“安全可证明的”微电子供应链，建立国家半导体研究技术中心以推动新技术进入工业设施，并建立委员会以制定相关战略，还批准了量子计算和人工智能计划。

NDAA 2021 规定每个项目的上限额度为 30 亿美元，除非国会和总统同意拨付更多资金，但实际上支持微电子产能的资金总额取决于单独的“拨款”法案。

2. 欧盟

2018 年，欧盟委员会批准了法、德、意、英提出的微电子联合研究和创新综合计划。上述 4 国计划投资 17.5 亿欧元，带动 60 亿欧元的私有投资，用于研发芯片、集成电路、传感器等创新性技术与器件。该计划针对家电和自动驾驶汽车等消费类设备及电池管理系统等新能源产业应用领域，重点研发高能效芯片、功率半导体、智能传感器、先进的光学设备、替代硅的复合材料五大技术。

2020 年 12 月，德国、法国、西班牙等 13 个欧盟成员国发表官方联合声明，宣布将共同投资芯片和半导体技术，增强在数字时代的核心竞争力。欧盟主要强调加强研发下一代处理器和半导体技术的能力，包括为一系列行业的特定应用提供最佳性能的芯片和嵌入式系统，推动芯片制程逐步向 2nm 技术节点迈进等。从具体措施来看，欧盟的半导体战略主要分为两个部分：一是共同投资半导体技术价值链，建立产业联盟，其职责是为处理器的设计和开发设定战略路线图和投资计划；通过各种筹资机制应对共同的挑战等。二是在欧洲推广使用半导体技术，促进中小企业利用创新产品中的先进芯片技术，以及为工人和学生创造提高技能和重新学习技能的机会；努力达成通用标准，并对可信赖产品进行认证等。

欧盟委员会在 2018 年 3 月推出“欧洲处理器计划”(European Processor Initiative，EPI)该计划是欧洲百亿亿次超级计算机战略的重要组成部分，汇集了多家合作机构和相关领域专家。

3. 韩国

2020 年 12 月，韩国科学和信息通信技术部 (Ministry of Science and Information communication Technology，MSIT) 发布下一代智能半导体研发计划。该计划旨在克服现有

半导体技术瓶颈，致力于下一代超低功耗、高性能半导体器件核心技术的创新开发，为期 10 年，投资金额达 2405 亿韩元。2021 年，韩国加大新器件技术的投资力度，以尽早确保其在人工智能半导体器件的核心技术优势。

综合以上国家和地区的相关计划，一个值得注意的现象是，各国都注意到人工智能技术与半导体行业相互促进的现象，不约而同地将人工智能技术作为半导体技术的助推器和主要应用方向。例如，美国推出的电子复兴计划（ERI）将“新式计算基础需求”作为六大基础研究项目之一；2021 年，美国的国防授权法案批准了量子计算和人工智能计划。又如，欧盟的微电子联合研究和创新综合计划将智能传感器列为五大重点领域之一。

7.2.2 基于文献和专利分析的研发态势

半导体技术是随着近代科学技术的发展而兴起的一个综合性的高技术领域，早期涉及半导体材料及其工艺、半导体器件及其制造与分装工艺、半导体器件的应用等，随即延伸到更多相关的领域，如半导体设计技术、处理器设计技术、计算机系统、边缘计算、便携式终端及人工智能设备等。

本课题针对半导体制造工艺演化过程中遇到的边缘极限问题，即目前半导体器件的沟道宽度接近到原子直径量级，经典物理规律开始受到量子效应的影响，摩尔定律的技术演进路线已经遇到物理极限时，半导体器件最重要的核心技术——智能处理器架构的演化规律，提出通过信息处理架构的创新，提高智能处理器的性能/功耗比，从而使摩尔定律的进一步演进，推动行业发展。

半导体产业是一个跨学科、跨领域的综合应用型产业，其技术体系庞大而复杂，需要重点关注其中的 3 个领域：半导体材料、半导体生产工艺和处理器架构设计。

1. 先进半导体材料是半导体产业发展的基石

半导体材料是制作晶体管、集成电路、电子器件、光电子器件和智能处理器的重要基础材料，是通信、计算机、网络技术、智能技术等信息产业发展的基石。在半导体产业发展过程中，元素半导体材料被称为第一代半导体材料，主要有硅（Si）基、锗（Ge）基、硒（Se）、硼（B）等；第二代半导体材料是化合物，以砷化镓（GaAs）、磷化铟（InP）和氮化镓（GaN）等为代表。商业半导体器件中用得最多的是砷化镓（GaAs）和磷砷化镓（GaAsP）、磷化铟（InP）、砷铝化镓（GaAlAs）和磷镓化铟（InGaP）[6]。

半导体材料处于整个半导体产业链的最前端，其研究需要花费大量的资金、人力和时间。目前半导体材料领域的论文数量很少，不足以支持有效的统计。半导体材料领域的专利统计分析结果（见图 7-1）表明，2014 年后，随着新一代宽带隙半导体材料以及纳米技术的兴起和发展，半导体材料的研究成为热点，以纳米技术支持的低维半导体材料、新型有机半导体材料、铁电材料开始受到广泛的关注。半导体材料领域文献关键词词云分析如图 7-2 所示。

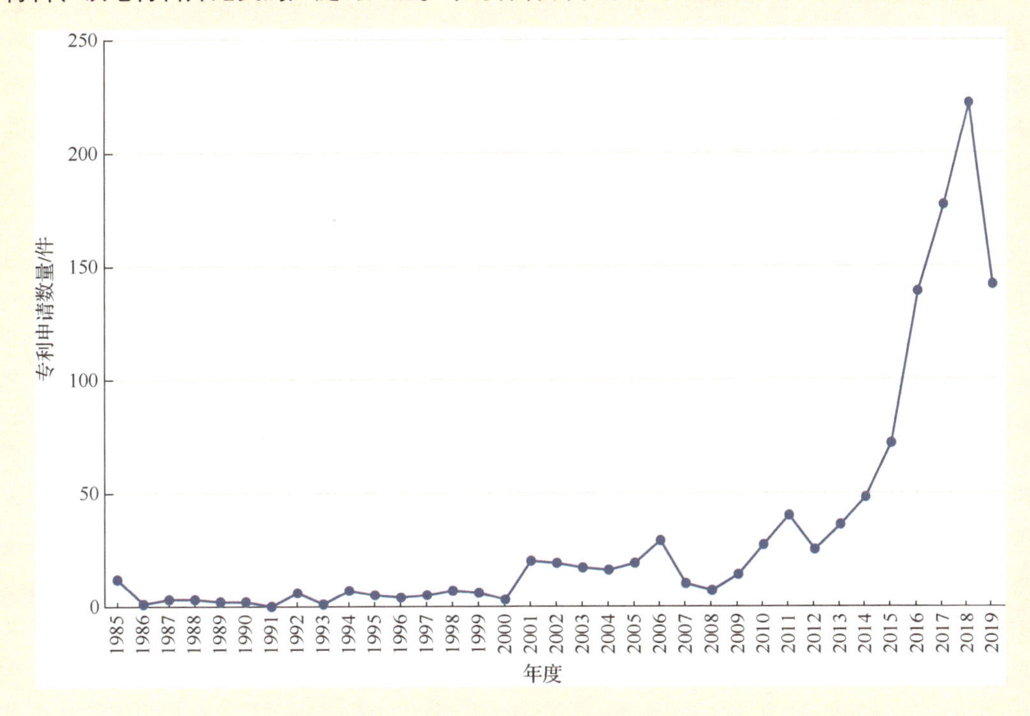

图 7-1　1985—2019 年半导体材料领域专利申请数量变化趋势

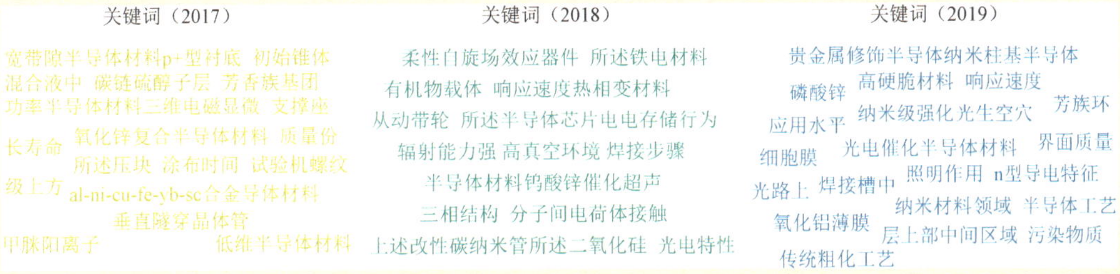

关键词（2017）

宽带隙半导体材料p+型衬底 初始锥体
混合液中 碳链硫醇子层 芳香族基团
功率半导体材料三维电磁显微 支撑座
长寿命 氧化锌复合半导体材料 质量份
所述压块 涂布时间 试验机螺纹
级上方 al-ni-cu-fe-yb-sc合金导体材料
垂直隧穿晶体管
甲脒阳离子 低维半导体材料

关键词（2018）

柔性自旋场效应器件 所述铁电材料
有机物载体 响应速度热相变材料
从动带轮 所述半导体芯片电电存储行为
辐射能力强 高真空环境 焊接步骤
半导体材料钨酸锌催化超声
三相结构 分子间电荷体接触
上述改性碳纳米管所述二氧化硅 光电特性

关键词（2019）

贵金属修饰半导体纳米柱基半导体
磷酸锌 高硬脆材料 响应速度
芳族环
应用水平 纳米级强化光生空穴
细胞膜 光电催化半导体材料 界面质量
光路上 焊接槽中 照明作用 n型导电特征
纳米材料领域 半导体工艺
氧化铝薄膜 层上部中间区域 污染物质
传统粗化工艺

图 7-2　半导体材料领域文献关键词词云分析

2. 集成电路微型化工艺技术仍有一定的发展空间

在延续摩尔定律方面，出现了较多集成电路微型化和架构升级的研究成果。台积电、三星等积极推进 5nm 制程工艺，2020 年，5nm 制程工艺已大规模投产，3nm 制程工艺也在按计划推进，计划 2021 年进行风险试产，2022 年下半年大规模投产。而更先进的 2nm 制程工艺也取得重大进展，台积电的 2nm 制程工艺预计在 2024 年量产；英特尔将在 2023 年、2025 年、2027 年和 2029 年分别推出 5nm、3nm、2nm 和 1.4nm 制程工艺。

3. 异构集成技术还在持续演进

半导体制程工艺进入 28nm 节点后，更小制程工艺的研发成本按指数级增长，芯片工艺提升越来越困难，片上系统（SoC）设计面临诸多挑战。异构/异质集成的需要激发了多芯片封装（MCP）/多芯片模组（MCM）的发展，有望在当前芯片产业基础上催生新的产业生态系统和新的商业模式。从美国国防部高级研究计划局的通用异构集成及知识产权复用策略（Common Heterogeneous Integration and IP Reuse Strategies，CHIPS）项目到英特尔的 Foveros 封装技术、专用域开放架构（Open Domain-Specific Architecture）等，都把 Chiplet 看成未来芯片的重要基础技术。异构集成的 Chiplet 系统中，可在独立的裸片上设计和实现产品的不同组件；不同的裸片可以使用不同的制程工艺制造，甚至可以由不同的供应商提供。可以说，异构集成的 Chiplet 系统提供了一种新的设计方案。

4. 不断发展的算法架构为处理器的持续发展提供动力

“智能摩尔之路”主张以信息层面的技术创新来推动处理器架构的演进，从而提高单位面积、单位能耗下的处理器计算能力。根据目前可预见的未来所能采取的技术手段，从计算处理任务需求和处理器架构设计两个方面深入研究，研究热点包括但不限于并行计算、神经网络处理器、多核处理器、多核异构、智能计算、融合计算、类脑计算等。算法架构涵盖的技术领域更宽广，能采取的技术手段更加灵活，因而具有更广阔的发展空间，这是“智能摩尔之路”为后摩尔时代半导体技术的继续发展提出的解决方案。

7.3 关键前沿技术发展趋势

半导体是现代信息产业和智能化的基石，半导体产业链异常复杂，涉及较多领域，如图 7-3 所示。

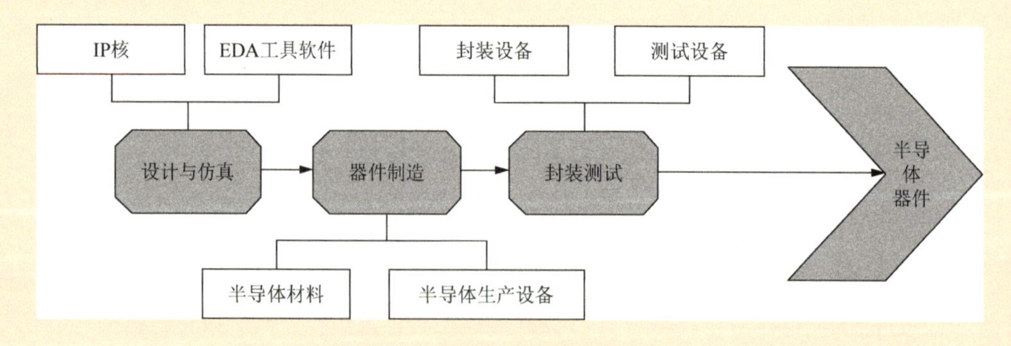

图 7-3　半导体产业链涉及领域

IP 核（知识产权模块）是整个半导体产业链顶端的资源，半导体设计公司通常会大量采用第三方 IP 核丰富本公司产品的功能、提高产品的性能以及降低研发风险。低功耗处理器和嵌入式智能化产品的发展使得微处理器（如 ARM）和智能处理器等 IP 核供应商得以蓬勃发展。

EDA（电子设计自动化）工具软件是重要的集成电路设计和仿真工具，EDA 工具软件已发展出非常成熟的体系，涵盖集成电路设计的各个方面。

在半导体材料领域，目前，以 SiC、GaN 为代表的第三代化合物半导体材料技术正在快速发展，未来高质量 SiC 单晶衬底及其同质/异质外延材料、大尺寸硅基 GaN 外延材料将在光电子、电力电子和微波/射频领域发挥重要作用，中国已经具备良好的产业化基础，通过整合优质资源、突破核心技术、打造本土产业链，以期实现新一代半导体产业的自主可控。

在半导体生产、封装和测试设备领域，半导体工艺的发展呈现 2 个趋势：一是随着摩尔定律的不断演进，以晶体管尺寸为标志的生产制程不断缩小；二是单晶硅片的直径越来越大，使产品生产效率越来越高，成本越来越低。单晶硅片制造所用设备是单晶炉等，集成电路制造所用设备包括光刻机、刻蚀机、薄膜设备、扩散离子注入设备、湿法设备、过程检测等六大类设备。

在半导体产业努力维持摩尔定律的同时，以新结构、新材料、新器件、新架构为特征的新技术技术正不断涌现。

（1）低维半导体材料技术。一维碳纳米管、二维黑磷（B-P）和硫化钼（MoS_2）等低维半导体材料在半导体器件领域展现出独特优势。

（2）新一代的功率半导体材料。第三代化合物半导体材料（GaAs、GaN、SiC、AlN）具有禁带宽度大、击穿电场强度高、热导率大、电子饱和漂移速度高、介电常数小等优势，在半导体照明、电力电子器件、激光器和探测器等领域有广阔应用场景。

（3）新一代有机半导体材料。有机半导体是指具有半导体性质的有机材料。与无机半导体材料相比，有机半导体材料具有成膜技术手段多、器件尺寸小、柔韧性好及成本低等优点。

（4）立体化半导体器件工艺技术。在半导体器件结构上，三极管的发展转向垂直立体化，以进一步增加器件密度。

（5）忆阻器技术。忆阻器作为一种具有记忆功能的非线性电阻，具备高集成密度、高读/写速度、低功耗、集存储计算于一体等优势，在非易失性存储、逻辑运算和新型神经形态计算等方面极具应用潜力。

（6）新型的算法架构。深度神经网络技术的发展催生了新型的“数据驱动计算”架构，这种新型的算法架构有别于传统的基于指令和函数实现计算和功能的模式，它采取数据流在计算单元中流动的同时实现计算的方式，极大地提高了矩阵和其他矢量的计算效率（算力/功耗比），未来这一算法架构将会进一步发展成为能效比更高的类人脑“事件驱动计算”的处理器架构。同时，由于深度学习技术具有依赖大数据、泛化能力弱以及不可解释性，正在促使智能处理器由单一的神经网络计算向能够一体化支持多种模态智能计算的多核异构智能处理器演进。

（7）智能传感器技术。随着新一代半导体技术的发展、加工工艺水平的不断提高，智能传感器将打破原有的“感、存、算”分离的模式，发展成集“感、存、算”为一体的模式，智能化处理单元和传感器单元将被集成到单颗芯片中，为各种物联网传感器的应用提供低功耗、高效率、高智能的解决方案。

7.4 技术路线图

7.4.1 需求与发展目标

1. 需求

发展中国自主可控的半导体产业核心技术，突破受制于人的局面，是中国半导体领域在目前阶段需要优先实现的主要目标；同时半导体产业链长、技术要求高、投资大，在长期战略上必须建设国际一流的半导体产业“生态链”。需要注意的是，半导体产业“生态链”是以全球化作为其主要特征的。因此，“自主可控”不应被理解为一切都由自己解决，而是需要具备全球视野建设对半导体产业和关键技术的掌控能力，充分发挥中国基础工业和制造业整体优势，抓住要点、以点带面、循序渐进，建立符合中国国情和能力特点的发展模式。

2. 发展目标

总体目标是掌握半导体器件设计与仿真软件、半导体器件生产、半导体器件封装测试生态链中的主要关键技术并达到国际一流水平。具备主要关键半导体器件知识产权的自主可控能力；具备主要关键半导体材料的研究和生产能力并达到国际先进水平；具备集成电路生产、封装和测试的自主可控能力并达到世界一流水平；具备主处理器、嵌入式处理器、智能计算器等关键器件及指令集、编译器和操作系统等整体生态链的自主可控能力并达到世界一流水平；具备主要关键集成电路生产和测试设备的设计与生产能力并达到世界一流水平。

细化指标如下：

（1）发展半导体器件设计与仿真软件技术，到 2035 年，这一技术达到国际一流水平。

（2）实现低维半导体材料应用技术突破，在新型材料基础上实现新型处理器算力的突破。

（3）开展半导体器件生产设备和工艺方面的研究，到 2035 年，工艺制程达到 1nm 及以下尺寸的集成电路实现量产。

（4）发展半导体器件集成封装设备和工艺，实现支持不同工艺制程、不同材料和多种空间结构的 Chiplet、微系统等封装工艺。

（5）发展类脑智能芯片技术，在新工艺制程和新封装工艺的支持下，通过算法架构革新，实现单颗芯片的每秒运算次数达到 pOP/s 量级，即每秒 1000 万亿次运算。

（6）实现半导体器件生产、测试设备的自主生产能力，突破精密光刻机、蚀刻机及面向新材料的半导体器件生产设备的研发和制造技术，达到世界领先水平。

7.4.2 重点任务

优先发展的基础研究方向如下。

1. 基于脑科学的认知技术基础理论研究

“智能摩尔之路”提倡学习人脑认知模式，通过借鉴人脑的智慧机制研究新型的算法架构。根据相关研究，成人大脑新皮质约有 200 亿个神经元，而整个成人大脑中估计有 1000 亿个神经元。人脑以约 20W 的功耗实现了约 20 pOP/s 神经元突触的操作，具有等效每秒 1 pOP/W 的超高“性能/功耗”比，比目前最先进的智能处理器高 3 个数量级，这个差距可视为类人脑智能处理器的演进目标。

2. 新型半导体材料的基础理论研究

半导体材料是半导体产业的基础前沿技术，目前人类对硅基半导体材料的利用率已经逼近极限，新型半导体材料研究正在兴起，低维纳米材料在电路功耗和集成度上都展现出了巨大的优势，受到广泛关注。针对碳纳米管、石墨烯、碲烯、过渡族金属硫族化合物（如 MoS_2）、黑磷和一维/二维范德华异质结等材料/结构的研究，已经取得了大量成果。传统的摩尔定律根植于硅基半导体工艺，因此，在基础材料上的突破将是颠覆性的革新，可能会引发新一轮摩尔定律。

3. 基于新型半导体器件的基础理论研究

新型半导体材料的发展总是伴随新型半导体器件的发展，例如，宽禁带半导体具有高温、高压、高电流、低导通电阻及高开关频率等特性，用这种半导体制造的器件可广泛应用在高压、高频、高温及高可靠性等领域；又如，忆阻器是一种有记忆功能的非线性电阻，具有尺寸小、能耗低的优势，被广泛应用在神经网络计算中。研究具有广泛应用价值的半导体器件及其应用电路，对半导体工艺的革新具有指导性的作用。

4. 基于新型半导体工艺技术的基础理论研究

经典摩尔定律是以三极管加工工艺中的沟道宽度来表征的，是半导体产业界衡量半导体产业技术能力的主要参数。中国半导体工艺技术受限于材料和设备的整体发展水平，需要投入大量资金和人力进行半导体工艺技术的研发和前沿研究，尽快赶上国际先进水平。

5. 基于新型算法架构的基础理论研究

深度神经网络技术催生了新型的“数据流驱动并行计算”架构，未来将进一步发展为能效比更高的类人脑“事件驱动计算”的处理器架构。

关键技术包括以下 8 项：

（1）新型半导体器件及其加工工艺技术。

（2）半导体器件设计、生产和测试关键设备技术。

（3）新型半导体器件封装工艺技术。

（4）半导体器件设计与仿真工具软件技术。

（5）多模态融合智能计算技术。

（6）事件驱动计算技术。

（7）“感、存、算”芯片级一体化设计技术。

（8）类脑芯片计算技术。

7.4.3 战略支撑与保障

1. 摩尔定律中的“技术—市场”互动机制仍是半导体器件发展的内在驱动力

摩尔定律是对数字集成电路和半导体工艺技术路径的总结和预测，经历了 40 多年历史的检验，摩尔定律显示了惊人的准确性。其内在的原因是摩尔定律本质上是由经济因素驱动的：由于晶体管的性能也会随着特征尺寸缩小而改善，因此随着半导体器件工艺制程的演进，芯片的性能也以指数级的速度增长，从而带动电子产品性能大跃进式发展。可以说，摩尔定律不仅是一个技术上的经验规律，而且成为半导体产业的发展蓝图，或者说是半导体芯片市场商业模型的重要组成部分，该定律是由一套良性循环的“技术—市场”互动机制驱动和维持的。摩尔定律的发展目标是维持“技术—市场”互动机制中的驱动节律，带动整个半导体产业健康有序地向前发展。

“智能摩尔”时代的“技术—市场”互动机制为半导体产业提供内在的发展驱动力，经典摩尔定律时代的半导体器件发展逻辑仍然有效。因此，规划半导体产业发展战略，必须洞察其背后的市场经济规律，通过宏观调控机制保障该产业健康有序地发展。

2. 采用灵活精准的产业调控政策

集成电路产业是一个科技含量极高的制造业，其研发、生产都需要极大的人力和物力投入。因此，半导体产业具有高技术、高风险、投资回报周期长等特点，导致大部分企业和资金无法进入。半导体产业的发展是关乎国家战略安全的大事，虽然从总体上来看，半导体产业是由摩尔定律以“技术—市场”共同驱动的，但针对处于不同的盈利模式、不同的市场和技术成熟度的具体产业，必须使用灵活精准的产业调控政策。在半导体产业链上游，市场规模和客户群体较小，经营风险相对就大，因此，需要政府加以干预。例如，从第二次世界大战结束到 20 世纪 80 年代，美国的半导体产业发展所需的市场及资金主要以政府采购和国防高科技 R&D 资金补贴为主。

3．构建全方位的半导体产业投资和融资平台

半导体产业是高科技产业的核心，投资量大，特别是在该产业起步阶段，需要政府大力扶植，这也是一些国家和地区的半导体产业获得成功的重要经验。对重要的芯片项目政府可建立电子产业风险基金及产业发展基金，鼓励外资和国内大企业联合进入，形成强强联合的芯片产业投资联盟；实行优惠的投融资鼓励政策，实行投资抵税政策，吸引民间及其他行业企业跟进配投；实行积极的金融支持政策，对发展中的半导体企业提供金融支持。

4．采取循序渐进、稳健发展的产业政策

由于近年来半导体产业持续升温，在政策和资本强力推动下，中国的集成电路企业迎来前所未有的发展机遇。但是随着快钱热钱大量涌入，投机现象丛生，一些地方轻率介入芯片产业，造成资金和土地等资源的巨量损失，多个曾被寄予厚望的、规划投资百亿级的大项目陆续垮塌。因此，政府必须采取循序渐进、稳健发展的产业政策，要有定力，有决心，有长期投入的物质和心理准备。

7.4.4 技术路线图的绘制

半导体领域的 3 种技术路线比较如图 7-4 所示，面向 2035 年的中国“智能摩尔之路”半导体器件发展技术路线图如图 7-5 所示。

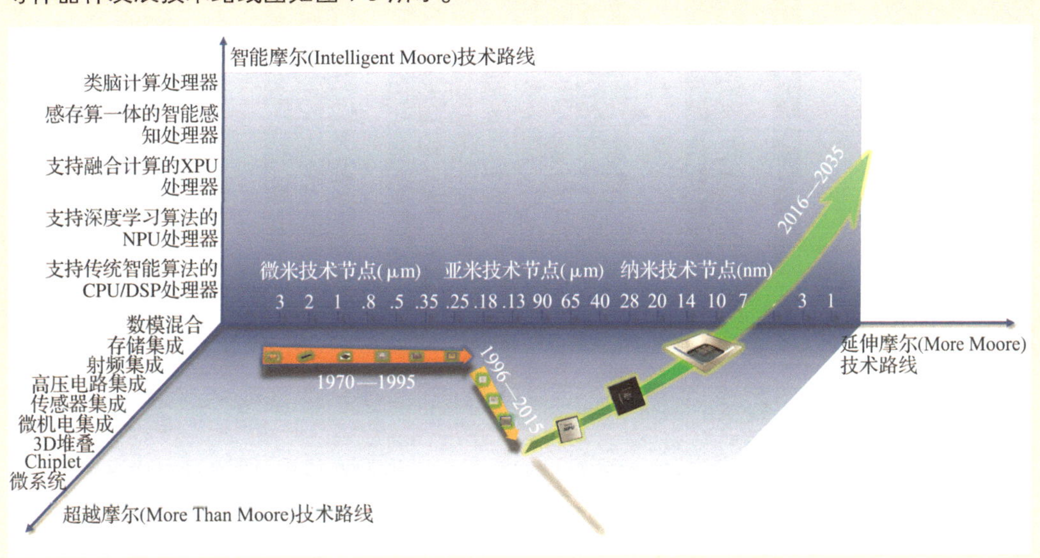

图 7-4 半导体领域的 3 种技术路线比较

里程碑	子里程碑	2020年 2025年 2030年 2035年
需求	短期	发展中国自主可控的半导体产业核心技术，突破受制于人的局面
	发展模式	需要具备全球视野并建设对半导体产业和关键技术的掌控能力，充分发挥中国基础工业和制造业整体优势，抓住要点、以点带面、循序渐进，建立符合中国国情和能力特点的发展模式
	长期	需要具备全球视野并建设对产业和对关键技术的掌控能力，充分发挥中国基础工业和制造业整体优势，抓住要点、以点带面、循序渐进，建立符合中国国情和能力特点的发展模式
目标	设计与仿真技术	发展半导体器件设计与仿真软件技术，到2035年，这一技术达到国际一流水平
	新材料技术	实现低维半导体材料应用技术突破，在新型材料基础上实现新型处理器算力的突破
	设备和生产	开展半导体器件生产设备和工艺方面的研究，到2035年，工艺制程达到1nm及以下尺寸的集成电路实现量产
	封测技术	发展半导体器件集成封装设备和工艺，实现支持不同工艺制程、不同材料和多种空间结构的Chiplet、微系统等封装工艺
	智能芯片	发展类脑智能芯片技术，在新制程和新封装工艺的支持下，通过架构革新，实现单颗芯片的每秒运算次数达到pOP/s量级
	设备研发	实现半导体器件生产、测试设备的自主生产能力，突破精密光刻机、蚀刻机以及面向新材料的半导体生产设备的研发和制造技术，达到世界领先水平
基础研究方向	认知科学	基于脑科学的认知技术基础理论研究
	新型材料	新型半导体材料的基础理论研究
	新型器件	基于新型半导体器件的基础理论研究
	新型工艺	基于新型半导体工艺技术的基础理论研究
	新型架构	基于新型算法架构的基础理论研究
关键前沿技术	器件	新型半导体器件及其加工工艺技术
	设备	半导体器件设计、生产和测试关键设备技术
	封测技术	新型半导体器件封装工艺技术
	EDA工具软件技术	半导体器件设计与仿真工具软件技术
	新型架构	多模态融合智能计算技术
		事件驱动计算技术
		“感、存、算”芯片级一体化设计技术
		类脑芯片计算技术
战略支撑与保障	市场机制	摩尔定律中的“技术—市场”互动机制仍是半导体器件发展的内在驱动力
	调控与干预	采用灵活精准的产业调控政策
	资金保障	构建全方位的半导体产业投资和融资平台
	稳健政策	采取循序渐进、稳健发展的产业政策

图 7-5　面向 2035 年的中国“智能摩尔之路”半导体器件发展技术路线图

小结

目前，半导体工艺制程已经由 28nm、14nm、7nm、5nm 向 3nm、2nm 和 1.4nm 进发，逐渐逼近量子尺度，摩尔定律时代快要走到尽头。传统 CPU 受限于散热不佳，其时钟频率更早趋于上限。

后摩尔定律时代的创新之路怎么走？虽然芯片工艺在物理层面和信号层面受到物理规律的制约，但在信息层面的技术创新还远没有达到极限。下一次信息革命的关键在于：如何进一步借鉴人脑智慧机制，研究新型人工智能计算方法，进一步提升信息处理的性能功耗价格比。

使用多模融合计算、多核异构技术满足智能设备对算力、成本、功耗和尺寸的需求，比纯粹依赖先进半导体工艺制程、追求极限算力的方法更加有效和可控。本章提出的“智能摩尔之路”在现阶段具有重要的意义。

第 7 章撰写组成员名单

组　长：邓中翰

成　员：张韵东　周学武　李国新　顾　页

执笔人：周学武

8

面向 2035 年的中国公共安全领域自主知识产权软件发展技术路线图

8.1 概述

公共安全是国家安全和社会稳定的基石。在信息时代，突发事件发生前的预防准备、监测预警，以及事件发生后的救援处置、综合保障、恢复重建各个环节，都离不开相关软件工具支撑。然而，由于公共安全问题涉及国家安全和民生大计，相关软件不能仅靠国外引进。本课题面向 2035 年远景目标，探讨并提出中国公共安全领域自主知识产权软件发展目标、重点方向和技术路线图，为相关领域的系统规划和科学决策提供前瞻性的建议。

本课题基于全球公共安全领域软件技术态势扫描与分析结果，融合本领域内权威专家的意见，选择若干具有典型代表性的公共安全领域软件进行应用需求分析，具体包括气象监测预报预警分析软件、地震灾害模拟分析软件、重大基础设施爆炸风险评估与事故过程仿真软件、城市交通和行人疏散仿真软件、复杂灾害场景应急救援仿真软件。针对上述 5 个方面的软件，编制面向 2035 年的中国公共安全领域自主知识产权软件发展技术路线图，研究成果将为国家布局未来公共安全领域的工程科技发展方向提供参考。

8.1.1 研究背景

中国是世界上自然灾害最为严重的国家之一，地震、暴雨、旱涝、台风、低温冻害等自然灾害通常直接或通过诱发次生灾害间接对社会造成严重影响。此外，工业化、城镇化、全球化等活动叠加而引发的综合性风险日益增加，每年因人类活动造成的火灾、交通事故、燃气爆炸、工业生产事故等引起大量的人员伤亡和财产损失；重大传染病疫情和社会治安风险也威胁着人们的生产和生活。

近年来，党和国家把维护公共安全摆在更加突出的位置，对此做出了一系列部署。党的十八大提出要加强公共安全体系建设，十八届三中全会围绕健全公共安全体系，提出食品药品安全、安全生产、防灾减灾救灾、社会治安防控等方面体制机制的改革任务，十八届四中全会提出了加强公共安全立法、推进公共安全法治化的要求；十九届五中全会指出，要统筹发展和安全，建设更高水平的“平安中国”。

随着大数据时代的到来，各类通用、专用的系统软件正成为公共安全的核心保障力。公共安全深度涉及国家安全的特点决定了相关软件必须依靠自主研发，因此，加快推进公共安全领域仿真科技自主创新体系建设是中国公共安全发展急需的举措。

8.1.2 研究方法

根据公共安全领域的特点，在公共安全技术体系风险评估与预防技术、监测预报预警技术、应急处置与救援技术和综合保障技术四大子领域，针对自然灾害、事故灾难、公共卫生事件和社会安全事件四大类突发事件，综合选取气象灾害监测预报预警分析软件、地震灾害模拟分析软件、重大基础设施爆炸风险评估与事故过程仿真软件、城市交通和行人疏散仿真软件、复杂灾害场景应急救援仿真软件五个典型公共安全子领域的软件作为研究对象，分别对国内外本领域计算、分析和仿真软件的发展现状进行全面调研分析，梳理出中国在本领域的软件发展水平和面向未来科技发展的软件支撑需求，提出中国在本领域的相关自主知识产权软件的需求、发展目标、重点任务与保障措施。

本课题组主要采用文献资料调研、软件产品调研、专家问卷调查、专家研讨等研究方法，拟定本领域技术态势扫描报告，制定技术清单，开展问卷调查和编制技术路线图。

8.1.3 研究结论

按照党的十九大提出的“到 2035 年基本实现现代化”的总体目标，公共安全领域亟须围绕各类计算、分析和仿真软件开展自主化的技术突破。本课题针对以下 5 个典型公共安全子领域，分别提出了面向 2035 年的中国公共安全领域自主知识产权软件发展技术路线。

（1）针对气象灾害的监测预警、数值天气预报、气象灾害预报及风险评估、气象灾害的信息化、气象灾害的 AI 应用 5 项气象灾害防治软件核心技术，研究并提出用于气象灾害监测预警的自主知识产权软件发展的对策建议。

（2）面向地震灾害防灾、减灾、救灾的重大需求，提出构建“等效震源”模型和开发相应的计算方法，解决震源高精度定位和震源时程信息还原、全国地震烈度分布问题，搭建地震响应分析软件平台，使研究成果可直接服务于地震灾害应对，提升国家防灾、减灾、抗灾、救灾能力，满足公众对安全保障的迫切需求。

（3）研发大规模高精度重大基础设施爆炸风险评估与事故过程仿真软件，可突破模拟重大基础设施爆炸事故中多因素和多场耦合作用下的爆炸发生机理与爆炸波的传播特性，以及爆炸波的流动和化学反应强非线性耦合、多种间断（接触间断、弱间断、强间断等）共存流场、多相耦合的技术难点。研发多主体、多因素、多变量条件下，重大基础设施爆炸灾害评估系统，可为地面大型仓储、液化石油气储罐、地下管道网以及城市地铁等重大基础设施爆炸事故的防治、救援和评估提供重要的技术支持。

（4）从全面提升公共安全领域应急处置能力、推动城市交通和行人疏散子领域自主知识产权软件快速发展的目标出发，围绕疏散仿真优化技术研发、疏散软件系统研发及软件系统示范应用等重点任务，拟定区域人群流通、大规模动态疏散、多模式交通网络协同、突发事件耦合影响、人群安全管控五大关键技术，并提出了一系列战略支撑与保障措施及相关建议。

（5）中国在复杂灾害场景应急救援仿真软件的理论研究方面基本做到了与国际水平“并跑”，部分领域已处于“领跑”阶段。然而，相关软件技术发展水平仍处于“跟跑”阶段。国产软件在仿真功能、软件集成度、推广范围、商业化程度方面都远落后于国外同类软件，主要原因是核心技术不足、软件产业发展滞后及软件政策与法律不够完善。

8.2 全球技术发展态势

8.2.1 全球典型公共安全软件技术发展政策与行动计划概况

1. 气象监测预报预警分析软件发展的政策与行动计划概况

目前，气象灾害防治软件数量较多，应用领域广泛，技术复杂度高。近年来，大数据、云计算和人工智能技术不断发展，进而发展出无缝隙智能网格预报技术、风险评估技术提供了解决气象灾害问题的技术基础。欧洲中期气象预报中心（ECMWF）在《面向 2025 发展路线图》（Roadmap to 2025）中提出将高影响天气预报延伸至两周的理论极限，在 2016 年提出了《欧洲中期气象预报中心战略（2016—2025）》（ECMWF Strategy 2016—2025）十年发展战略。美国国家气象局（NWS）于 2019 年提出了《美国国家气象局气象预备国家战略计划（2019—2022）》（NWS Weather Ready Nation Strategic Plan 2019—2022）四年发展计划。世界气象组织（WMO）在 2015 年发布了《无缝隙地球预报系统：从分钟到数月》，提出“地球系统”概念。2017 年地球系统科学家学会（YESS）联合世界气候研究计划（WCRP）、世界气象研究计划（WWRP）和全球大气观察计划（GAW）发布《地球系统科学前沿白皮书》。中国气象局在《中国气象科技创新发展规划（2019—2035）》中提出，要在灾害天气机理、无缝隙精细化气象预报等领域取得突破性进展，为实现全球气象预报预警提供全面支撑。

2. 地震灾害模拟分析软件发展的政策与行动计划概况

中国非常重视地震灾害模拟技术分析的发展。《中国地震科学实验场专项 2021 年度项目申报指南》（以下简称《指南》）指出，“研究重大工程的设定地震风险分析，给出川滇地区的地震动分析公共模型、地震灾害模拟系统”。具体如下：结合所研究区域现有观测资料，建立地震的震源模型；采用区域数字地震监测台网的小地震记录，联合反演所研究区域地震参数，建立该区域地震动衰减关系；分析地震动传播特性，以城市建筑物尺度为地震作用承载体，开展建筑群三维信息构建与地震破坏模拟方法研究，建立建筑群多尺度地震易损性与韧性评估模型，实现筑物地震损失情景全过程，建设地震损失全过程模拟系统，服务城市工程结构的抗震韧性提升。《指南》还针对“地震孕育发生机理研究”，提出“给出断裂带各向异性模型和深部介质衰减模型，为各种观测数据和中国地震科学实验场的地震物理与灾害模型搭建力学机理的解释桥梁”。该方向提出要构建研究区域衰减模型：利用研究区域密集的地震台阵观测数据，研究该区域的地震波散射衰减和吸收衰减，研发衰减研究波形反演技术，获取该区域的地震波散射衰减和吸收衰减模型。

3．重大基础设施爆炸风险评估与事故过程仿真软件发展的政策与行动计划概况

数值仿真已成为重大基础设施爆炸风险评估与事故过程仿真研究的主要技术手段。美国组织多个国家实验室和相关科研机构对爆炸效应数值仿真进行了长期、大量的研究，开发了若干成熟的爆炸效应数值仿真软件，如 Sandia 国家实验室开发的 CTH-Tiger 软件和 Los Alamos 国家实验室开发的 MESA3D 软件，以及美国 Orlando 公司的 HULL 软件、英国 AWE 公司的 HELIOS 软件和 EAGLE 软件、法国 CEA 实验室的 SIAME 软件等。美国、德国、挪威等国家的相关公司对爆炸计算软件进行了商业开发，先后推出了 AUTODYN、LS-DYNA、DYTRAN、NUMHYD、FLACS、AUTOREAGAS 等商业化仿真软件，逐步解除了出口限制，向世界范围推广。其中，FLACS 软件已成为受美国联邦法规和挪威石油技术法规等认可的计算流体力学（CFD）爆炸模拟行业标准；AUTOREAGAS 软件主要用于海上平台、岸上设备安全和风险分析。这些数值仿真软件在工程实践中得到了广泛的应用，极大地提高了项目研究效率，缩短了开发周期，节省了研究经费。然而，出于国家利益和安全的考虑，美国使用的 CTH、HULL、EPIC、SPHNIX 等一些高精度软件一直未解除出口限制。

4．城市交通和行人疏散仿真软件发展的政策与行动计划概况

各主要国家非常重视在地震、海啸、飓风、森林火灾等自然灾害，以及恐怖袭击等事件时，城市交通和行人疏散方案的研究。美国、英国、德国和俄罗斯等国家自主研发了可用于优化城市交通和行人疏散方案的仿真软件，此类软件被广泛应用于大型活动、高层建筑和大区域范围的城市交通和行人疏散。国内相关高等院校与研究机构开展了大量的关于疏散规律与疏散模型研究，其中人群疏散实验、城市交通和行人疏散微观模型的研究水平达到了国际先进水平。此外，中国在疏散模型研究的基础上自主开发了多种疏散模拟软件。但与目前本

领域主流的商业软件相比，中国自主开发的软件在功能性、场景适用性、结果显示等方面还有一定差距，这些软件主要用于学术研究等小范围应用，不具备持续完善改进的机制。

5. 复杂灾害场景应急救援仿真软件发展的政策与行动计划概况

美国国家标准与技术研究院（NIST）于 2003 年召开面向应急响应工作的建模与仿真专题研讨会，之后将仿真确立为促进应急响应工作的重要手段。美国自 2007 年后在复杂灾害应急培训中开始大量使用仿真技术，其发布的《应急管理战略规划 2018—2022》提出，充分发挥仿真技术在防灾、减灾中的作用，利用仿真技术实现高效化和精细化的应急管理。美国国家科学基金会（NSF）于 2019 年启动了为期 5 年的自然灾害工程研究基础设施（NHERI）计划，用于支持一个灾害计算模拟平台的建设和研究。欧盟于 2000 年建成了 e-Risk 系统，用于高效、及时处理公共事件和自然灾害。欧洲疾病预防和控制中心（ECDC）在 2014 年出版了《欧盟公共卫生机构仿真演习手册》，用于支持公共卫生部门相关组织加强对传染性疾病事件的反应。2011 年，中国在《国家自然灾害救助应急预案》提出，“建立基于遥感、地理信息系统（GIS）、模拟仿真、计算机网络等技术的‘天地空’一体化灾害监测预警、分析评估和应急决策支持系统”，“通过案例分析、情景模拟、应急演练等方式实施应急培训，提高社区居民对灾害应急工作的理解和实战水平”；2016 年 12 月，国务院办公厅印发了《国家综合防灾减灾规划（2016—2020 年）》，该规划提出要“提高灾害模拟仿真、分析预测、信息获取、应急通信与保障能力”；2017 年 1 月，国务院办公厅印发了《国家突发事件应急体系建设“十三五”规划》，该规则提出“国家公共安全应急体验基地建设”，用于模拟多灾种的场景，建设基于真实三维环境的突发事件模拟仿真设施。

8.2.2 基于文献和专利分析的研发态势

1. 气象监测预报预警软件的研发态势

气象灾害防治领域的专利较少，主要学术成果集中在学术论文中。随着大数据、物联网和智能技术的发展，2016—2018 年地面气象观测引入大数据、物联网和智能技术，学术界开始提出地面智能气象观测，大力推动该领域技术的发展。2000—2018 年，该领域论文发表数量逐年增加反映了该领域技术创新趋向活跃，如图 8-1 所示。从发展趋势上看，未来 5 ~ 10 年，地面智能气象观测很可能会取代现有地面自动气象观测，发展成为新的地面气象观测业务。1999—2019 年地基遥感气象观测领域 4 个子领域的论文发表数量如图 8-2 所示。从图 8-2 可以看出，未来 5 ~ 10 年地基遥感气象观测领域面临一个创新发展时机，微波辐射计、相控阵天气雷达（如风廓线雷达和云雷达）和激光雷达将面临爆发时期，很可能成为新的地基遥感气象观测业务。

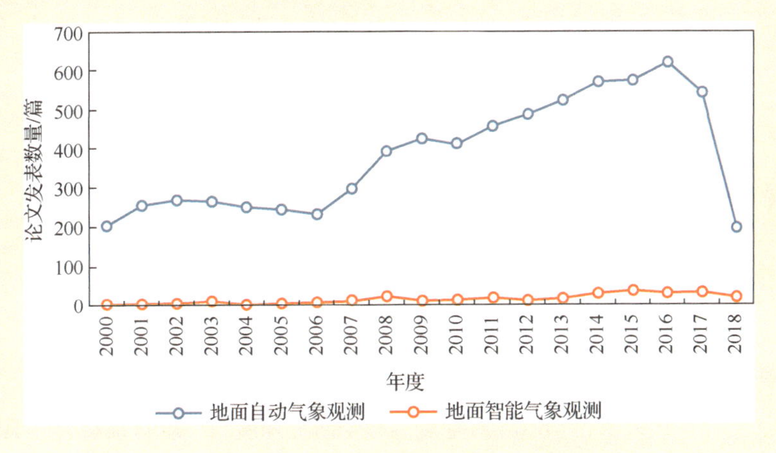

图 8-1 2000—2018 年地面自动气象观测和地面智能气象观测领域的论文发表数量变化趋势

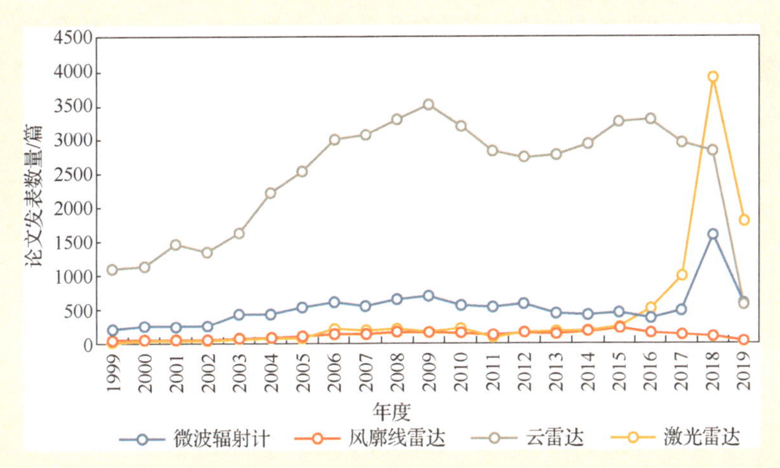

图 8-2 1999—2019 年地基遥感气象观测领域 4 个子领域的论文发表数量变化趋势

人工智能（AI）天气预报技术、无缝隙智能网格天气预报技术是天气预报领域的热点方向。图 8-3 所示为全球人工智能天气预报技术和无缝隙智能网格天气预报技术领域研究机构及其论文发表数量对比。其中，美国、英国、中国的相关论文发表数量居前三位；美国的 NOAA、NASA、Natl Ctr Atmospher Res 在本领域的论文发表数量居前三位，中国科学院在本领域的论文发表数量居第四位。

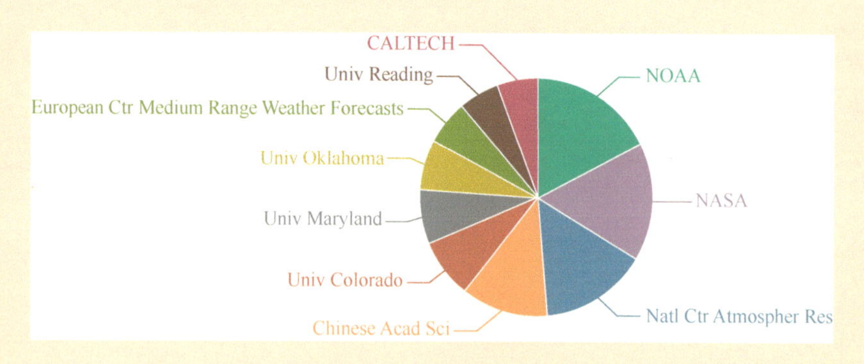

图 8-3　全球人工智能天气预报技术和无缝隙智能网格天气预报技术领域研究机构及其论文发表数量对比

2．地震灾害模拟分析软件的研发态势

自 20 世纪 70 年代以来，学术界对地震的科学研究深度与广度日益提升。其中，震源定位和震源信息还原是地震研究的关键和难点问题，对开展地震学的各项研究具有重要意义，许多国内外学者对此开展了大量的研究。近年来，机器学习技术被应用到地震领域。2013—2020 年地震领域关于机器学习技术的文献数量变化趋势如图 8-4 所示。从图 8-4 可以看出，相关文献数量呈现上升趋势。在地震震源定位中机器学习常用到的算法有遗传算法、PreSEIS 神经网络定位法、BP 神经网络法、卷积神经网络法、全卷积神经网络等。

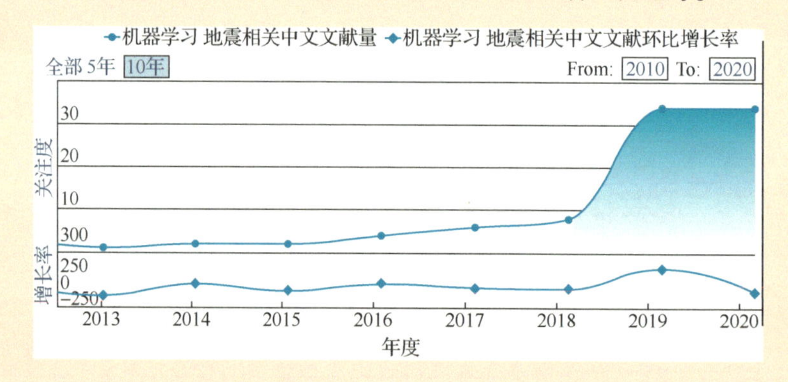

图 8-4　2013—2020 年地震领域关于机器学习技术的文献数量变化趋势

3．重大基础设施爆炸风险评估与事故过程仿真软件的研发态势

近年来，一些先进的计算方法不断涌现，软件不断集成先进计算方法，持续提高计算精度及鲁棒性。同时数值方法研究也有新的突破，一些新型算法已经出现，其中代表性的算法有美国学者提出的 GKDG 高精度有限元方法、时空守恒元解元（CE/SE）方法、日本学者提出的约束插值剖面算法（CIP 算法）、中国香港地区学者提出的动力差分算法（BGK 算法）、中国科学院力学研究所提出的摄动有限差分算法和摄动有限体积算法等。由于无网格法既可

像拉格朗日法一样跟踪材料变形历史，又不涉及网格畸变问题，因此受到了广泛的重视。但与其他方法相比，目前无网格法在爆炸等问题的研究尚未成熟，在严格的数学论证、计算精度、计算效率、边界条件处理等方面都有待完善。

4. 城市交通和行人疏散仿真软件的研发态势

1977—2019 年全球疏散问题研究领域论文发表数量变化趋势如图 8-5 所示。从图 8-5 可以看出，1977—1993 年，疏散问题研究处于起步阶段，此时，本领域论文发表数量较少，增长缓慢；1994—1999 年，疏散问题研究处于平稳发展阶段，本领域论文发表数量较起步阶段明显增加；2000—2015 年，疏散问题处于快速发展阶段，本领域论文发表数量整体上呈现快速增长趋势，反映了世界主要国家对疏散问题的重视与迫切需求。2015 年以来，本领域论文发表数量有所下降，表明疏散问题的研究进入瓶颈阶段，迫切需要开拓创新点。中美两国在疏散问题研究领域的论文发表数量对比如图 8-6 所示。从图 8-6 可以看出，中国在本领域的论文发表数量明显高于美国，反映了疏散问题的研究在中国有迫切需求，中国对本领域的研究更重视，支持力度更大。

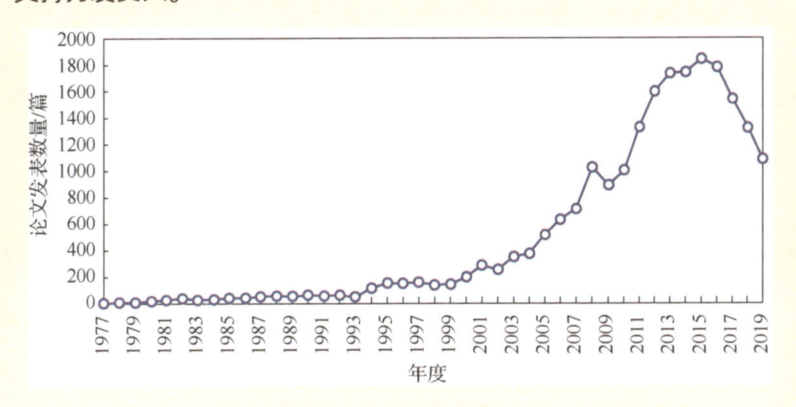

图 8-5 1977—2019 年全球疏散问题研究领域的论文发表数量变化趋势

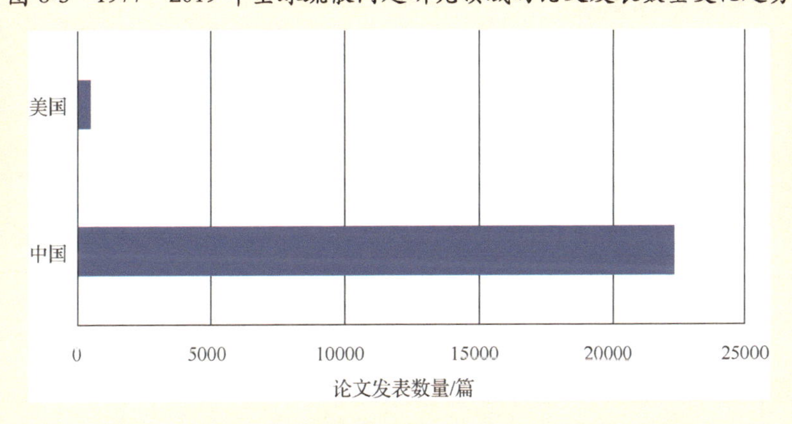

图 8-6 中美两国在疏散问题研究领域的论文发表数量对比

1949—2018 年全球疏散问题研究领域的专利申请数量变化趋势如图 8-7 所示。从图 8-7 可以看出，1949—1959 年，本领域专利技术的研发处于萌芽阶段，专利申请数量较少；1960—2005 年，本领域专利技术研发处于快速发展阶段，专利申请数量呈现增长趋势，并且保持在较高水平，反映了本领域技术创新趋向活跃。2006—2018 年，专利申请数量下降，表明了社会和企业创新动力不足。疏散问题研究领域公开的专利申请数量排名前 10 的国家和组织如图 8-8 所示。其中，日本、美国、欧洲专利局在本领域发布的专利数量较多，反映了这些地区的疏散问题专利技术研发科研活动相当活跃，创新能力相对较强，具备相当的技术优势，本领域技术发展走在世界前列。中国在本领域公开的专利申请数量较少（约为 78 项，排名 34），相较于发达国家，目前中国在本领域的技术创新能力相对较弱，不具备技术优势。

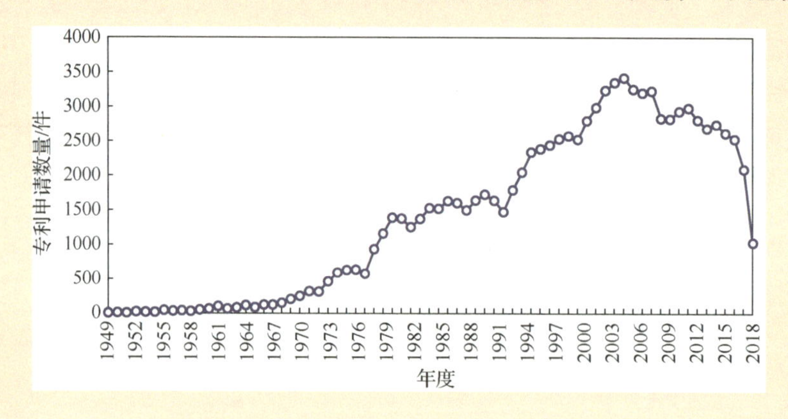

图 8-7　1949—2018 年全球疏散问题研究领域的专利申请数量变化趋势

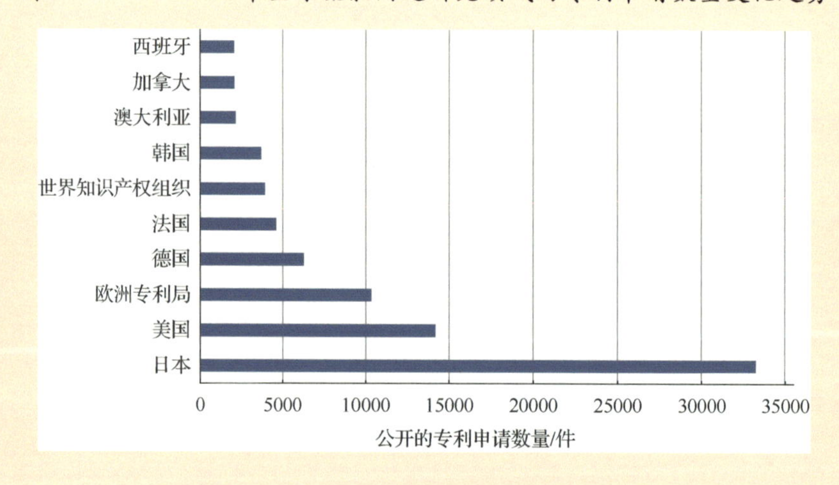

图 8-8　疏散问题研究领域公开的专利申请数量排名前 10 的国家和组织

5. 复杂灾害场景应急救援仿真软件的研发态势

2010—2019 年复杂灾害场景应急救援领域中文文献和英文文献数量对比如图 8-9 所示。

检索本领域英文文献时，选择 Web of Science TM 核心合集，所检索的关键词为“emergency management”和“simulation”，检索到的英文文献数量呈现逐年增加趋势，仅 2019 年，就有 241 篇相关英文文献。检索本领域中文文献时，采用中国知网 CNKI 数据库，所检索的关键词为“应急管理”和“仿真”。相比于外文文献，本领域中文文献的数量较少，在 2015 年后略有下降，在 2019 年仅有 37 篇中文文献。

通过对本领域专利申请数量的分析可以发现，近 20 年来，中国在本领域的专利申请数量逐年增加，但核心专利数量仍然较少。这些情况说明，中国对本领域核心技术的掌握仍然较弱，有待进一步发展。

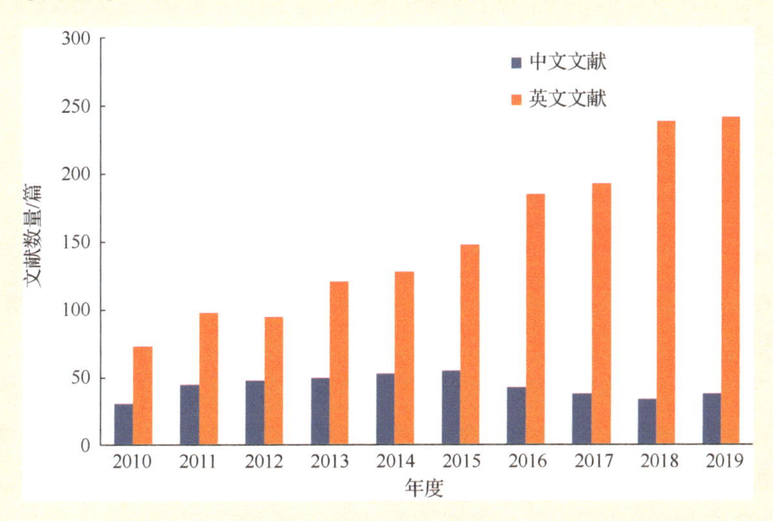

图 8-9　2010—2019 年复杂灾害场景应急救援领域中文文献和英文文献数量对比

8.3　关键前沿技术发展趋势

8.3.1　气象监测预报预警软件关键前沿技术

在气象灾害预警方面，使用相控阵雷达监测技术，对灾害天气监测的时空分辨率更高，对气象灾害监测预警的效率也有较大改善。基于数值预报的预警（Warn-on-Forecast）技术，从机理上解决灾害天气的短时临近预报技术难点。每分钟就更新一次的对流可分辨集合预报数值模式的应用，提升了灾害天气的预报能力。将人工智能、统计技术与物理模式结合起来提高预报准确率，多源气象数据融合的网格化，如多雷达/多传感器系统（MRMS）、局地分析与预报系统（LAPS）、综合分析临近预报系统（INCA）等在天气、气候研究与业务中发挥了重要作用。

在灾害影响评估与风险预报方面，通过建立数值模型来进行风险评估。开发了多重灾害评估管理系统，如美国多重灾害评估管理系统（HAZUS-MH），用于分析和预测灾害所带来的损失。对灾害过后可能出现的情景进行模拟分析，从而得到较为准确的灾害风险评估结果，同时也能较为准确地衡量承灾体的损失状况，较为直观地展现了承灾体的受灾情形。

在人工智能应用方面，加强人工智能对自然灾害的有效监测，围绕地震灾害、地质灾害、气象灾害、水旱灾害和海洋灾害等重大自然灾害，构建智能化监测预警与综合应对平台。中国气象局将人工智能技术融入《气象大数据行动计划（2017—2020 年）》之中，从通用算法库、气象应用算法库、智能预报模型库 3 个方面进行气象大数据智能应用系统建设。

8.3.2 地震灾害模拟分析软件关键前沿技术

随着人工智能技术的发展，近年来机器学习被应用到地震研究领域，如地震事件分类、地震事件检测、地震早期预警、地震预测、峰值地面加速度估计以及速度模型反演。有学者对遗传算法在确定地震震源位置中的应用进行了探索，以拟合差作为种群选择条件，不断地筛选和生成新种群，最终在经度、纬度和时间上快速收敛于最优解，但在深度方向很难找出最优解。基于神经网络的地震震源定位方法，以各台站的地震波到时差作为神经网络的输入参数，以地震震源位置坐标作为输出参数，采用震例样本训练网络，最终找到地震震源位置。此方法以纵波到达不同传感器的时间差信息估计地震震源位置，有效减少了定位误差，定位精度也更准确。使用全卷积神经网络用于地震震源定位研究，以美国俄克拉荷马州为研究区域，将该区域划分为三维网格，并采用三维高斯分布作为将地震震源定位到研究区域内某一网格的概率。以首台 P 波（地震纵波）触发后数秒至数十秒内的波形记录作为网络输入参数，并使网络最终的输出参数对应研究区域内的位置，以输出参数中概率最大值点对应的网格位置作为地震震源定位结果。该方法在美国俄克拉荷马州区域的地震事件中取得了不错的定位结果。

基于机器学习的地震震源定位方法已有一定的研究进展，但仍然存在不足。例如，样本量对计算结果有较大影响，地震震源深度的定位精度存在较大差距。这就需要更大量、更丰富、更多维度的地震数据用于训练，而采用弹性波动力学计算实施大量计算可以有效弥补观测数据的不足，为机器学习方法提供更充分的数据。

地理信息系统空间分析在地震灾害和损失估计中具有重要应用。在地理信息系统分析统计功能下，将已储存的土地结构、地质地形信息作为数据源，对地震发生的情况进行情景模拟，根据数据分析地震可能造成的建筑物损坏情况及人员伤亡情况，提前对经济损失做出估计，在救援物资的调配中发发挥重大作用。因此，在实施地震模拟计算过程中，将地理信息系统所包含的信息纳为计算条件，使得地震模拟计算过程更加合理、可靠。

8.3.3 重大基础设施爆炸风险评估与事故过程仿真软件关键前沿技术

随着计算机软、硬件技术的不断发展，计算爆炸力学主要发展趋势如下。

（1）高精度计算方法。重大基础设施爆炸问题涉及爆轰波在复杂区域中的传播问题，需要发展高精度算法，在不破坏数值格式守恒性与精度的前提下，保证计算中的密度、压力非负。需要构造高精度边界处理方法，克服正交网格在处理复杂边界问题时导致精度下降的问题。如何构造高精度计算方法，合理、精确地分析非定常、多物质、强间断流场一直是困扰爆炸力学研究者的重要问题。这一问题关系着爆炸风险评估与事故重现的准确性，是一个关键的前沿技术发展趋势。

（2）流固强耦合计算方法。重大基础设施爆炸过程涉及冲击波、爆炸产物、结构破片之间复杂的相互作用，伴随着多相、多层介质间复杂波系的入射、反射和透射，以及材料的大变形流动、断裂等复杂的非线性流固耦合现象，需要基于界面力学平衡条件构建流固强耦合计算方法，自适应调整双向耦合关系，实现计算时间加速的协调统一，解决高密度比、高压力比、强剪切和一般状态方程下多物质可压缩的流体弹塑性问题，实现爆炸风险评估与事故中爆炸冲击波及其与结构作用、结构破坏的精准预测。

（3）大规模并行计算。三维爆炸与冲击问题的数值模拟突出问题就是计算规模大及计算时间长，并且由于基于微观、细观、宏观的多尺度计算方法的不断发展，对计算能力提出了更高的要求。多 CPU 的分布式网络系统将逐渐成为主流，相对于共享式内存并行系统，分布式内存并行系统具有更加良好的扩展性，更高的系统性能，如目前大力发展的高性能计算机（HPC）系统。

8.3.4 城市交通和行人疏散仿真软件关键前沿技术

城市交通和行人疏散仿真软件关键前沿技术包括以下 3 个方向：

（1）数据驱动的区域人群流通与疏散自动建模技术。以地理信息系统（GIS）、卫星遥感、手机信令、车载 GPS、综合交通监测等数据为基础，对区域性的突发事件，快速建模仿真大范围人群的流通与疏散，仿真区域交通与行人的流通及应急疏散过程。

（2）基于云计算的大规模动态疏散仿真软件。涵盖区域、城市、城市群等多个尺度，利用云服务器等技术，开发云计算仿真软件，实现云存储、云共享和协作、多用户远程运行和访问。

（3）城市多模式交通网络协同疏散仿真软件。城市大规模疏散依赖多种交通方式交互衔接，需要针对多模式交通网络开发应急疏散软件。基于城市多模式交通网络的复杂机动车、非机动车、行人混行过程，集成高密度人群大范围转移、疏散、防护及避难技术，打造城市地上、地下及空中立体网联化疏散系统。

（4）突发事件影响耦合分析与风险评估技术。突发事件发生及发展过程与人群疏散过程往往动态同步，并且可能相互影响，需要考虑突发事件对疏散过程的动态影响。建立突发事件下的交通与行人疏散运动规则、生命伤害规则、灾害对疏散环境作用规则，实现突发事件动态影响下的交通与行人疏散仿真，以及基于动态伤亡预测的突发事件风险评估。

（5）集监测、分析与疏导于一体的人群安全管控技术。针对典型的人群密集公共场所，将通过视频、手机等监测手段获得的人群数据作为实时输入参数，将疏散模型作为分析工具，同时开发远程疏散指引终端，建立针对密集人群的实时监测、分析与疏导一体化的管控平台。

8.3.5 复杂灾害场景应急救援仿真软件关键前沿技术

应用德尔菲法（专家问卷调查）就本领域内的关键前沿技术进行调查，得到如下本领域应重点发展的技术：建模/仿真支撑系统技术、复杂灾害的仿真技术以及各种复杂灾害的理论模型。建模/仿真支撑系统技术又包括仿真引擎技术、VR/可视化环境技术、中间件技术等；复杂灾害的仿真技术包括决策分析技术、社会影响评估分析技术、风险/韧性技术、预测评估技术等。

复杂灾害的理论模型可按照四大类突发事件进行划分，涉及的关键前沿技术较多。自然灾害领域以地震、洪水、泥石流等为例，包括基于运动破裂参数的合成震源模型，水文学模型和以计算水力学为主并与水文学相结合的水动力模型，水动力学模型是综合流体力学、计算数学以及各种生产应用技术得到的，如宾汉流体模型、拜格诺膨胀流模型等；事故灾难领域以危险源泄漏事故为例，包括诸如大气扩散和爆炸评估模型等；公共卫生领域以传染病扩散为例，包括传染病传播模型、无标度网络和小世界网络等；社会安全领域以人群疏散为例，包括人群行为理论模型、人群疏散模型等。

8.4 技术路线图

8.4.1 需求与发展目标

1. 需求

（1）加强气象灾害相关数据的采集、质控、传输、组网、多源气象数据融合与预警等气象软件的研发，加强数据同化技术、物理框架及相关地球科学融合技术的研究，加强对流可分辨快速更新的数值模式及集合预报数值模式的研发，提升超算、大数据、云计算、深度学习等前沿技术的国产化水平。

（2）地质构造导致的地震通过地震波向外传递能量，使地表产生变形，地标建筑结构破坏，并引起一系列次生灾害。针对这类地震特性，构建“等效震源”模型和基于地理信息系统的大规模快速计算方法，解决震源高精度定位和震源时程信息还原、全国地震烈度分布，搭建地震响应分析软件平台，满足面向地震灾害防灾、减灾、救灾的重大需求。

（3）研发具有自主知识产权的高精度大规模重大基础设施爆炸风险评估与事故过程仿真软件。

（4）建设全方位立体化的公共安全保障工程，车辆与行人疏散技术是“应急处置与救援”子模块的核心组成部分，打造灾害环境下灾情估计、资源调配和疏散组织的一体化平台，旨在提高城市安全韧性。

（5）发展基于建模与仿真的方法，构建“情景—应对”的应急管理方式，满足国家实现精准安全的迫切需求。大力发展相关技术，实现自主知识产权的重大突破。

2. 发展目标

（1）进一步构建“无缝隙地球预报系统”支撑下，覆盖大部分天气敏感的地球系统分量领域的预报技术系统，在所有时空尺度上提供更加精细的确定性及概率天气预报和影响预报。建立“无缝隙-全覆盖”天气监视预报分析软件，发展人工智能气象应用算法，加强面向突发灾害性天气的短时临近预报算法，推进影响预报与风险预警软件研发，在地球系统框架下发展多领域融合的影响预报与风险预警软件。

（2）搭建集成地震震源定位、地震动响应计算、全国地震烈度速报功能的全链条地震响应分析平台，实现地震作用下建筑群结构的动力响应。

（3）针对重大基础设施爆炸灾害中的爆炸发生机理、爆炸波传播特性及其与结构相互作用等强非线性问题的分析与评估需求，研发自主可控的高精度大规模重大基础设施爆炸风险评估与事故过程仿真软件，具备处理开放/密闭空间中的爆炸及其对结构破坏的分析能力，能够对典型场景爆炸引发的灾害分布进行准确预报和事后评估；支持亿级以上节点的并行计算，计算结果与试验结果的偏差不超过15%；具有完善的前后处理模块，提供国内外主流CAD、CAE模型接口。

（4）面向特大城市公共安全保障的国家重大需求，建立具有完全知识产权的“多灾种-多尺度-多系统”的大规模动态疏散系统。打破商业软件垄断，实现自主软件应用示范。

（5）复杂灾害场景仿真软件国内市场销售额增长到5000亿元，占世界复杂灾害场景仿真软件销售额的比例翻倍；国产软件及相关服务的国内市场份额达到70%以上。形成5个以上复杂灾害场景软件年销售额超过 100 亿元的软件企业，培育 20 多个软件著名品牌。促进产业升级与创新，带动上千亿元的产业规模。

8.4.2 重点任务

（1）针对气象监测预报预警软件，优先发展智能化、组网协同观测技术；推进在地球系统科学框架下发展多尺度一体化数值预报；积极布局和推动人工智能的应用，发展无缝隙智能网格天气预报技术；大力发展风险评估和决策服务技术。

（2）针对地震灾害模拟分析软件，优先发展机器学习算法进行地震定位；基于地理信息系统考虑地形与地质的影响进行物理建模与网格划分，实施大规模快速计算；实现全国地震烈度分布计算；实现建筑物结构地震响应分析，构建全链条地震响应分析平台。

（3）针对重大基础设施爆炸风险评估与事故过程仿真软件，着重构造可以处理强间断、弱间断和接触间断共存流场的高精度计算格式；发展显式-隐式时间离散格式；发展针对爆炸问题的网格自适应细分技术，实现大尺寸爆炸场的高精度、高效数值模拟；研究欧拉-拉格朗日耦合算法，实现爆炸冲击双向流固耦合数值模拟；研究同时考虑物理模型转化判据以及几何转化判据的混合转化判据；开发重大基础设施复杂离散模型构建程序，形成可视化前处理系统，完成巨量数据三维图像的交互处理功能，研制可视化后处理子系统。集成材料力学模型、本构关系、状态方程、化学反应模型和高精度数值计算方法，开发出置信度较高、具有完全自主知识产权的重大基础设施爆炸风险评估与事故重现仿真软件。

（4）针对城市交通和行人疏散仿真软件，研发大规模快速疏散仿真优化技术；研发“多灾种-多尺度-多系统”的城市疏散技术；开发具有自主知识产权的城市疏散仿真软件，实现与其他安全领域软件系统集成，搭建重大灾害环境下疏散与救援组织决策指挥一体化平台系统；推动城市交通与行人疏散软件示范应用，构建不同公共安全事件下疏散仿真系统，实现多源数据实时接入，在实际突发灾害与事故中进行示范应用。

（5）针对复杂灾害场景应急救援仿真软件，优先发展“情景—应对”型复杂灾害事件建模仿真和建设安全管理的理论、方法、技术；构建不同场景下灾害事故早期预警、事件发生过程模拟、危害评估、能力估算、干预措施推演全过程的随机性和确定性模型；培育示范工程项目，开发重点示范产品软件，实现基于情景重构的复杂灾害事件监测预警、情境推演综合分析、预案评估和基于动态变化的情景应对功能。

8.4.3 战略支撑与保障

（1）完善公共安全领域自主知识产权软件的可持续发展机制，特别是研发周期长、投入巨大的研究项目，需要建立滚动式开发机制，确保成果绩效和研究经费，周密规划全局。

（2）构建下一代数值仿真通用化构架，匹配下一代数值仿真硬件环境，建立智能物态描述库，开发友好的人机交互界面，更新专业问题求解软件系统。建立软件框架体系，所有模块的研制统一按照某种框架，实现标准化，集成化，适应不同计算环境。建立统一的工作平台，将设计、试验、仿真和规范纳为一体，实现公共安全领域软件系统在重大工程和复杂装备中的示范性应用与验证。

（3）发挥国家和行业的整体力量，引导相关企业将技术研发重点集中到确定的重点方向上。国家应继续加大科研投入，包括采取实施重大工程、制订专项科研计划等方式，组织攻克关键核心技术。

（4）加大公共安全领域与计算机软件专业技术的交叉复合型人才培养力度，引导高校注重基础研发教育，为公共安全领域软件发展构造人才梯队。

（5）开展多行业、多领域协同研发。加大与数据信息处理、预警监测、计算机技术等相关领域具有技术优势的企业的合作力度，学习、借鉴“城市智慧大脑”等领域的阶段性研发成果和经验；强化“产、学、研、用”合作，推动城市交通与行人疏散仿真软件向综合性发展，拓宽软件用户市场。

（6）调整科研评价体系，摒弃科研工作中的“五唯”（唯论文、唯学历、唯帽子、唯职称、唯奖项），重视相关领域软件产品的研发和应用，完善相关政策和法律，保护自主知识产权，加大创新性研究成果的奖励力度。引导和鼓励各级安全管理部门、相关研究机构配备该产品，并建立完善的配套优惠政策和科技成果转化服务体系。

8.4.4 技术路线图的绘制

面向2035的中国公共安全领域自主知识产权软件发展技术路线图由5个子领域的技术路线图组成，分别绘制如下。

面向2035年的中国气象监测预报预警软件发展技术路线图如图8-10所示。

面向2035年的中国地震灾害模拟分析软件发展技术路线图如图8-11所示。

面向 2035 年的中国重大基础设施爆炸风险评估与事故过程仿真软件发展技术路线图如图8-12所示。

面向2035年的中国城市交通和行人疏散仿真软件发展技术路线图如图8-13所示。

面向2035年的中国复杂灾害场景应急救援仿真软件发展技术路线图如图8-14所示。

里程碑	子里程碑	2020年　2025年　2030年　2035年
目标	研发气象监测预报预警分析软件	到2025年，面向地球系统框架下全空域气象服务保障需求，以地球系统数值模式发展和应用为内核，以大数据、人工智能技术和方法为支撑，构建创新科研业务融合平台
		到2035年，加强以雷达为核心的高时空分辨率三维大气监测能力；加强数据同化技术、物理框架及相关地球科学融合技术的研究，夯实以数值预报为主的客观定量预报关键技术体系；提升超算、大数据、云计算、深度学习等前沿信息化技术的国产化水平，加强在气象软件方面的应用能力；构建“无缝隙地球预报系统”，覆盖大部分天气敏感的地球系统分量领域的预报技术系统，在所有时空尺度上提供更加精细的确定性及概率天气预报和影响预报，在地球系统框架下发展多领域融合的影响预报与风险预警软件
需求		面向公共安全的气象监测预测预警分析软件的核心是气象监测精密、预报精准、服务精细。此外，气象软件高度依赖信息化技术，如何做好以上3个方面科研创新与技术建设是气象软件的关键。中国气象观测网对中小尺度灾害性天气的监测能力明显不足，需要大幅度增加以雷达为核心的监测能力，提高大气三维监测的时空分辨率。在此基础上，加强相关数据的采集、质控、传输、组网、多源数据融合与预警等气象软件的研发；天气预报的核心是数值预报，需要在高时空多源观测数据的基础上，加强数据同化技术、物理框架及相关地球科学融合技术的研究，加强对流可分辨快速更新数值模式及集合预报数值模式的研发
重点产品	气象灾害监视和预警软件	积极发展相控阵雷达监视技术，改善灾害天气监视的时空分辨率
		发展基于数值预报的预警（Warn-on-Forecast）技术，从机理上解决灾害天气的短临预报技术难点
		综合应用天气雷达、静止气象卫星资料和加密自动站等多源观测资料，加强灾害天气识别、预警技术
	数值模式和无缝隙智能网格预报软件	使用对流解析模型提供精确的中尺度预报初始场，努力实现从数据同化到综合预报系统的无缝集成
		基于多源观测资料和多种类、多尺度数值预报模式产品，采用动力、统计、人工智能等方法开展模式解释应用，并开展多源预报融合生成最优客观预报，开展无缝隙全覆盖天气预报的主流技术路线
		发展数据同化技术，加强耦合同化、算法开发和方法整合，包括机器学习、四维变分数据同化技术
		发展地球系统所有组成（海洋、陆地、积雪、海冰等）的同化算法，与大气分析相结合，形成一个更先进的集合变量框架
		构建新一代多尺度天气一体化模式系统。实现“无缝隙”的一个重要前提是实现地球系统多圈层的耦合。发展更高分辨率、更精细化的无缝隙全覆盖的精准预报技术，努力构建从局地到全球，从天气、水、气候到环境及其影响的全覆盖、无缝隙全球预报系统
	人工智能天气预报软件	研究数值模式、观测资料或实况分析相结合的高质量、多类别、长序列的训练数据集构建技术，为人工智能技术提供优质输入数据
		开展以深度学习为代表的人工智能技术在天气预报中应用研究，包括处理高度复杂的大气运动、适应大气数据时空复杂性与不确定性、与物理模式有效结合、人工智能模型可解释性等
	风险评估软件	着重并持续对暴雨及强对流中小尺度系统、台风强度演变、中长期大气环流异常或转折等方面开展深入分析，对交叉领域影响和致灾机理开展研究，开展基于物理机制的定量化、精细化预报技术研究

图 8-10　面向 2035 年的中国气象监测预报预警软件发展技术路线图

里程碑	子里程碑	2020年—2025年—2030年—2035年
重点产品	风险评估软件	利用人工智能技术，挖掘天气预报预警与海量灾情数据、社会经济数据等之间的复杂非线性关系，建立影响预报模型，支持对天气敏感部门的风险决策
关键前沿技术	无缝隙智能网格天气预报技术	发展基于数值模式及其衍生产品算法 研究多种类、多尺度模式海量预报信息滚动偏差订正、统计降尺度、高效融合等统计后处理技术 发展从数值模式输出到网格预报预警产品的“端到端”全流程检验技术
	风险评估和决策服务技术	发展基于物理机制的定量化、精细化预报技术
	灾害性天气发生发展机制及致灾机理研究	着重并持续对暴雨及强对流中小尺度系统、台风强度演变、中长期大气环流异常或转折等方面深入分析，对交叉领域影响和致灾机理开展研究
操作系统与工业软件创新示范工程	数值预报系统	全球与区域同化预报系统（GRAPES）
	气象灾害监视系统	灾害性天气短时临近预报业务系统（SWAN）
	气象分析可视化系统	气象信息综合分析处理系统（MICAPS）
战略支撑与保障	顶层设计	构建适应气象新业态的人才体系；强化联合，统筹创建科研业务融合合作平台，引导科研单位聚焦业务加强重大科研攻关，发挥核心专业优势，积极推进创新成果业务转化应用，促进科研和业务充分融合，持续推进业务能力建设；开放合作，助力新时代预报业务获得新动能；搭建平台，持续释放科研业务融合发展效益
	数据共享	加强社会经济、人文环境、行业部门、地球科学等大数据的开放与共享，包括完善顶层设计、制定法律法规、消除部门或层级壁垒、增强供给与需求的结合等
	云计算	加快推进地球科学云计算建设。在计算、网络、存储等基础资源上持续投入，并研发面向地球科学复杂数据特性的云计算系统，实现数算一体及海量数据的有效应用
	人才培养	加快培养和聚焦地球科学、人工智能、大数据及云计算、社会科学等重点及交叉领域的高端人才，包括成立跨部门的多元化合作机构来开展跨学科的气象人工智能技术研究；建立灵活的薪酬机制引进相关领域的领军人才和团队；加强国际合作，推动建设面向“无缝隙地球系统”的国际科技联合研究中心；支持相关高校促进交叉学科发展及人才培养
	资金	加大科技研发投入，围绕灾害性天气机理研究、人工智能技术天气预报应用等领域，利用国家重点研发计划、基础研究重大项目、国家自然科学基金等部署重点科研任务

图 8-10 面向 2035 年的中国气象监测预报预警软件发展技术路线图（续）

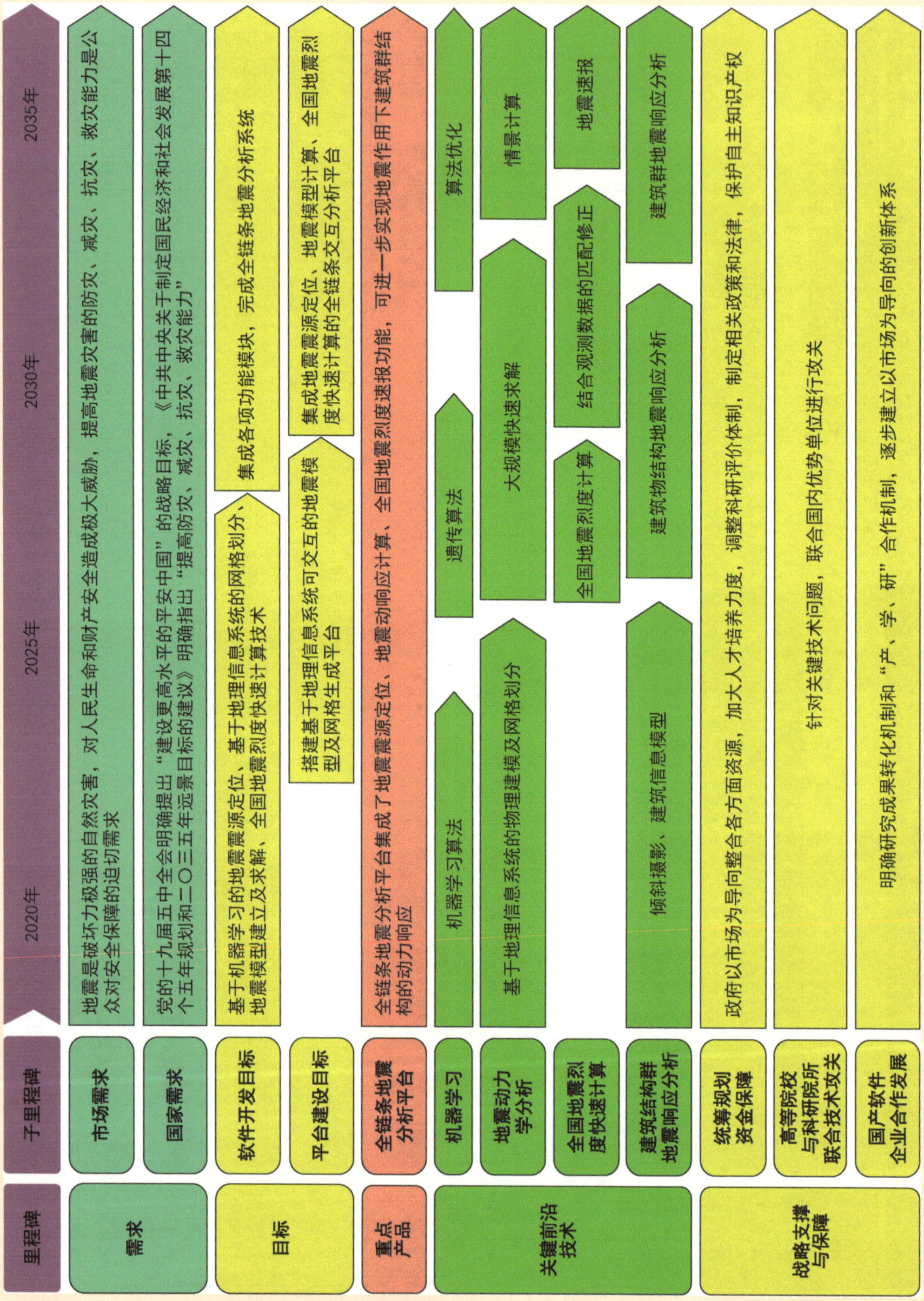

里程碑	子里程碑	2020年 2025年 2030年 2035年
需求	市场需求	地震是破坏力极强的自然灾害，对人民生命和财产安全造成极大威胁，提高地震灾害的防灾、减灾、抗灾、救灾能力是公众对安全保障的迫切需求
	国家需求	党的十九届五中全会明确提出“建设更高水平的平安中国”的战略目标，《中共中央关于制定国民经济和社会发展第十四个五年规划和二〇三五年远景目标的建议》明确指出“提高防灾、减灾、抗灾、救灾能力”
目标	软件开发目标	基于机器学习的地震震源定位、基于地理信息系统的网格划分、地震模型建立及求解、全国地震烈度快速计算技术 → 集成各项功能模块，完成全链条地震分析系统
	平台建设目标	搭建基于地理信息系统可交互的地震模型及网格生成平台 → 集成地震震源定位、地震模型计算、全国地震烈度快速计算的全链条交互分析平台
重点产品	全链条地震分析平台	全链条地震分析平台集成了地震震源定位、地震动响应计算、全国地震烈度速报功能，可进一步实现地震作用下建筑群结构的动力响应
关键前沿技术	机器学习	机器学习算法 → 遗传算法 → 算法优化
	地震动力学分析	基于地理信息系统的物理建模及网格划分 → 大规模快速求解 → 情景计算
	全国地震烈度快速计算	全国地震烈度计算 → 结合观测数据的匹配修正 → 地震速报
	建筑结构群地震响应分析	倾斜摄影、建筑信息模型 → 建筑物结构地震响应分析 → 建筑群地震响应分析
战略支撑与保障	统筹规划资金保障	政府以市场为导向整合各方面资源，加大人才培养力度，调整科研评价体制，制定相关政策和法律，保护自主知识产权
	高等院校与科研院所联合技术攻关	针对关键技术问题，联合国内优势单位进行攻关
	国产软件企业合作发展	明确研究成果转化机制和“产、学、研”合作机制，逐步建立以市场为导向的创新体系

图 8-11　面向 2035 年的中国地震灾害模拟分析软件发展技术路线图

里程碑	子里程碑	2020年 — 2025年 — 2030年 — 2035年
目标	自主可控的大规模高精度爆炸风险与事故重现仿真软件	基本形成自主知识产权软件技术标准与生态体系 → 形成一套自主可控的大规模高精度爆炸风险与事故过程仿真软件
需求	国家需求	国内引进商用软件对爆炸中的多种间断计算只有一阶精度，无法解决重大基础设施爆炸风险评估与事故过程仿真中的关键核心问题
	市场需求	国内大多集中于基础理论和数值算法研究，研制的程序可以进行特定的爆炸仿真计算，但在重大基础设施爆炸风险评估与事故过程仿真软件领域与国外相比，还有相当大的差距，商用化程度不高
重点任务	基础研究方向	构建重大基础设施爆炸风险评估与事故过程中涉及的物理模型、物理机制等理论模型 → 构建材料模型及参数数据库
		建立理论模型的数值计算方法 → 构造高精度计算格式 → 完成大规模自适应并行计算方法
		提出多介质流固强耦合计算方法 → 构建无网格方法 → 建立完善的前处理模块和后处理模块
	关键技术	强间断、弱间断和接触间断共存的高精度计算格式 → 处理不同时间尺度所产生的刚性的显式-隐式时间离散格式
		多物质界面高效率追踪方法 → 多物质界面状态精确求解方法 → 多物质强耦合相互作用方法
		大规模自适应分布式并行计算方法

图 8-12　面向 2035 年的中国重大基础设施爆炸风险评估与事故过程仿真软件发展技术路线图

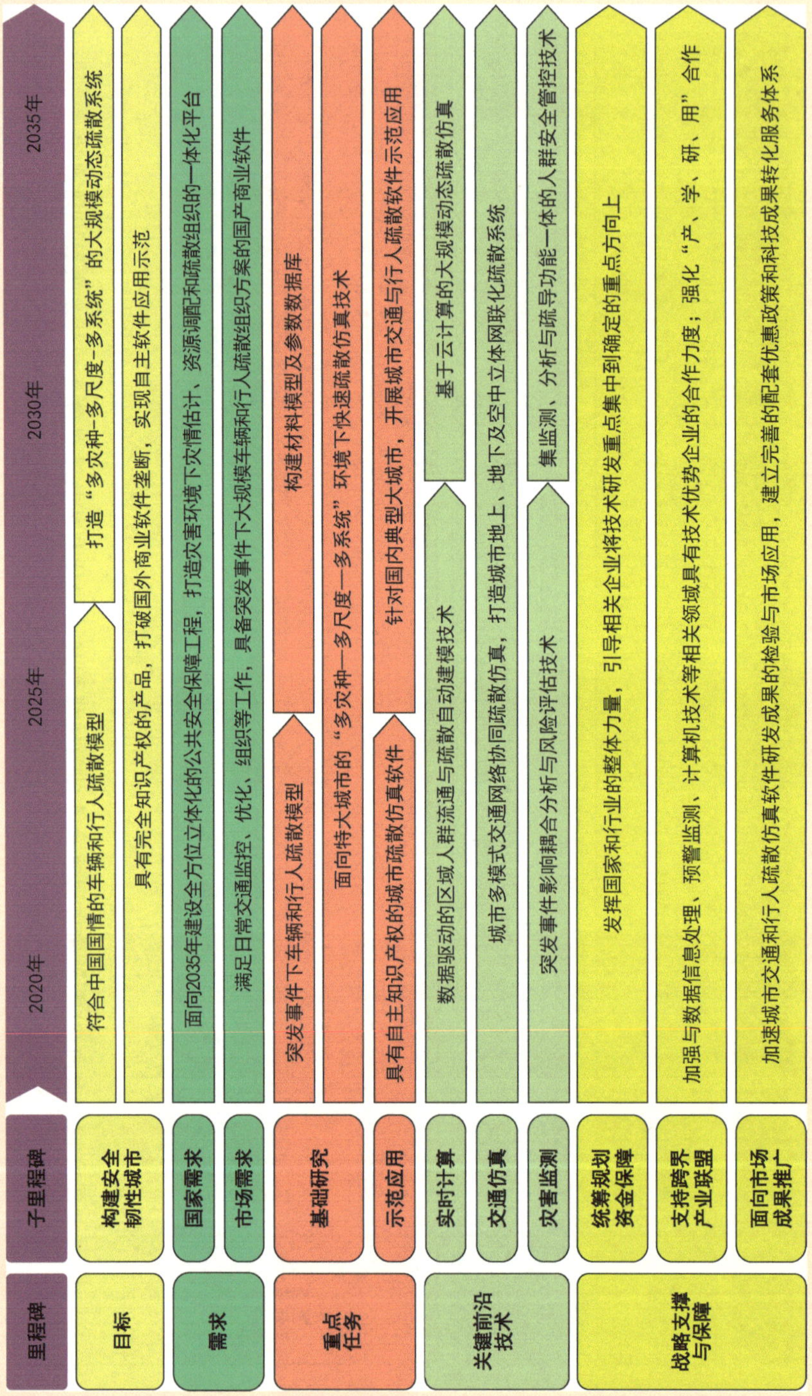

里程碑	子里程碑	2020年 — 2025年 — 2030年 — 2035年
目标	构建安全韧性城市	符合中国国情的车辆和行人疏散模型 → 打造“多灾种-多尺度-多系统”的大规模动态疏散系统
		具有完全知识产权的产品，打破国外商业软件垄断，实现自主软件应用示范
需求	国家需求	面向2035年建设全方位立体化的公共安全保障工程，打造灾害环境下灾情估计、资源调配和疏散组织的一体化平台
	市场需求	满足日常交通监控、优化、组织等工作，具备突发事件下大规模车辆和行人疏散组织方案的国产商业软件
重点任务	基础研究	突发事件下车辆和行人疏散模型 → 构建材料模型及参数数据库
		面向特大城市的“多灾种—多尺度—多系统”环境下快速疏散仿真技术
	示范应用	具有自主知识产权的城市疏散仿真软件 → 针对国内典型大城市，开展城市交通与行人疏散软件示范应用
关键前沿技术	实时计算	数据驱动的区域人群流通与疏散自动建模技术 → 基于云计算的大规模动态疏散仿真
	交通仿真	城市多模式交通网络协同疏散仿真，打造城市地上、地下及空中立体网联化疏散系统
	灾害监测	突发事件影响耦合分析与风险评估技术 → 集监测、分析与疏导功能一体的人群安全管控技术
战略支撑与保障	统筹规划资金保障	发挥国家和行业的整体力量，引导相关企业将技术研发重点集中到确定的重点方向上
	支持跨界产业联盟	加强与数据信息处理、预警监测、计算机技术等相关领域具有技术优势企业的合作力度；强化“产、学、研、用”合作
	面向市场成果推广	加速城市交通和行人疏散仿真软件研发成果的检验与市场应用，建立完善的配套优惠政策和科技成果转化服务体系

图 8-13　面向 2035 年的中国城市交通和行人疏散仿真软件发展技术路线图

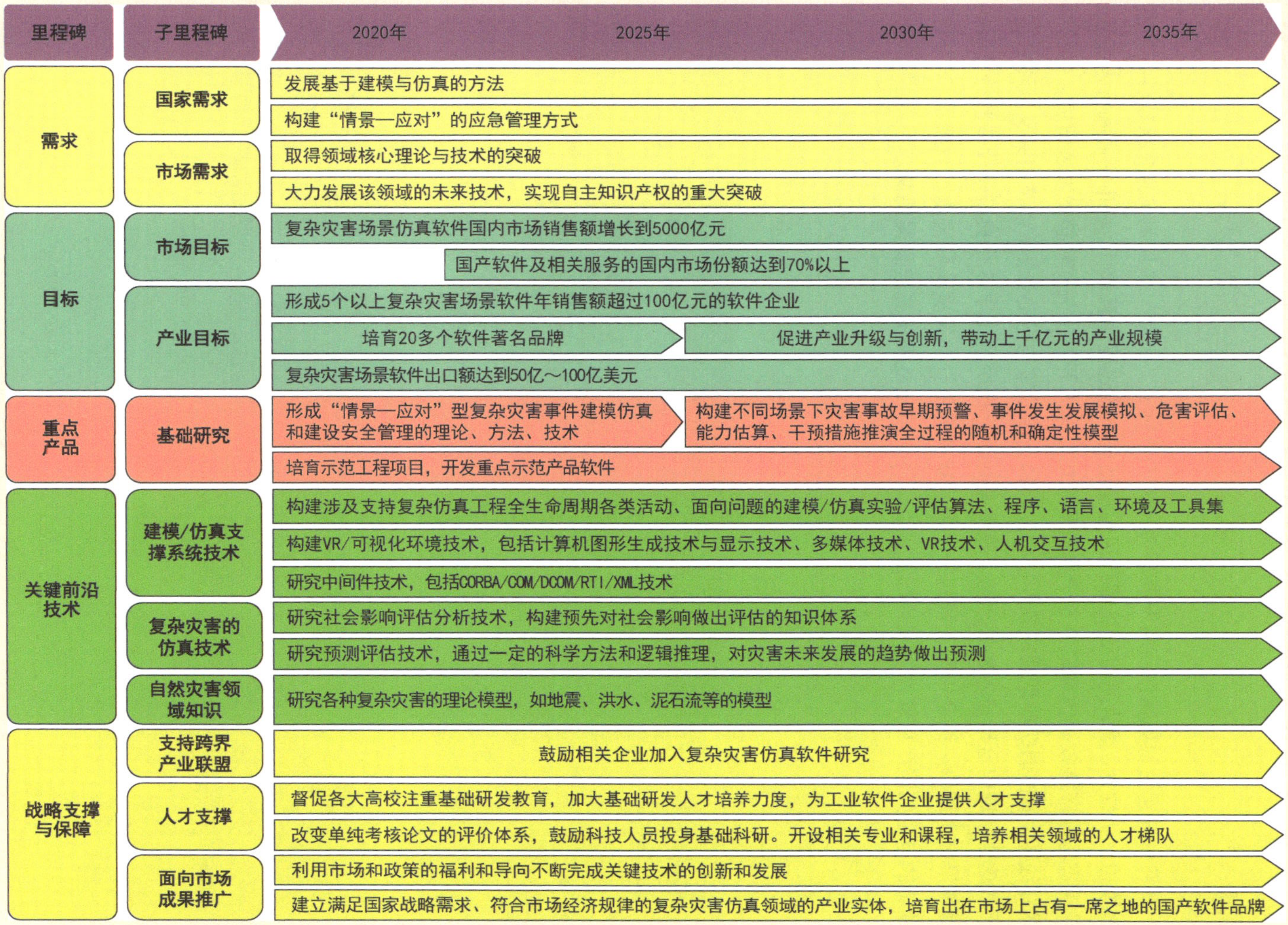

里程碑	子里程碑	2020年 — 2025年 — 2030年 — 2035年
需求	国家需求	发展基于建模与仿真的方法
		构建“情景—应对”的应急管理方式
	市场需求	取得领域核心理论与技术的突破
		大力发展该领域的未来技术，实现自主知识产权的重大突破
目标	市场目标	复杂灾害场景仿真软件国内市场销售额增长到5000亿元
		国产软件及相关服务的国内市场份额达到70%以上
	产业目标	形成5个以上复杂灾害场景软件年销售额超过100亿元的软件企业
		培育20多个软件著名品牌（2020年—2025年）；促进产业升级与创新，带动上千亿元的产业规模（2025年—2035年）
		复杂灾害场景软件出口额达到50亿～100亿美元
重点产品	基础研究	形成“情景—应对”型复杂灾害事件建模仿真和建设安全管理的理论、方法、技术（2020年—2025年）；构建不同场景下灾害事故早期预警、事件发生发展模拟、危害评估、能力估算、干预措施推演全过程的随机和确定性模型（2025年—2035年）
		培育示范工程项目，开发重点示范产品软件
关键前沿技术	建模/仿真支撑系统技术	构建涉及支持复杂仿真工程全生命周期各类活动、面向问题的建模/仿真实验/评估算法、程序、语言、环境及工具集
		构建VR/可视化环境技术，包括计算机图形生成技术与显示技术、多媒体技术、VR技术、人机交互技术
		研究中间件技术，包括CORBA/COM/DCOM/RTI/XML技术
	复杂灾害的仿真技术	研究社会影响评估分析技术，构建预先对社会影响做出评估的知识体系
		研究预测评估技术，通过一定的科学方法和逻辑推理，对灾害未来发展的趋势做出预测
	自然灾害领域知识	研究各种复杂灾害的理论模型，如地震、洪水、泥石流等的模型
战略支撑与保障	支持跨界产业联盟	鼓励相关企业加入复杂灾害仿真软件研究
	人才支撑	督促各大高校注重基础研发教育，加大基础研发人才培养力度，为工业软件企业提供人才支撑
		改变单纯考核论文的评价体系，鼓励科技人员投身基础科研。开设相关专业和课程，培养相关领域的人才梯队
	面向市场成果推广	利用市场和政策的福利和导向不断完成关键技术的创新和发展
		建立满足国家战略需求、符合市场经济规律的复杂灾害仿真领域的产业实体，培育出在市场上占有一席之地的国产软件品牌

图 8-14　面向 2035 年的中国复杂灾害场景应急救援仿真软件发展技术路线图

小结

在对公共安全领域软件技术发展态势分析的基础上，针对气象监测预报预警软件、地震灾害模拟分析软件、重大基础设施爆炸风险评估与事故过程仿真软件、城市交通和行人疏散、复杂灾害场景应急救援仿真软件 5 个典型子领域，深入开展相关软件技术发展研究，并绘制技术路线图。通过调研典型领域软件技术发展的全球政策与行动计划，以及相关文献和专利，分析了这些领域内全球技术发展态势。在此基础上，研究提出了 5 个典型子领域软件发展的关键前沿技术清单。结合中国工程科技发展现状和经济社会发展实际需求，分析了 5 个典型子领域的自主知识产权软件发展目标及重点任务，提出战略支撑与保障措施。

第 8 章撰写组成员名单

组　长：范维澄　刘　奕

成　员：吕终亮　周　勇　王月冬　张立生　昝文涛　张　鹏　李新刚
　　　　林志阳　房志明　郭明旻　王子洋　朱正秋　周惟於　杨湘娟
　　　　陈　彬　陈永强　姜　锐　刘　奕　王　成　杨　波　张宇栋

执笔人（按姓氏拼音排序）：
　　　　陈　彬　陈永强　姜　锐　刘　奕　王　成　杨　波　张宇栋

9

面向 2035 年的中国民用飞机发展技术路线图

9.1 概述

民用飞机既是满足人们交通出行及美好生活需要的高端产品，也是带动国家科技水平提升的重点领域之一，是实现“航空强国”目标的重要组成部分，也是“强国梦”的必然要求。在当今世界大国综合国力较量日趋激烈的大背景下，民用飞机发展对中国科技进步、经济发展、改革升级和产业全面发展、稳步走向世界强国具有特殊的重要性。面向 2035，围绕建设“航空强国”等长远目标，亟须研判未来世界民用飞机发展趋势，预测未来民用飞机的发展需求，提炼本领域未来发展目标、重点任务与发展路径，确立需要解决的关键科学问题及重点研发项目，提出推动中国民用飞机发展的政策、管理措施和对策建议。

9.1.1 研究背景

以大型客机为代表的民用飞机是一个国家工业、科技水平等综合实力的集中体现，被誉为“现代工业之花”和“现代制造业的一颗明珠”。民用飞机包括执行非军事目的航线运输任务的客货商用飞机和除航线运输以外的通用飞机。民用飞机涉及高技术密集的综合性尖端科学技术，聚集了现代科技最新成就，堪称科技制高点之一，对国民经济各个方面都起到了带动作用。

从全球范围看，民用飞机产品市场为国外垄断，相关技术日新月异，颠覆性概念层出不穷，全球处在市场竞争深度变革调整中。当前，波音公司、空客公司两大主制造商基本垄断了全球商用飞机市场。他们在国际市场上的竞争十分激烈，同时又共同防范第三方进入该市场。波音 B787 和空客 A350 代表了当今民用飞机的领先技术水平。面向未来，“绿色环保”将是民用飞机发展的重要目标，更高的燃油效率、更低的噪声以及更少的污染排放将是最显著的特征，同时更加智能、更加便捷的需求日益增多，也正指引着未来民用飞机的发展方向。

进入 21 世纪以来，中国民用飞机在国家大力支持下取得了长足进步，基本走过了现代客机产品研制、生产和运营的全过程，但仍存在科技基础薄弱、核心技术受制于人、创新能力不足等问题。特别是，面向未来旺盛的航空运输需求和激烈的市场竞争，以及“碳达峰、碳中和”目标对应的绿色低碳化发展需求，对民用飞机产品和技术竞争力也提出了更高要求，亟须站在国家全局和长远战略层面，开展顶层设计研究，进行前瞻性谋划，提出科学建议。

9.1.2 研究方法

本课题组在研究过程中，综合采用了多种研究方法来完成相关研究任务，包括国内外文献检索分析、交流学习、学术研讨、专家问卷调查、定量与定性研究相结合等。

9.1.3 研究结论

经过百年发展，民用飞机已经跨入新的时代，数字化、自动化、去碳化将是基本趋势。与过去相比，未来颠覆式创新的飞机很可能跟传统飞机不一样，一些具有明显潜力的技术在世界范围内被持续研究，技术积累达到了更高的水平，颠覆式产品的诞生或许只是一个契机或时间的问题。总体而言，民用飞机技术发展呈现以下三大特点。

1. 既有产品技术的成熟度提升、完善和改进

目前，基于既有产品的升级换代实现产品创新，仍然围绕节能、环保、减阻、降噪、提质、增效等主要方向开展。主要途径如下：一是继续更换更能节省油耗的新型发动机，这对发动机的创新研发和生产进度提出了较高要求；二是在飞机联网、自动化和数字化方面，应用新一代通信技术、大数据技术和人工智能等技术，为产品的设计研发和生产运营赋能；三是围绕环境保护问题，开展二氧化碳减排技术研究，实现民用飞机的去碳化等。

在安全性方面，考虑材料、设计、制造、试验、使用和维护等全过程，不断提高安全门槛，使飞机的安全性水平不断提升。在经济性方面，通过改善发动机性能、采用复合材料和一体化综合设计、实施全寿命经济评估、减少维护保障费用等措施，进一步提高飞机的经济性。在舒适性方面，改善噪声、气压、温度、湿度、视野、采光等舱内环境，装配更加人性化的座椅，提供更先进完善的上网及机上娱乐设施，进一步改善飞机的舒适性。

2. 颠覆性产品技术的深入挖掘和实用化研究

发展实践表明，民用飞机始终与全球科技前沿密切联系，很多基础技术的创新发展不断为民用飞机的创新提供支撑，不断激发民用飞机行业进行颠覆式创新的愿望。努力占据未来民用飞机产品颠覆性创新的先机，是大多数民用飞机制造商必须认真研究、时刻准备和长期积累的任务。

例如，不少业内人士认为，以圆筒机身、下单翼、涡扇发动机、高亚音速巡航为主要技术特征的传统构型在气动效率方面已臻极致，未来或难满足发展要求。面对未来更高需求和竞争压力，需要发展颠覆性民用飞机技术。例如，更加高效的非常规气动布局、更能够减小阻力的层流技术、更快速度的超声速民用飞机、更加节能环保的新能源飞机技术、更加智能的飞控技术、更加先进的机体材料，以及先进材料制备工艺等，并通过改善发动机性能、优化飞机气动构型、使用绿色燃料等手段，减少民用飞机在飞行时对自然环境的影响。

3. 跨界技术的不断引入和集成创新

当前，5G、人工智能、虚拟现实技术、超级计算、大数据、新型材料、区块链、量子技术等新兴技术不断涌现，很多技术在民用飞机领域都有十分可观的潜在应用前景。新兴技术的跨界应用创新将是未来各行业技术创新的鲜明趋势，民用飞机领域尤为如此。引入跨界技术，深入研究其应用场景和可行性，完成其在民用飞机上的集成应用和创新，是未来中国在民用飞机领域最有可能实现超越当前先进国家的重要途径之一。

9.2 全球技术发展态势

9.2.1 全球政策与行动计划概况

1. 美国实施最新航空战略规划

2020 年 2 月，美国国家航空航天局（NASA）发布最新版《航空战略实施规划》，旨在保持美国在航空领域的领先地位，并争取到每年 8 亿多美元的航空科研预算，希望“通过革命性技术的研究、开发和转化来改变航空业”，“实现无与伦比的灵活、更安全、更洁净和更高效的航空运输”，助力“美国引领新飞行时代”。

NASA 发布的最新版《航空战略实施规划》明确了以下六大战略重点。

（1）实现全球航空运营安全并高效增长，为所有用户实现安全的、可扩展的、日常化的高速空域接入。

（2）创新商用超声速飞机，实现既实用又经济的商用超声速航空运输。

（3）研发超高效亚声速运输机，实现亚声速运输在经济性和环保性方面的革命性改进，从应用化石燃料过渡到新能源。

（4）研发安全、安静、又经济的垂直起降航空器，实现垂直起降航空器的广泛应用和配套服务，包括未来新的应用方向和新市场。

（5）提供及时的全系统安全保证，在运行时进行预测、监测并减少整个航空系统和运营中出现的安全风险。

（6）提出航空变革中可靠的自主化系统，同时提出亚声速飞机和超声速飞机技术可靠自主化系统的指标。

2. 国际航空运输协会发布《2050 年飞机技术路线图》

2009 年，联合国国际民用航空组织提出了高级别气候行动目标：2009—2020 年，燃油效率每年提高 1.5%；从 2020 年起，实现碳排放中性增长；到 2050 年，全球航空碳排放量与 2005 年相比减少 50%。2020 年，国际航空运输协会（IATA）发布了最新版《2050 年飞机技术路线图》，遴选了系列先进技术：先进涡扇发动机、新发动机核心机概念（第二代）、自然/混合层流技术、混合电推进飞机、桁架支撑翼飞机、开式转子发动机、全电推进飞机和翼身融合飞机等。

目前，各国政府资助的已经执行或正在进行的相关项目如下。

（1）欧洲航空研究顾问委员会（ACARE）："2050 飞行路线"（Flight Path 2050）计划。

（2）NASA："环保航空"（Environmentally Responsible Aviation）计划。

（3）美国联邦航空管理局："持续降低能源、排放和噪声"（Continuous Lower Energy, Emissions, and Noise）计划。

（4）加拿大："绿色航空研发框架"（Green Aviation Research and Development Network）。

（5）欧盟："第 2 版洁净天空联合技术倡议"（Clean Sky 2 Joint Technology Initiative）。

（6）联合国国际民用航空组织联合各国政府和产业发布《飞机二氧化碳排放认证标准》，使航空成为第一个在全球范围达成一致二氧化碳排放标准的产业。

3. 俄罗斯发布《航空科技展望 2030》

2014 年，俄罗斯组织 TsAGI、CIAM、VIAM、GosNIIAS 等单位编制和发布了《航空科技展望 2030》。该报告指出，在竞争日趋增长的情况下，那些取得领先地位的航空产品生产企业，可保证自己的航空科学和技术具备更高的发展水平。该报告强调了研制民用航空产品的过程及其生存周期涵盖众多种类的活动和过程，其中包括科学探索和新技术的研究、方案设计、台架试验和飞行试验、生产、取证、跟踪使用情况、技术维护保养、维修等。引领研发那些用于完善航空技术装备的技术，这些技术生产者可将其用到未来航空装备中，研制出的技术适合与工业综合性项目相结合，以保障建立飞行器的不同方案。

4. 欧洲提出《2050 年目标——欧洲航空二氧化碳净零排放路线》

当前，"碳减排"已成为世界航空业的最重大议题之一，全球航空机构纷纷研究对策以期提出可行方案。2021 年 2 月 11 日，欧洲多个航空企业行业协会在《巴黎协定》和《欧洲绿色协定》基础上，联合发布了《2050 年目标——欧洲航空二氧化碳净零排放路线》报告，计划到 2050 年实现欧盟、英国和欧洲自由贸易区内境内和离境航班的二氧化碳净零排放。在该计划下，飞行并不一定是完全无碳的，可通过如森林的碳吸存技术、碳捕获和碳储存技术等清除所有排放到大气中的二氧化碳。

该报告还阐述了实现欧洲航空二氧化碳净零排放的总体实施规划，从技术路径选择、政策支持、各方协作等角度阐述了规划的重要性和实施决心，列出以下航空领域实现脱碳的 4 条路径。

（1）通过飞机和发动机技术改进，减少 37%的排放。

（2）使用可持续航空燃料，减少 34%的排放。

（3）实施经济鼓励措施，实现 8%的减排。

（4）提升空中交通管理和飞机运营效率，减少 6%的排放。

5. 国际航空碳抵消和减少计划

国际航空碳抵消和减少计划（CORSIA）是一项基于全球市场的措施，在 2016 年国际民航组织大会上通过，旨在解决国际航空业的二氧化碳排放问题，目标是从 2020 年起稳定国际航班的二氧化碳排放量，要求航空公司通过购买其他行业减排项目产生的碳信用额度，抵消 2019 年限额以上的任何排放，确保实现国际民航组织碳排放中性增长的目标。

2020 年 10 月，占国际航空活动 77%的 88 个国家（包括所有欧盟成员国）申请自愿参与 CORSIA 的试点阶段（2021—2023 年）和第一阶段（2024—2026 年）。第二阶段（2027—2035 年）是强制性的，但对航空业规模较小的国家、最不发达国家、小岛屿发展中国家和内陆发展中国家都有豁免。不过，这些国家仍可在自愿的基础上参加。

6. 中国民用航空工业中长期发展规划

为了实施航空强国战略和关键核心技术自主可控策略，中国先后启动了“大飞机专项”“重点专项”“航空发动机和燃气轮机两机重大专项”“机载专项”。2013 年，工信部发布了《民用航空工业中长期发展规划（2013—2020 年）》，提出要基本完善现代航空工业体系，增强可持续发展能力，按照“支线飞机—单通道干线飞机—双通道大型干线飞机”的发展路径，实现民用飞机产业化重大跨越。具体如下：C919 大型客机完成研制、生产和交付，ARJ21 涡扇支线飞机、新舟涡桨支线飞机实现产业化，大型灭火和水上救援飞机、“直十五”中型直升机、高端公务机、中等功率级涡轴发动机等重点产品完成研制并投放市场，大型客机发动机的研制取得重要进展。经过多年发展，中国民用航空产业已经在民用飞机、发动机、通用飞机等产品研发方面取得重要进展，民用飞机技术体系逐步完善，在相关前沿领域进行了诸多探索，取得初步成果。总体上，当前中国民用飞机技术状态多以型号研发为牵引，以弥补国际先进水平差距为重点，不断夯实航空技术基础，如材料、发动机等相关技术领域；同时，发挥中国特色，引领国内其他行业的先进技术向航空领域转化，促使本国航空技术快速进步，如 5G、人工智能、电气化等相关技术领域。

9.2.2 基于文献和专利分析的研发态势

本课题基于中国工程院战略咨询智能支持系统（iSS）等相关数据平台，以民用飞机及相关概念为检索范畴，对搜索到的近 30 万条中英文文献和专利数据进行初步分析发现，2010—2020 年民用飞机技术的文献和专利数量一直保持较高的水平，美国、欧盟、俄罗斯是民用飞机领域英文专利大户。2010—2020 年全球民用飞机领域论文发表数量和专利申请数量变化趋势分别如图 9-1 和图 9-2 所示。

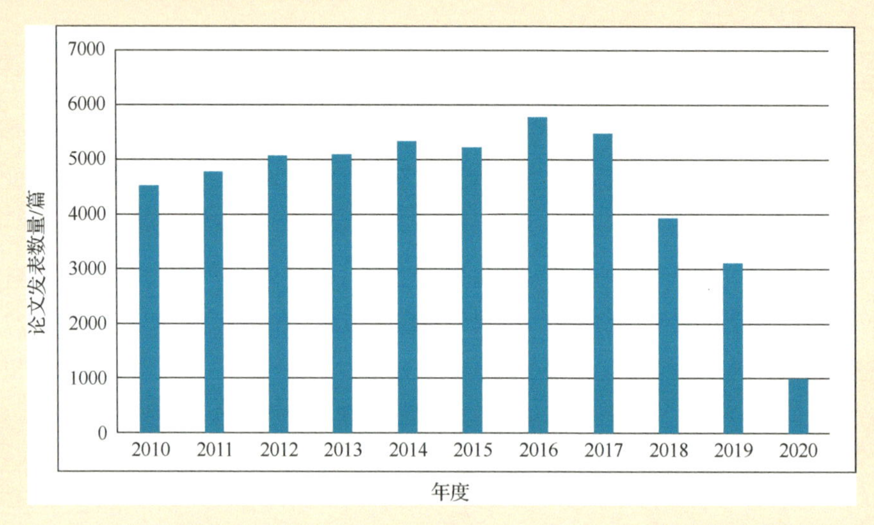

图 9-1　2010—2020 年全球民用飞机领域论文发表数量变化趋势

图 9-2　2010—2020 年全球民用飞机领域专利申请数量变化趋势

2010—2020 年全球民用飞机领域专利分布情况如图 9-3 所示。

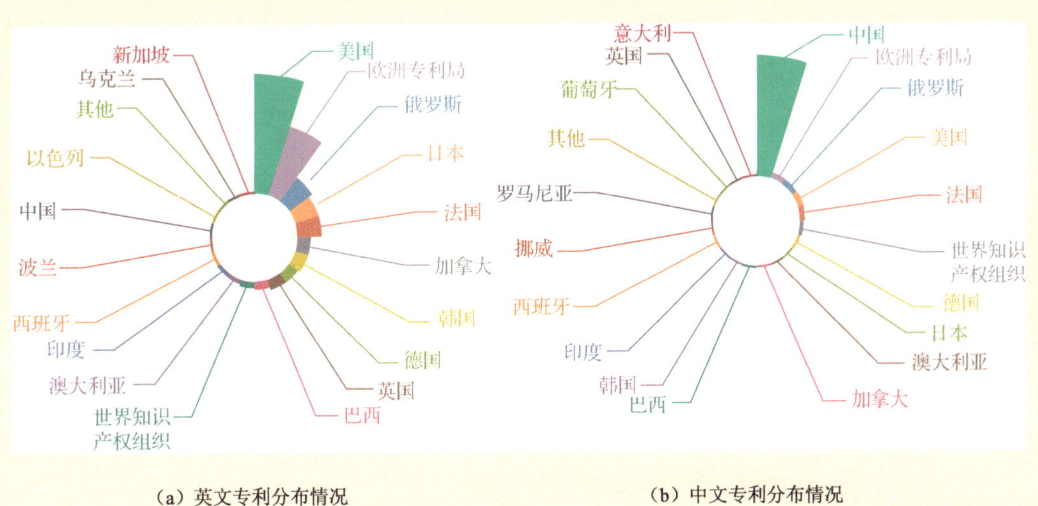

（a）英文专利分布情况　　（b）中文专利分布情况

图 9-3　2010—2020 年全球民用飞机领域专利分布情况

综上所述，可以发现，具体民用飞机产品和技术创造内容在不断变化。为力图把握民用飞机产业发展趋势和未来发展方向，本课题组从民用飞机产品角度梳理出的研发态势，具体如下。

1. 更高效、更经济的亚声速飞机

通过关键词检索发现，在翼身融合、发动机半嵌入、层流机翼、支撑翼、连接翼、分布式动力、倾转旋翼等新布局技术方面有较多研究成果。其中，翼身融合、支撑翼与层流机翼比例较高，对各细分市场传统构型飞机都存在一定替代性，在减阻和降噪方面优势明显。复合材料技术、多电技术、5G、数字化/数字孪生、人工智能、智能制造、增材制造技术在民用飞机研发中也占据较大比例，同时，“节能”、“减排”和“去碳化”关键词词频持续增加。

2. 低阻低声爆、绿色超声速民用飞机

通过文献分析发现，超声速民用飞机研究热度在逐渐增加，相关文献涉及技术研发、适航规则、市场研究、商业运作、超声速发动机研发等多方面。其中，技术上比较关注低阻力低声爆气动方案设计、超声速发动机技术、超声速飞行热管理、声爆问题、排放等。从文献数量上看，在超声速民用飞机领域，美国和欧洲的研发力度远远大于中国。

3. 清洁、低碳新能源飞机

基于对环境保护的需要，人们一直期望改变民用飞机的动力能源，减少排放、减小污染。为此，需要在民用飞机上应用电能、混合动力、生物燃料、太阳能、电气化乃至核能等技术。

通过分析民用飞机领域的文献和专利，可以发现，当前的研发热点是垂直起降电动飞机和新能源飞机。预计未来 5 年，垂直起降电动飞机的研发将走向高潮。对新能源飞机，目前主要是开展技术验证，开发验证机等预先研究工作，制约电动飞机发展的主要是电池的储能密度，新能源飞机在动力形式、储氢设备及安全运营等方面的技术还有待攻关。

4. 满足城市周边人、货运输的飞行工具

大量文献资料表明，人们对城市飞行器的需求愿望逐渐增加。随着金融、民用飞机、汽车等行业跨界融合业态深度发展，一大批“飞行汽车”、“城市飞的”等新概念纷纷涌现，并对相关市场和技术持乐观看好态度。目前，全球大约有 170 个电动飞机项目正在进行中，大多数是为私人、企业和通勤者设计的，主要满足少数乘客的短途飞行需求。预计未来 10 年，城市空中交通体系也将逐步建立。

5. 水平起降、可重复使用的空天飞机

文献资料表明，美国、欧洲、日本、俄罗斯、中国等国家和地区均在探索研究空天飞机，或将产生新的颠覆。空天飞机既能够作为大型客机，以每小时 1.6 万千米的高超声速在 30～100km 高空飞行，也可以作为航天器，从大气层直接飞进太空，在太空发射、放置和回收卫星，或在地球与航天站之间往返，向航天站运送人员、装备和物品，还可以运送旅客去遨游太空。

9.3 关键前沿技术发展趋势

9.3.1 先进亚声速大型客机设计关键技术

目前，只有美国、欧洲、俄罗斯和中国具有宽体客机研制能力，其中大型远程宽体客机（350～450 座）的市场被美国波音公司和欧洲空客公司垄断，空客 A350-1000 和波音 777X 代表了亚声速双发动机远程民用飞机产品的最高技术水平。中国在此领域尚属空白，不利于未来市场竞争。需要立足自主可控，满足未来绿色发展，顺应未来以信息化、智能化为特征的技术发展趋势，突出“绿色环保、高效经济、舒适便捷、智慧飞行”四大特征，开展自主化创新技术研发，大力提升大型客机产品综合竞争力。

（1）在绿色环保技术方面，重点开展亚声速大型客机低气动噪声设计技术与集成验证、后掠机翼混合层流设计技术、多电系统能源优化与验证技术及兆瓦级电推进技术。

（2）在高效经济技术方面，重点开展亚声速大型客机先进布局设计技术、大展弦比机翼与高涵道比发动机一体化设计技术、大展弦比变弯度机翼气动设计与验证技术、折叠翼梢结

构设计与验证技术、先进高效增升装置系统设计技术、非圆截面增压舱结构设计与典型组件验证、大尺寸先进结构制造及其装配技术研究。

（3）在舒适便捷技术方面，重点开展大展弦比柔性客机载荷减缓先进控制及验证技术、互联数据驱动的智慧客舱系统设计与集成技术、面向放宽静稳定性客机的高安全飞控系统设计与验证，以及先进舒适性客舱环境关键技术。

（4）在智慧飞行技术方面，重点开展基于人工智能的大型客机高可信度辅助决策技术、有人监控模式下的大型客机自主飞行技术、先进航空机载系统技术研究、智能互联的民用飞机综合健康管理技术，以及基于星基导航和空天地网络的新一代航行技术。

9.3.2 绿色超声速民用飞机设计关键技术

进入 21 世纪以来，国际航空界持续在超声速民用飞机领域投入资源，重点围绕气动减阻、低声爆、低噪声和超声速发动机等领域开展关键技术攻关。随着超声速民用飞机适航标准的修订及关键技术的突破，新一代绿色、经济超声速民用飞机的研制将会加速推进。中国航空工业正从航空大国走向航空强国，发展超声速民用飞机是新时代中国航空强国的重要标志。为此，中国仍需要在气动设计、低声爆设计、发动机、结构材料与智能制造，以及机载系统开展关键技术研究，并提高技术成熟度。

（1）气动设计技术。未来，超声速民用飞机应具有经济性和环保性等主要特征。为此，需要提高升阻比、降低起飞和着陆阶段的噪声、提升爬升阶段的气动特性等。同时，超声速民用飞机的气动设计需要考虑到起飞和着陆低速阶段、跨声速阶段和超声速巡航 3 个设计点，需要兼顾起降最大升力、爬升升阻比、跨声速阻力及超声速巡航升阻比等设计目标。

（2）低声爆设计技术。要满足大陆上空低声爆飞行的要求，就需要大幅度降低巡航阶段的地面声爆水平。“协和”式超声速客机在巡航阶段的地面声爆水平为 107PLdB，而 X-59 验证机需要将声爆降低到 75PLdB，相当于地面关车门的声音。低声爆设计首先需要解决声爆预测和风洞测量技术，在设计阶段准确预测飞机的声爆水平。由于飞机越重，地面声爆越强，而纵向长度越长，地面声爆越低，因此采取从小到大的思路研发。

（3）发动机。与超声速民用飞机匹配的发动机需要满足长寿命、大推力、低噪声与低排放等要求。“协和”式超声速客机匹配的奥林巴斯 593B 发动机采用配有加力燃烧室的涡喷发动机。新一代超声速民用飞机匹配的发动机需要满足民航运输对可靠性和环保型的更高要求。GE 公司研制的一款名为“亲和力”的发动机采用 CFM-56 发动机成熟核心机，配备全新研制的低压系统，满足可靠性、低噪声、低排放等指标要求。

（4）材料结构与智能制造。由于长时间超声速飞行过程中存在气动加热问题，因此，对超声速飞机的制造材料，需要根据巡航状态下机体表面温度和材料特性开展研究。先进轻质结构材料（如复合材料、钛合金等）应用于飞机结构制造，能够提高结构的安全性、减轻结构重量。智能制造（如增材制造、智能装备辅助制造等）有利于提高结构可制造性，并提高生产制造的效率。

（5）机载系统。增强现实、人工智能和智能化驾驶舱已经在国外超声速飞机验证平台上得到应用。例如，美国飞机制造公司采用外部视景系统，解决了低声爆验证机 X-59 驾驶人前视野受限问题。俄罗斯飞机制造公司探索人工智能技术在新一代超声速民用飞机中的应用。由于飞行速度更快，导航、通信与制导技术与传统亚声速客机将有很大的不同，因此，需要针对超声速特点开展相关技术研究。

9.3.3 电推进飞机设计关键技术

电推进飞机是未来民用飞机竞争的重要对象，将优先在城市空中交通运输和支线飞机市场发挥作用。小型新能源飞机技术相对成熟，已获得市场认可，开拓航空运输市场，提升航空运输竞争力。NASA 发布的航空战略中提出，大幅度提升电推进飞机的地位，其研制的电推进验证机 X-57 目前已经开展地面试验。波音公司、空客公司均开展了电推进飞机项目，发动机制造商罗・罗公司、GE 公司，系统供应商霍尼韦尔公司等也已在电推进飞机和混合电推进飞机领域发力。目前，还有很多不成熟的关键技术待解决。

（1）电推进飞机总体构型方案的评估和优化。电推进飞机总体构型设计灵活，有望使用更新颖的气动布局。掌握新能源飞机的总体构型设计技术，充分评估不同气动布局的性能和对不同飞机总体参数的适应性。

（2）基于人工智能的自主飞行技术。基于人工智能开发图像识别、健康监测、态势感知、气象感知、智能飞管（基于人机混合决策的智能飞行系统技术研究与演示验证，简称智能飞管）等领先的自主飞行及其空管系统，将是电推进飞机开拓新市场的必要条件。

（3）低成本飞行控制系统。为城市空中交通设计的垂直起降新能源飞机是一种低成本的新型交通运输工具，目前其飞行控制系统成本超出预期。为此，必须开发新型飞行控制系统，将其成本控制在可接受范围内。

（4）轻量化结构设计。电推进系统能量密度比常规燃油储能系统能量密度低，因此，对全机轻量化结构设计提出更高要求。未来，电推进飞机必定采用更新颖的构型，具有更加复杂的结构。其中，采用基于 3D 打印的轻量化结构设计，是在结构方面需攻克的关键技术。

（5）电推进飞机适航取证。电推进飞机是航空运输体系中的新产品，现有适航审定技术体系不包括电推进飞机。电推进飞机不同的构型和动力系统形式又增加了建立适航审定技术体系的难度。为此，必须加快建立和完善适航审定技术体系，为飞机的安全性设立基准。

（6）动力系统热管理和能量综合管理技术。电推进飞机的电机和电力电子部件的功率密度都非常高，对散热提出高要求。为此，必须采用先进热管理技术，以确保动力系统的安全运行。综合能量管理是包含先进热管理技术在内的更广泛的技术范畴，未来，需要以飞机各部件和系统的能源使用为基础，综合优化电能的分配、输送和储存。

（7）混合电推进动力系统架构评估和优化。针对电-电混合动力系统的 2 种架构：开关控制和功率跟随，以及油-电混合动力系统的 4 种架构：串联、并联、混联、组合串联，研究各种架构性能，优化能量混合机制。

（8）高能密度储能技术。支线级和干线级电推进飞机对能量密度的要求非常高，现阶段锂离子电池系统和燃料电池系统的能量密度都低于常规燃油系统的能量密度。未来，必须开发更高能量密度的储能系统。

（9）飞机-动力装置一体化集成技术。电推进飞机动力装置的数量和在飞机上的布局比常规动力飞机更加灵活，对飞机-动力装置一体化集成提出了更高要求。未来，需要综合研究分布式动力、边界层吸入（BLI）等技术的性能，并结合各种气动构型进行评估和优化。

9.3.4 氢能源飞机设计关键技术

在以清洁高效为核心愿景的航空“第三时代”，氢动力飞行的优势与潜力正在逐渐显现，很可能成为航空业低碳发展的关键。氢能源的使用，不论是作为混合燃料还是商业飞机的主要动力源，都有极大降低航空业对气候影响的潜力。早在 2015 年，德国航空航天中心（DLR）就推出了全球首架 4 座氢燃料电池飞机 HY4。2018 年，新加坡 HES 能源系统公司发布了一款 4 座新概念飞行器“元素 1 号”。2020 年，美国加州的 ZeroAvia 公司试飞了全球首架氢动力商用飞机，空客公司先后公布了 4 款氢能源飞机概念方案。这些氢能源飞机概念让世界看到了未来零排放飞行的美好愿景，但仍有很多技术待攻克。

（1）氢燃料储存技术。虽然氢的能量密度是航空煤油的 3 倍，但是在相同能量下，即便将氢气压缩到液态，其所占的体积也是航空煤油的 4 倍多，这就涉及在尽可能不改变飞机总体设计的基础上如何开发轻质、隔热的高强度燃料箱的问题。此外，高压下的氢燃料非常容易扩散到周围金属材料中，使之脆化，相应地带来了阀门计量和燃料泄漏的新问题。

（2）氢燃料技术。如果不能实现氢气和空气的“完美”混合，其比航空煤油更高的燃烧温度和更快的火焰传播速度会导致过量的氮氧化物产生。将大型的喷嘴改造为数千个非常小的燃料喷口，或许能有效减少氮氧化物的排放。另外，氢气燃烧生成的水难以直接储存，或将加剧大气平流层。

（3）飞机与动力系统综合设计技术。氢能源飞机从机体布局到发动机，再到燃料储存系统，几乎所有的部件都需要重新设计。存储空间的变化会带来飞机气动构型的变化，需要整合电动机、电力电子设备等分布式推进系统，还需要使储罐轻量化的同时，加速进行其低温冷却系统设计。

（4）氢能源供应链体系构建。目前只有 4%的工业用氢是通过电解制备的，其余方法如甲烷蒸气转化法和煤炭气化法等都会产生副产物二氧化碳，即便采用电解法制氢，如果不利用可再生能源发电，也无法成为“绿色”氢能源。“绿色”氢气的生产成本接近航空煤油的 3 倍，氢能源基础设施建设应与技术攻关同步进行，这需要大量的资金支持。

9.4 技术路线图

9.4.1 需求与发展目标

1. 需求

建设航空强国，一是要研发世界级航空产品，使民用航空产品谱系完整、具备市场竞争力，通过研发世界级航空产品，引领航空技术发展方向，把握航空科技创新主动权，实现关键核心技术自主可控；二是建设世界一流航空企业，培育和打造具有全球竞争力的行业龙头，具备产业话语权和影响力，在产业资源配置中占据主导地位；三是形成世界级航空产业能力，打造具有全球影响力的航空产业集群，构建安全可靠的航空产业体系，带动国内相关产业向中高端迈进，塑造世界级品牌。

面向未来，中国民用飞机发展既有很多优势也有不少劣势，既充满重点机遇，又面临极大挑战，必须充分发挥新型举国体制优势，抓住变革机遇，积极应对民用飞机产品重大挑战。

为建设航空强国，民用飞机领域需要实现“七强”，具体如下。

（1）机制强，能够适应未来民用飞机发展趋势和需求。

（2）市场强，在国内外民用飞机市场中占据重要的份额。

（3）产品强，能够提供满足市场需求且谱系完整的产品。

（4）技术强，建立健全民用飞机技术体系，实现关键核心技术自主可控。

（5）创新强，除了产品和技术创新，还能够为未来民用飞机的发展建立规则，引领全球民用飞机新发展。

（6）人才强，具备数量足够、梯队合理的世界一流水平的民用飞机科研与管理人才队伍。

（7）资源强，在民用飞机产品研发、技术创新、软硬条件建设、人才培养等方面资源投入处于世界前列。

2. 发展目标

到 2035 年，中国民用飞机产品谱系更趋完整，对主要核心技术的自主掌握程度更高，民用飞机市场份额初具规模，产业体系更加健全。民用飞机科研资源投入达到世界领先水平，“政、产、学、研、用、金”体系化可持续性产业发展机制完备，超声速、新能源、智能化系列关键技术获得突破并进入研制应用阶段，形成系列先进性、前瞻性、跨界性技术储备，民用飞机专业人才和管理人才的数量与质量满足发展要求。实现大型洲际客机基本型、新能源飞行器研制，形成城市飞行器、通用飞机、支线客机、单通道干线客机、宽体客机、大型洲际客机基本型及货机、公务机、特种飞机等衍生型产品生产线，满足全球客户多产品多用途需要，建立较完备的产业链、创新链、服务链。

9.4.2 重点任务

1. 研发大型洲际客机，完善国产民用飞机产品谱系

相关文献资料分析结果表明，到 21 世纪中期，中国大型民用飞机发展的主要矛盾将转化为日益增长的市场需求和产品谱系不平衡不充分导致的供给能力不足之间的矛盾。因此，建议在 150 座级中短程窄体客机、280 座级中远程宽体客机的基础上，适时研发座级更高、航程更远的大型洲际客机，更好地服务国内国际商业交流和个人旅行需求。其主要意义如下。

（1）满足日益增长的民航需求，支撑民用飞机高质量发展的重要标志。

（2）实现关键核心技术自主可控，应对激烈国际竞争的战略选择。

（3）完善民用飞机产品谱系、提升未来产品体系竞争力的重要途径。

研制要求如下：

（1）相比现有机型，新机型的航程更远、载重量更大，能够满足航空市场发展需求，提升产品供给能力和市场竞争力。

（2）更加环保经济、更加安全舒适、更加智能便捷，适应未来体现“绿、智、自主可控”等新要求。

（3）具有客运、货运基本功能，兼顾多种特殊用途需要，实现大型飞机高端产品平台价值。

（4）有利于促进“产、学、研、用”深度融合、主制造商与供应商协同发展、产业体系优化升级。

在 2025 年前后，启动型号研制，完成大型洲际客机市场和产品需求、技术与工业可行性论证，完成对大型洲际客机的预先研究和初步方案论证；在 2035 年前后，完成基本型研制，进一步满足大型洲际客机系列化、衍生型等产品需求，初步形成产业化发展规划，引导相配

套的发动机、机载设备、新材料、智能制造等领域的自主创新。

2. 开展超声速民用飞机技术研究，为产品研制进行预先储备

超声速客机能够提高运输效率，大幅度缩短远距离旅行时间，是当前航空领域研究热点之一。NASA 自 1960 年以来一直致力于先进超声速运输机概念方案与关键技术的研究，波音公司、空客公司、洛克希德·马丁公司等飞机制造商在超声速民用飞机领域已积累较为丰富的设计方法与经验。Boom、Aeron 等公司已推出超声速客机概念方案，预计十年之内投入市场。中国需要加强相关技术研究，在超声速客机概念方案与关键技术领域取得突破。

（1）以研制超声速民用飞机及其配套的发动机为目标，通过联合国内优势单位力量，对下列技术开展攻关：高升阻比、低声爆总体和气动设计技术、高/低速匹配的总体构型与气动设计技术、超声速匹配的发动机适应性及飞发一体化技术、宽速域飞行稳定性与控制技术、低噪声/低排放设计技术、新材料及轻量化机体结构设计技术、气动热预测与热防护技术、颤振预测与设计技术、适航/机场/空管等运营支撑技术、综合集成技术等关键核心技术。

（2）围绕超声速民用飞机及其配套发动机，完成相关试验、测试软硬件保障条件建设任务，开展超声速民用飞机风洞测试及试验技术、声爆预测及低声爆设计、超声速民用飞机进气道设计、先进数值仿真、制造工艺、机体材料、机载系统等技术基础研究；开展超声速商用发动机适应性、总体设计技术、先进制造技术及耐高温材料研发与应用研究，推动新材料、人工智能、增强现实、5G 技术等新技术在超声速民用飞机加工制造、自动驾驶、辅助起降等典型场景下的应用研究，有效支撑超声速民用飞机与发动机制造。

（3）针对超声速民用飞机的突出特点，建设超声速民用飞机及其配套发动机技术验证平台。完成技术验证平台的方案设计和加工制造，开展高/低验证机气动与控制系统飞行验证、辅助起降系统验证、人群对声爆可感受度验证、机场噪声与排放验证、进/排气系统设计验证等关键技术验证和适航测试，具备关于超声速民用飞机的关键验证能力。同时，为探索高超声速商用飞行器提供基础平台。

3. 开展新能源飞机技术研发，推动技术成果市场化

新能源飞机包括电推进/混合电推进技术和氢能源技术两大方面。

1）在电推进/混合电推进飞机技术方面

主要任务：瞄准支线飞机和中短程干线飞机，开展电推进/混合电推进飞机先进技术集成的攻关和验证，推进电推进/混合电推进飞机总体方案的预先研究，开发其商业服务体系。

到 2025 年，开展新能源支线飞机和中短程干线飞机总体方案的预先研究。研究和评估新能源飞机总体构型方案，研究和评估新能源动力系统架构方案，提出满足未来航空运输市场需求的总体构型方案和动力系统架构方案组合，初步建立新能源飞机适航审定技术体系。

到 2030 年，开展基于小型化新能源飞机飞行平台的先进技术集成和验证。开发 1 ~ 4 座

小型通航级新能源飞机作为人工智能、先进材料、增材制造等技术的集成和验证平台；完成小型通航级新能源飞机适航取证。

到 2035 年，推动 1MW 级混合电推进新能源支线飞机研制。需要攻克的技术包括基于锂离子电池和基于燃料电池的混合动力系统适应性评估、混合动力系统架构设计、全机能量控制和综合优化策略。

2）在氢能源飞机技术方面

主要任务：研制氢能源飞机技术验证机，突破制约氢能源飞机发展的关键核心技术，主要包括氢能源航空动力系统设计、轻质高效结构设计、先进气动布局设计、高效储氢装置等技术，为研制氢能源飞机提供技术支撑。

到 2025 年，开展燃氢涡轮发动机系统设计、氢燃料电池动力系统设计、储氢及输送技术、氢能源飞机气动布局设计等关键技术研究，完成 2 种不同氢能源动力（氢燃料电池和燃氢涡轮发动机）技术路线的验证机研制并实现首飞，启动小座级氢能源飞机预研。

到 2030 年，开展氢能源飞机适航标准规范制定及符合性验证技术研究，构建适合中国西部地区的风、光制氢储氢机场基础设施关键技术体系，研制短途通勤运输小座级氢能源飞机并适航取证，启动支线氢能源飞机预研。

到 2035 年，构建能源自给、零排放的高速快捷的西部示范空中交通网，开展 80 座级、航程达到 1000km 的支线氢能源飞机研制并首飞，适时开展更大座级、航程达到 2000km 的氢能源飞机研制。

4．加强自主可控技术专项研究，完善民用飞机技术体系

主要针对当前中国民用飞机技术体系中存在的关键核心技术不足开展研究，包括机载系统相关技术、动力系统相关技术、结构材料系统相关技术、供应链系统相关技术，努力增强自主可控能力，努力实现技术水平的追赶和部分超越。检视民用飞机技术体系，强化机载设备和系统研制，推进新材料新工艺、标准规范体系建设，以及专业软件研发和仿真体系建设，完善适航审定体系，加强风洞、推进、声学、材料和结构实验室与测试设施、飞行研究，以及空中交通管理模拟器、空域操作实验室、高端计算实验室和测试支持基础设施试验验证条件，提升核心技术的自主可控水平。

5．实施领先优势技术专项研究，建立技术创新竞争优势

主要结合中国民用飞机技术体系和相关行业先进技术发展情况，选择关乎未来民用飞机先进性、前瞻性、颠覆性技术创新发展，包括先进气动减阻设计、新型结构设计、低声爆低波阻设计、先进航电架构、先进多电飞机技术、增材制造、智能制造、智能飞行、北斗导航、5G、新能源、区块链、绿色环保、节能减排、健康安全管理等系列先进技术。探索超材料、石墨烯、纳米技术、量子技术、仿生技术、脑机接口等前沿技术在民用飞机领域的应用，开

发适用于复杂环境系统的物理模型、仿真技术、分析工具和测量技术，提升多学科综合设计能力，开创新的飞行能力，助力先进飞行器推进的概念创新和研发

6. 实施科学问题与基础技术研究，夯实民用飞机发展基石

需要夯实民用飞机技术基础，针对系列科学问题开展攻关研究，以促进知其然且知其所以然的认知能力，促进原始创新能力的提升。同时，进一步提高工具开发、方法创新、流程设计、标准制定、规范制定等水平，强壮“筋骨”，提升基础能力体系建设水平。民用飞机涉及的典型科学问题包括复杂流动、噪声、结冰、声爆、弹性力学、信息安全、失效寿命、隔热、尺寸效应、能量流等，基础技术包括专业软件、数字化、数据库、云计算、工业互联网、区块链、标准规范、知识管理、系统工程、量子计算等。

9.4.3 战略支撑与保障

针对未来民用飞机发展需求和目标，结合当前民用飞机发展中的不足，本课题组提出从以下方面提供战略支撑，以确保远期战略目标的实现。

（1）创新机制。兼顾战略需求和实际基础，明确发展方向，强化国家航空科技发展保障专项机制，创建民用飞机预研体系，夯实研发基石。

（2）充实队伍。发挥行业专家作用，组建专家组，围绕国家战略对相关研发项目进行系统性策划，招募/聘任专业人员进行科研项目管理。

（3）保障经费。建议国家明确民用飞机预研专门渠道并给予稳定支持，明确民用飞机预研经费来源渠道和管理方式，兼顾预算合理与使用合规，确保预算充分、经费及时到位。

（4）实施监管。牵头部门专人参加研发，全周期深度跟进，及时监督指导，提升技术验收和应用推广能力，保障项目研发效率和效果。

（5）资源共享。统筹规划重大项目的立项，建立大设施共享机制，积极发挥大项目牵引、大设施支撑的作用，提升装备集成能力。

（6）成果共享。建立研究成果国民共享机制，促进民用飞机技术创新发展，促进技术工业应用转化，实现技术成果价值，引领航空产业发展。

总之，应发挥中国新型举国体制优势，实现航空产业统筹发展。创建民用飞机预研体系，填补技术研发机制空白，形成背景型号及目标牵引，突显责任主体技术储备机制。

9.4.4 技术路线图绘制

面向 2035 年的中国民用飞机发展技术路线图如图 9-4 所示。

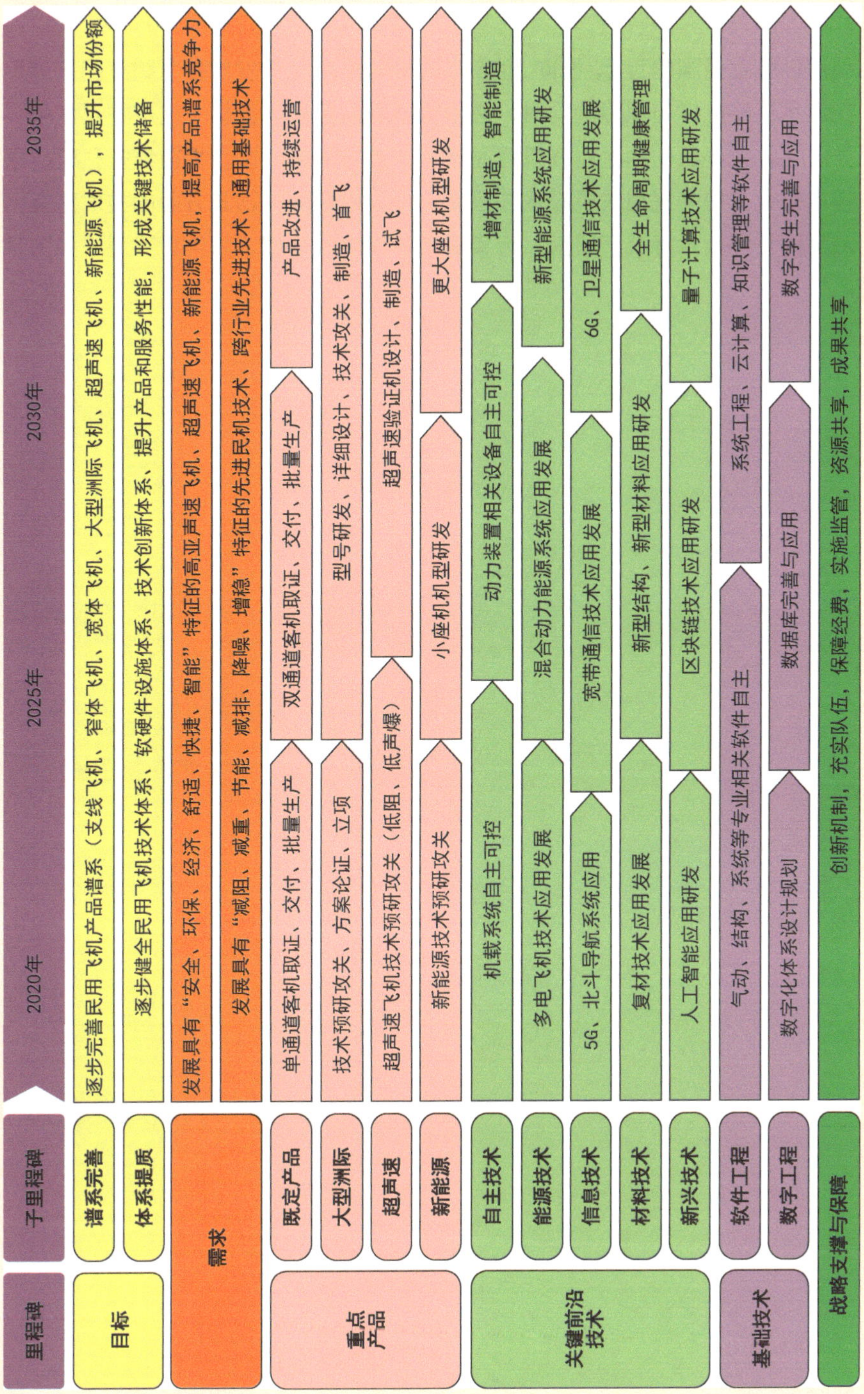

里程碑	子里程碑	2020年 → 2025年 → 2030年 → 2035年		
目标	谱系完善	逐步完善民用飞机产品谱系（支线飞机、窄体飞机、宽体飞机、大型洲际飞机、超声速飞机、新能源飞机），提升市场份额		
目标	体系提质	逐步健全民用飞机技术体系、软硬件设施体系、技术创新体系、提升产品和服务性能，形成关键技术储备		
需求		发展具有“安全、环保、经济、舒适、快捷、智能”特征的高亚声速飞机、超声速飞机、新能源飞机，提高产品谱系竞争力		
需求		发展具有“减阻、减重、节能、减排、降噪、增稳”特征的先进民机技术、跨行业先进技术、通用基础技术		
重点产品	既定产品	单通道客机取证、交付、批量生产	双通道客机取证、交付、批量生产	产品改进、持续运营
重点产品	大型洲际	技术预研攻关、方案论证、立项	型号研发、详细设计、技术攻关、制造、首飞	
重点产品	超声速	超声速飞机技术预研攻关（低阻、低声爆）	超声速验证机设计、制造、试飞	
重点产品	新能源	新能源技术预研攻关	小座机机型研发	更大座机机型研发
关键前沿技术	自主技术	机载系统自主可控	动力装置相关设备自主可控	增材制造、智能制造
关键前沿技术	能源技术	多电飞机技术应用发展	混合动力能源系统应用发展	新型能源系统应用研发
关键前沿技术	信息技术	5G、北斗导航系统应用	宽带通信技术应用发展	6G、卫星通信技术应用发展
关键前沿技术	材料技术	复材技术应用发展	新型结构、新型材料应用研发	全生命周期健康管理
关键前沿技术	新兴技术	人工智能应用研发	区块链技术应用研发	量子计算技术应用研发
基础技术	软件工程	气动、结构、系统等专业相关软件自主	系统工程、云计算、知识管理等软件自主	
基础技术	数字工程	数字化体系设计规划	数据库完善与应用	数字孪生完善与应用
战略支撑与保障		创新机制，充实队伍，保障经费，实施监管，资源共享，成果共享		

图 9-4　面向 2035 年的中国民用飞机发展技术路线图

小结

基于实现建设航空强国的目标，面向 2035 年的中国民用飞机发展技术路线图需满足几个主要条件，在满足战略支撑与保障的同时，必须根据发展需求与目标，完成重点任务，加速追赶国际领先水平。完善目前的民用飞机产品谱系，进行预先研制，提前储备科研成果。加强自主可控技术研究，提高民用飞机技术体系完整性，继续保持领先方面的技术研究，建立优势专项，对基础科学技术等展开研究，夯实民用飞机发展基础，为早日实现“强国梦”做出重要贡献。

第 9 章撰写组成员名单

组　长：吴光辉

成　员：林忠钦　孙　聪　杨凤田　高志强　张　军　蒋　欣　杨志刚　钱　勇
　　　　胡震东　曾欣云　张志雄　苗　强　马静华　王　宁

执笔人：张志雄　马静华　苗　强　王　宁

10

面向 2035 年的中国未来韧性城市地下空间发展技术路线图

10.1 概述

中国城市面临向大型、超大型、特大型城市及城市群的发展趋势，城市/城市群中的各要素联系越来越紧密，未来城市地下空间面对灾害出现风险放大效应的可能性也越来越大。面向 2035 年的中国未来韧性城市地下空间发展战略研究项目围绕当前面临的问题和未来挑战，基于未来城市地下空间发展的需求，探寻未来城市地下空间韧性状态评估的技术方法框架；基于多时空尺度和跨学科角度，运用智能技术，研究未来城市地下空间各机载智能信息深度融合、多种地下空间结构全方位安全预判、多元智能主动防护关键技术联合发展策略；基于基础设施韧性理论，研究并提出韧性城市地下空间规划基础框架，研究构建具有中国特色的韧性城市地下空间建设标准体系框架，研究制定符合中国近期、远期发展目标的韧性城市地下空间开发产业政策。本课题组提出并建立未来韧性城市地下空间的核心技术体系、发展战略及关键技术体系架构等，为中国未来韧性城市地下空间规划设计、政策支持等提供方法和技术指引。

10.1.1 研究背景

城市地下空间的开发利用作为解决城市地上空间不足、改善城市环境的重要途径，已成为完善城市功能、推进智慧城市建设、实现城市可持续发展的必然选择。中国在“十三五”期间就指出，要加强地下基础设施的改造与建设，提高城市建筑和基础设施的抗灾能力，推进建设用地的多功能开发、地上地下立体综合开发利用等。

虽然中国已经成为城市地下空间开发利用大国，在开发规模和建设速度上居世界前列，但是面临诸多问题。

（1）无规划性控制引导，造成“先用先占、浅层挤满、无序开发、资源浪费”，并且挤占城市后续发展重要设施空间区位，引发“工程复杂、成本上升、风险加大、管控艰难”等问题[1]。

（2）城市地下空间开发利用的施工过程面临着复杂地质环境、复杂建设环境、既有地下空间的改造更新、深层地下空间开发和城市区域安全等一系列技术难题。

（3）城市地下空间信息化平台建设及信息化应用明显不足，信息“孤岛”现象一直没有消除，在地下空间规划、地下工程建设、地下空间安全与防灾等方面仅可提供基本的数据，信息的深度融合及挖掘还有待加强。

而在全球化、城市化、气候变化的复杂背景下，城市/城市群中的各种要素联系越来越紧密，单一灾害往往容易引起系统性风险，未来城市地下空间面对灾害出现风险放大效应的可能性也越来越大，这将是未来韧性城市地下空间的巨大挑战。

10.1.2 研究方法

本课题依托中国工程院工程科技战略咨询智能支持系统（iSS），采用文献和专利分析、资料收集、专家咨询、现场调研等方式，开展地下空间开发技术态势分析、技术清单制定及技术路线图制作的工作。

10.1.3 研究结论

由于中国城市地下空间的建设速度过快，并且城市地下空间的开发利用在属性、环境、规划、施工和运营维护安全上具有特性，导致诸多问题和挑战。针对当前的问题和挑战，必须从地下空间的规划设计、施工与运营维护方面开展针对性研究，提出相应的策略和措施，以实现城市地下空间高效能开发利用。

在规划设计上，构建综合管理体系，全面开展城市地下空间调查评价，综合评估城市地下空间资源环境承载能力和地下空间开发适宜性，建立系统完备的城市地下空间资源信息大数据系统，实现数据共享。建立地下空间协同规划体系，实现城市地上、地下空间的综合规划、统一部署、刚性约束、弹性预留。

在施工技术上，针对复杂地质环境、复杂建设环境、既有地下空间的改造与更新、深层地下空间开发和城市区域安全等一系列的技术难题研发新的装备，研制新的材料，以适用城市密集区地下空间建设、既有地下空间改扩建和深层地下空间开发，并形成系统的施工工艺，建立具有中国自主知识产权的技术体系。

在运营维护上，解决实时监控、智能反馈、智慧服务决策问题，以及多灾害作用下的救援问题，构建信息化、智慧化的运营维护体系；依托物联网、大数据、云计算和人工智能等技术，建立全国联网的城市表达、分析的一体化决策服务系统，逐步建成面向地下空间信息集成的基础设施智慧管理服务系统，支撑数字中国和智慧城市的建设。

10.2 全球技术发展态势

10.2.1 全球政策与行动计划概况

城市地下空间作为一种潜在的土地资源，是城市未来的一个重要发展方向[1-3]。城市的地下空间的开发利用作为解决城市空间不足、改善城市环境的重要途径，已成为完善城市功能、推进智慧城市建设、实现城市可持续发展的必然选择[4-7]。1991 年《东京宣言》提出“21 世纪是人类开发利用地下空间的世纪”，2019 年全球城市地下空间开发利用上海峰会正式发布了《上海宣言》[8]，提高城市地下空间韧性增强城市综合抗灾能力是上海宣言六点主要内容之一[8]。城市地下空间作为城市主体的一部分，具有庞大繁杂、随时空迁移、致灾机理复杂等特征，韧性城市地下空间特别强调整个地下空间系统受到扰动后的恢复能力[9-12]。城市地下空间面临的风险包括风灾、火灾、水灾、爆炸、恐怖袭击、地震等多种不同类型的灾害源。随着城市地下空间的大面积、大规模、深层次的开发，上述各类风险事故灾害形式呈现多样性、多发性、突发性、高频率和严重化的特点。提高城市地下空间的韧性是抵御各种城市地下空间灾害，增强抵抗力的有效手段[13]。

大多数欧洲国家缺乏完备的地下空间法规条例[14-15]，不能很好地解决复杂的地下功能冲突问题。在德国，地下空间的使用仍依附于矿业法[16]，要想处理好不同深度的关系，就必须在空间规划和矿业法中进行必要而清楚的阐述[17]。尽管瑞士和芬兰在城市地下空间开发领域遥遥领先，其法规中关于地下分层利用仍存在空白。近年，瑞士联邦《空间规划法》[18]重新修订有关协调利用地下空间的实施建议。在亚洲，日本规划大师尾岛俊雄（Toshio Ojima）[19]于 20 世纪 80 年代提出在大深度地下空间建设城市基础设施复合干线网络的构想。1990 年，日本学者渡部与四郎（Yashiro Watanable）[20]从地下建筑的功能使用角度，提出分层开发地下空间的具体设想，即地下空间可分为 4 层：浅层（地下 0 ~ 10m）、次浅层（地下 10 ~ 30m）、次深层（地下 30 ~ 50m）、深层（地下 50 ~ 100m）。这一分层理论对中国的地下空间规划产生了深远影响，目前，北京、上海、深圳和重庆等地[21]采用了日本的四分法，而广州采用了三分法（0 ~ 15m，15 ~ 30m，30m 以下），苏州提出了新的四分法（0 ~ 15m，15 ~ 30m，30 ~ 50m，50 ~ 100m），定量分析了地下资源潜力。

近年，中国在国家层面提出要统筹地上地下空间开发。2017 年，国务院印发了《全国国土规划纲要（2016—2030 年）》，其中指出“提升优化开发区域城镇化质量，严格控制新增建设用地，统筹地上地下空间。合理拓展建设用地新空间，科学规划、合理开发利用地上地下空间；全面提升土地节约集约利用水平，推进建设用地多功能开发、地上地下立体综合开发利用”。

10.2.2 基于文献和专利分析的研发态势

本课题组运用 iSS 平台的论文分析和专利分析功能，完成本领域技术态势分析。论文分析基于城市地下空间，专利分析基于地下空间数据，从不同维度，对目前地下空间领域的总体态势进行宏观分析。

1992—2018 年全球城市地下空间领域年度论文发表数量变化趋势如图 10-1 所示。从图 10-1 可以看出，2013 年、2014 年、2015 年本领域的论文发表数量较多，随后呈现减少趋势。由此可知，城市地下空间领域在 20 世纪 90 年代经历了萌芽期，于 21 世纪进入高速发展的阶段，并于 2014 年研究活动达到顶峰；近几年，本领域论文发表数量的增长有所放缓，这表明本领域处于稳定发展期。1992—2018 年主要国家在城市地下空间领域的论文发表数量占比如图 10-2 所示。统计情况表明，美国处于领先的位置，中国则跟随其后，日本在本领域的论文发表数量占比也不低。总体来看，城市地下空间研究的领域基本上由欧美发达国家主导。中国近些年在本领域增加投入，使得中国在本领域的研究成果比重超过了除美国之外的欧美发达国家。

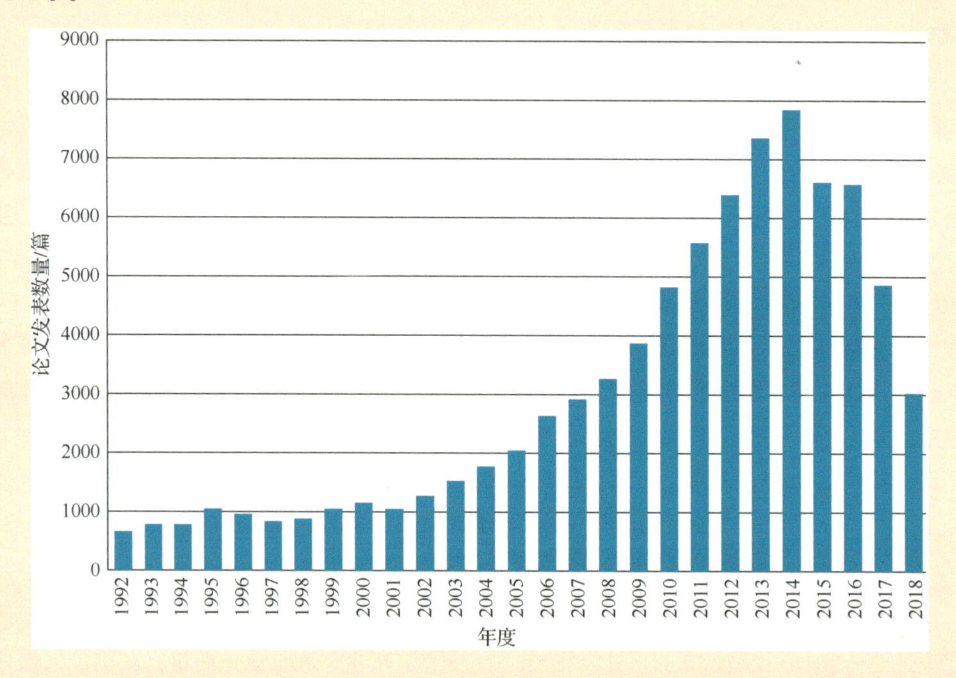

图 10-1　1992—2018 年全球城市地下空间领域年度论文发表数量变化趋势

随着技术的发展与融合，以及相关研究的不断深入，出现了越来越多相互关联的研究热点，形成了庞大的研究网络。城市地下空间领域相关文献的关键词词云分析如图 10-3 所示。从图 10-3 可以看出，“resilience”、“underground”和“underground disposal”这 3 个关键词在文献中出现的次数较多。表 10-1 列出了在城市地下空间领域相关文献中出现次数较多的 10 个关键词。

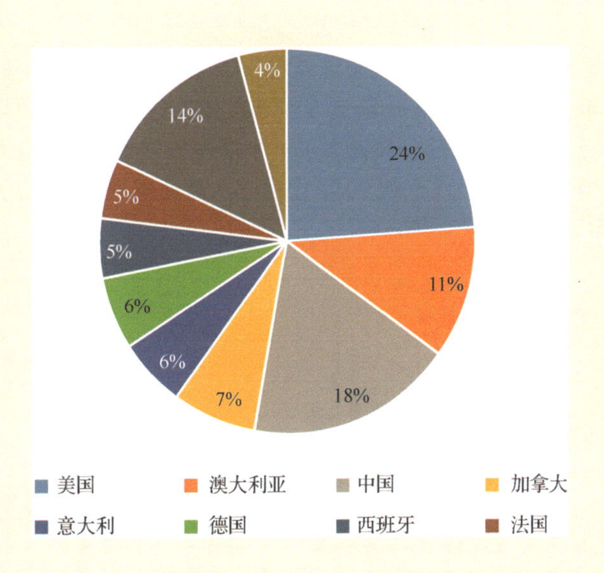

图 10-2　1992—2018 年主要国家在城市地下空间领域的论文发表数量占比

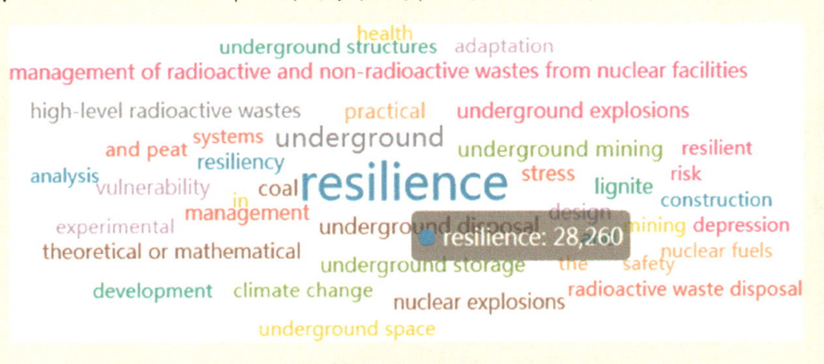

图 10-3　城市地下空间领域相关文献的关键词词云分析

表 10-1　在城市地下空间领域相关文献中出现次数较多的 10 个关键词

序号	关键词	出现次数
1	resilience	28260
2	underground	8737
3	underground disposal	2981
4	underground mining	2732
5	coal	2657
6	practical	2382
7	underground storage	2170
8	underground explosions	2044
10	management of radioactive and non-radioactive wastes from nuclear facilities	1985
11	management	1821

1972—2018 年全球城市地下空间领域专利申请数量变化趋势如图 10-4 所示。从图 10-4 可以看出，1987 年、1989 年、1990 年这 3 个年度发布的本领域专利申请数量较多，随后呈现减少的趋势。不过，从 1992 起，又进入了一个缓慢的增长期。由此可知，城市地下空间领域的专利申请在 20 世纪 70 年代末到 90 年代初进入高速发展的阶段，随后增长有所放缓，表明本领域的专利申请进入了稳定期。

图 10-4　1972—2018 年全球城市地下空间领域专利申请数量变化趋势

1972—2018 年主要国家在城市地下空间领域的专利申请数量占比如图 10-5 所示。统计情况表明，日本和美国在本领域的专利申请数量遥遥领先。总体来看，城市地下空间领域的专利申请主导国家是日本和美国发达国家。中国在本领域的专利申请数量相对较少，表明中国在本领域的专利申请数量还有较大的增长空间。

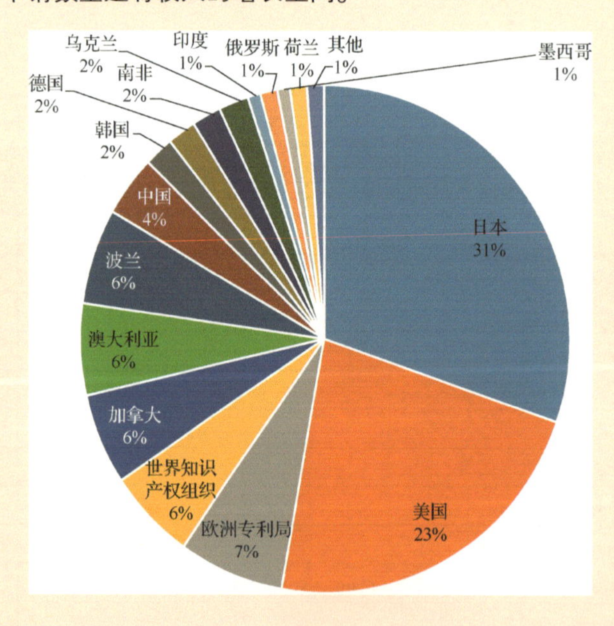

图 10-5　1972—2018 年主要国家在城市地下空间领域的专利申请数量占比

10.3 关键前沿技术发展趋势

10.3.1 城市地下空间规划设计领域的重点技术方向

1. 地上空间规划综合化

城市地下空间是城市地上空间向地表以下的延伸，是国土资源和城市空间的重要组成部分；同时，城市地下空间也是城市交通、市政、公共活动等多种城市功能在地上地下的空间载体，城市地下空间规划需要统筹安排这些功能。因此，城市地下空间规划既是专项规划又是综合规划。在空间规划层面，城市地下空间总体规划需兼顾地下协同规划，需要重点研究的技术方向如下：用于明确地下空间开发的功能需求和未来建设量的地下空间资源评估方法；确定地下空间在城市平面和竖向上的适宜开发区域；统筹协调地下空间资源地上资源的互动机制；统筹协调各专业系统在竖向（地上地下）的空间优先权；提出各类地下空间的开发模式；统筹安排近期、中期、远期的地下空间建设任务等，为未来韧性城市地下空间的发展预留平面和竖向空间。

2. 透明地下空间：城市地下空间信息化

城市化进程的推进加剧了城市空间需求与空间资源有限的矛盾，促使城市地下空间开发利用不断深化。城市地下空间信息化是提高城市地下空间利用率的重要保障，也是提升城市地下空间管理水平的关键。城市地下空间信息化存在发展不平衡、不规范及信息共享不足等问题，加快开展城市地下空间数据建设及城市地下空间信息的共享应用，不断推进新一代信息技术与城市地下空间信息化融合发展，为城市地下空间的安全建设和有效管理提供支持，是未来城市地下空间信息化发展的必然趋势。其主要技术方向包括城市地下空间信息建设逐步标准化、城市地下空间信息应用多元化和综合化、城市地下空间信息化与新技术（大数据、云计算、物联网）融合发展。

3. 城市韧性设计方法

开发利用地下空间、建立集多功能于一体的立体城市支撑系统，是提高城市空间容量、改善城市环境、增强城市韧性的重要途径，是城市未来发展的必然趋势。城市地下空间是地下工程群-岩土体的复杂动态耦合系统，其开发利用面临着地质环境演变机制不明、施工引起的变形及稳定控制难度大、全生存周期服役安全要求高、工程系统灾变耦联机制复杂等科学技术挑战，需要综合考虑城市地下空间与地质环境的相互作用、水-土-结构耦合机理、地下结构在全生存周期的性能劣化及恢复规律，从而建立地下工程系统的韧性设计理论体系。其主要技术方向如下：高性能新型结构材料，如具有增韧、增强、阻裂、可提升耐久性和安全性的独特性能的（钢）纤维混凝土、自密实混凝土、自愈合混凝土等；可控制失效模式并具备自复位能力的地下结构新体系；组合防水新材料；绿色支护材料；环境保护材料等。

10.3.2 城市地下空间施工领域的重点技术方向

1. 城市地下空间开发智能化施工设备

中国幅员辽阔，不同地区城市地质条件差异巨大，特大型城市地下空间开发深度已普遍达到地下 30m，正向着更深地层发展，施工条件也越来越复杂。为提高施工安全性和高效性，需要研究开发智能化的施工设备。其主要技术方向如下：超复杂环境深部地质水文信息精细化超前探测与动态反馈技术；能够识别作业状态与装备性能状态的施工状态智能化控制技术；高应力、高地温、高水压环境下的地下工程施工新装备；能够实现施工状态与地质环境准确识别的土/岩-机作用信息实时感知融合技术；复杂环境下超长距离隧道安全预警与智能施工装备；基于智能技术的无人化施工装备等。

2. 城市地下空间绿色施工技术

近年来，在全球资源日趋枯竭、经济发展面临前所未有的资源与环境压力的大背景下，绿色发展成为世界主要城市发展的核心战略。科学开发利用城市地下空间，可以助力发展绿色建筑与绿色城市[22]。目前，中国在城市地下空间开发过程中，仍大量使用传统施工技术手段、传统设备与材料，导致工程效率低、工程效果不佳、后期维护成本高、环境污染严重等问题。为实现城市地下空间绿色建造的目标，需要研究城市地下空间绿色开发，尤其是绿色施工技术。其主要技术方向包括以装配式管廊和装配式地铁车站为代表的装配式地下结构施工技术、地下工程两墙合一结构施工技术、可回收式地下支护结构施工技术、非明挖地下工程施工技术、废弃混凝土地下工程资源化利用技术、地下工程余泥渣土资源化利用技术等。

3. 城市地下空间新型机械化施工及环境协同技术

当前，中国城市地下空间建设进入快速发展期，大规模城市地下空间建设对地下空间开发技术和周边环境变形控制提出了新的要求。城市地下空间开发过程中采用先进、适用、成熟、可靠的施工新技术，有助于提高工程科技含量，保证工程质量和安全生产，同时减少对城市环境和经济发展的不利影响。其主要技术方向包括超大直径盾构施工技术、TBM/土压及土压/泥水双模掘进施工技术、地铁车站暗挖机械化施工技术（如多圆盾构施工技术、多洞组合顶管施工技术、曲线管幕暗挖施工技术等）、竖井掘进机施工技术、城市地下空间近接施工变形主动控制施工技术，以及适用于深层地下空间开发的机械化施工技术等。

10.3.3 城市地下空间运行维护领域的重点技术方向

城市地下空间运行维护领域的重点技术方向主要涉及环境安全、地下空间结构安全、地下空间装备设备安全、人员安全等，融合多时空尺度、新材料、智能技术等，建立统一的未来韧性城市地下空间运行维护体系。基于多种感知技术、快速信息处理技术、大数据与人工智能技术，构建未来韧性城市地下空间安全运行维护的关键技术框架。

1. 面向地下空间安全运行维护的环境感知关键技术

针对地下空间结构、环境的复杂多变性，开发基于光谱特征、物理特征、化学特征等原理的环境感知关键技术。具体如下：地下结构激光扫描/视频成像/图像识别技术、基于光纤/MEMS 的应力/应变/振动监测、声发射技术、温湿度/有害气体的监测技术等。

2. 面向地下空间结构的自主知识产权建筑信息模型技术

建筑信息模型（BIM）技术在建筑规划、设计及施工领域得到广泛应用，但针对地下空间，考虑地质条件、地下环境信息和不同规范标准的建筑信息模型技术十分缺乏。中国地下轨道交通、综合管廊、大型公共空间等的规划、建设及运营正处在稳步发展阶段，开发具有自主知识产权的建筑信息模型软件技术，对信息安全、应用推广、降低使用维护成本、促进软件生态发展、实现地下工程全过程的数字孪生、多维参数信息的映射、数据标准化、可视化安全管理等具有重要意义。

3. 面向应急决策的城市地下空间复杂系统的多灾模拟与疏散仿真关键技术

城市地下空间受限于空间结构、人员分布时空集中性大等特点，导致防灾应急问题复杂。利用城市地下空间复杂系统的多灾模拟与疏散仿真关键技术，可研究城市地下空间不同灾种的演变特征、多系统耦合作用机理、不同应急处置措施、人员疏散方案等影响因素，为灾害预警和应急决策提供有效的辅助支持。

4. 基于大数据的城市地下空间灾害智能分析及预警关键技术

随着信息技术、监测技术、社交网络的不断发展，基于传统企业数据、机器传感数据及社交数据的分析，可通过可视化分析、数据挖掘及预测分析等功能，实现对历史灾害事件的分析和异常情况的预警。其关键在于数据质量管理、巨量信息处理、多源数据融合，以及预警模型的建立与适配优化。

10.4 技术路线图

10.4.1 需求与发展目标

1. 需求

城市是人口和财富最密集的地区，也是灾害事件高发的地区。对此，国际社会提出了建设韧性城市的理念。韧性城市是指城市不同主体在自然灾害、经济危机、社会和政治动荡等不确定性风险冲击之下的应对能力、承受能力及恢复能力。建设韧性城市已成为国际社会实现可持续城市目标的基本共识，而城市地下空间的开发利用，是解决土地资源紧张、交通拥堵、拓展城市空间和缓解环境恶化的有效途径之一。

中国已成为城市地下空间开发利用大国，在开发规模和建设速度上居世界前列，但同时在规划设计，施工建设和运行维护等方面面临诸多问题。目前，城市有着向大城市、超大城市及城市群的发展趋势，城市/城市群中的各种要素联系越来越紧密。未来，城市地下空间面对灾害时，出现风险放大效应的可能性也越来越大，这将是未来韧性城市地下空间的巨大挑战。

城市地下空间的开发利用作为解决城市地上空间不足、改善城市环境的重要途径，已成为完善城市功能、推进智慧城市建设、实现城市可持续发展的必然选择。城市地下空间作为城市主体的一部分，具有庞大繁杂、随时空迁移、致灾机理复杂等特征，韧性城市地下空间特别强调整个地下空间系统受到扰动后的恢复能力。城市地下空间面临的风险包括风灾、火灾、水灾、爆炸、恐怖袭击、地震等多种不同类型的灾害源。随着城市地下空间的大面积、大规模、深层次的开发，上述各类风险事故灾害形式呈现多样性、多发性、突发性、高频率和严重化的特点。提高城市地下空间的韧性是抵御各种城市地下空间灾害、增强抵抗力的有效手段。探索快速预测、准备、学习、适应和修复的未来韧性城市地下空间的技术策略，提出并建立未来韧性城市地下空间发展的关键技术与战略框架，意义十分重大。

2. 发展目标

考虑到中国现有城市地下空间在开发利用过程中面临的问题，建议未来的研究工作主要围绕城市地下空间的规划设计、施工开发及运营维护 3 个方面开展。通过采用可持续性设计理念、高效可靠的施工技术手段，以及先进的信息化安全运营维护手段，实现城市地下空间的高效能开发利用。

1）在规划设计方面

（1）立体化多层次、地上地下统一规划，实施多功能综合开发利用，建立高效能可持续发展的城市地下空间体系。

（2）利用数字化建模技术及国际先进评估方法，实现城市地下空间资源的高效精准评估。

（3）考虑经济发展水平和城市居民生活模式，以地下商业和轨道交通的发展带动城市地下空间开发，统筹防灾减灾和人防工程，建立抗暴、抗震、抗涝等韧性城市地下空间结构体系。

（4）利用建筑信息模型及地理信息系统，实现城市地下空间规划设计的可视化，并将"海绵城市""韧性城市""物联网"等先进的设计理念应用在城市地下空间规划中，将现有地下结构，如人防工程等与未来韧性城市地下空间规划相结合，实现城市地下空间资源的充分利用。

（5）充分利用地热资源，在城市地下空间设计中利用能源地下结构进行地热开采，实现资源开发和节约能耗的目的。

2）在施工开发方面

（1）通过先进施工技术提高浅/中层城市地下空间的施工安全和高效率。

（2）加强深层城市地下空间施工理论研究和施工技术研发，开发新装备、新工法、新材料。同时，探索深层城市地下空间安全、高效的施工技术。

（3）在地下结构施工过程通过技术手段，一方面减少对地上建筑的扰动，以防止地上建筑沉降、开裂及渗水等危险情况；另一方面考虑既有的地下结构对施工的干扰，对城市地下空间充分利用安全微扰动开发技术。

（4）采用先进施工技术，克服诸如浅层水底、软土等特殊地理/地质环境对城市地下空间开发的限制。

3）在运营维护方面

（1）利用物联网和大数据技术，实现城市地下空间高效信息化管理。

（2）采用先进传感技术，实现城市地下空间结构及设施的高效智能安全监测。

（3）研究先进修复和加固技术，实现城市地下空间运行维护中的高效修复和加固，延长地下设施服役期限。

10.4.2 重点任务

1. 城市地下空间规划体系的建构

在规划设计上，构建综合管理体系，全面开展城市地下空间调查评价，综合评估城市地下空间资源环境承载能力及其开发的适宜性，建立完备的城市地下空间资源信息大数据系统，实现数据共享。从规划、用地、建设、权属登记、使用等多方面，健全城市地下空间开发的规划管理，实现城市地下空间规划的综合化、规模化和集成化。

2. 智能化施工设备

随着工程装备智能化技术的日渐成熟，模式识别、智能感知等技术也得以成功应用，从而实现了工程装备的集成化、自动化、数字化和可视化。未来韧性城市地下空间的施工条件越来越复杂，需要具备自感知、自分析、自决策、自执行的智能装备，以保障未来韧性城市地下空间安全高效开发。

3. 绿色施工技术

绿色施工要求工程建设在保证质量、安全等基本要求的前提下，通过科学管理和技术进步，最大限度地节约资源与减小对环境的负面影响。城市地下空间开发技术的攻关应集中在以下 4 个方向：适应不同城市地质条件的施工技术、适应越来越复杂工况的施工技术、适应大深度高水土压力的施工技术及绿色可回收的施工技术。

4. 城市地下空间智能感知关键技术

城市地下空间智能感知关键技术主要包括无人机、机器人、微机电传感技术、光纤传感技术、机器视觉技术、图像处理、激光扫描、高清成像与处理技术、安防与监控相融合的技术、高精度传感器、物联网等，这些技术主要应用于城市地下空间的监测/检测领域。

5. 城市地下空间信息大数据与人工智能分析

对城市地下空间巨量信息，需要基于大数据与人工智能技术进行分析处理，以利于韧性城市地下空间安全信息的获取、快速分析、预测预警、对策实施。相关技术涉及大数据、人工智能、深度学习、自主可控建筑信息模型软件、认知计算、多源信息融合与快速分析处理等。

6. 城市地下空间通信与定位关键技术

未来韧性城市地下空间信息量大，如何基于网络进行快速的巨量信息通信尤为重要，主要涉及的关键技术包括 5G（或未来的 6G）通信、北斗、地理信息系统技术、物联网等。

10.4.3 战略支撑与保障

国家“十四五”规划提出全面提高资源利用效率，面向 2030 年的深地计划也进一步强调城市深层地下空间开发的必要性。为提高城市空间资源利用效率、提高城市综合承载力和保护城市地下空间资源，需要在以下 3 个方面得到支撑与保障。

1. 体制保障

加强城市地下空间综合立法，从产权制度、管理机构等方面确定城市地下空间的权责主体；建立专门针对城市地下空间并从规划、设计、建设、运行维护等方面进行管理的高层次管理机构；将城市地下空间的开发利用纳入城市规划体系，与现行规划管理体制融合。

2. 人才保障

从城市发展角度看，基于智慧城市的地下空间发展是必然趋势，地下空间学术研究跨学科、多领域融合已常态化。因此，亟须培养跨学科的地下空间领域研究人才，加快高级技术人才培养平台建设。

3. 资金保障

长期以来，中国城市基础设施的投资建设都依靠政府财政，这一现实使得政府时常面临着巨大的财政压力，最终可能由于建设资金缺乏而影响工程建设。为更好地进行城市地下空间建设，应该拓宽融资渠道，积极引进社会资金，推广运用政府和社会资本合作模式，实行市场化建设运营。

10.4.4 技术路线图的绘制

面向 2035 年的中国未来韧性城市地下空间发展技术路线图如图 10-6 所示。

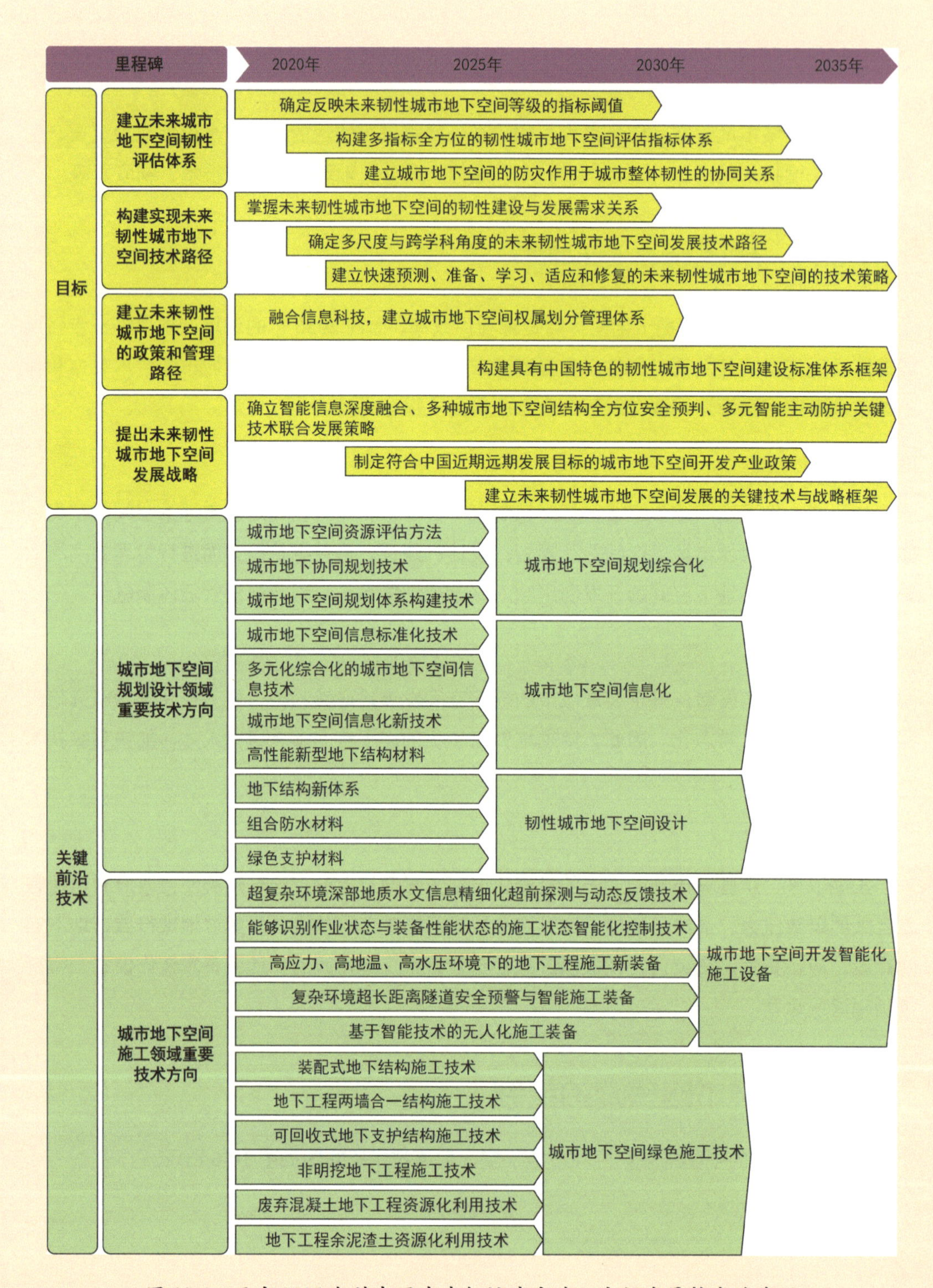

图 10-6　面向 2035 年的中国未来韧性城市地下空间发展技术路线图

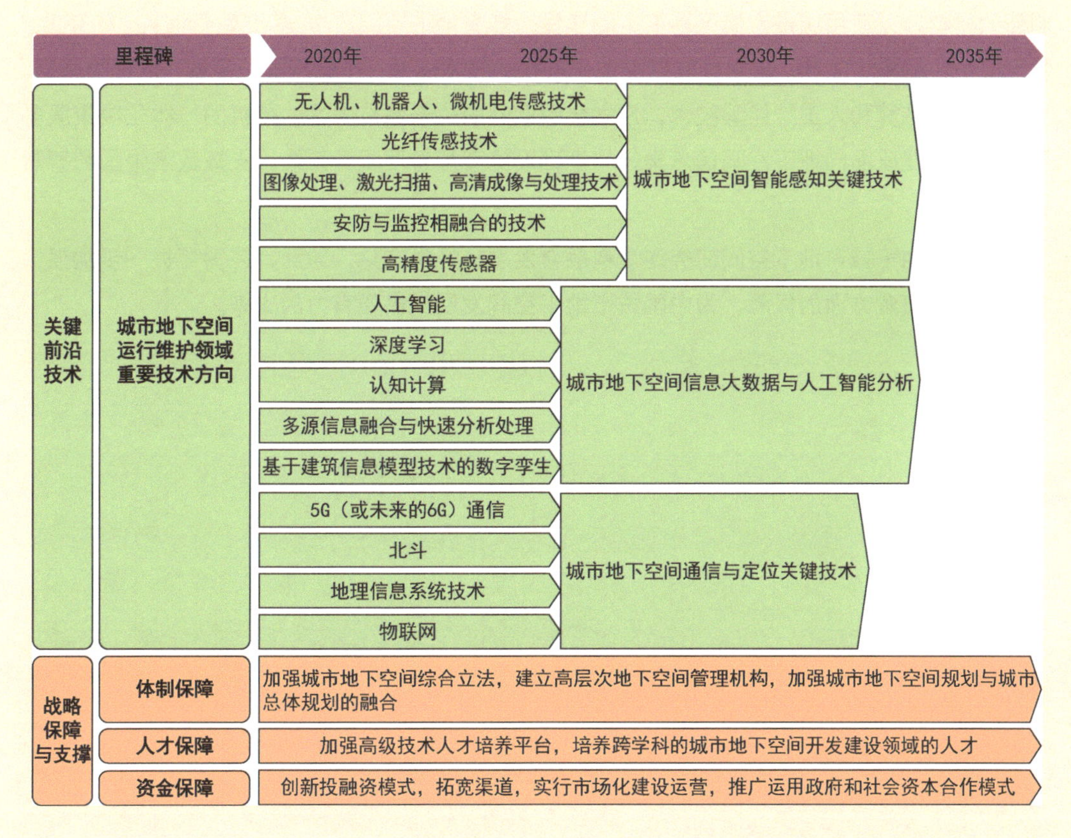

图 10-6 面向 2035 年的中国未来韧性城市地下空间发展技术路线图（续）

小结

中国城市人口数量急剧增加，对城市地下空间的需求逐渐增加，城市地下空间正逐步由浅层向深层、由单一体向综合化发展。城市地下空间的发展虽然面临一些问题，但是在一定程度上缓解了“城市病”对城市发展的压力。同时，在抵御灾害的时候较地面建筑存在一定的优势，使城市的整体韧性有所提升。

城市地下空间的韧性储备量是由地下空间全生存周期的各个阶段决定的，面向 2035 年的中国未来韧性城市地下空间发展，应借助新型传感技术、高度智能化的设备、人工智能和遥感技术等，以“智慧+”为媒介，分别从规划设计阶段、施工阶段和运行维护阶段，对城市地下空间全生存周期的韧性进行分析，使城市地下空间更加智慧化。在规划设计领域，应结合建筑信息模型仿真与物联网、大数据、云计算等技术，形成城市发展大数据动态规划编制方法，构建城市安全预测预警系统与灾害风险预评估体系；在施工领域，研发新的装备，研制新的材料，以适用城市密集区地下空间建设、既有地下空间改/扩建和深层地下空间开发，并形成系统的施工工艺，建立具有自主知识产权的技术体系；在运行维护领域，依托物联网、大数据、云计算和人工智能等技术，建立全国联网的关于城市表达、分析的一体化决策服务系统，逐步建成面向地下空间信息集成的基础设施智慧管理服务系统，支撑数字中国和智慧城市的建设。

此外，由于城市地下空间研究跨学科融合发展已经常态化，因此，还需要进一步加强体制、人才、资金方面的保障，为中国城市地下空间发展提供强有力的支撑。

第 10 章撰写组成员名单

组　长：陈湘生

成　员：胡明伟　崔宏志　苏　栋　庞小朝　王雪涛　洪成雨　付艳斌　熊　昊　费建波　韩凯航　赵　千　邱　桐

执笔人：王雪涛　洪成雨　付艳斌　苏　栋　赵　千

11

面向 2035 年的中国高端装备制造业服务化发展技术路线图

11.1 概述

高端装备制造业作为当前社会发展的支柱性、创新性行业，是推动社会经济发展的力量。大力培育和发展高端装备制造业，是提升中国产业核心竞争力的必然要求，是抢占未来经济和科技发展制高点的战略选择，对加快转变经济发展方式、实现由制造大国向制造强国转变具有重要的战略意义。社会经济的发展同时也对高端装备制造业的效率、环保等提出了新的要求。此外，云计算、大数据、物联网新一代信息技术与现代制造业、生产性服务业深度融合，将推动高端装备制造业转型升级。面向 2035 年的中国经济社会和高端装备制造业服务化发展的重大需求，本课题组调研了国内外高端装备制造业服务化发展现状和趋势，利用文献和专利统计分析、技术清单制定、德尔菲法（专家问卷调查）等方法，结合中国高端装备制造业服务化工程科技发展的愿景和需求，解析中国高端装备制造业服务化工程科技发展与国际先进水平存在的差距，对高端装备制造业服务化工程科技的发展进行科技预见，提炼出中国高端装备制造业服务化工程科技的发展思路、战略目标及总体架构，提出中国高端装备制造业服务化工程科技的重点发展方式、关键前沿技术及保障措施。

11.1.1 研究背景

在社会经济快速发展的形势下，中国高端装备制造业服务化领域面临产业融合、服务品质、环保理念、运行效率等方面的新要求，而移动互联、大数据、云计算等新一代信息技术的深度应用与跨界融合，也将推动高端装备制造业服务化发展模式的革命性变化，提升中国产业核心竞争力，推动工业转型升级。

发达国家的高端装备制造业服务化与智能互联技术深度融合，正在加快现代信息技术与现代装备技术的综合集成。与发达国家的高端装备制造业相比，中国高端装备制造业服务化和创新技术的差距明显。未来，中国经济社会将快速发展，航空装备、卫星及其应用、轨道交通装备、海洋工程装备和智能制造装备的加速推进，将带来旺盛的制造业服务化需求。与此同时，高端装备制造业产业链、运行维护管理与服务都将在新一代信息技术的深入渗透下催生出新业态、新格局。在此背景下，提出中国高端装备制造业服务化发展战略显得尤为重要。

11.1.2 研究方法

本课题组在实际调研、文献和专利统计分析、技术清单制定的基础上，最大程度吸取国内外相关研究的经验和成果，开展了广泛和深入的研究。具体研究方法如下：

（1）实际调研。调研国内外高端装备制造业服务化发展的现状、趋势和迫切需求，明确中国高端装备制造业服务化与国际先进水平相比存在的差距。

（2）文献和专利统计分析。收集大量本领域的文献和专利信息，利用数据分析工具，对国内外相关学术研究动态及专利申请动态进行分析。

（3）基于大数据制定技术清单。依托 iSS 平台，结合大数据聚类与人工筛选，辨识高端装备制造服务化未来发展的热点方向与前沿领域等。

（4）基于德尔菲法进行技术预见。过程如下：组建预测小组—选择参加调查的专家—进行问卷设计—开展调查—汇总意见。

（5）集中院士、专家分析论证。组织院士、专家开展专题研讨，深入讨论中国高端装备制造业服务化发展思路、战略目标及总体架构。

11.1.3 研究结论

经过前期调研、文献和专利统计分析、技术清单制定、专家问卷调查，以及院士、专家集中研讨等一系列研究方法，本课题组从全面提升高端装备制造业服务化效率、运行维护管理水平等层面出发，利用高级服务要素提高高端装备制造业企业的研发创新、生产管理创新、营销和品牌建设能力，以服务增值促进制造业增值，实现高端装备制造业的经济效益、社会效益和环境的改善，拟定了高端装备制造业服务化领域的 10 个重点领域目标和 3 项重点任务，提出了一系列需要着重部署的基础研究方向与重大工程专项，以及关于保障措施的意见建议。

11.2 全球技术发展态势

11.2.1 全球政策与行动计划概况

为将高端装备制造业服务化与现代信息技术进行深度产业融合，合理配置和利用服务型制造业的资源，发挥应用型服务的整体优势，各发达国家均部署了高端装备制造业服务化相关的研究项目，以提升本国高端装备制造业的整体效益、协同运行与服务水平。美国高端装备制造业国际竞争力不断下降，德国和日本总体较高且稳中有升，日本优势更强，中国呈现长期增长态势[1]。

美国国家科学技术委员会（NSTC）下属的先进制造技术分委会发布了《美国 先进制造

领导力的战略报告》，该报告讨论的重点是如何激活美国制造的创新力。美国政府采取了以技术进步战略为主，以资金、财税、贸易等相关服务化支持政策为辅的策略，始终将技术作为支持的重点，通过提高技术创新能力来达到提升产业竞争力的目的[2]；2018年3月，美国发布的《2017年工业能力评估报告》对国防工业基础重点和活动进行总结，完成了对航空航天、电子、雷达及电子武器、地面车辆、指挥控制、造船、导弹与弹药等工业部门及材料供应链的评估，还对国防装备供应商的并购行为进行审议；建设具有整体化、国际化、联合化、包容化、智能化、创新化的高端装备制造服务化产业。英国实施“工业2050”计划，在其发布的《制造业的未来：英国面临的机遇与挑战》中提出，未来制造业的四大发展趋势及其对英国政府的挑战，为此，需要注重制造业的整体价值链发展；英国政府鼓励新商业模式，发展生产服务业，鼓励生产和创新活动的集群化；重新界定英国在工程技术、人员技能和市场营销方面的优势，促进制造业出口，发掘中小企业潜力；提升产业战略，发展研发集群，扩大生产性服务业，提高企业能源利用效率。德国联邦政府制定的《高技术战略2020》为其提出的“工业4.0”设立了雄心勃勃的目标：奠定德国在重要关键技术领域的国际顶尖地位，引领高端装备制造业向高度信息化、自动化、智能化方向发展，继续加强德国作为技术经济强国的核心竞争力。“工业4.0”的目标是建立一个高度灵活的个性化和数字化的产品与服务的生产模式。在这种模式中，传统的行业界限将消失，并会产生各种新的活动领域和合作形式。在高端装备制造业服务化与现代信息技术进行深度产业融合后，动态商业模式和工程流程使生产和交付变得更加灵活，而且可以对生产中断和故障做出灵活反应。日本以《日本制造业白皮书》为核心，提出“为了更进一步提高日本制造业的劳动生产率，不应该仅仅追求通过机器人、信息技术、物联网等技术的灵活应用和工作方式变革达到业务的效率提升和优化，更重要的是通过灵活运用数字技术从而获得新的附加价值。”运用服务化体系，加强在装备设备提供的优势，以及帮助中小企业发展。对中国高端装备制造业的“走出去”进行客观深入的分析研究，以阐明新背景下中国高端装备制造业“走出去”的格局，有利于中国高端装备制造业的可持续发展。围绕国外市场消费需求，中国高端装备制造业企业需开展设备故障诊断、维修保养、远程咨询等专业服务。新战略背景对中国高端装备制造业企业充分利用信息技术提出了更高的要求，高端装备制造业企业需尝试开展设备全生存周期管理、云制造服务、基于大数据的网络精准营销；开展基于互联网和大数据的第三方信息技术服务、线上和线下协同服务。中国高端装备制造业企业需采取有效措施，加快制定第三方物流、服务外包、品牌建设等生产性服务标准，促使高端装备制造业确立行业高质量服务标准，推动企业做大做强“走出去”的业务。

综上可知，发达国家以安全、高效、绿色为核心，推进高端装备制造业服务化向互联化、智慧化和协同化发展。为了不断提升高端装备制造业服务化的效能，发达国家在高端装备管理等领域，以高效、经济、创新为目标部署了一系列国家战略项目。

11.2.2 基于文献和专利统计分析的研发态势

高端装备制造业服务化已经成为制造业领域最活跃的前沿之一，具有巨大的应用前景和市场潜力。因此，多国政府也制订了一系列针对本国高端装备制造业服务化科技的研发计划。通过定性调研和分析美国、德国、欧盟、日本和中国等国家和地区在高端装备制造业服务化领域的研究现状，结合高端装备制造业服务化领域的论文和专利的定量分析，发现全球高端装备制造业服务化研究呈现出以下特点。

（1）在论文发表数量上，1990—2020 年，高端装备制造业服务化领域论文发表数量持续上升。美国在本领域的论文发表数量远超其他国家，中国在高端装备制造业服务化领域的论文发表数量位居第 2，并且近年来相关论文占比逐年上升。

（2）在发表本领域论文的机构数量上，美国有 5 家机构（依次为加利福尼亚大学伯克利分校、普渡大学、密歇根大学、威斯康星大学、美国国家环境保护局）在本领域的论文发表数量排名世界前 20。英国曼彻斯特大学在本领域的论文发表数量排名世界前 20，中国有两所高校（依次为中国科学院大学、清华大学）在本领域的论文发表数量排名世界前 20。1990—2020 年主要国家在高端装备制造业服务化领域的论文发表数量及其占比如图 11-1 所示。

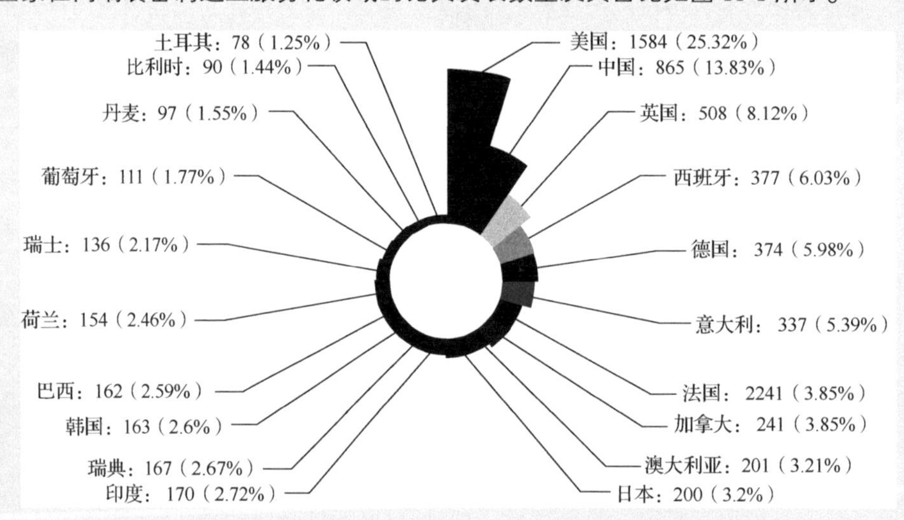

图 11-1　1990—2020 年主要国家在高端装备制造业服务化领域的论文发表数量（单位：篇）及其占比

（3）从论文的研究主题看，1990—2020 年最受关注的研究主题主要集中在工业设计服务、定制化服务、全生存周期管理、节能环保服务等领域。

（4）在专利方面，高端装备制造业服务化从 2001 年开始受重视，相关专利申请数量逐年快速增加，2016 年本领域专利申请数量达到最高值，随后有所下降。美国专利商标局在高端装备制造业服务化领域的专利受理量在全球遥遥领先，欧洲专利局和世界知识产权组织的专利申请数量分别排在第 2、3 位。此外，各主要国家的年度专利申请数量波动情况基本一致。专利申请数量最多的机构是美国的高通公司，在排名前 10 的机构中，3 家来自美国（依次为美国高通公司、英特尔公司、哈里伯顿能源服务集团），2 家来自中国（依次为华为科技有限公司、中兴通讯股份有限公司），2 家分别来自韩国（三星电子集团）和日本（JFE 钢铁株式会社）。1990—2020 年主要国家和组织在高端装备制造业服务化领域的专利申请数量及其占比如图 11-2 所示。

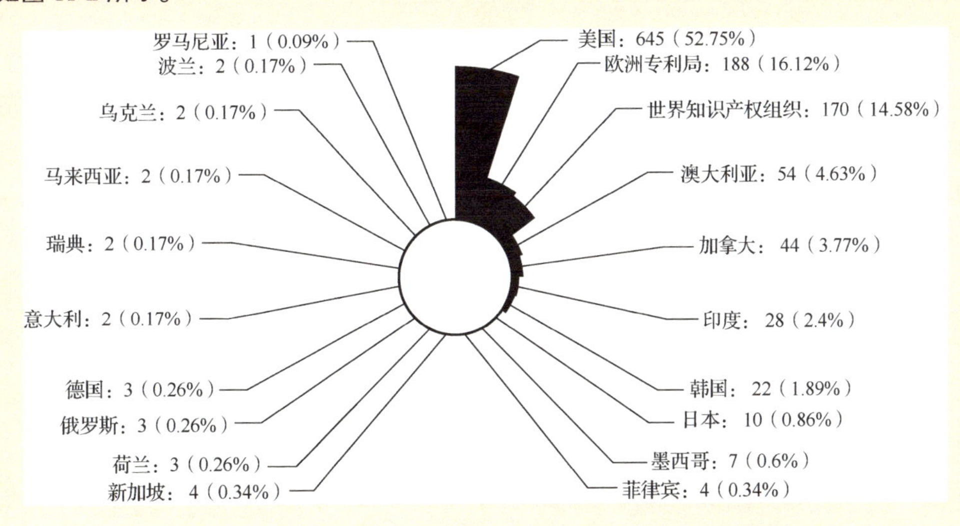

图 11-2　1990—2020 年主要国家和组织在高端装备制造业服务化领域的专利申请数量（单位：件）及其占比

（5）从高端装备制造业服务化领域的专利技术看，本领域的专利申请基本集中在基础型服务制造、绿色制造、智能制造、全生存周期服务化、生产性金融服务、云制造环境下的资源服务化、个性化生产等方面。

（6）从专利质量看，虽然中国在本领域的专利申请数量领先一些国家，但是在专利引证指数、专利科学关联性等关键指标上远远落后于发达国家。美国和欧洲各国掌握着本领域主要的技术专利，日本在本领域的专利申请数量虽然不多，但其专利质量具有一定的基础地位。这反映出中国专利整体水平较低、创新性不足。

（7）值得注意的是，在美国、日本、德国等高端装备制造业发展较早的国家，本领域的专利基本掌握在企业手中；在韩国，虽然部分研究院所和高等院校掌握不少本领域专利，但主要专利权人也是企业。而中国高端装备制造业工程科技领域的大多数专利掌握在高等院校手中，只有少部分行业领先企业掌握本领域专利，多数企业几乎没有掌握本领域专利，这种现象严重阻碍了专利的商业化和市场化。

综上所述，中国高端装备制造业服务化应用创新的能力及水平仍有待提高。

11.3 关键前沿技术发展趋势

11.3.1 3D 打印动态服务组合技术

随着制造业的不断发展，3D 打印技术受到越来越多的关注，尤其是创新创意领域的 3D 打印动态服务组合技术，近年来更是蓬勃发展。作为一种新兴的制造技术，3D 打印动态服务组合的出现为中国制造业的发展带来技术上的革新，对促进企业产品创新、缩短新产品开发周期、提高产品竞争力有积极的推动作用[3]。随着大数据、云制造、物联网等信息技术与先进制造技术的深度融合应用，智能化、协同化、定制化、服务化、平台化已成为创新创意领域 3D 打印制造业的重要发展趋势。云制造是一种面向服务的网络化制造新模式，其“制造即服务”的思想为 3D 打印制造业与互联网的融合提供了新思路。

11.3.2 高端装备制造业中的数字孪生技术

数字孪生技术是通过充分利用物理模型、传感器更新、装备运行历史记录等数据，集成多学科、多物理量、多尺度、多概率的仿真过程，在虚拟空间中完成映射，从而反映相对应的实体装备全生存周期过程。通过数字孪生技术建立的实体高端装备数字化模型，可用于高端装备的健康评估管理，还可用于航天航空飞机的负载评估。

11.3.3 装备远程运行维护与服务技术

在当前高端装备日益复杂的情况下，利用新一代信息技术，如云计算、物联网、大数据平台和人工智能等技术，建立高端装备健康评估技术及高端装备智能维修保养技术。同时，通过专家系统对高端装备进行远程咨询，集合高端装备行业专家知识和经验，建立知识库，模拟可由高端装备行业专家进行咨询决策的计算机系统。研究如何以数据连接为基础，通过监控诊断、备件管理、远程维护、预测预警、报表分析、售后流程管理、知识经验管理等技术，实现高端装备远程运维与服务，并应用到各行业的复杂装备上。

11.3.4 基于服务模式的定制化、个性化生产设计技术

服务在现代制造业中扮演着越来越重要的作用。例如，服务和产品被集成到产品服务系统中为客户提供完整的解决方案；企业更加专注于自己所擅长的业务，同时为其他企业提供产品服务。服务业与制造业之间的相互渗透和相互影响将越来越明显，已形成制造业服务新模式。基于服务模式的定制化、个性化生产设计技术作为制造业服务的重要组成部分，是企业快速提升设计服务能力、提高产业链产品开发效率的必备条件之一。提升服务能力的关键要素是先进的设计服务业务模式、设计服务商业模式和设计服务资源集聚模式[4]。建立虚拟仿真系统，发展个性化设计、用户参与式设计、交互式设计，推动零件标准化、配件精细化、部件模块化和产品个性化重组，推进生产制造系统的智能化、柔性化改造，增强定制设计和柔性制造能力，发展大批量个性化定制服务。

11.3.5 绿色制造虚拟化资源调度技术

绿色制造技术成为推动制造业健康发展的关键。作为云数据中心资源分配与管理的重要技术手段，虚拟化资源调度技术为实现绿色制造提供了强有力的支撑。一方面，虚拟化资源调度可以有效地确保按需获取、按需计费等技术特征，实现用户对资源服务质量的弹性需求；另一方面，基于虚拟化资源调度技术，可以从节能优化的角度，有效地支持绿色云计算的应用实施，实现数据中心的绿色节能[5]。虚拟化资源调度技术为绿色制造技术的实施提供了可行的途径。

11.3.6 绿色闭环物流及供应链技术

在供应链思想基础上综合考虑环境的影响，目的是使企业在产品从原料获取、加工、包装、存储、运输到报废处理的整个过程，注重对环境的保护，从而促进经济与环境的协调发展。在绿色供应链中，由于逆向物流的引入，导致物流形成闭环，用户使用过的产品经过逆向物流再次进入供应链系统。又由于逆向物流的发生时间、地点和数量难以事先确定，而且其发生的地点分散、无序，因此，不能一次性集中向上游移动。在逆向物流和正向物流的协调管理方面，绿色闭环物流及供应链技术发挥着至关重要的作用。

11.3.7 云制造环境下的设计资源服务化平台技术

云制造是一种面向服务的网络化制造新模式，它为中国制造业的服务化转型提供了一种新的思路。根据设计资源的形成关系，将其分为智力资源、知识资源、工具资源和设计能力 4 类。设计资源服务化平台作为这 4 类资源的集成共享平台，给出了平台的结构组成及特点；进一步提出了基于联邦元计算的设计资源服务化框架，为构建具有易用性、弹性和自管理性的设计资源服务化平台提供支持；描述了基于服务的设计资源运用方式，制造业企业不仅可以动态地加入和退出设计资源服务化平台，还可以以服务的形式使用资源，而无须考虑底层的具体资源。前期工程应用效果显示，设计资源服务化平台为用户提供了有力的设计问题求解环境和基于服务的设计资源运用方式，有效地缩短了服务双方的交接周期。云制造支持制造业在泛网络的大数据环境下，整合社会制造资源，提供优质制造服务，提升产品的自主创新能力，调整并优化制造业的产业结构，促进制造业可持续良性发展，迈向全球生产价值链顶端[6]。

11.3.8 服务产品全生存周期战略管理技术

目前，企业信息化系统往往只重视产品生产过程中的质量控制，而忽略了产品设计和服务质量，缺少对现有质量数据的分析与预测环节，没能从产品全生存周期的角度整体考虑质量问题，导致质量问题逐渐累积，从而出现产品质量问题。从产品全生存周期的角度，提出一种全面质量信息模型，对产品需求质量、设计质量、供应质量、制造质量和服务质量进行分析，建立服务产品全生存周期各个阶段的质量信息模型，将质量管理理论、统计过程控制、质量评价与决策技术、数据分析与预测技术有机结合在一起，实现服务产品全生存周期的质量信息化管理与控制。

11.3.9 共享数据库建立并应用网络化协同平台设计

以制造业生态化为主导目标的共享式服务创新的基础是智能制造技术的创新与服务化管理机制的变革，关键是价值共创共享及制造业服务化生态系统构建，最终形成多阶段发展的路径模型。由此在继高端化、智能化之后，为中国制造业服务化升级提供创新发展新思路[7]。共享数据库的“共享”元素可以触及制造业部分环节“成本高、效率低”的痛点，展现出为制造业转型升级减负的能力，而其“服务性、技术性”特征，可为制造业企业实施服务创新提供思路。制造业的服务化研究并非一个新课题，但是将共享经济、共享数据库等新模式纳入服务化创新体系是一个新课题。特别是在当下共享经济作为颠覆传统产业形态的重要载体，推动制造业的新一轮变革，影响制造业企业，使之呈现出从以市场、用户为导向的被动服务化，向以新经济和新业态为导向的主动服务化转变。因此，这一新课题的探索极具价值。

11.4 技术路线图

11.4.1 需求与发展目标

1. 需求

1）经济社会发展需求

2035 年，中国将拥有世界第一的经济规模和庞大的人口数量，需要与之相适应的制造业供给能力；高端装备制造业服务化的品质和需求也随着生活质量的提高而提升到新的水平；中国将成为全球唯一拥有联合国产业分类目录中所有工业门类的国家，面对严苛的节能环保需求，高端装备制造业服务化的管理运行效能必须不断提升。

面向 2035 年，高端装备制造业服务化不断转型升级，不仅将高端装备制造业的发展规模、创新水平、产业结构、节能环保水平提升到一个新高度，而且推动制造业基础设施、生产技术制定、设备管理、售后服务等产业的转型、升级和持续发展。

2）高端装备制造业服务化、智能化的需求

展望 2035 年，新型工业化、信息化、城镇化、农业现代化，以及现代化经济体系的建立，均将加速推进高端装备制造业服务化需求。高端装备制造业服务化发展面临的重大问题如下：如何全面提升高端装备制造业服务化水平，通过服务化产业的智能转型升级，使高端装备制造业服务化的量与质实现突破性提升；如何提升高端装备制造业服务化的创新能力，建立便捷、高效、绿色的高端装备制造业服务化体系。这些重大问题对高端装备制造业服务化的创新提出了以下要求：

（1）加强信息化基础设施建设，积极推动新一代移动互联网、物联网、云计算的发展，支持智慧城市、智慧园区建设，促进云存储、云计算、云制造、云服务平台建设，加快互联网、物联网、云计算、大数据等新一代信息技术在经济社会各领域的普及应用。加快推进工业设备、工业产品的数据接口、数据格式的标准化工作，破除工业零部件、生产线、产品的连接和数据传输障碍，使制造业中的数据流动起来，以信息流、数据流为核心开展增值服务。

（2）构建一体化产业政策体系，树立制造业与服务业融合发展的理念，将产业融合理念贯穿到工业高质量发展的指标体系、政策体系、标准体系、政绩考核之中，消除服务业和制造业之间在税收、金融、科技、要素价格之间的政策差异。进一步扩大对外开放，积极吸引世界领先的服务型制造业企业，为中国企业树立学习的榜样，促进服务型制造技术的溢出和人才的培养；同时鼓励国内企业“走出去”，在发达国家设立研发中心，收购服务型制造领域的世界领先企业，增强中国服务型制造的国际竞争力。

（3）打造完善的产业生态系统。加大对服务型制造关键共性技术的支持力度，突破制约服务型制造发展的技术瓶颈。支持服务型制造咨询、中介服务机构的发展和业务模式创新，为制造业企业提供案例分析、企业诊断、服务型制造解决方案设计、服务型制造实施及投融资等综合服务，打造具有软硬结合、产融结合能力的公共服务平台。

（4）围绕以产品为核心的服务活动进行协作，共同创造价值，形成制造业服务化的 4 种典型模式：产品延伸服务化、产品增强服务化、核心技术服务化、业务单元服务化。

（5）开展复合型人才培养，培育制造业服务化人才。在相关高等院校中，既要开设制造业技术、设备和工程方面的课程，也要开设服务技术和管理的课程，以便培养出更适合制造业服务化发展的复合型人才。

2．发展目标

1）2025 年目标

到 2025 年，高端装备制造业服务化将实现较高程度的数字化、网络化、智能化，基本上升级转型为分工协作清晰、功能衔接顺畅的高端装备制造业服务化管控体系；服务化转型方式合理，高端装备制造业的技术装备水平与国际先进水平同步；利用互联网、物联网、云计算、大数据等新一代信息技术，实现制造业服务化信息系统的互联互通，使制造业中的数据流动起来，以信息流、数据流为核心开展增值服务；初步实现服务型制造业协同组织与管理优化，基本形成一体化的高端装备制造业服务化管控体系。

2）2035 年目标

到 2035 年，数字化、网络化、智能化的高端装备制造业服务化管控体系取得重大突破，高端装备制造业基础设施和技术装备水平达到国际领先水平，推动产业链上下游制造业服务企业协同创新、共享产能、互通供应链，形成一体化发展的制造服务生态圈，有力支撑中国经济增长和社会进步；高端装备制造业企业实现信息共享，提供高品质、智能化的云服务综合信息服务。

11.4.2 重点任务和重点领域

1. 重点任务

高端装备制造业服务化面向2035年的重点任务如下。

1）高端装备制造业服务化转型升级

未来15年仍是中国快速发展时期，制造业作为社会发展的支柱性行业，仍然需要不断创新进步。为解决服务化的矛盾问题，需要重点研究制造业服务化的优化转型、智慧互联、一体化的高端装备制造业服务化管控体系等问题，提高高端装备制造业的效率。

2）综合信息云服务，制造业服务化实现信息共享

以信息流、数据流为核心开展增值服务，是高端装备制造业服务化发展的主要目标之一。以大数据和移动互联技术为支撑，提高数据和信息的辅助决策能力，提升制造业服务化的品质。重点研究高端装备制造业服务化的信息共享、移动互联环境下的智能化服务等技术，提升高端装备制造业服务化的品质。

3）打造具有软硬结合、产融结合能力的服务型制造业共性技术平台

随着科技的进步和大数据的发展，产融结合的服务型制造业将成为未来社会重点培养的对象。重点研究再制造系统、建立数字化仿真平台技术，云制造、云计算等技术，提升高端装备制造业服务化的智能化水平[8]。

2. 重点领域目标

（1）推进高端装备工业设计服务，在高端装备制造业领域建立可共享的资源数据库。同时，加强创新设计、新技术、新工艺、新材料等应用，提升工业设计服务水平。

（2）结合当前人工智能、大数据、5G等新一代信息技术，建立数字化网络虚拟系统，发展个性化、定制化生产，增强高端装备柔性化、定制化能力，满足客户个性化需求。

（3）优化生产管理流程，建设智能化物流装备和仓储设施，促进供应链各环节的数据流通和资源共享，形成高端装备制造业智能供应链网络。

（4）推进共享制造平台建设，将高端装备生产环节中闲置的资源与需求方共享，形成产业集群的共享制造模式，打造高端装备制造业共享制造工厂，实现资源的高效利用。

（5）加强高端装备制造业检验/检测认证服务，发展工业相机、激光、大数据等新检测模式，开放检验/检测资源，参与检验/检测公共服务平台建设，提高整体产业的检测检验验证服务水平。

（6）在高端装备制造业全过程管理领域中，开展设计研发、生产制造、安装调试、交付使用、状态预警、故障诊断、维护检修、回收利用等全产业链服务。通过数字孪生等技术，建立数字化产品全生存周期管理系统，提高高端装备的能效。

（7）提高高端装备制造业资源整合能力，开展总集成总承包服务，提供“硬件+软件+平台+服务”的一体化系统方案。

（8）在高端装备制造业领域需要加大节能环保力度，从产品研发环节开始就注重可持续发展。开展产品回收再制造、再利用，以及节能诊断、节能方案设计、节能系统建设运行等服务，节约资源，减少污染。

（9）提供生产性金融服务。通过鼓励融资租赁公司，为高端装备制造业企业的生产制造提供融资租赁、卖（买）方信贷、保险保障等配套金融服务，结合金融机构开展供应链金融业务，提高供应链上下游企业融资能力，推动企业转型升级。

（10）支持高端装备制造业企业加强关键核心技术研发，深化新一代信息技术应用，构建开放式创新平台，发展信息增值服务，探索和实践智能服务新模式，大力发展制造业服务外包，持续推动服务型制造创新发展，促进制造业与服务业融合。

11.4.3 战略支撑与保障

目前，中国正处于建设科技强国的关键时期，高端装备制造业发展面临新形势、新需求。面向 2035 年，需要进一步完善高端装备制造业服务化创新转型的顶层设计，加强高端装备制造业的长远战略部署；加快推进重大技术成果的应用；充分发挥高端装备制造业服务化对经济社会发展的引领与直接推动作用，实现创新驱动发展的战略目标。具体建议如下。

1. 提高信息技术应用能力

在工业转型升级资金、企业技术改造基金中设立专项基金，用于支持制造业企业的数字化改造，使制造业中的数据流动起来，以信息流、数据流为核心开展增值服务。

2. 强化政策引导，加快新版服务型制造专项文件的制定

服务型制造还没有获得足够的重视，建议新版服务型制造专项文件能够在更高层级发布，将之放到与智能制造同等重要的战略位置，使服务型制造成为中国制造业质量变革、效率变革、动力变革的重要推动力。

3. 加强多层次人才队伍建设

支持大学、职业技术学院开设服务型制造专业或设置服务型制造课程，加大服务型制造

人才的培养力度。鼓励社会培训机构开设相关培训课程，通过政府购买服务等方式，帮助企业开展高级管理人员的服务型制造在职培训，重点培养和引进跨领域、复合型、创新型人才。

4. 树立并增强正确的服务意识

制造业企业服务不应仅停留在生产销售环节，更应渗透到产业发展的每一个环节中。这是制造业服务化的基础要求和先决条件。

5. 把发展创新设计和定制化服务作为制造业服务创新的重要突破口

要充分发挥创新设计作为制造业服务创新的先导作用，综合运用新一代信息技术、先进制造技术、新材料技术、新能源技术等新科技革命的最新成果，对制造业产品、工艺和流程、制造模式和服务模式等进行集成创新设计，利用互联网整合资源，促进设计协同、人人参与设计。要把定制服务作为制造业服务创新的重要突破口。

6. 统筹推进智能制造和智能服务高水平协同发展

抓住智能制造和智能服务互为依存的本质特征，统筹推进智能制造和智能服务、协同发展，促进价值共创和共享[9]。

7. 促进制造业与服务业政策融通和资源整合

破除制约制造与服务融合的制度壁垒。进一步扩大服务业对内对外开放程度，放宽制造业企业拓展服务业务的准入门槛，探索以主营许可等方式解决跨行业经营的资质问题，促进制造业与服务业政策融通。

8. 加强财税金融支持

重点加大对服务型制造关键共性技术、基础数据库和公共服务平台的支持；引导银行等金融机构创新产品和服务，大力发展供应链金融、项目融资担保服务，缓解企业转型的资金压力[10]。

9. 进一步加强知识产权保护和管理

加大对研发设计等创新知识产权保护力度，健全知识产权交易和中介服务体系，形成对制造业服务创新的正向激励[10]。

11.4.4 技术路线图的绘制

面向 2035 年的中国高端装备制造业服务化发展技术路线图如图 11-3 所示。

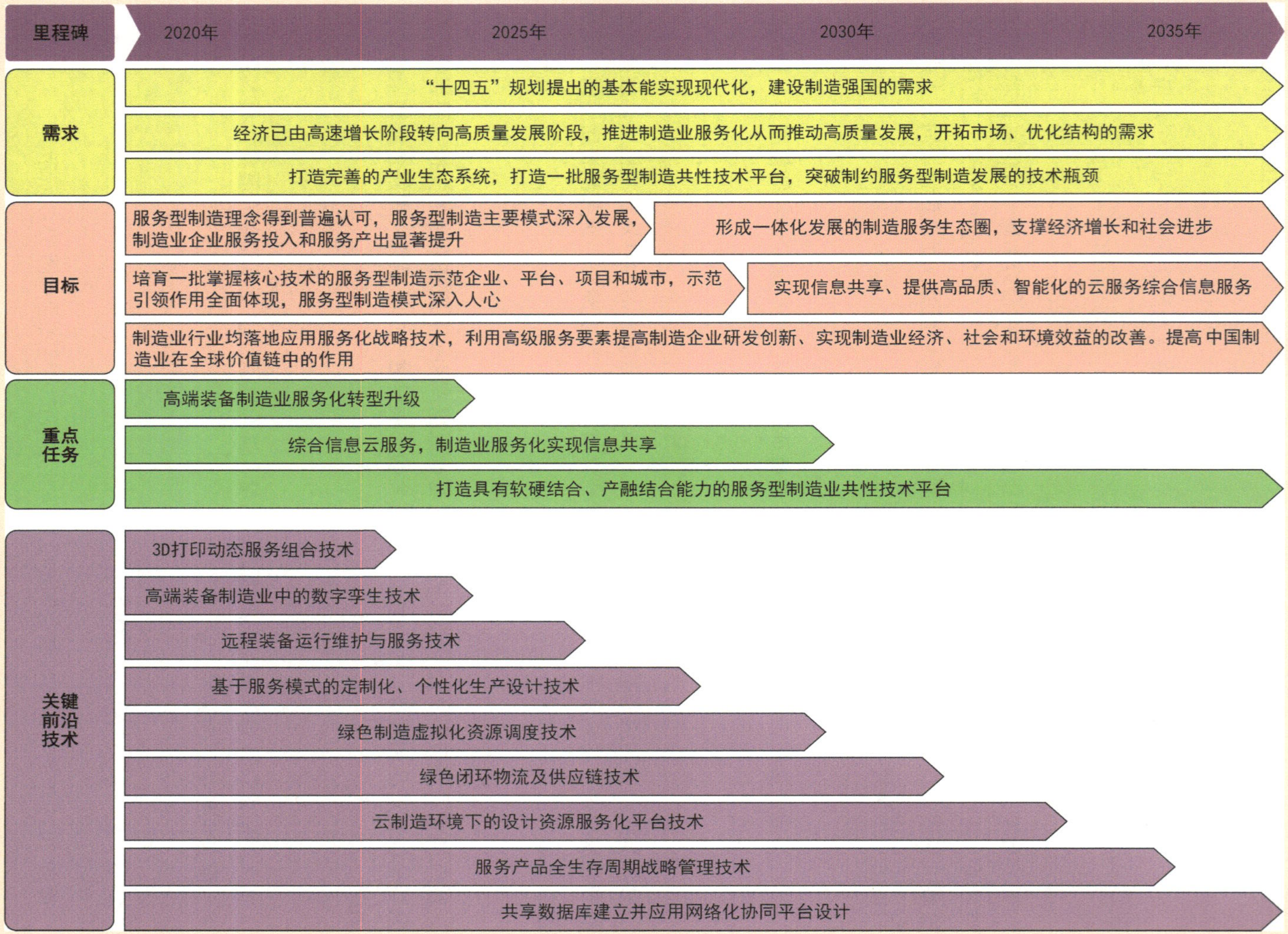

里程碑	2020年	2025年	2030年	2035年

需求

- “十四五”规划提出的基本能实现现代化，建设制造强国的需求
- 经济已由高速增长阶段转向高质量发展阶段，推进制造业服务化从而推动高质量发展，开拓市场、优化结构的需求
- 打造完善的产业生态系统，打造一批服务型制造共性技术平台，突破制约服务型制造发展的技术瓶颈

目标

- 服务型制造理念得到普遍认可，服务型制造主要模式深入发展，制造业企业服务投入和服务产出显著提升
- 形成一体化发展的制造服务生态圈，支撑经济增长和社会进步
- 培育一批掌握核心技术的服务型制造示范企业、平台、项目和城市，示范引领作用全面体现，服务型制造模式深入人心
- 实现信息共享、提供高品质、智能化的云服务综合信息服务
- 制造业行业均落地应用服务化战略技术，利用高级服务要素提高制造企业研发创新、实现制造业经济、社会和环境效益的改善。提高中国制造业在全球价值链中的作用

重点任务

- 高端装备制造业服务化转型升级
- 综合信息云服务，制造业服务化实现信息共享
- 打造具有软硬结合、产融结合能力的服务型制造业共性技术平台

关键前沿技术

- 3D打印动态服务组合技术
- 高端装备制造业中的数字孪生技术
- 远程装备运行维护与服务技术
- 基于服务模式的定制化、个性化生产设计技术
- 绿色制造虚拟化资源调度技术
- 绿色闭环物流及供应链技术
- 云制造环境下的设计资源服务化平台技术
- 服务产品全生存周期战略管理技术
- 共享数据库建立并应用网络化协同平台设计

图 11-3　面向 2035 年的中国高端装备制造业服务化发展技术路线图

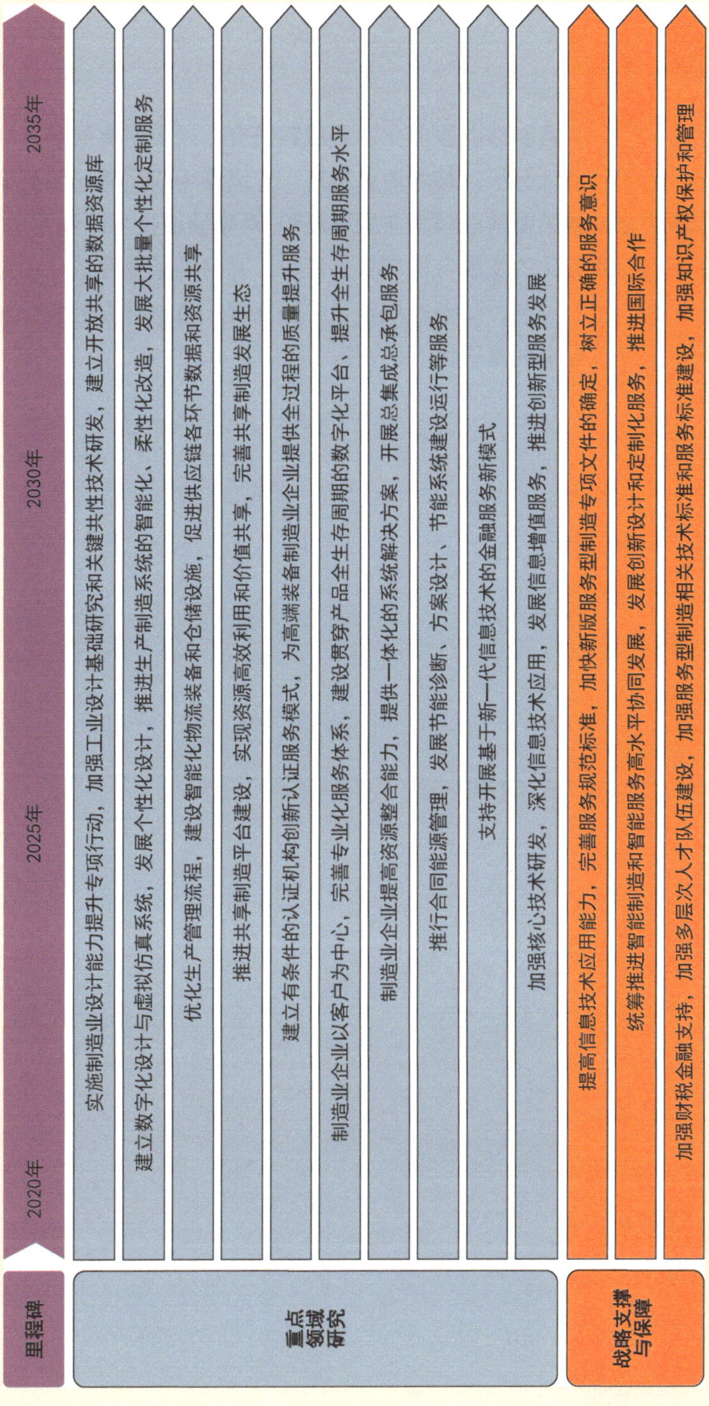

里程碑	2020年 — 2025年 — 2030年 — 2035年
重点领域研究	实施制造业设计能力提升专项行动，加强工业设计基础研究和关键共性技术研发，建立开放共享的数据资源库
	建立数字化设计与虚拟仿真系统，发展个性化设计，推进生产制造系统的智能化、柔性化改造，发展大批量个性化定制服务
	优化生产管理流程，建设智能化物流装备和仓储设施，促进供应链各环节数据和资源共享
	推进共享制造平台建设，实现资源高效利用和价值共享，完善共享制造发展生态
	建立有条件的认证机构创新认证服务模式，为高端装备制造业企业提供全过程的质量提升服务
	制造业企业以客户为中心，完善专业化服务体系，建设贯穿产品全生存周期的数字化平台、提升全生存周期服务水平
	制造业企业提高资源整合能力，提供一体化的系统解决方案，开展总集成总承包服务
	推行合同能源管理，发展节能诊断、方案设计、节能系统建设运行等服务
	支持开展基于新一代信息技术的金融服务新模式
	加强核心技术研发，深化信息技术应用，发展信息增值服务，推进创新型服务发展
战略支撑与保障	提高信息技术应用能力，完善服务规范标准，加快新版服务型制造专项文件的确定，树立正确的服务意识
	统筹推进智能制造和智能服务高水平协同发展，发展创新设计和定制化服务，推进国际合作
	加强财税金融支持，加强多层次人才队伍建设，加强服务型制造相关技术标准和服务标准建设，加强知识产权保护和管理

图 11-3　面向 2035 年的中国高端装备制造业服务化发展技术路线图（续）

小结

本课题组致力于高端装备制造业服务化发展战略研究，以应对高端装备制造业的发展要求。本章基于文献和专利统计分析、技术清单制定、专家集中研讨等一系列研究方法，提出高端装备制造业服务化领域关键前沿技术与发展趋势。对本领域技术路线图进行详细的分析，拟定了高端装备制造业服务化的发展目标与重点任务，并对制造业服务化的重点领域进行深入研究。通过技术路线图的绘制，清晰地展示了中国高端装备制造业服务化发展战略在制造业发展、国民经济提升过程中的重要性。

第 11 章撰写组成员名单

组　长：陈　勇

成　员：裴　植　王　成　易文超　张文珠　姜一炜　段旭海

执笔人：易文超　张文珠　姜一炜　段旭海

12

面向 2035 年的中国国家测量体系与高端测量仪器发展技术路线图

12.1 概述

解决超精密测量问题是中国装备业提高制造质量、实现中国装备由中低端向中高端迈进的关键，也是高效从事科研活动的重要保障。从宏观上，一国的国家测量体系为本国的测量活动提供技术与组织基础，以及相应的制度法规等。建立具有科学性、先进性、完整性的国家测量体系，同时提高高端测量仪器研发水平，充分发挥其对国家测量体系的支撑作用，是建设制造强国、科技强国的必然要求。本章面向 2035 年中国对超精密测量能力的重大需求，依托 iSS 平台，简要分析了以美国、德国、日本为代表的科技发达国家的国家测量体系的特点、优势及高端测量仪器的研究现状；通过专家问卷调查和专家研讨的形式，确定高端测量仪器领域关键前沿技术清单，明确国家测量体系的发展方向与目标。然后，分别从需求与发展目标、重点任务、战略支撑与保障等方面，给出了面向 2035 年的中国国家测量体系与高端测量仪器发展技术路线图。

12.1.1 研究背景

高端装备制造业是大国必争的战略制高点，不断提升高端装备制造的质量水平是实现这一战略的重中之重。中国要提升高端装备制造质量面临两个主要挑战：一是国家测量体系不完整，特别是工业测量体系极其薄弱；二是测量仪器体系碎片化，高端超精密测量仪器比较缺乏，无法满足整体性、高精度测量能力建设的需求。

国家测量体系可大致分为国家计量体系和工业测量体系两部分，其核心任务之一是保证庞大的工业测量数据准确可靠。但是，在这个层面上，中国存在十分严重的量值传递体系不完整问题。具体体现在国家计量标准（装置）种类不足，从国家到地方再到工厂计量室，存在计量标准依次减少等问题。这样的计量体系无法支撑中国高端装备制造业所需的庞大工业测量体系正常运行，无法保证工业测量数据的准确可靠。

测量仪器体系碎片化，主要体现在现有的精密和超精密测量仪器的种类极少，原子显微镜（AFM）、扫描电子显微镜（SEM）等多种超精密测量仪器依然严重依赖进口，国产超精密测量仪器的整机精度、集成度、抗干扰性等指标与发达国家相比还有一定差距，并且只在一些点上有测量能力，不成体系，无法形成整体测量能力。能否解决上述国产高端测量仪器问题，直接关系到对工业产品和科学样品的测量能否测得准、测得全，同时也是构建完善的国家测量体系的关键。

此外，新一代信息技术的迅速发展，带来了数字化、网络化、智能化的机遇，这也必将对国家测量体系、高端测量仪器技术形态、高端测量仪器产业业态带来深远影响。

12.1.2 研究方法

某一领域的学术论文和发明专利作为科研成果的重要载体，可以有效反映该领域的研究态势。本课题组利用文献和专利统计分析的方法，通过 iSS 平台、Web of Science 数据库对 2001—2021 年在 SCI 期刊发表的论文和相关专利进行分析，从全球总体发展水平、主要国家发展水平及研究热点等方面，分析国家测量体系与高端测量仪器技术的研究趋势。通过专家问卷调查和专家研讨的方式确定高端测量仪器领域关键前沿技术清单，明确国家测量体系的发展方向与目标，并给出本领域的技术路线图。

12.1.3 研究结论

近 10 年来，高端测量仪器技术一直都是全球学术界和产业界关注的焦点，本领域的研发投入和科研成果产出也呈现逐年上升趋势。在外部需求和相关技术发展规律的驱动下，传统测量仪器封闭、单一的技术框架正在被打破。小型紧凑化、数字化、智能化、网络化及多学科交叉化逐渐成为新一代测量仪器的主要特点。同时，软件与算法也将扮演更重要的角色，这些技术的变革为中国测量仪器的发展带来了诸多机遇和挑战。

美国、德国、日本作为测量技术领先的国家，早已拥有了成熟健全的国家测量体系。与这些国家相比，目前中国还存在着十分严重的量值传递体系不完整问题，但面临历史机遇。从 2018 年起，国际单位制中的 7 个基本单位均开始采用基于物理常数的新定义。只要满足定义条件，任何部门在任何地点、任何时间都可以把基本量复现出来，无须用原来逐级溯源的体系进行量值溯源。从这个机遇来看，中国和发达国家处于同一个起点，如果能抓住这一难得的历史机遇，就可以率先建立起简洁高效的国家测量体系。

测量仪器和国家测量体系之间的关系是相辅相成的，测量仪器是一切测量活动的基础条件，发展高性能的测量仪器对国家测量体系具有强大的支撑作用。同时，新一代国家测量体系的建成也将间接保证测量仪器的生产质量并对其发展方向起到指导作用。目前，两者均处于历史性变革的关键时期。只有深刻认识两者关系和重要地位，抓住机遇，齐头并进，才能实现世界制造强国、科技强国和质量强国的建设。

12.2 全球技术发展态势

12.2.1 全球政策与行动计划概况

1. 美国国家测量体系与高端测量仪器

美国联邦政府没有正式颁布的《计量法》，现行统一的计量法是各州协商的结果，没有强制作用。美国国家标准与技术研究院（NIST）对全国的计量管理进行组织协调，对商务部负责。美国国家计量大会（NCWM）在美国的计量管理中发挥了重要的作用，它由企业、州和联邦政府的代表组成，致力于研制统一的计量标准，以满足全国的消费者、商业界、管理部门和制造商的需求，使美国这种分而治之的法律制度体系更好地服务于多样化的市场。美国计量部门侧重于对与贸易结算有直接关联的计量器具的监管，对计量器具企业更多的是提供帮助和指导，除计量器具形式评价外，没有太多行政强制，倾向于由市场起决定性作用。在工业领域，则由工业企业自行管理。政府利用产品质量市场竞争机制迫使企业提高对量值溯源重要性的认识，促使企业提高在市场上的竞争力，因此美国企业的自我责任意识较强，计量水平相当高，甚至可以达到国家标准。

在高端测量仪器方面，美国通过国家科学基金会（NSF）、小企业创新研究（SBIR）计划等鼓励各大仪器公司加大研发投入。同时，美国能源部和国防部每年也有大量资金投入，涌现出一批以赛默飞世尔科技公司、安捷伦科技有限公司、美国国家仪器（NI）公司为代表的知名仪器公司。美国高度重视建模和软件在未来测量仪器领域的作用，通过大量的测量数据积累，挖掘影响产品质量的各种误差源，找出其影响规律与消除方法，构建数学模型并形成软件。例如，实验室里的激光干涉仪从 5528 型升级到 5529 型时，只把新的软件嵌入进去，就使测量仪器的分辨率提高了一个数量级，价格提升了 1 倍。美国国家仪器公司在《趋势展望报告 2019》中，也提到“现代仪器越来越多地包括处理器和 FPGA（现场可编程逻辑门阵列）等软件定义的组件。为了充分利用这些现代测试解决方案，通过软件定义测量系统，不仅有益而且非常有必要。”

2. 日本国家测量体系与高端测量仪器

日本于 1993 年 11 月 1 日正式实施颁布《计量法》，统一计量单位，实施计量仪器法制管理，建立各级计量标准的溯源制度。日本的计量管理机构主要有国家计量机构、地方计量机构和民间计量团体。国家计量机构和地方计量机构主要从事法制计量工作，民间计量团体主要从事非法制计量。日本政府的计量管理工作由通产省统一负责。通产省所辖的工业技术研究机构主要承担工业计量的职责，负责计量基准、计量标准的制定工作，为量值传递提供先期保障，如日本国家计量院/国家高级工业科技研究院（NMIJ/AIST）、国家技术和评估研究院（NITE）等。在日本，各类民间计量团体数量比较多，属于非官方机构，这些团体大力推动计量文化在民间的普及。同时，日本民间计量团体也参与相关标准的制定，起到监督作用，促进计量工作更加有效地开展。日本政府对计量的宣传、培训和教育非常重视，提高了日本人民的计量意识，认知程度很高，那些没有计量认证标志的产品很难得到日本人民的认可。截至目前，日本已建立了一个纵横交错的计量管理网络，形成了严密的法制计量体系和非法制计量体系相结合的计量发展模式。

在高端测量仪器方面，日本于 2002 年颁布了《高精密科学仪器振兴计划》，旨在推动高性能精密测量仪器的完全自主研发。日本科学技术政策研究所将医疗器械和针对材料设备的自动在线检测仪器作为未来的研发重点。此外，日本还拥有岛津、日电、日立、尼康和奥林巴斯等涉及仪器产品的知名企业，代表产品有高分辨率场致发射电子显微镜、质子线癌症治疗系统等。

3. 德国国家测量体系与高端测量仪器

德国国家测量体系由计量法律体系和计量管理体系组成。德国计量法律体系可划分为 3 层：顶层为由欧洲议会和欧洲理事会颁布的欧盟计量器具指令；中间层是德国国家的立法，如《计量和检定法》和《能源经济法》等；底层是在仪器投放市场之前进行形式评价。德国计量行政部门分为政府层级和企业层级，其中政府层级分为以德国联邦物理技术研究院为代表的最高国家管理机构、各州管理机构和国家认证机构。国家管理机构的主要职责是建立统一的德国国家计量基准，确保本国计量基准与国际和欧盟的规定要求相对接。各州管理机构和国家认证机构分别负责检定校准计量器具和公共机构的认可任务。德国是计量事业较为发达的国家之一，其特点在于权责明晰、涵盖范围广泛、重视程度高以及检定与校准同步推进。

德国对高端测量仪器的研究偏向工业测量领域，而且更注重硬件技术，依靠深度挖掘材料性能与优化硬件结构提升测量仪器质量，代表产品如德国联邦物理技术研究院研制的高精度激光干涉仪、海德汉公司研制的高精度光栅尺及角度编码器等。其中一些型号的产品已用于光刻机、原子力显微镜等高端装备的运动台定位系统中。同时，质量、温度、电流、物质的量等物理量国际单位定义的变化，在技术层面可能产生微小的影响，但这基本只发生在德国联邦物理技术研究院内部。从目前来看，对德国量值的传递、计量体系的运行和人们的日常生活还没有受影响。此外，数字化计量也可能在一定程度上改变现有的计量模式，这是目前德国联邦物理技术研究院试图推广的。具体如何改变，德国也在摸索阶段。

12.2.2 基于文献和专利分析的研发态势

本课题组以 Web of Science 数据库作为数据源，以 measurement instrument、measurement system、precise instrument 等为检索关键词，对 2001—2020 年在 SCI 期刊上发表的相关论文进行检索分析，给出了 2001—2020 年全球国家测量体系与高端测量仪器领域年度论文发表数量变化趋势，如图 12-1 所示。该变化趋势表明，随着各类应用对测量仪器技术的需求日渐增长，全球范围内本领域的论文发表数量整体上呈快速上升趋势，说明各国科研界对本领域的关注度逐步增加。同时，每年本领域的论文发表数量相对其他领域较少，原因在于测量仪器技术更偏向于工程实践问题，许多发达国家在本领域取得的研究成果直接转化为专利和应用技术，而较少选择发表论文。

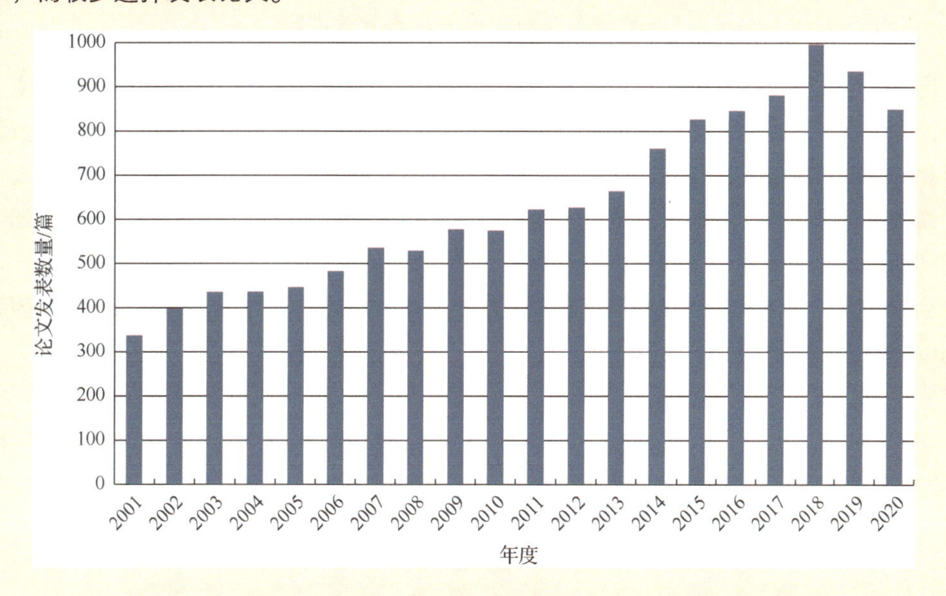

图 12-1　2001—2020 年全球国家测量体系与高端测量仪器领域年度论文发表数量变化趋势

图 12-2 为 2001—2020 年主要国家在国家测量体系与高端测量仪器领域的论文发表数量占比，论文发表数量较多的前 5 个国家依次为美国、中国、德国、英国和意大利。值得一提的是，作为仪器强国，日本在本领域的论文发表数量排在世界第 8 位。事实上，日本长期以来的论文发表数量在科研大国中处于垫底，原因在于日本的科研经费大多来自商界，并且缺少国际科研合作。

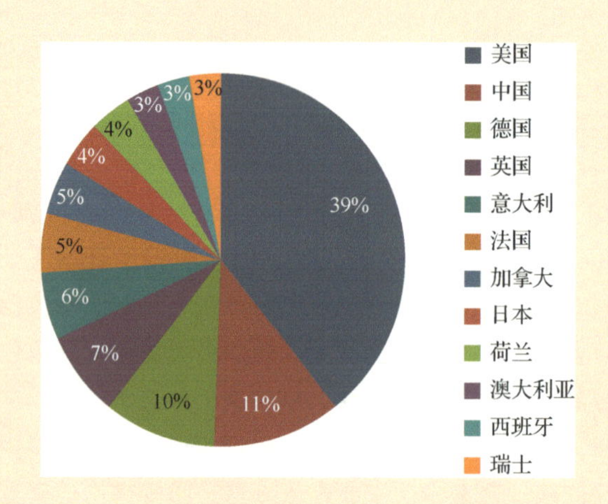

图 12-2　2001—2020 年主要国家在国家测量体系与高端测量仪器领域的论文发表数量占比

图 12-3 为 2001—2020 年全球国家测量体系与高端测量仪器领域的专利申请数量变化趋势。通常情况下，专利申请数量逐渐增多，表示该领域技术创新趋向活跃；专利申请数量趋于平稳，表示该领域技术创新趋于稳定，技术发展进入瓶颈期，技术创新难度逐渐增大；专利申请数量逐渐下降，表示该领域技术逐渐被淘汰或被新技术取代。从图 12-3 可以看出，21 世纪初期，本领域专利申请数量大幅度增长，并在之后的十余年一直保持高水平增长，说明目前全球国家测量体系与高端测量仪器领域的技术研发活动趋于稳定，需要持续增加创新研究力度，抢占技术制高点。

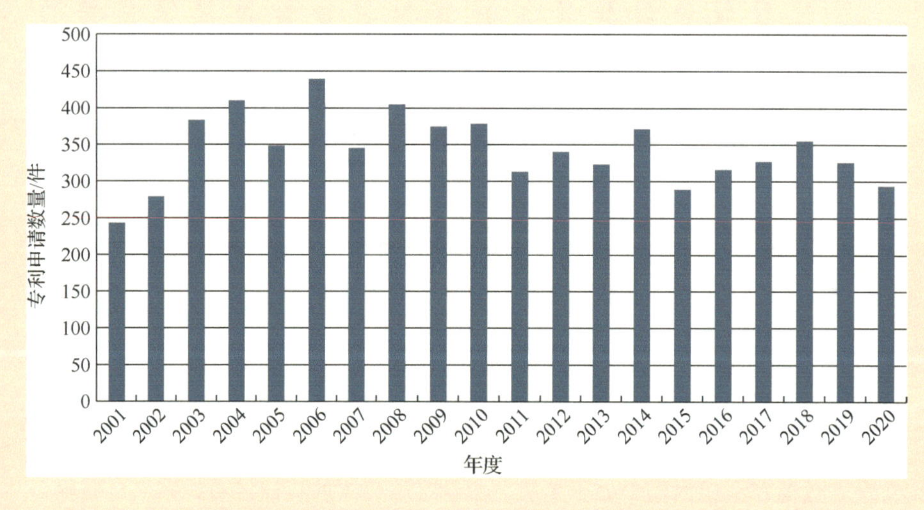

图 12-3　2001—2020 年全球国家测量体系与高端测量仪器领域的专利申请数量变化趋势

图12-4为2001—2020年主要国家和组织在国家测量体系与高端测量仪器领域的专利申请数量占比。通常情况下，在公开专利申请数量较多的国家和地区申请人的创新能力相对较强，或具备相当的技术优势；在公开专利申请数量较少的国家和地区，申请人创新能力相对较弱，或不具备技术优势。从图12-4可以看出，传统的测量仪器强国美国、欧洲专利局（主要指德国）和日本这3个国家和地区的申请人发布的专利申请数量较多，分别为2783件、1482件、1434件。中国在本领域的专利申请数量排名第5，与美国和日本相比，存在较大差距。同时，通过专利申请时间和专利申请国家二维分析，也可以看出美国与日本的相关专利数量峰值出现时间较早，而中国直到2013年以后相关专利数量才达到较高水平，说明中国在本领域起步较晚。

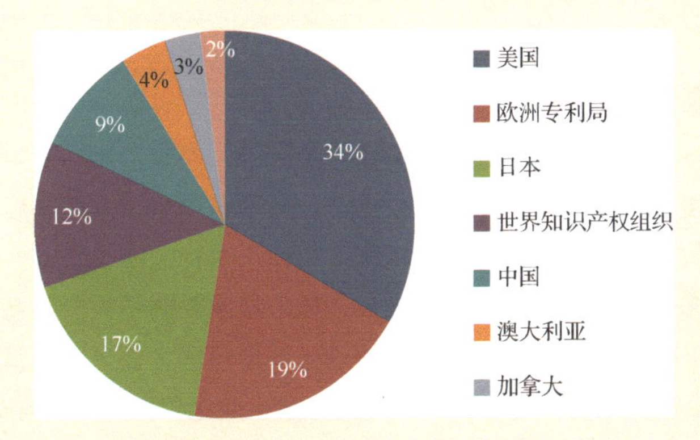

图12-4　2001—2020年主要国家和组织在国家测量体系与高端测量仪器领域的专利申请数量占比

综上所述，美国是本领域研发投入最多的国家，同时也是产出最多的国家，实力远超其他国家。中国已成为国家测量体系与高端测量仪器领域发表论文数量第2的国家，但专利申请数量相对较少，一定程度上说明中国对本领域研究成果的转化能力不足。同时，值得注意的是，美国、日本、德国在本领域的研究和开发基本由企业主导，而中国在本领域的研究和开发基本由科研院所和高等院校主导，这也使得部分研究成果难以应用到产业生产中。

12.3　关键前沿技术发展趋势

面对测量仪器技术与经济社会各领域深度融合的趋势，以及物联网、人工智能等新兴技术的快速发展。新一代高端测量仪器总体上呈现小型紧凑化、数字化、网络化、智能化和多学科交叉化的发展特点。同时，基本单位的常值化也为构建量值传递扁平化的新一代国家测量体系提供了可能。本课题组借助中国工程科技战略咨询智能支持系统（iSS），对相关文献和专利进行聚类分析，初步形成了20多项国家测量体系与高端仪器方向的关键前沿技术清单，并先后发起了德菲尔法问卷调查和多轮专家研讨，最终形成了如下 5 项技术预见清单。

1. 量子化计量/测量技术与体系

国际单位制的量子化使计量正式迈入量子化时代，若要满足定义条件，则可把基本量复现出来，无须按原来逐级溯源的体系进行量值溯源。需要重点研制以量子物理为基础的计量基准和装置，不断通过提高测量水平以提高单位复现的准确度，同时各计量机构和校准实验室也需要具备复现基本量的能力；需要重点研究量子化测量方法，并以此为指导研制新一代高精度测量仪器；需要以计量量子化变革为契机，联合相关部门研究编制新一轮国家计量发展规划，加快推进国家现代先进测量体系建设，构建基于量子计量的校准和认证体系，引领量子测量技术产业发展。

2. 超精密测量仪器技术

超精密测量仪器是构建完善的国家测量体系的关键，在装备制造业中占据举足轻重的地位。工业母机的精度依靠超精密测量仪器来保证，超精密测量仪器的精度必须比工作母机高出一个数量级，这样才能保证工业母机的精度。相比于对标国家，目前中国这类仪器种类不多、性能不优，很多超精密测量仪器依赖进口，核心技术受制于人。因此，超精密测量仪器仍是面向 2035 年的中国工程科技发展重点。超精密测量仪器主要分为超精密零部件几何量测量仪器、超精密位姿测量仪器、超精密装配测量与整机测量仪器等，各自有不同的发展重点。例如，对零部件几何量的测量要注重整体性，不能以有限的圆截面来评价工件整体的圆柱度；对一些难以测量的零部件尺寸，如大深宽比内径，需要开发专门的测量工艺和测量仪器；对位姿的测量，应侧重多自由度和高速性等。同时，基于原理和数据深入挖掘仪器误差来源，提升整机精度和抗干扰性，研制效率更高、成本更低，更适于数字化、网络化和智能化制造的仪器也是超精密测量仪器发展的重点方向。

3. 数字化、网络化、智能化仪器

随着计算机技术、通信技术、总线技术、人工智能等技术的发展，数字化、网络化、智能化成为新一代测量仪器发展的必然趋势。其中，数字化测量技术是数字化制造技术中的关键技术之一。测量仪器的输出数字化、显示数字化，使精密测量装备从计量室进入生产现场。为此，需要继续研制能够集成、融入加工机床和制造系统的测量仪器，形成先进的数字化闭环制造系统，淘汰传统测量与制造不能同步进行的测量仪器。对必要且数字化发展成熟的工厂或车间，同步网络化。形成可以将仪器操作培训、预约使用、使用反馈、远程数据共享和实时校准等各个环节集成起来的网络化仪器管理系统，达到降低仪器故障率、提高仪器使用效能和快速应变的目的。建成先进的网络化仪器管理系统有助于推动国家测量体系的深度变革，使测量活动变得更加简洁高效。同时，依据人工智能技术发展的成熟度，逐步且及时地

开展测量过程的智能化。发展基于卷积神经网络的测量系统误差抑制技术、针对发动机和卫星等高端装备的故障诊断技术、人机交互技术等。

4. 先进传感器与检测技术

先进传感器与检测技术应用于生产生活和科研活动中的诸多领域，是高端测量仪器领域面向 2035 年的重点发展方向。未来，在先进传感器方面，需要研发可穿戴、易于集成的微纳传感器及相应的微机电系统（MEMS）加工技术。同时，基于微能源的自供电技术也需要重点研究，以拓展传感器的应用环境、延长使用寿命。该类传感器可广泛应用于人体健康参数测量、车胎压力测量、恶劣环境下的参数检测等。面对愈发严重的环境污染问题，需要发展基于纳米材料的环境/有害气体传感器，重点方向是提高传感器的灵敏度和抗干扰性，并降低制造成本。在检测技术方面，工业生产线对快速、无损的缺陷检测技术的需求日益增加，特别是集成电路和液晶显示屏等电子元件的批量检测。在保证检测精度的前提下，最大化提升检测的快速实时性，提高检测效率是未来研发的重点方向，也是质量检测从抽样检测转变为全部检测、切实提高产品质量的关键。

5. 生化/医疗仪器

生化/医疗仪器涉及生物化学、医药、机械、电子、塑料等多个行业，其基本特征是数字化和计算机化，产品技术含量高，利润大，需求量相对较多。生化/医疗仪器行业总体趋势是高投入、高收益，因而是科技大国、国际大型公司相互竞争的制高点。以医疗仪器为例，目前中国医疗仪器行业处于黄金时期，2019 年，医疗仪器进出口累计金额达到 100 亿美元，行业利润达到 300 亿元。但仍存在着一系列问题：高端进口，低端出口；技术人才和管理人才都较为稀缺；工业基础薄弱，规模较小，产品价值较低。未来，该行业的发展要在政府政策的引导下，吸引相关技术人才，找准创新切入点，打破同质化局面，进行行业内并购。

12.4 技术路线图

12.4.1 需求与发展目标

1. 需求

科技强国、制造强国、质量强国均需要具备科学、先进、完整的国家测量体系。同时也需要完整的高端测量仪器体系。需求具体体现在以下 4 个方面：

（1）基本单位的常数化提供了历史机遇，可借机实现中国测量能力弯道超车。

（2）大市场被国外垄断，各类高端的仪器急需自主研发。

（3）需要形成整体测量能力，以支撑装备制造业发展。

（4）仪器数字化存在短板。数据共享、在线校准等新兴需求对仪器的网络化、智能化提出要求。

2. 发展目标

1）2025 年发展目标

完成研制基本单位复现装置，各基本单位复现准确度均达到世界先进水平，形成以国家计量院为代表的复现中心；最大限度提高工业产品测量效率，实现质量检测由抽样检测升级为全部检测；对工业零部件的测量实现尺寸全覆盖，精度全覆盖；补齐数字化仪器短板，实现以数字化仪器全面取代传统机械式仪表。

2）2035 年发展目标

各计量机构、校准实验室具备基本单位复现能力，实现量值传递/溯源扁平化；对标发达国家，实现各类型高端测量仪器自主研发，自主研发的高端测量仪器市场份额达到 80%以上；由零部件测量发展到整机测量，再到设备全生存周期测量；形成网络化、智能化仪器的技术体系与管理体系。

12.4.2 重点任务

1. 量子化计量/测量技术与体系

基本单位常数化使构建基于量子测量的新一代国家测量体系成为可能。未来，需要加强对量子计量原理的基础性研究，重点研制能量天平、原子钟等 7 个基本单位对应的计量基准与装置，在 2025 年以前，实现 7 个基本单位的复现准确度达到世界先进水平。使用基准装置实现扁平化计量并应用示范，同时对各计量机构和校准实验室进行技术培训。加强量子测量技术产业创新，研制基于量子测量的新一代测量仪器，并进行产业化应用。编制基于量子计量的新一轮国家计量发展规划，建立完善的基于量子计量的校准与量值传递/溯源体系，争取在 2035 年全面实现国家测量体系量子化、量值传递/溯源过程扁平化。

2. 高端测量仪器的自主研发和产业化应用

高端测量仪器涵盖面很广，涉及的关键技术种类较多。高端仪器领域重点技术清单见表 12-1。

表12-1　高端仪器领域重点技术清单

领　域	重点技术方向
超精密测量仪器领域	激光干涉技术
	光学频率梳技术
	高稳定度激光光源技术
	超精密环境控制技术
	接触式/非接触式几何量测量技术
先进传感器与检测领域	基于MEMS/纳米敏感材料的微纳传感器
	微纳传感器的集成封装与供电技术
	先进声学测量仪器
	现代光学检测技术
	太赫兹测量仪器
	快速、无损的材料缺陷检测技术
生物化学/医疗仪器领域	超分辨生物显微技术
	细胞仪、质谱仪等生物化学分析仪器
	医疗影像仪器
	快速核酸检测试剂盒与检测平台

鼓励“产、学、研”结合与建设国家级重大仪器技术创新研发基地，是实现高端测量仪器自主研发和产业化应用的重要手段。为此，需要形成系统规划、集中攻关的研发体系。在争取新技术取得突破的同时，需要建立成熟且自主可控的仪器整机架构、核心部件生产装配方法与软件处理算法。发展国产测量软件，发展面向高端装备制造、生命科学、基础科学各领域的超精密测量仪器。同时也要求成本控制、仪器结构和算法的复杂度、仪器整机精度、抗干扰性等成为高等院校和科研院所研发原理样机的重点评价指标，以确保原理样机顺利投入产业化生产。

3. 形成整体且成体系的测量能力

形成整体且成体系的测量能力，需要完成以下3项重点任务：第一，针对一些工业重点产品的质量检测，要在保证测量精度的前提下，最大限度提高检测效率，做到全部检测或接近全部检测，以取代目前以抽样检测为主的质检方式。做到不合格产品淘汰率100%，切实提高工业产品质量，保证装备/设备的正常运行。第二，对工件几何量的测量要摒弃以往局部代替整体的测量方法，做到工件图样尺寸全标注，尺寸测量全覆盖及测量精度全覆盖。对不同类型工件，应形成各自统一的测量标准。例如，对大深宽比内径等难以测量的几何尺寸，需要开发专门的测量方法与测量仪器。第三，建设整机性能检测能力，建设装备全生存周期性能与健康测量能力，最大限度保障装备长时间正常运行。

4. 测量仪器的数字化、网络化和智能化

补全数字化仪器短板是中国仪器行业发展的重点任务之一。未来需要全面淘汰传统机械式仪表，实现仪器显示数字化、输出数字化。重点保证精密测量仪器能融合、集成到加工机床和制造系统，构建数字化闭环制造系统，缩短生产周期，提升产品质量。在数字化建设完备的基础上，要重点发展仪器的网络化，实现仪器主机一体化，进行网络互联，或发挥 5G 优势，建立以 5G 为工业物联网平台的数字化工厂。建立同类型仪器“测量大数据平台”，建立实时测量值比对和基于新一代国家测量体系的仪器自适应校准应用典范。重点研究人机交互技术在仪器领域的应用，搭建更加用户友好化的使用界面并满足用户的个性化需求。

12.4.3 战略支撑与保障

1. 从国家层面确保完整计量体系的构建

面对国际计量科技和仪器科技前沿的发展趋势，面对未来 30 年中国科技、工业、国防等各个行业的整体需求，应及时规划国家计量测试体系，使该体系具有系统性、完整性和科学性。对 7 个基本量，要完善与提升量子化和扁平化量值传递能力与水平，确保在全国范围内实行准确一致的工程计量标准；在向下传递量值时，要与科学实验仪器和工程测量仪器无缝对接，确保量值准确传递到科研院所的科学实验仪器和企业的工程测量仪器，并通过工程测量仪器准确传递给产品。该体系可使国家计量体系与科研院所的科学实验测量体系和企业的工程测量及测试体系融为有机整体，统称为国家计量测试体系。该体系既满足“国家质量基础”框架（国际测量联合会和国际标准化组织联合倡导），又具有中国特色。该体系可有效支撑科研院所的科学实验测量体系和企业的工程测量体系以高效率、高性能运行，可有效支撑各个行业标准体系和质量保证体系以高效率、高性能运行。

2. 鼓励“产、学、研”结合，促进科研成果的转化

目前，国内高等院校科研实力不断提升，论文发表数量名列世界前茅。然而，一些仪器领域核心技术的研究成果存在复现成本高、应用条件苛刻等问题，不能直接转化为高端装备，导致科研与产业严重脱节。需要由政府出台相关政策，以推动科研产业一体化发展，在强有

力的政策保证下使企业、高等院校、科研机构的合作得到快速发展，形成强大的研究、开发、生产一体化的先进系统并在运行过程中体现出综合优势。“产、学、研”结合有助于构建科研、设计、工程、生产和市场紧密衔接的完整技术创新链条，可有效解决中国产业集中度分散、技术领域原始创新匮乏、共性技术供给不足、核心竞争力受制于人的突出问题。

3. 建设一批国家级重大仪器技术创新研发基地

建立完整的国家测量体系，生产大批具有自主知识产权的高精尖仪器。为此，必须建设一批国家级重大仪器技术创新研发基地。使每个基地面向一个领域，统筹规划，组织系列攻关，成体系地研发高精尖仪器。同时，以提高产品质量为核心，源源不断地向国家和企业提供成体系的核心技术和成套解决方案，支撑中国高端装备制造、智能制造和强基工程能力与水平可持续提高。

4. 建立国家级专家咨询中心

要建立完整的国家计量测试体系和完整的仪器体系，必须做出一个系统完整、科学合理、适合国情的发展规划，以指导完整的国家计量测试体系建设，指导完整的仪器体系建设和指导国家级重大仪器技术创新研发基地建设。该规划的编制应该由一个国家级专家咨询中心组织完成，在最大程度上集中战略科学家、仪器专家、计量科学家、测量科学家和相关领域专家的集体智慧，使其成为建设世界仪器强国的高水平蓝图。

5. 加大国家支持力度

加大对重点高端测量仪器的研发投入，持续设立长周期的重大仪器专项，该仪器专项应紧扣中国科技创新、经济社会发展对科学仪器设备的重大需求，充分考虑中国现有基础和能力，在继承和发展“十二五”国家重大科学仪器设备开发专项成果的基础上，坚持政府引导、企业主导，立足当前、着眼长远，整体推进、重点突破的原则，以关键核心技术和部件的自主研发为突破口，聚焦高端通用科学仪器设备和专业重大科学仪器设备的开发、应用和产业化开发，带动科学仪器系统集成创新，有效提升中国科学仪器设备行业整体创新水平与自我装备能力。

12.4.4 技术路线图的绘制

面向 2035 年的中国国家测量体系与高端测量仪器发展技术路线图如图 12-5 所示。

里程碑	子里程碑	2020年　2025年　2030年　2035年	
需求		基本单位常数化提供了历史机遇，可借机实现中国测量能力弯道超车	
		大市场被国外垄断，各类高端仪器亟须自主研发	
		需要形成整体测量能力，以支撑装备制造业发展	
		数字化仪器存在短板，数据共享、在线校准、远程操控等新兴需求对网络化、智能化仪器提出要求	
目标	构建基于量子化计量的新一代国家测量体系	各基本单位复现准确度均达到世界先进水平，形成以国家计量院为代表的复现中心	各计量机构、校准实验室具备基本单位复现能力，实现量值传递扁平化
	高端测量仪器实现自主研发	对标发达国家，实现各类型高端测量仪器自主研发全覆盖，高端测量仪器质量由低性能到高性能发展，由实验室走向市场	自主研发高端测量仪器市场份额达到80%以上
	提升整体测量能力	最大限度提高测量效率，保证质量检测由抽检升级为全检	依靠新测量体系，实现量值高精度溯源
		对工业零部件的测量实现检测尺寸全覆盖，检测精度全覆盖	由零部件测量发展到整机测量再到全生存周期测量
	仪器的数字化、网络化、智能化	全面补全数字化仪器短板	基本形成网络化、智能化仪器技术体系与管理体系
重点任务	量子化计量	研制以量子物理为基础的计量基准和装置	编制基于量子计量的新一轮国家计量发展规划，加强量子测量技术产业创新
	高端测量仪器实现自主研发	突破新原理仪器，建立自主可控的仪器整机架构、核心部件生产装配方法和相应算法，发展国产测量软件；发展面向高端装备制造、生命科学、基础科学各领域的超精密测量仪器	在工业和科研等领域推广应用，提升仪器性能，推向国际
	提升整体测量能力	针对零部件提升在线、原位和批量化测量能力，保证精度前提下提高检测的快速实时性	建设整机性能检测能力，建设高端装备全生存周期性能与健康测量能力
		利用三维扫描测量等新方法实现零部件测量尺寸全覆盖、检测精度全覆盖；对一些难以直接测量的尺寸，需要开发专门的测量方法和仪器	
	仪器的数字化、网络化、智能化	实现数字化仪器对传统机械式仪表的完全取代，构建数字化闭环测量制造系统	形成可以将使用反馈、数据共享和依托新测量体系的实时校准等各个环节集成起来的网络智能化仪器及相应的管理系统
关键前沿技术	量子化计量与测量	量子化精密计量/测量技术与相关理论	量值传递/溯源扁平化，基于量子计量的校准与认证体系，发展芯片级计量技术
	超精密测量仪器	发展高速、高精度、大量程、多自由度的超精密位姿测量仪器，实现对复杂高速目标运动的超精密测量	在高端装备、大科学装置等领域成熟应用，促使装备性能进一步提升
		发展超精密几何量测量仪器、超精密装配测量仪器、超精密整机测量仪器	

图 12-5　面向 2035 年的中国国家测量体系与高端测量仪器发展技术路线图

里程碑	子里程碑	2020年 — 2025年 — 2030年 — 2035年
关键前沿技术	先进传感器与检测技术	发展基于现代显微技术和图像处理技术的生物样品检测和电子元件、光学元件的微小缺陷检测技术；发展脑成像仪器、太赫兹测量仪器等面向工业生产和生活的各类仪器
		发展以纳米材料制备、MEMS工艺等技术为核心的新型微纳传感器，集成封装形成片上测量微系统，满足不同场合的测量需求
	数字化、网络化、智能化测量仪器	发展基于人工智能等技术的高端装备故障诊断技术与测量误差抑制技术，发展国产核心软件并嵌入测量装备 → 发展高端装备全生存周期健康状态检测仪器
		全面实现仪器网络化，将数据共享与人机交互技术和测量仪器有机融合，提高仪器智能化水平，保证仪器实时性能，并满足用户个性化需求
示范工程	“基本量物理量复现装置与量值传递”应用示范	建成能量天平、原子钟等7个物理量复现装置，建立使用基准装置实现扁平化计量的应用示范
	“超精密测量与制造”应用示范	建成以光刻机、航空发动机为代表的超精密测量与制造装配一体化产品级设备应用示范
	“网络化、智能化仪器”重点领域应用示范	建立同类型仪器“测量大数据平台”，建立实时测量值比对和仪器自适应校准应用典范
战略支撑与保障	确保完整测量体系的建成	及时规划新一代国家测量体系，提升量值传递水平与能力，确保其在全国范围内的准确一致
	“产、学、研”结合加强成果转换	出台政策鼓励高等院校与实体企业进行仪器研发合作，促进研究成果转化为产品级设备
	建设仪器创新研发基地	建设一批国家级重大仪器技术创新研发基地，使每个基地面向一个领域，统筹规划，组织系列攻关，成体系地研发高精尖仪器
	建立国家级专家咨询中心	最大程度集中相关领域专家集体智慧，做出系统完整、科学合理、适合国情的发展规划
	加大国家支持力度	强化对重点高端仪器的研发投入，设立仪器重大专项等，加快攻关

图 12-5　面向 2035 年的中国国家测量体系与高端测量仪器发展技术路线图（续）

小结

解决超精密测量难题是中国装备业提高制造质量，实现中国装备向中高端迈进的关键。本章针对中国国家测量体系与高端测量仪器的现状与不足，面向 2035 年中国对超精密测量能力的重大需求，经过充分的前期调研与专家研讨，确定高端测量仪器领域的关键前沿技术清单，明确国家测量体系的发展方向与目标。然后，分别从需求与发展目标、重点任务、战略支撑与保障等方面，给出了面向 2035 年的中国国家测量体系与高端测量仪器发展技术路线图，为中国建成完整、先进的国家测量体系提供重要参考。

第 12 章撰写组成员名单

组　长：谭久彬

顾　问：金国藩　叶声华　张钟华　李天初

成　员：蒋庄德　方　向　年夫顺　欧阳劲松　丁雪梅　葛　军　缪寅宵
　　　　张　力　陈　钱　张　彤　马爱文　任红军　刘　俭

执笔人：谭久彬　陆振刚　崔继文　黄景志

13

面向 2035 年的中国海洋新兴产业对海洋工程科技的需求与发展技术路线图

13.1 概述

海洋新兴产业是以海洋工程科技创新驱动力为依托，以海洋工程科技成果产业化为核心，以新模式、新应用、新业态为主要特征的海洋产业群体，目前该产业主要包括海洋化工业、海洋电力业、海洋生物医药业、海洋工程建筑业、海水利用业和海洋船舶工业六大门类[1]。海洋新兴产业具有巨大的发展潜力和广阔的市场需求，其增加值占海洋生产总值的比重逐年增长，从 2001 年的 3.07%增长至 2019 年的 5.29%，已成为实现海洋可持续发展和推动中国海洋经济高质量发展的重要引擎[2]。

海洋工程是指以开发、利用、保护、恢复海洋资源为目的，工程主体位于海岸线并向海一侧（深海、远海、大洋和南北两极）的各类新建、改建、扩建等工程。2017 年发布的《中国海洋工程科技 2035 发展战略研究》提出了面向 2035 年的中国海洋工程科技发展的 6 个关键领域：海洋环境立体观测技术与装备、海底资源勘查与开发、海洋生物资源勘查与开发、海水和海洋能资源综合利用、海洋环境安全保障与海洋开发装备。

13.1.1 研究背景

海洋新兴产业的发展同海洋工程科技密切相关。本课题组通过对 iSS 平台上 1964—2020 年海洋工程科技领域的基金、论文和专利情况进行分析后发现，这 3 项基本代表了海洋工程科技的基础研究水平，其与海洋新兴产业发展、从业人数密切相关，相关系数均达到 0.8 以上。可见，海洋工程科技在增加海洋新兴产业产出和促进相关就业方面都起到了重要的推动作用。

海洋新兴产业发展对海洋工程科技的高度依赖性体现在以下 6 个方面。

（1）海洋生物医药业。中国海洋生物疫苗领域的保护性抗原蛋白筛选、减毒疫苗基因靶点筛选等关键技术已得到突破，一批具有产业化前景的候选疫苗有望面世，但整体水平与国际先进水平相比仍有一定差距。

（2）海水淡化是实现水资源利用的开源增量技术，能保证淡水的稳定供应。国际上已商业化应用的海水淡化技术包括多级闪蒸、低温多效、反渗透技术，现代化的大型海水淡化厂甚至可以每天生产百万吨淡水，部分国家由海水转化来的淡水成本已降低到自来水标准。

（3）深海矿产资源开发。目前，海洋资源开发加速向深水、超深水区延伸。2015 年，中国五矿集团公司获得了东太平洋海底多金属结核资源勘探矿区的专属勘探权和优先开采权，这是继中国 2001 年获得东太平洋多金属结核资源勘探矿区、2011 年获得西南印度洋多金属硫化物勘探矿区、2013 年获得西太平洋富钴结壳勘探矿区之后的第 4 块专属勘探矿区。深海矿产资源开发技术主要包括矿区勘探、开采、选冶和环境保护等 4 方面，以多金属结核为例，其开发系统包括水面平台、水下开采、运输船舶、陆基选冶等，直接应用和相关的技术包括深海运载、探测、深海结构设计、人工智能等。

（4）大型深海工程结构是海洋资源与能源开发利用的重要工程装备。目前，中国对深海平台系统的耦合作用机理仍然缺乏足够的科学认识，在这方面的工程设计经验不足，安全运行保障技术滞后。建立极端动力环境下超长重现期动力环境设计标准，发展科学高效的平台系统整体耦合动力分析方法，揭示整体结构损伤演化规律和耦合失效模式，是海洋资源开发与海洋工程发展的核心技术问题。

（5）极地海洋观探测极地海区生态系统随着全球变暖和人类活动急剧增加正受到严重威胁，并对全球环境和气候产生影响，由此引发的一系列科学与生态问题对极地海洋的观探测技术提出了新的要求，需要结合新能源、新材料、无人智能冰下航行器、卫星遥感等技术，保障对极地的考察和其他海上活动，支撑未来极地海洋开发利用。

（6）全海深载人潜水器。“深海勇士”和“奋斗者”号深潜器的相继下潜，表明中国也在全力突破全海深载人潜水器关键技术。然而分析结果表明，中国海洋工程装备与科技整体水平落后于发达国家 10 年左右，差距主要体现在关键技术的现代化水平和产业化程度上。破解海洋新兴产业发展关键核心技术是中国海洋高质量发展的迫切需求，这就要求海洋工程科技发展实现自主可控。

面向海洋新兴产业发展需要，以集成化、智能化、低碳化、深远化为科技发展导向，以自主、可控、安全为发展原则，研判国际海洋工程科技发展趋势和竞争态势，提出面向 2035 年的中国海洋新兴产业对海洋工程科技的需求和发展技术路线图，以破解制约中国海洋新兴产业发展的难点，提升海洋工程科技创新能力和国际竞争力，推动海洋新兴产业高质量发展，支持中国海洋强国建设。

13.1.2 研究方法

本课题按照中国工程院中长期战略咨询项目工作流程，依托 iSS 平台，结合定性和定量分析法，分阶段、有步骤地开展了相关领域的技术态势分析、制定技术清单、德尔菲法调查与会议研讨、绘制技术路线图等工作。在研究工作中，最大限度地吸取了国内外相关实践和研究领域的成果和经验，充分利用了中国工程院的知识资源和影响力，汇聚了本领域的一批高水平专家，开展了广泛深入的研讨。

（1）调查分析法。调研了国内外海洋新兴产业的发展历程和发展现状，分析中国海洋新兴产业的制约因素和发展潜力，结合中国海洋工程科技领域的产业背景、技术现状与关键科技问题，明确中国海洋工程科技创新与国际前沿相比的优势和不足。

在本领域技术清单制定的基础上，基于德尔菲法调查进行技术预见，面向本领域专家征求意见并汇总、分析，进一步明晰了本领域的发展方向、关键技术、重点产品、保障措施等，初步完成本领域技术路线图的制定和咨询报告的撰写。

组织院士、专家开展专题研讨，深入讨论海洋新兴产业对海洋工程科技的需求架构、发展路线和战略前景等。

（2）文献分析法。对本领域的基金、论文和专利 3 个方面的文献进行统计分析，利用数据分析工具对国内外相关学术研究动态及专利申请动态进行分析。

通过查阅相关文献，在时间上，对各国海洋新兴产业和海洋工程科技的发展历程和发展趋势进行了纵向比较；在空间上，对国内外海洋新兴产业和海洋工程科技的发展现状进行了横向比较，明晰了目前中国海洋新兴产业对海洋工程科技需求的定位。

通过参考全球技术清单库，深度融合专家智慧，逐步筛选出本领域关键的、迫切发展的初级技术清单、中间技术清单、最终技术清单，识别出本领域最活跃的研究前沿和发展趋势。

（3）定性和定量分析法。通过归纳演绎、综合评价和外部因素评价矩阵等方法，对海洋新兴产业发展趋势进行综合评价分析，判断未来海洋新兴产业的变化，识别出推动或制约海洋新兴产业发展的因素。

通过定量分析将研究对象进一步精确化，对各国海洋新兴产业和海洋工程科技的涵盖范围、发展规模、发展速度及贡献率等进行了分析研究，厘清和揭示了两者之间的相关关系、变化规律和发展趋势，为实现海洋新兴产业对海洋工程科技需求的合理解释和预测奠定基础。

运用统计学、经济学及工程学等多学科的理论、方法和成果，从整体上对海洋新兴产业和海洋工程科技进行综合研究。

13.1.3 研究结论

科技创新是海洋经济高质量发展的强大动力。本章通过对国内外海洋新兴产业的发展现状与发展趋势的全面比对分析，厘清了制约中国海洋新兴产业发展的因素，系统分析了其发展潜力，探究了中国海洋工程科技创新发展的不足，明晰了海洋工程科技的发展趋势。具体研究结论如下：

（1）制约中国海洋新兴产业发展的主要因素包括海洋资源环境承受压力加剧、海洋科技自主创新能力不强、海洋科技创新成果转化效率不高、海洋科技高端人才储备不足、海洋新兴产业引领作用薄弱和海洋调控管理体制机制不完善[3]。

（2）关于中国海洋工程科技创新的发展，存在着海洋工程装备制造竞争力强和政策支持力度大的优势。同时，也存在着自主研发能力薄弱、缺少新型高端装备设计和关键设备国产化程度低的问题[4-5]。

（3）关于中国技术发展的基金项目虽然相对较多，但是资金支持力度普遍较少，明显小于英国、欧盟、美国等发达经济体[6]；根据本领域论文关键词词云分析结果，海洋工程与技术发展相关的基金有 32 个，较相关基金个数排名第二的模拟试验多 20 个。1965—2020 年，中、美两国关于海洋工程技术发展的文献数量最多，具有坚实的理论研究基础；其中，关键词“海洋工程”“ocean engineering”“marine engineering technology”在本领域文献中的出现频率分别为 2401 次、1365 次、1127 次。海洋工程领域技术创新的专利申请趋向活跃，年增长率高达 10.22%；中国占据了全球 53.37%的海洋工程相关公开专利，其中属于发明专利的有 72.64%，海洋工程相关技术具有较高的创新价值。

13.2 全球技术发展态势

13.2.1 全球政策与行动计划概况

现代海洋新兴产业对海洋工程科技进步的需求程度越来越深，对世界海洋工程科技发展所提出的要求也越来越高。为统筹利用优质海洋资源，助推海洋新兴产业发展，提高海洋资源利用效率，世界主要国家围绕海洋科技重点发展领域、海洋科技革新、海洋科技发展平台等部署了一系列国家战略规划，为海洋新兴产业的发展提供技术支持与保障。

1. 海洋新兴产业发展态势

2015 年，澳大利亚海洋产业和科学理事会（AMISC）发布了《澳大利亚海洋研究所 2015—2025 年战略规划》。其核心内容如下：加强对亚热带海洋资源的研究，拓展海洋资源利用空间，支持海洋生态系统的有效管理，加强其在区域海洋经济中的影响力。

2013 年 4 月，日本政府内阁会议通过了新的《海洋基本计划（2013—2017 年）》，提出进行海洋资源/能源开发和海洋新兴产业与市场的一体化培育，并将发展海洋新兴产业作为新的经济增长点，通过官民并举推动海洋资源/能源开发，培育新的海洋经济领域。日本政府设在内阁官房的综合海洋政策本部在《海洋产业发展状况及海洋振兴相关情况调查报告 2010》中明确提出，计划到 2040 年，整个日本用电量的 20%由海洋能源（海洋风力、波浪、潮流、海流、温差）提供。

德国以《海洋议程 2025：德国作为海洋产业中心的未来》为核心，进一步巩固了德国政府管理部门、产业界、科学界和工会等各参与方之间的协调机制，并指出要想促使德国海洋产业在全球更具竞争力，就必须实现“三高”，即高技术、高标准和高国际参与度。

2. 海洋工程科技发展态势

2013 年 2 月，美国国家科学技术委员会（NSTC）发布了《一个海洋国家的科学：海洋研究优先计划（修订版）》，列示了人类社会与海洋相互作用的关键领域，对美国国家海洋研究关键领域进行了重新阐述，旨在提升科学研究水平、解决国家及全球面临的诸多海洋问题。其中，海洋酸化研究和北极地区环境变化研究是海洋科学的优先研究领域及事项。2013 年初，美国总统行政办公室和国家科学技术委员会联合发布了《2013—2017 年北极研究计划》，该计划确定了 2013—2017 年美国政府在北极重点资助的研究领域。2019 年 11 月 14 日，美国国家海洋和大气管理局（NOAA）发布了应用于海洋领域的新兴科学技术战略草案（包括无人系统战略、人工智能战略、组学（Omics）战略和云战略），在其全球机构范围内进行强有力的协调，并确保 NOAA 高级领导层为这些新兴科学和技术重点领域的应用提供强有力的支持。

2004 年，加拿大政府通过海洋技术的最大化使用和发展推动《海洋行动计划》实施，建立一个海洋保护区网络，执行综合管理计划，加强海洋和渔业管理法规的执行力度。加拿大政府颁布的《海洋行动计划》突出了国家海洋战略发展的五大重点领域，即国际海洋领导力、海洋主权和安全、推动海洋可持续发展的海洋综合管理体制、海洋生态系统健康以及海洋科学与技术的发展。加拿大海洋科技的发展主要通过海洋产业发展路线图确定海洋技术的发展前景，充分利用国家海洋技术革新潜力，支持建立海洋技术展示平台，推动加拿大海洋科技的创新和突破。

英国先后发布了《英国海洋科学战略（2010—2025 年）》《全球海洋技术趋势 2030》等政策文件，分别从全球、区域以及重点领域对英国未来的海洋科技发展进行战略布局。此外，英国发布的《大科学装置战略路线图》指明了本国未来海洋科技的重点发展领域。

中国以《国家重大科技基础设施建设中长期规划（2012—2030 年）》为核心，指出要建成海洋科学综合考察船，满足综合海洋环境观测、探测以及保真取样和现场分析需求；建设海底科学观测网，为国家海洋安全、资源/能源开发、环境监测和灾害预警预报等研究活动提供支撑；适时启动地球系统科学深海探测与调查、陆海地球环境观测等研究设施建设。“制造强国战略”指出要大力发展深海探测、资源开发利用、海上作业保障装备及其关键系统和专用设备，推动深海空间站、大型浮式结构物的开发和工程化；形成海洋工程装备综合试验、检测与鉴定能力，提高海洋开发利用水平。《中华人民共和国国民经济和社会发展第十四个五年规划和 2035 年远景目标纲要》提出，要推动船舶与海洋工程装备制造业优化升级，培育壮大海洋工程装备产业，在海洋工程领域突破一批关键核心技术。

13.2.2 基于文献和专利分析的研发态势

海洋新兴产业和海洋工程科技已成为最活跃的研发热点之一，具有巨大的应用前景和市场潜力，通过对 1964—2020 年本领域基金、论文和专利 3 个方面的文献数据进行分析，发现海洋新兴产业和海洋工程科技的研发呈现以下特点。

1. 基金申请态势分析

（1）从基金申请的数量看，近几年，全球本领域基金申请总数出现较大幅度增长，特别是 2016 年、2017 年和 2018 年这 3 年发布的基金数量最多，表明本领域技术创新趋向活跃。与此同时，基金的总额也呈现一定上升趋势。

（2）从基金申请的国家看，中国、日本和美国发布的本领域基金数量最多，但基金总额相对较低。

（3）从基金申请涉及的学科看，在一级研究学科中，出现在“工程与材料科学”、“社会科学与人文”和“地球科学部”学科的相关研究较多，这些领域的学者受关注度较高。在二级研究学科中，学者们对“水利科学与海洋工程”、“机械工程”和“海洋科学”这几个学科的关注较多。而“海洋工程”、“流体力学”和“计算数学与科学工程计算”等在三级研究学科出现较多。在中国，自 2020 年开始，国家自然科学基金委员会工程与材料科学部进行学科布局优化，“海洋工程”被优化升级为一级学科，显示了海洋工程的快速发展及国家自然科学基金委员会对海洋工程学科的重视。

（4）从承担单位看，上海交通大学、大连理工大学和中国海洋大学这 3 个承担单位发布的基金数量最多。除此之外，还有九州大学和东京大学等。

（5）从文献上的热点词汇看，“海洋工程”关键词出现的次数最多，“海洋工程”、“模拟试验”、“流固耦合”、“数值模拟”和“海洋环境”等是研究热点。

2. 论文发表态势分析

（1）从论文发表数量看，技术创新逐年活跃。1990 年之前，海洋新兴产业和海洋工程科技领域的发展速度缓慢，每年仅发表几十篇甚至几篇论文；1990 年之后，论文发表数量开始呈现显著上升趋势且增长速度快，增长态势长期向好；整体增长趋势在 2015 年后趋于稳定。其中，2016—2019 年本领域发表的论文数量最多，2020 年，受新冠肺炎疫情的影响，本领域的论文发表数量有所下降，但仍保持较高的数量。

（2）中国和美国在本领域发表的论文数量居世界前列，表明中美两国高度重视本领域的发展，并且开展了大量的研究，以促进海洋新兴产业和海洋工程科技的发展。从国家合作网络数据分析结果可知，在本领域合作关系最密切的三组国家分别是中国与美国、美国与加拿大以及英国与美国。

（3）根据论文发表机构分析结果，Chinese Acad. Sci.、NOAA 以及 University of Washington 这 3 个机构发布的论文数量较多，为本领域的发展提供创新型人才和技术支撑，在本领域占据重要位置。

（4）根据论文关键词词云分析结果，“海洋工程”、“Ocean Engineering”和“Marine Engineering Technology”这 3 个关键词在本领域论文中的出现的次数较多，说明本领域主要围绕海洋工程、海洋工程科技等开展研究。

（5）从论期刊看，“*Marine Pollution Bulletin*”、“*Renewable Energy*”和“*Plos ONE*”这 3 个期刊发布的本领域论文数量较多。从文献类型看，本领域的论文主要发表在期刊上，以期刊论文为主题发布最新的科研成果。此外，学位论文、会议论文等也作为辅助成果展示。根据期刊作者统计结果，“Ringwood John V.”、“Iglesias G.”和“Bernitsas Michael M.”这 3 个作者发布的本领域论文数量较多，他们发表的论文应该具有重要的参考价值。

（6）从学科看，海洋工程学科的发展带动了其他相关学科的进步，其中，“Environmental Sciences”、“Marine & Freshwater Biology”和“Oceanography”这 3 个学科在所发表的论文中的占比最大，说明各个学科领域的研究人员积极寻找新的突破口，学科间联系密切，相互促进发展。以“海洋工程”为中心词进行相关性分析，发现“海洋平台”、“船舶”、“海洋环境”和“海洋石油”等词与“海洋工程”的相关度较高，且每个词的相关热度指数也较高。

3. 专利申请态势分析

（1）本领域的专利的申请数量不断增长，尤其在 20 世纪 70 年代之后，增长幅度明显上升。这一现象表明，近年来本领域的技术创新趋向活跃。

（2）近年来，本领域专利优先权数量逐渐增多，尤其进入 21 世纪后这一数量呈现指数级增长，2016—2018 年，这 3 年本领域专利优先权数量较多。

（3）从研究热点来看，随着本领域研究的不断深入，出现了越来越多的相关研究热点，形成了庞大的研究网络。对高相关度的研究热点进行关键词词云分析，可以发现，“海洋工程”和“优选”等关键词在论文、专利等文献的摘要关键词中出现的次数较多。

（4）根据申请人所属国家分析结果，与“海洋工程”相关的专利申请数量较多的国家分别是中国、美国和日本，在一定程度上表明，这 3 个国家专利申请人在本领域的创新能力相对较强，具备相当的技术优势。

（5）从本领域专利权人的排名来看，拥有专利申请数量较多的分别是中国科学院、浙江大学、清华大学和中国海洋大学，这些专利权人具备较强的创新资源和创新实力。

（6）从专利类型来看，发明型专利占比较大，发明型专利为技术含量最高、新颖性最强的专利，说明海洋工程领域的专利创新技术价值较高。

4. 海洋工程领域研发趋势分析

当前，对海洋工程科技有紧迫需求，然而，从中国在海洋工程相关领域的热点研究内容来看，大部分研究还处于跟踪国外研究的阶段，缺乏海洋工程关键技术的创新和研究深度，在海洋工程与海洋新兴产业的一些重要研究领域，项目数量少，研究力量比较薄弱。

综上所述，中国海洋新兴产业和海洋工程科技在基金申请金额和学科交叉性上仍有待进一步提升；在论文和专利申请数量方面居于领先地位，但研究质量有待进一步提升。

13.3 关键前沿技术发展趋势

海洋新兴产业包括海洋化工业、海洋生物医药业、海洋电力业、海水利用业、海洋工程建筑业和海洋船舶工业六大产业门类，海洋新兴产业正逐渐向深海、远海、大洋、地球两极拓展，随着大数据、云计算、物联网、人工智能、区块链、数字经济等新技术的不断涌现，从数字海洋到透明海洋再到智慧海洋，海洋信息化发展不断深入，在深刻改变海洋新兴产业发展模式的同时，也必将面临更复杂、多变、严苛的海洋环境，对海洋工程技术装备及环境保护提出了更高的要求，为升级、创新发展带来更多的机遇与挑战。

国家“十四五”规划明确提出了“培育先进制造业集群，推动船舶与海洋工程装备产业创新发展”的战略部署。聚焦新一代信息技术、生物技术、新能源、新材料、高端装备、海洋装备等战略性新兴产业，加快关键核心技术的创新应用，增强要素保障能力，培育壮大产业发展新动能[7]。

13.3.1 海洋新兴产业发展趋势

海洋新兴产业对中国海洋经济的发展，具有全局性的影响和强大的拉动效应，培育和发展海洋新兴产业，已经成为推动中国海洋经济高质量发展的重要举措之一。到 2035 年，在海洋装备、海洋生物、滨海旅游、海水利用、海洋新能源、海洋交通运输等产业领域，形成若干世界级海洋产业集群，推动一批涉海企业全球布局。

近年来，尤其是国家“十三五”规划实施以来，在政府引导和市场机制的共同作用下，国内沿海地区纷纷加大对海洋新兴产业的培育和投资力度，海洋新兴产业已成为海洋经济的重要增长极和海洋经济转型升级的新动能。

1. 海洋化工产业

海洋化工产业是从20世纪60年代以来开始发展起来的新兴海洋产业，包括海盐化工、海水化工、海藻化工及海洋石油化工领域的化工产品和生产活动。目前，中国海洋化工产业形态不断延伸扩展，未来将更加注重海洋化工产品的精细化和差异化，加强海洋资源的精深加工及综合利用水平。海藻化工方面的科技研发取得较大突破，海藻纤维、微藻制油、藻制化肥等海藻类化学品成为国内海洋化工企业的重点研发对象。高模数硅酸钠、高端硅溶胶、功能性特种二氧化硅、无机硅化物等高质量、高附加值、高精细的海洋化工产业链逐渐形成、完善和发展。此外，中国在深海油气开发技术及装备方面的突破也将推动海洋石油化工产业进一步发展。

2. 海洋生物医药产业

海洋生物医药产业是在传统海洋生物产品的基础上发展起来的，由于具有高附加值、社会效益好、绿色高效等特点，因此，这一产业成为主要海洋大国竞争的高新技术产业之一。近年来，中国海洋生物医药产业规模平均增速达到30%，逐渐进入深度规模化开发的阶段，以青岛、上海、厦门、广州为中心，构建了多个海洋生物技术和医药研发与孵化中心，在海洋创新药物、海洋生物制品和海洋现代中药等领域取得重大突破，自主研发的甘露特纳胶囊成为全球第十四种海洋创新药物。伴随着高科技技术的引入，未来海洋生物医药设备将向自动化、智能化发展。

3. 海洋电力业

海洋电力业利用海洋能进行电力生产活动，包括海上风电、潮汐风电、海流发电、波浪发电等形式，为海洋可持续发展和碳达峰、碳中和注入新动力。2019年，海上风电并网装机容量达593万千瓦，同比增长63.4%。中国海洋可再生能源蕴藏丰富、绿色清洁，发展潜力巨大，具有非常广阔的应用前景。目前，海洋风电产业化程度较高，潮汐能、波浪能等海洋能技术的产业化和商业化趋势明显。在可再生能源产业政策的支持下，沿海地区和相关大型企业不断加大海洋能技术的投入力度，海洋能技术装备逐渐走向成熟。海上风电在发电稳定性、电网接入便利性、土地节省等多方面均优于陆上风电，使海洋电力业的发展具有较大潜力。

4. 海水利用业

海水利用业是发展海洋循环经济的重要选择。目前，中国已经掌握反渗透和低温多效海水淡化技术，部分技术已经达到或接近国际先进水平。在海水直接利用关键技术方面也取得重大突破，海水循环冷却技术已经跻身国际先进水平，海水直流冷却技术在沿海电力、石化等行业得到广泛应用；研发使水产养殖智能化和可视化的无线传感网络监控系统，开发针对水产养殖环境关键因子（温度、pH 值、溶解氧、氨氮、盐度等）的实时控制技术和智能化管理系统，实现水产养殖的智能化监控。随着技术进步和规模的增长，海水淡化效率有望进一步提升，淡化成本有望继续下降。

5. 海洋工程建筑业

海洋工程建筑业是中国海洋经济基础建设的重点产业，2011 年以来，这一产业已成为中国海洋经济第四大产业。2010 年，国务院发布了《关于加快培育和发展战略性新兴产业的决定》，将海洋工程装备第一次提升到国家发展战略层面。国家“一带一路”和“海上丝绸之路”建设，为中国海洋工程建筑业的国际化发展带来了广阔的市场和前所未有的机遇。海洋工程建筑业应当抓住这次历史机遇，打造先进的海洋工程建筑技术体系和施工队伍，加快海洋工程建筑业转型升级，推动海洋工程建筑业的高质量发展。使用数字孪生技术，打造一体化海洋工程智能管理体系，使智能化建筑兼备信息设施、信息化应用。

6. 海洋船舶工业

海洋船舶工业是为水上交通、海洋资源开发及国防建设提供技术装备的现代综合性和战略性产业，是“制造强国战略”中确定的十大重点发展领域之一，也是中国战略性新兴产业的重要组成部分。目前，中国已经成为全球重要的造船中心之一。在全球经济贸易增长放缓、新船需求大幅度下降的背景下，升级优化船舶结构、推进智能化转型，推动中国船舶工业向高质量发展转变，已成为中国海洋船舶工业发展的主要方向。政府和大型船舶企业不断加大科研投入力度，提高船舶工业科技创新能力，持续优化船型结构，LNG 船、豪华游轮等高附加值船成为船舶工业重点发展的方向。同时，通过引入智能自动化生产线、人工智能、船舶货运无人化等先进技术，提高船舶生产效率和生产质量，逐步实现船舶货运无人化。

13.3.2 海洋工程关键前沿技术发展趋势

1. 海洋探测技术及装备

海洋探测技术及装备是进行海洋开发、控制、综合管理的基础，集中体现国家海洋竞争力，同时，在一定程度上标志国家综合国力和科技水平。经过多年的发展，中国的大多数海洋仪器与装备经历了从无到有、从性能一般到可靠的过程，中国在海洋探测技术及装备领域取得了一定成果，但总体上与国际领先水平相比，还存在一定差距。

在海洋装备方面，重点研究海洋观测平台、深海探测装备和水下移动观测装备等[8]。目前，中国的海洋观测平台种类多样化，中国已成功发射海洋动力环境卫星，并已实现业务化应用；海洋监测监视卫星也已纳入国家航天技术发展规划。另外，在海洋遥感数据融合/同化技术方面也取得了长足的进步。深海探测装备是深海探测的基础，其中深海通用技术研究起步较晚，整体水平相对落后，特别是在产品化、专业化方面与国外相比，存在较大差距。目前，国内只有少数几家专门从事深海通用技术产品的研制生产单位，很多现有深海探测装备所需的通用部件或设备依靠外购。在海底矿产资源勘测技术方面，中国已形成了一个相对完整的大洋矿产资源立体探测体系。目前，中国海底矿产资源勘探技术主要包括高精度多波束测深系统、长程超短基线定位系统、600 米水深高分辨率测深侧扫声呐系统等。水下移动观测装备是建立水下立体观测网的基础支撑，中国在遥控潜水器技术水平、设计能力、总体集成和应用等方面与国际水平相当，但是中国至今尚无专业生产遥控潜水器产品的单位。中国水下滑翔机技术在总体设计技术、低功耗控制技术、通信技术、航行控制技术、参数采样技术等方面取得了突破性进展。

2. 海洋生物资源开发技术及装备

随着渔场资源的产业转型，海洋渔业的中心正在从海洋捕捞逐步向海洋养殖转移，先进的深海养殖理念及技术设备体系应运而生。在新时期背景下，随着“蓝色粮仓”这一重要战略举措的提出，深海养殖作为拓展海水养殖空间的重要选择之一，其推广和发展意义更加突出[9]。

随着创新生态健康、环境友好、资源养护型的现代海洋渔业生产模式的发展，为保障人海和谐发展，一种新的渔业生产方式——海洋牧场应运而生。未来，需要重点突破海洋生物生息场建造技术、苗种生产技术、增殖放流技术、鱼类行为驯化控制技术、环境监控技术、生态调控技术、选择性采捕技术和海洋牧场管理方法与技术等关键技术，针对不同类型的海洋牧场，应根据海域环境和资源现状选择不同的核心技术进行组合构建，以达到海域生态修复与优化、资源养护与增殖的目标。为加强海洋养殖的检测及智慧海洋牧场的建设，需进一步提升立体组网观测技术、智能化和可视化检测技术、海洋牧场的大数据与数据挖掘技术。此外，由于近海浅水网箱养殖日益饱和、鱼类品质下降，为拓展海域、提高海产品品质，发展深水海域网箱养殖得到日益重视。需进一步发展自动投饵技术及装备、养殖清洗技术及装备、鱼类起捕技术及装备、养殖网箱技术及装备等深海养殖技术及装备和海水池塘养殖技术。

未来，海洋养殖业将逐渐走向养殖系统大型化、养殖区域深海化、养殖环境生态化，海洋养殖关键技术和设备更加机械化、自动化、智能化，并为海洋渔业进一步发展创造新的机遇。

3. 海上交通基础设施建设技术

海上交通基础设施建设是海上工程的基础，其中主要包括港口码头建设、海底隧道建设、跨海大桥建设、航线网络的建设和布局优化，以及海上交通基础设施建设标准的提高。海上交通基础设施建设不仅限于建造船舶，其硬件投资还包括港口建设以及航线网络的建设和布局优化，诸如海域环境监控、各类航空器所需飞行与航空资讯在内的海域交通资讯安全服务等。

港口码头工程是发展海洋经济的基础设施，未来，需要研究智能码头技术、港池疏浚工程技术等，以及在动力环境复杂海域如“海上丝绸之路”沿线中长周期波影响海域的海上施工技术与装备，以加强港口码头建设。悬浮隧道兼具桥与隧道的共同优点，对环境依赖性小，在跨水域与深水区域的交通应用中具有独特的优势和广阔的前景，悬浮隧道结构安全和使用安全技术、悬浮隧道锚固连接技术、悬浮隧道陆域连接技术与悬浮隧道防撞技术等尤为重要。此外，要重点研究多模块浮体连接技术、浮体耦合的水池试验技术以及浮态合拢超大型浮船坞技术，以建造超大型浮式装备。

未来，海上交通基础设施建设要针对结构安全评价、交通基础设施紧急情况逃生救援等加强研究。同时，与物联网、大数据、人工智能、区块链等新技术融合在一起，进入“智慧航运”的新时代。

4. 海洋可再生能源利用技术

中国海洋可再生能源储量巨大。海洋可再生能源具有蕴藏丰富、无污染等优点，海洋可再生能源的评估与开发有益于缓解资源危机、保护海洋生态、发展海洋经济、改善民生、促进深远海开发等，助力中国引领国际海洋建设，促进人类社会的繁荣进步[10]。

未来，需要重点研究近海风电和深远海风电开发技术、波浪能和潮流能技术、温差能和盐差能技术。在海上风力开发技术方面，深水浮式风机是目前的发展方向，该风机对远海岛礁和工程设施供电意义重大。波浪能和潮流能发电装备在国内还存在着发电效率低、可靠性亟待提高的问题，其控制维护成本和运营规模化的技术发展前景广阔；在温差能、盐差能发电装置技术方面国内起步较晚，基础研究相对薄弱，温差能的冷水管技术、盐差能的渗透膜技术、热力循环技术和氨透平技术等关键技术亟须突破。

5. 海洋油气和矿产资源开发技术及装备

海洋资源开发技术是指针对海洋油气、矿产、海水、空间、能量等海洋资源的开发利用技术体系。其中，中国海洋油气和矿产资源的开发经历了 3 个阶段：创业阶段、20 世纪 80 年代的起步阶段、进入 21 世纪后的快速发展期。

未来，需要重点研究海洋油气资源勘探开发技术、深海矿产资源勘探开发技术、海水资源开发利用技术等。中国海洋油气资源勘探与开采平台最大作业水深从曾经的不足200米发展到3000多米，实现了巨大的技术飞跃。在油气资源勘探方面，把石油地质理论、勘探技术、计算机技术和勘探目标进行综合研究，逐渐形成了一系列新理论新认识；现有地球物理勘探技术水平较高，大部分处于国际先进水平；勘探井筒作业技术中的海上录井技术较为成熟和先进，整体水平还需要进一步提高，但测井设备以进口为主，以自主研制的仪器为辅。在海洋油气资源开发方面，初步形成了具有世界先进水平的近海稠油高效开发技术体系，具备国际先进的大型海上浮式生产储/卸油装置设计和建造能力，深水油气田开发工程关键技术的研发取得初步进展，已初步建立了深水工程技术所需要的试验模拟系统。

现代海洋开发是高技术密集的产业领域，许多国家都非常重视海洋资源开发技术的发展，除了不断加大研发投入，还针对海洋环境的复杂性以及海洋资源分布的立体性和多层次性，未来应强调技术的综合集成和国际合作，使海洋资源开发技术得到快速发展，努力在人类大规模、全方位开发海洋活动中发挥主导和支撑作用，缓解人类社会当前所面临的严峻资源与环境问题。

6. 海洋生态环保技术及装备

海洋生态环保技术及装备是指针对海洋生态防护、污染治理等的技术体系，从海陆统筹的角度出发，科学协调城市总体规划和海洋主体功能区规划，提供必要的采样、实验条件和仪器设备，运用现代化的检测手段和治理技术，对海洋环境进行监管，保护海洋环境。

未来，需要重点研究生态海岸工程、海洋生态环境监测技术及海洋污染治理技术等。生态海岸工程针对已填海的土地资源和海域环境，从生态、产业和空间等方面进行科学规划和研究论证。在此基础上，以海岸生态修复为切入点，结合既有海岸资源，保护海岸生态基质，遵循海洋自然、城市以及人居旅游的和谐发展之路。海洋生态环境监测技术包括样品采集、分析、鉴定和数据分析处理等技术，以保证海洋生态环境监测的科学性、有效性。海洋污染治理技术包括废弃物无害处理技术、溢油事故处理技术、倾废技术等。

未来亟须构建生态安全的海洋环保体系，强化陆源入海污染监管与海洋垃圾整治，加大海洋生态保护与修复力度，积极引进、开发利用先进海洋生态环保技术和装备，培育海洋高新技术产业和战略性新兴产业。

13.3.3 海洋新兴产业对海洋工程科技发展的趋势化要求

目前，全球科技进入新一轮的密集创新时代，海洋工程科技向着大科学、高技术体系方向发展。同时，海洋新兴产业的发展对海洋工程科技提出了新的要求。

1. 技术和设备的集成化

发达国家纷纷研究和开发海洋技术集成，建立各种监测网络，如全球海洋观测系统、全球海洋实时观测计划及全球综合地球观测系统等。它们利用海洋遥感遥测、自动观测、水声探测，以及卫星、飞机、船舶、潜器、浮标、岸站等相互连接，形成立体、实时的监测系统，不仅可以对海洋现有状态进行精确描述，而且可以对未来海洋环境进行持续的预测。就海洋观测而言，不仅要从空中和陆上进行观测，还要巡海、入海展开调查和探测，形成立体观测网络。因此，技术和设备的集成化是未来海洋工程科技发展的关键。一些发达国家的海洋立体监视监测能力和海洋环境预报能力已触及世界各个海域。

2. 技术和设备的智能化

随着人们对物联网技术的认知度越来越高，构建智能海上运载装备的条件也不断成熟。在船舶的使用周期里，船上关键设备和系统维护技术复杂、难度大，若借助物联网技术，则可对船舶及船用设备进行在线运行维护管理。岸上的运行维护管理人员利用现代宽带卫星通信技术，即可实时在线对整船或某一关键设备进行监控和管理。此外，物联网技术将进一步推动智能化无人驾驶船舶的发展。无人驾驶船舶比有人驾驶船舶在适应枯燥、恶劣工作环境方面更具优势，因为机器比人更具灵敏性、耐久性和稳定性。另外，由于海上作业的特殊性，诸如海水腐蚀、振动、外界环境气候、高精度测量、高防爆要求等，对测控系统的要求越来越高，尤其是在一些化学品运输船、散货船、游艇、油船以及海上石油钻井平台，自动化、智能化装备更受欢迎。

3. 技术和设备的深远化

人类走向深海和远海的步伐逐渐加快，相应的海上装备也呈现深远化的发展趋势。目前，日本的无人遥控潜航器已具备下潜到 10000 m 以上的深海进行作业的能力。新发展的深海潜器可更好地应用于海洋矿物与生物资源、海洋能源开发、海洋环境测量等多方面科学考察活动。美国、英国、俄罗斯等国均已提出深海空间站构想，美国、俄罗斯、日本等国还在现役潜艇的基础上，通过新的研发、改装等多种技术途径，发展新型的深海研究潜艇，探索水下作业、负载携带等技术。随着海洋油气开采从浅海向深海扩展，大型海洋工程船舶及水下装备如深海潜器、水下钻井设备等受到了国际海洋石油界的关注。

4. 技术和设备的绿色化

进入 21 世纪后，国际海事界的环保意识越来越强，国际海事组织（IMO）先后出台了一系列关于减少和控制船舶污染的国际公约，要求航运业更多地使用绿色环保型船舶。行业标准的提高必然带来技术的更新。目前，欧洲、日本、韩国等造船技术发达的国家和地区为了巩固其技术优势，纷纷开展绿色环保型新船研发，同时推出更严格的船舶技术标准，大有建立绿色技术壁垒之势。

13.4 技术路线图

13.4.1 需求与发展目标

1. 需求

未来，海洋新兴产业将围绕了解海洋、开发利用海洋、保护海洋 3 个主要方面展开，以绿色化、深远化、智能化、集成化为主要发展导向。面向 2035 年，中国海洋新兴产业将主要在以下 6 个方面对海洋工程科技提出需求。

1）海洋探测技术装备与海洋信息资源利用

随着中国经济社会的发展，海洋的资源开发、空间利用、环境保护、权益保护、防灾减灾、科学研究等各个方面的需求不断增加，对海洋信息资源与服务的需要也大幅度增加，这对海洋探测/监测与海洋信息资源利用能力提出很高的要求。未来，应努力突破深海探测/监测通用技术与专用材料核心技术，实现中国海洋探测/监测通用技术及仪器设备的产业化和市场化，建立海洋环境与海洋工程数据库，提升海洋探测/监测与海洋信息资源利用能力，满足国家在海洋防灾减灾、海洋经济发展、海洋权益维护、海洋科学研究和海洋生态保护等方面的战略需求。

2）海洋可再生能源开发

中国已经确立了“2030 年碳排放达峰，2060 年碳排放中和”的战略目标。未来，中国将努力改变以化石能源为主的能源消费结构，加快对清洁可再生能源的开发。中国管辖海域蕴藏着极为丰富的可再生能源，具有广阔的开发前景。以风能为例，中国气象局风能资源详查初步成果显示，中国 5～25m 水深线的近海区域、海平面以上 50m 高度范围内，风电可装机容量约 2 亿千瓦，2019 年，中国海上风电装机容量仅为 4.9 吉瓦，开发潜力巨大。相关预测结果显示，“十四五”期间，中国每年新增的海上风电装机容量将达到 200 万～300 万千瓦。此外，波浪能、潮流能、海洋氢能等新能源也正步入工程示范阶段。规模化应用海洋可再生能源，需要以高效率、可靠性、稳定性和低成本为导向强化其核心技术的开发。

3）深远海生物资源开发

随着中国居民消费水平的不断提高，对深远海绿色水产品的需求也快速增长。当前，中国近岸海水养殖面积已占 10m 等深线以内海域总面积的 40%左右，而 10～30m 等深线管辖海域的养殖利用率仅为 1%，50m 以深的深远海海域的养殖利用率几乎为零，有着巨大开发潜力。农业农村部等十部委联合发布的《关于加快推进水产养殖业绿色发展的若干意见》指出，支持发展深远海绿色养殖，鼓励深远海大型智能化养殖渔场建设。围绕深远海生物资源开发，应大力发展深远海养殖装备设计、制造、运维、安全保障及相关科技研究，以满足中国海水养殖走向大型化、深海化、生态化、智能化的需求。

4）海洋空间资源利用与基础设施建设

以珠三角地区、长三角地区为代表的沿海区域是中国重要的经济增长极。随着人口和经济的不断增长，滨海地区的海洋基础设施建设需求不断提高。除了一般性港口、桥梁、隧道建设，渤海海峡跨海通道、台湾海峡跨海通道等重大建设项目在不久的将来会正式列入建设日程，其超高的技术要求对海洋工程科技提出了新的挑战。此外，中国海洋权益战略纵深较为不足，海洋开发能力的提升可以有效弥补这种不足。作为可供选择的解决方案，海上超大型浮式结构物可充分利用丰富的海上空间资源，可以为海洋资源能源开发提供空间支撑。浮式桥梁及悬浮隧道等大尺度、跨海域交通设施对海洋与陆地人员、物资和装备的高效运转作用重大，可为经济社会活动提供可靠的交通保障。

5）海洋油气和矿产资源开发

中国东海及南海海域拥有丰富的油气资源，石油地质储量为 230 亿～300 亿吨，占中国油气总资源量的 1/3，其中 70%蕴藏于深海区域。大力开发深海油气资源，对保障中国未来能源供给具有重要的战略意义。此外，大洋底矿产资源开发也将逐渐产业化。海洋资源开发的绿色化、智能化、深远海化趋势对海洋工程装备提出了新要求。目前，中国大型海洋工程装备及技术的基础研究和创新能力不足，高端海洋工程装备设计研发方面的核心技术缺乏，中高端装备研制滞后，绿色智能技术开发能力较弱，以原创技术引领发展的动力明显不足。为此，需要围绕深水海洋油气和矿产资源开发装备、海上重要工程建设施工安装装备的设计研发和建造总装，完善海洋高端装备制造技术体系，为海洋油气和矿产资源的开发提供重要支撑，其本身也是经济效益巨大的战略性海洋新兴产业。

6）海洋生态环境保护

中国海岸带空间正从大规模开发转向全面保护，填海工程基本停止，海洋保护区和滨海湿地修复、海洋污染治理、岸线岛礁生态修复等行动不断推进，海岸工程建设向生态化转型。据估算，到 2035 年，中国生态海岸及配套设施建设的潜在市场规模将达到 3000 亿～5000 亿元/年，具有广阔的市场前景。对有关的空间规划、环境监测、生态修复、污染治理、废弃物处理等的技术及装备需求不断提升。此外，随着海岸带生态化建设的推进，沿海港口从沿岸向离岸转移、海砂开采从近海向深远海转移、海洋工程废弃物离岸处理等成为趋势。

2. 发展目标

围绕国家提出的海洋强国建设战略需求，以支撑 2035 年建立世界先进、体系完备的现代化海洋新兴产业为导向，以关键核心技术的自主、安全、可控为目标，整合国内外优质创新资源，聚焦海洋工程科技前沿，组织开展关键核心技术攻关，建立海洋探测与信息资源利用、海洋可再生能源开发、深远海生物资源开发、海洋油气和矿产资源开发技术及装备、海洋基础设施建设、海洋生态环境保护六大高水平海洋工程科技体系，并加快推进科技成果产业化运用。

到 2035 年，应达到以下具体目标：

（1）在海洋探测与信息资源利用领域，实现核心技术和装备的国产替代与产业化，形成完整技术体系，有力支撑海洋探测在各领域的运用。

（2）在深远海生物资源开发领域，全面建成具有自主知识产权的技术及装备体系，达到国际领先水平，支撑深远海生物资源开发技术进入世界前列。

（3）在海洋可再生能源开发领域，以海上风能为突破口，带动各类新能源技术实现大规模工程化应用，支持中国海上可再生能源产业发展。

（4）在海洋油气和矿产资源开发技术及装备领域，紧跟世界一流水平，初步构建完整的自主化核心技术及装备体系，支持中国深远海油气和矿产资源开发。

（5）在海洋基础设施建设领域，全面建成自主化的技术、装备与标准体系，达到国际领先水平，使海洋基础设施建设产业具有强大的国际竞争力。

（6）在海洋生态环境保护领域，建成适应中国自然与社会环境的自主化技术体系，达到世界一流水平，充分保障中国优良的海洋生态环境建设。

13.4.2 重点产品

1. 重点任务

1）突破深海探测/监测核心技术

突破传感器等深海探测/监测核心技术及装备的自主化设计技术，建立具有自主知识产权的海洋技术与装备体系。重点突破高稳定性、高可靠性与高现场观测精度的海洋基本参数观测仪器技术（如温盐深测量仪、声学多普勒流速剖面仪）、海洋定位与探测系统（如多波束测深系统、长程超短基线定位系统、深水高分辨率测深侧扫声呐系统），以及移动、智能海洋观测平台（如自动剖面浮标、水下滑翔机等），建立海洋环境大数据库。

2）发展海洋可再生能源规模化应用技术

不断提升大功率海上风电整机技术水平，突破波浪能、潮流能等规模化实用技术难点。重点突破大功率海上风电整机设计制造、深远海强水动力环境漂浮式风机设计制造技术、发电机组及水下设备密封、发电装置模块化设计制造与性能测试技术、水轮机高效率高可靠叶片设计制造与检测技术。

3）打造世界领先的深远海养殖装备及技术体系

以绿色化、智能化、深远化为导向，打造支撑中国“蓝色粮仓”建设的具有世界领先水平的深远海养殖装备及技术体系。重点开发深远海钢结构养殖网箱、大型自动化养殖工船、自动化采捕技术、冷链物流技术体系，以及相配套的智慧养殖装备、自动投饲装置及洗网装置、渔业生态环境监测设备及智能监控设备、深远海养殖装备施工运维技术等。

4）攻克海洋勘察建筑工程核心技术

攻克海洋勘察建筑工程关键核心技术难点，突破悬浮结构设计技术难点，完善海洋勘察建筑工程技术标准体系，构建世界一流的海洋勘察建筑工程关键技术体系。重点突破海洋综合工程勘探船总体方案及关键系统设计建造、高精度海洋工程综合原位测试技术装备、多功能智能化船载实验室及配套仪器设备、浮式桥梁超大型浮体与悬浮隧道技术、离岸深水港规划设计及关键技术。

5）构建自主化海洋工程核心装备及技术体系

围绕海洋工程深远化发展对装备及技术的需求，重点开展深水工程装备及关键技术研发，构建自主化海洋工程核心装备及技术体系。重点突破大型特种船舶（大吨位自航式海上风电运输安装一体船、大型起重船、大型半潜式运输船、综合勘察船、深水铺管船、深水开槽铺缆船等）、海洋油气工程装备（海洋工程自升式平台、 深海半潜式平台、海上浮式生产储/卸油装置、水下机器人等）以及先进的海洋工程装备生产制造技术，包括总体建造方案设计、建造精度控制、重要设备安装和系统调试、数字化制造与单元模块化建造等。

6）以生态海岸带建设带动海洋生态环境保护

把握海岸带绿色生态化发展趋势，以生态海岸工程、离岸深水港口建设、固体废弃物海上无害化处理等新业态的培育为重点，构建新型生态海岸带建设技术及其标准体系。重点发展生态海岸带生态环保型防护工程设计、海岸带生态恢复技术、海岸带及海上立体化生态环境监测技术、应对气候灾害的多功能城市海岸空间规划、固体废弃物海上无害化处理、固体废弃物在海洋工程中再利用、海岛生态修复技术、海上油污治理技术等。

2. 基础研究

（1）海洋观测高精度传感器及其小型化、低功率技术。

（2）水下移动观测平台及组网技术。

（3）海洋可再生能源高效利用技术。

（4）离岸深海养殖技术及装备。

（5）海洋灾害生成机理与防灾减灾技术。

（6）深海资源开发与工程装备安全技术。

（7）抗海洋腐蚀绿色新型材料及加工技术。

（8）抗高压金属合金材料及加工技术。

（9）生态海岸带修复与环境保护技术。

3. 重大工程与专项

重大工程：深海资源开发关键技术及装备。

重大专项：全球海洋立体观测网。

13.4.3 战略支撑与保障

当前，中国处于海洋强国建设的关键时期，作为海洋强国建设的核心支撑，海洋工程科技发展既有紧迫需求，也面临着向集成化、智能化、低碳化、深远化发展所带来的诸多挑战。海洋工程科技作为一个作业环境复杂严酷且不确定性强的领域，面临高风险、高投入，需要发挥政府和市场的双重作用，不断优化体制机制，强化要素投入，完善协同机制，实现创新驱动发展。

1. 强化科技发展顶层设计，做好发展规划

海洋工程科技应用领域牵涉的学科和产业门类众多，学科交叉性强，需要强化科技发展顶层设计，统筹“政、产、学、研”各方面力量参与国际竞争，协同推动海洋工程科技向世界一流水平迈进。建议在国家层面建立海洋工程科技发展（咨询）委员会，制定本领域发展战略及规划，以便有效组织资源，引导各类主体通过有序分工与竞争的方式承担相关领域的科技创新任务。

2. 加大经费投入力度，提升基础科研水平

原创性的海洋工程科技需要坚实的基础科学研究做支撑。为此，应以高等院校和国有科研院所为依托，重点在防腐蚀抗压材料、海洋地质勘探、海洋声光电磁等基础科学、海洋气象与海气相互作用、海洋生物学等方面加大科研经费和人力投入，大力发展海洋基础科学，支撑海洋工程科技创新发展。

3. 大力强化企业作为科技创新主体的地位

由于企业直面市场需求，其科技创新成果可直接转化为企业竞争优势，因此，企业的科

技创新与产业实践结合最为紧密。应引导“产、学、研”结合，支持各领域相关企业建立海洋工程科技创新机构，以企业为科技创新主体，创新“产、学、研”合作模式，广泛吸纳各类科技人才资源并开展合作，基于企业技术基础，以创造市场竞争优势为导向，开展海洋工程科技创新，推动本领域产业链、价值链与创新链的结合。

4. 建立新型产业技术研发机构

依托国有大型企业及科研单位，以“政府支持、多方参与、市场运作、功能集成”为基本原则，创新管理体制与激励机制，建设集技术研发、成果转化、孵化投资、创业服务、人才培养等功能于一体且独立核算、自主经营、具有独立法人资格的新型研发机构。该类新型研发机构的作用是整合各类科技创新资源，围绕海洋产业技术创新链，通过自主技术创新突破产业前瞻性与共性关键技术，并通过科技成果转化、技术服务等活动推动产业创新发展。

5. 着重培养海洋交叉学科复合型人才

海洋工程科技学科交叉性和实践性强，应着力培养海洋交叉学科复合型人才。可在有关高校与科研院所设置“海洋+机电、海洋+通信、海洋+材料”等各种交叉学科点，培养掌握海洋基础理论与相关工程技术的复合型人才。通过企业办教育、校企合作培养人才，以及高等院校、科研院所、涉海企业高层次人才交流兼职制度等方式，实现人才培养的“产、学、研”结合。

6. 以国企为主建立产业技术协同发展机制

海洋工程科技开发难度高、投资大、风险高，市场化程度不高而战略性强，需要以国企为主承担科技发展重任，并建立通过签订战略合作协议、联合科技攻关、相互投资持股、共建研究平台等多种形式，构建横向整合、纵向集成、多元共建、“政、产、学、研”共同参与的产业科技生态体系与协同发展机制。

7. 以多种形式支持自主知识产权技术及装备的运用

实践应用是工程科技的价值所在，经过市场检验的工程技术及装备才能够真正实现价值，并不断升级改进。通过规划引导、财政补贴、税收减免、设置准入清单、规定使用比例等方式，支持自主知识产权的海洋工程技术及装备投入实践运用，并实现财务价值。为此，需重点支持关键核心技术及装备。

13.4.4 技术路线图的绘制

面向 2035 年的中国海洋新兴产业对海洋工程科技的需求与发展技术路线图如图 13-1 所示。

里程碑	2020年	2025年	2030年	2035年
需求	海洋探测技术装备与海洋信息资源利用			
	海洋可再生能源开发			
	深远海生物资源开发			
	海洋空间资源利用与基础设施建设			
	海洋油气和矿产资源开发			
	海洋生态环境保护			
目标	核心技术和装备的国产替代和产业化运用		拥有自主知识产权的完整技术与装备体系	
	紧跟世界一流水平，各类新技术实现大规模工程化应用			全面支撑海洋产业，达到国际领先水平
重点任务	突破深海探测/监测核心技术			
	发展海洋可再生能源规模化应用技术			
	打造世界领先的深远海养殖装备及技术体系			
	攻克海洋勘察建筑工程核心技术			
	构建自主化海洋工程核心装备及技术体系			
	以生态海岸带建设带动海洋生态环境保护			
关键前沿技术	深海探测监测核心装备及技术的自主化设计生产			
	自主知识产权的透明海洋装备用技术体系			
	高性能温盐深测量仪、声学多普勒流速剖面仪以及自动剖面浮标和水下滑翔机等移动观测平台			
	大功率海水风电整机设计制造、深远海强水动力环境漂浮式风机设计制造技术			
	发电机组及水下设备密封、发电装置模块化设计制造与性能测试技术			
	水轮机高效率高可靠叶片设计制造与监测技术			
	深远海钢结构养殖网箱、大型自动化养殖工船、自动化采捕技术及冷链物流技术体系			
	智慧养殖技术装备、自动投饲装置及洗网装置、深远海养殖装备施工运维技术			
	渔业生态环境监测设备及智能化监控设备			
	海洋综合工程勘探船总体方案及关键系统设计建造、高精度海洋工程综合原位测量技术装备、多功能智能化船载试验试验室及配套仪器设备、浮式桥梁超大型浮体与悬浮隧道技术			
	大型特种船舶、海洋油气工程装备以及先进的海洋工程装备生产制造技术			
	生态海岸带生态环保型防护工程设计、海岸带生态修复技术、应对气候灾害的多功能城市海岸空间规划、离岸深水港规划设计及关键技术			
	固体废弃物海上无害化处理、固体废弃物在海洋工程中再利用、海岛生态修复及环境监测、海上油污治理技术			
基础研究	海洋观测高精度传感器及其小型化、低功率技术			
	水下移动观测平台及组网技术			
	海洋可再生能源高效利用技术			
	离岸深海养殖技术及装备			
	海洋灾害生成机理与防灾减灾技术			
	深海资源开发与工程装备安全技术			

图 13-1　面向 2035 年的中国海洋新兴产业对海洋工程科技的需求与发展技术路线图

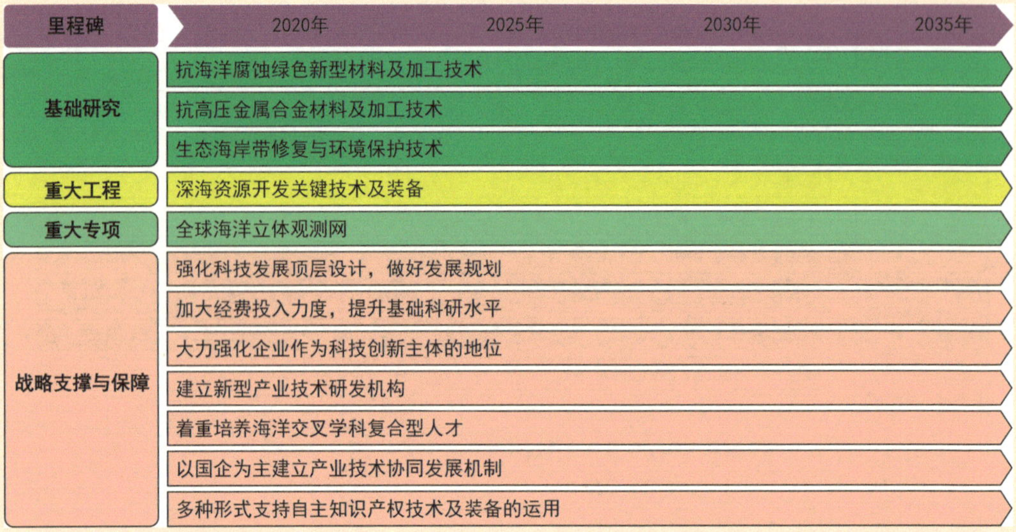

里程碑	2020年　2025年　2030年　2035年
基础研究	抗海洋腐蚀绿色新型材料及加工技术
	抗高压金属合金材料及加工技术
	生态海岸带修复与环境保护技术
重大工程	深海资源开发关键技术及装备
重大专项	全球海洋立体观测网
战略支撑与保障	强化科技发展顶层设计，做好发展规划
	加大经费投入力度，提升基础科研水平
	大力强化企业作为科技创新主体的地位
	建立新型产业技术研发机构
	着重培养海洋交叉学科复合型人才
	以国企为主建立产业技术协同发展机制
	多种形式支持自主知识产权技术及装备的运用

图 13-1　面向 2035 年的中国海洋新兴产业对海洋工程科技的需求与发展技术路线图（续）

小结

海洋新兴产业对中国海洋经济高质量发展起着重要的推动作用。近年来，中国海洋新兴产业发展初具规模，但是仍存在产业规模偏小、关键核心技术欠缺、海洋科技创新成果转化效率不高、高端人才储备不足等突出问题，这些问题制约了中国海洋新兴产业的高质量发展。提高海洋工程科技自主创新能力，需要依托涉海企业、高等院校、科研院所、资本市场和各级政府等多主体的“产、学、研、资、政”的深度合作。通过加强海洋工程技术联合攻关，促进海洋科技创新资源的优化配置，加快推动海洋战略性新兴产业形成“融合化、集群化、生态化”创新发展，助推海洋经济方式转变、结构转型和高质量发展，提升中国海洋工程科技创新的国际竞争力，助力“海洋强国”建设。

第 13 章撰写组成员名单

组　长：李华军

成　员：刘　勇　殷克东　李雪梅　梁　铄　武国相　王心玉　赵　洋

执笔人：李雪梅　梁　铄

14

面向 2035 年的中国油气智能工程技术路线图

14.1 概述

近年来，中国油气对外依存度持续攀升，能源安全面临严峻挑战，而油气重点领域逐渐向老、非、低、深、海等复杂油气领域拓展，勘探开发难度不断加大。油气工程智能化是全球油气行业发展的必然趋势，通过融合大数据、人工智能等前沿技术，实现复杂油气勘探开发过程的超前探测、闭环调控、精准制导和智能决策，有望大幅度提高油气产量和采收率。目前，国外在本领域刚刚起步，国内总体空白，有必要开展本领域战略研究，提出油气智能工程的关键科学与技术问题，制定中国油气工程技术的发展目标和战略路线图，对涉及体制、资源、人才等方面的问题，提出合理可行的政策建议，为实现中国复杂油气资源的经济高效开发，推动油气科技跨越式发展提供支撑。

14.1.1 研究背景

伴随经济社会的发展，中国对油气资源的需求量也快速增长。2020 年，中国原油产量为 1.95 亿吨，比 2019 年增长 1.6%；原油表观消费量为 7.36 亿吨，同比增长 5.6%，进口原油 5.42 亿吨，比 2019 年增长 7.2%，对外依存度达到 73.5%。天然气产量为 1925 亿立方米，同比增长 9.8%；天然气消费量为 3290 亿立方米，比 2019 年增长 7.3%；进口天然气 1417 亿立方米，同比增长 5.1%，天然气对外依存度达到 43%。当前，国内油气生产消费缺口持续扩大，加之中国大部分主力油气田进入开发中后期，油气增产压力逐年增加。因此，在地缘政治日趋复杂的当下，如何立足国内实现合理范围内的油气自给，事关中国油气能源安全。

深层油气约占中国陆上剩余油气资源量的 30% 和 60%，已成为中国陆上油气勘探开发的重要接替领域。此外，中国页岩油气、油页岩、煤层气、致密气等非常规油气资源储量也极为丰富。例如页岩气的储量高达 31 万亿立方米，居世界第一位。页岩油气、油页岩、煤层气、致密气等非常规油气将成为中国未来油气产业新的增长点。深层油气、非常规油气等复杂油气资源面临资源劣质化、勘探多元化、开发复杂化、环境恶劣化等挑战，现有油气工程技术在经济、安全、高效、环保等方面面临前所未有的难题，亟须发展新一代变革性油气工程技术。

油气智能工程技术是融合了大数据、人工智能、信息工程、井下控制工程学等理论与技术的新一代变革性技术，通过应用地面智能装备和井下智能执行机构等，实现油气的超前探测、闭环调控、精准制导和智能决策。油气智能工程技术有望为大幅度提高中国复杂油气藏勘探开发水平、推动油气科技跨越式发展提供支撑。

为此，中国工程院组织行业专家和学者，分析中国油气勘探开发的现状和发展趋势，围绕中国油气智能地质工程技术、油气智能地球物理探测技术、油气智能钻完井技术、油气智能开采工程技术、油气储层智能改造技术和油气智能生产安全与保障技术开展系统性调研，瞄准国际相关领域技术前沿和趋势，总结中国当前油气智能工程技术面临的重大难题和挑战，制定中国油气智能工程技术领域的战略规划和发展目标，为中国深层油气和非常规油气的大规模高效且低成本开发提供支撑。

14.1.2 研究方法

本课题组通过系统广泛的信息调研、文献与专利分析和专家研讨等方式，分析中国油气勘探开发现状及中长期战略需求。以中国工程院工程科技战略咨询智能支持系统（iSS）为依托，进行文献整理、专利分析，从全球、主要国家、研究者研究方向等多个维度厘清油气智能领域过去、当前的宏观态势，分析国内外油气智能地质工程、油气智能物探测井、油气智能钻完井、油气智能开采、油气储层智能改造和油气智能生产安全与保障等工程技术的研究现状，了解目前中国在本领域的国际地位和竞争态势，形成本领域技术态势扫描报告。在此基础上，结合专家研讨过程的意见和建议，形成本领域技术清单，系统地总结油气智能工程技术未来的发展趋势和需求。在广泛寻求专家意见的基础上，针对油气智能工程技术需要解决的重大科学问题，提出符合中国实际情况的未来油气智能工程技术发展目标与策略，制定面向 2035 年中国油气智能工程技术重点任务与技术路线图，为中国油气智能工程技术的快速稳定发展建言献策。

14.1.3 研究结论

本题课组厘清了未来 15 年油气智能工程相关技术的发展趋势，提出了面向 2035 年的中国油气智能工程技术的 3 个发展阶段——起步探索阶段、初级发展阶段及中级发展阶段。在起步阶段（2020—2025 年），数字孪生在油气开发全过程初步应用；在初级发展阶段（2026—2030 年），油气产业智能化初具雏形，大部分油气开发过程实现数字孪生，部岗位实现少人化；在中级发展阶段（2031—2035 年），油气产业全面应用人工智能技术，大部分岗位实现少人化，部分岗位实现无人化。针对各阶段，同时明确了油气智能地质工程技术、油气智能地球物理探测技术、油气智能钻完井技术、油气智能开采工程技术、油气智能储层改造技术和油气智能生产与保障技术领域的重点攻关方向，从战略布局、政策体制、平台体系、资金投入和人才培养 4 个方面提出重点保障措施。最后，绘制了面向 2035 年的中国油气智能工程技术路线图。

14.2 全球技术发展态势

14.2.1 全球政策与行动计划概况

世界科技正朝着数字化、信息化、智能化方向迅速发展。2016 年 10 月，美国相继发布了《为人工智能的未来做好准备》与《国家人工智能研究与发展战略规划》，首次将人工智能上升到国家战略层面。2018 年 4 月，欧洲的英国、法国、德国等 25 个国家共同签署了《人工智能合作宣言》，旨在从欧洲发展战略层面推动人工智能合作研究，增强欧洲在人工智能研发领域的竞争力。2017 年 7 月，中国国务院颁布的《新一代人工智能发展规划》指出，到 2030 年，人工智能理论、技术与应用总体达到世界领先水平，使中国成为世界主要人工智能创新中心。油气工业智能化融合了大数据、人工智能、物联网、云计算等技术，已成为油气工业前沿热点和必然趋势，有望引领油气工程技术变革，实现油气工业跨越式发展。因此，大力推动中国油气工业数字化转型和智能化发展，对推动中国油气科技持续创新、大幅度提高油气自主供应能力、保障国家能源安全、支撑未来产业升级和经济转型具有重要战略意义。

14.2.2 基于文献和专利分析的研发态势

1. 基于文献分析的研发态势

本课题组通过统计油气智能工程技术领域的论文发表情况，进行本领域的研发态势分析。

1）全球态势分析

2011 年之后，尤其 2017 年之后，主要国家对油气智能工程技术的研究热度逐渐上升，本领域论文发表数量明显增加。2018—2020 年，这 3 个年度发布的论文数量最多，分别为 537 篇、1419 篇、935 篇，加速发展趋势，说明本领域进入新一轮高速发展模式。具体到国家层面，中国和美国在本领域的论文发表数量领先其他国家，分别是 1922 篇、999 篇，伊朗、德国、英国、印度紧随其后。这些文献统计数量在一定程度上体现出中美两国在本领域处于领先水平。

2）学科分析

油气智能工程技术领域论文发表数量排名前五的学科依次是“Engineering, Electrical & Electronic”、“Energy & Fuels”、“Geosciences, Multidisciplinary”、“Computer Science, Artificial Intelligence”和“Engineering, Petroleum”，相关论文数量分别为 768 篇、759 篇、669 篇、427 篇、411 篇。这些数据在一定程度上反映了油气智能工程技术领域各学科融合度达到较高水平。

3）关键词词云分析

随着本领域技术的发展与融合，以及相关研究的不断深入，出现了越来越多相互关联的研究热点，形成了庞大的研究网络。通过本领域论文关键词词云分析可知本领域的研究热点、研究主题和新的专业术语。关键词的数量越多，说明该词的热度越高，也说明它代表的方向是当前研究的重点。在油气智能工程技术领域，model、system、reservoir、fracture 等是出现频率较高的关键词，说明它代表的方向是最近几年本领域研究的重点，如图 14-1 所示。

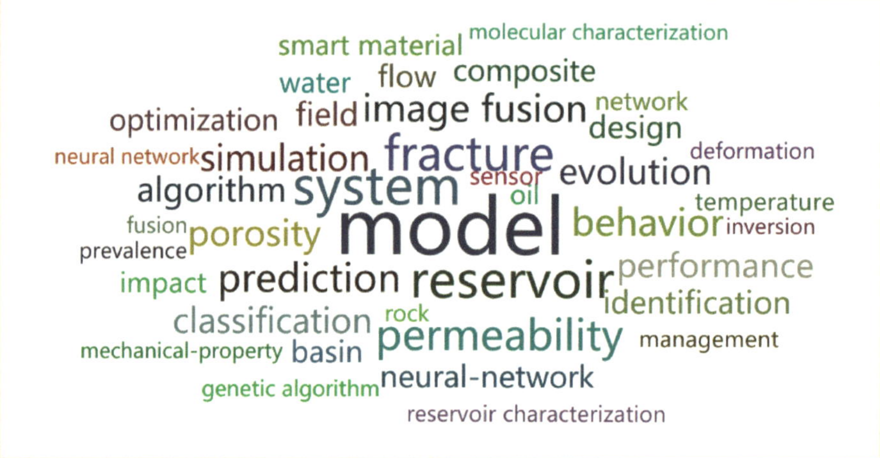

图 14-1　关键词词云分析

4）主题河流分析

根据主题河流分析结果可知本领域比较有影响的前 10 个国家在某一时期研究主题变化的趋势。图 14-2 列出了 2000—2020 年在本领域比较有影响的前 5 个国家在不同时期的研究重点。可以看出，中国的研究重点体现在 model、reservoir 和 permeability 上，美国的研究重点体现在 reservoir、model 和 permeability 上。

5）二维分析

利用二维分析，可以从时间+国家、时间+机构、时间+期刊、时间+作者等方面反映国家、机构等在本领域的研究趋势。同时，可以直观反映每个国家对本领域的重视程度，对本领域研究的支持力度，也反映出国家在本领域技术发展状况和国际地位。二维分析的作用和一维分析一样，但二维分析通过增加时间维度，体现同一维度不同数据项之间的对比关系。从本领域国家合作网络分析结果（见图 14-3）可以看出，在本领域的研究最活跃的 3 个国家是中国、美国、伊朗。其中，合作关系最密切的 3 组国家分别是中国与美国、澳大利亚与中国、加拿大与中国。

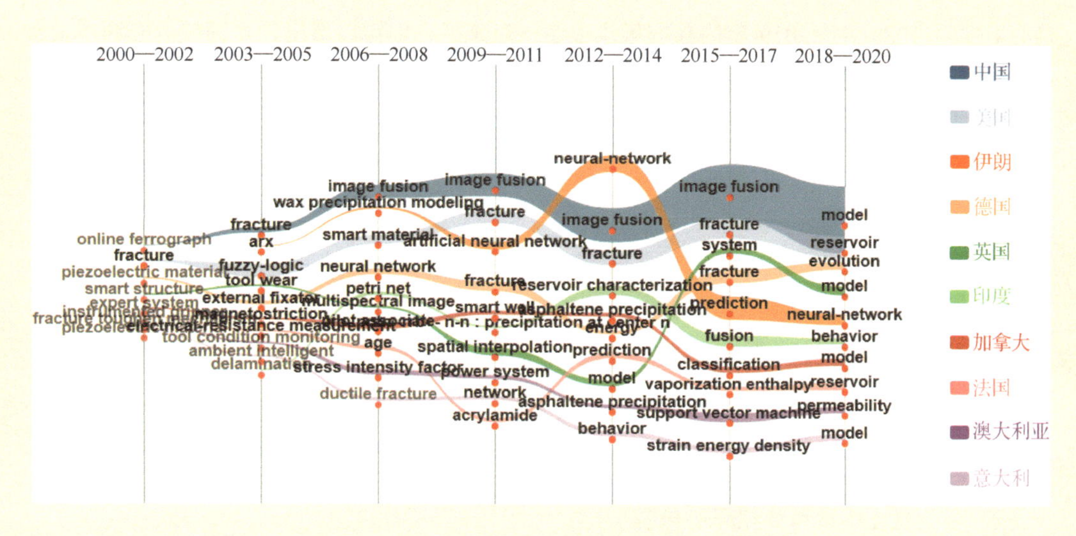

图 14-2　2000—2020 年期间的主题河流分析

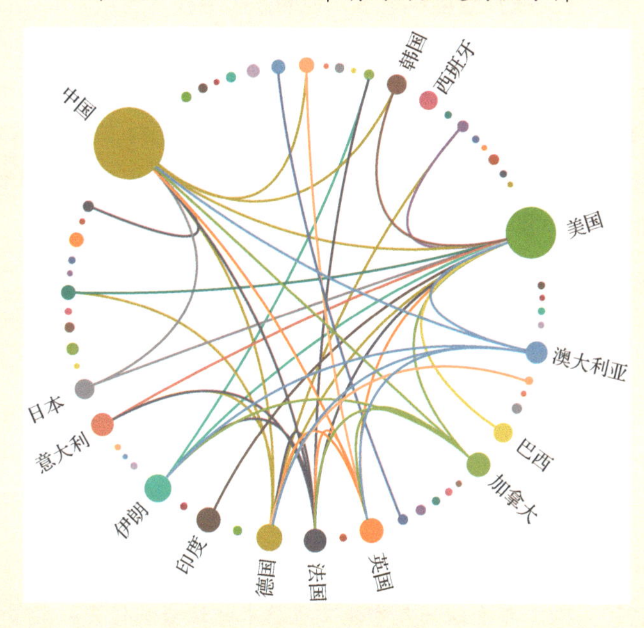

图 14-3　国家合作网络分析

2. 基于专利分析的研发态势

1）专利申请趋势分析

1990—2021 年全球油气智能工程技术领域的专利申请数量变化趋势如图 14-4 所示。从图 14-4 可以看出，2012—2014 年这 3 个年度本领域的专利申请数量较多，分别为 12550 件、

12414 件、11989 件。2019 年的数据可能存在一定延迟，但可以看出，本领域的专利申请数量总体上呈上升趋势且增长明显。

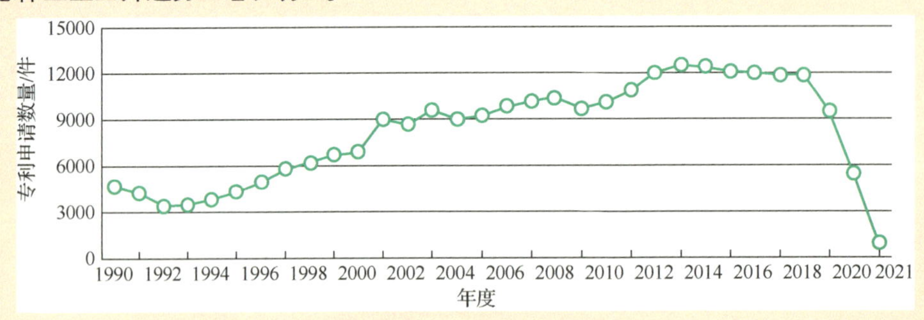

图 14-4　1990—2021 年全球油气智能工程技术领域的专利申请数量变化趋势

2）专利优先权数量变化趋势分析

通常情况下，专利优先权数量逐渐增多，说明本领域技术创新趋向活跃；专利优先权数量趋于平稳，说明本领域技术创新趋于稳定，技术发展进入瓶颈期，技术创新难度逐渐增大；专利优先权数量趋于下降，说明本领域技术逐渐被淘汰或被新技术取代，社会和企业创新动力不足。根据本领域专利优先权数量变化趋势来看，2012—2014 年这 3 个年度专利优先权数量最多，分别为 11899 件、11580 件、11085 件。1990—2021 年全球油气智能工程技术领域专利优先权数量变化趋势如图 14-5 所示。

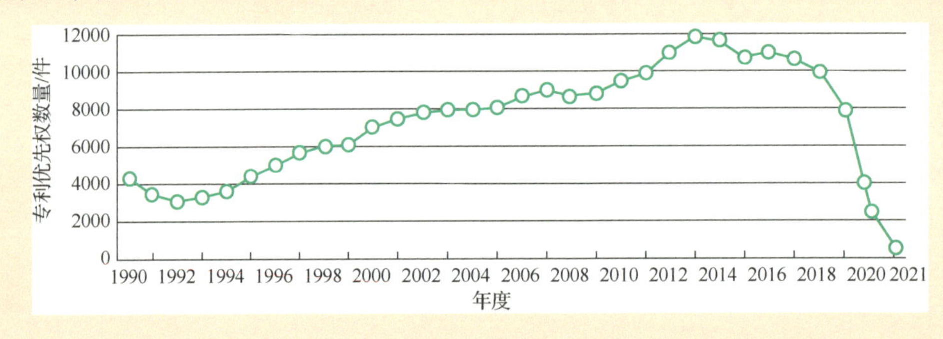

图 14-5　1990—2021 年全球油气智能工程技术领域专利优先权数量变化趋势

3）专利申请人所属国家和组织分析

通常情况下，公开专利申请数量较多的国家和地区的申请人的创新能力相对较强，或具备相当的技术优势；公开专利申请数量较少的国家和地区的申请人创新能力相对较弱，或不具备技术优势。专利申请人所属国家和组织情况分析如图 14-6 所示。从图 14-6 可以看出，1990—2021 年，在本领域美国和欧洲专利局的申请人发布的专利数量较多，分别为 89330 件、29665 件。其中，美国在本领域的专利申请数量处于绝对领先的地位。

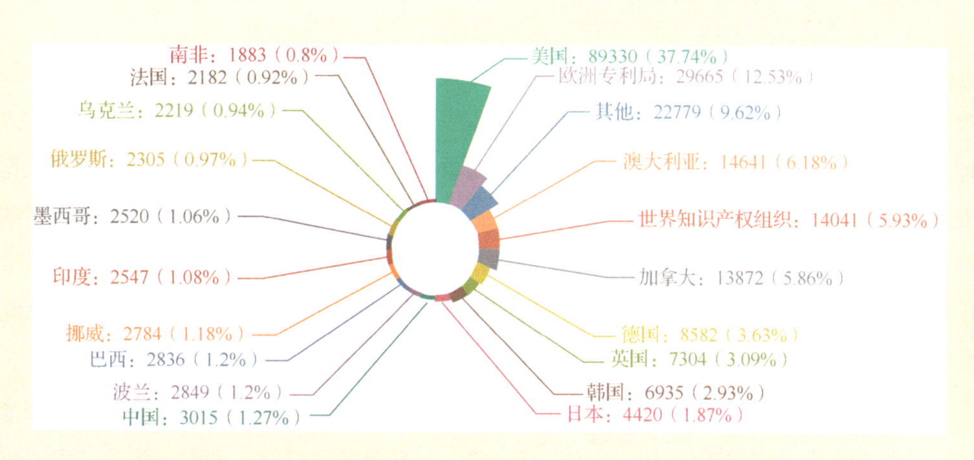

图 14-6　1990—2021 年油气智能工程技术领域专利申请人所属国家和组织情况分析

14.3　关键前沿技术发展趋势

14.3.1　油气智能地质工程技术

融合人工智能、云计算等理论，构建多模态协同智慧决策平台，实现油气地质大数据价值挖掘、油气智能预测与评价、油气藏智能表征与建模，是油气智能地质工程的核心任务。

多模态协同智慧决策平台建设旨在通过机器学习、高性能计算、可视化等人工智能技术与油气地质的融合，提高油气勘探开发决策效率，在最大程度优化生产，降低综合成本。例如，斯伦贝谢公司推出 DELFI Cognitive E&P Environment，打造了油气地质研究与决策的统一信息平台环境，该环境利用数据、科学知识以及本领域专业技术，彻底改变了勘探开发产业价值链上各环节的工作方式；中石油公司开发的“勘探开发梦想云”融入智能检索、大数据分析、数据洞察等多项人工智能技术，在塔里木油田试点应用，油藏工程分析效率与传统报表分析相比大幅度提升。

多模态数据融合与价值挖掘、基于机器学习的智能预测与评价模型构建是协同智慧决策平台建设的核心内容。近年来，国内外相关学者在地层智能划分与对比、井震融合的储层智能表征、储层参数智能预测、智能三维地质建模等领域开展了大量卓有成效的工作。

14.3.2　油气智能地球物理探测技术

2017—2021 年，人工智能与地球物理探测结合面越来越广，几乎涵盖了重磁电震和测井的各个方面，特别在重复性的、工作量大的、易直接观测到结果的和与找“分割线”有关的应用场景问题上已基本实现工业化（如初至拾取[1]、速度分析[2]和断层解释[3]）。此外，人工智能与地球物理探测结合度也越来越深，从单源单模态发展到了多源多模态，从仅靠数据驱动发展到了由模型和数据双驱动或联合驱动，从已有网络的直接应用发展到了多个网络的混合搭建及应用，从完全“黑箱”发展到了逐步“白箱化”（有了一定的可解释性），从多个单技术智能化发展到了多个技术的一体化智能化，从有监督或无监督发展到了半监督，从间接储层物性反演发展到了直接储层物性反演[4-8]。

地震勘探是探测地下油气“宝藏”的一种最常用手段。近几年，人工智能特别是深度学习技术（包括卷积类神经网络、残差类神经网络、循环类神经网络、端到端类神经网络等）被成功应用到了地震资料处理、反演和解释的各个技术点上。总体来说，地震勘探中成熟的模型驱动技术（基于给定方程发展的技术）以及人工操作部分，均已采用人工智能方法进行了（初步）实现。

在测井处理与解释方面，张东晓等人[9]提出了一种基于循环神经网络（RNN）——长短期记忆神经网络（LSTM）重构测井曲线的方法，采用真实测井曲线进行验证后发现与传统方法相比精度更高。江凯等人[10]利用提升树、决策树、支持向量机等算法，与录井岩性相比，预测准确率达到 80%以上。

当前，国内成像测井仪器稳定性、可靠性、实用性等方面与国外相比差距较大，不能满足工业化规模应用需求。智能测井发展的重点在于研发稳定、可靠的快速智能成像测井仪并规模化应用，产品指标达到国际先进水平。在智能物探方面，低成本、宽频带、高效率的采集技术是实现高精度地球物理勘探的关键，未来的发展重点是建设数字节点采集系统、震电一体化采集系统。

14.3.3 油气智能钻完井技术

在智能钻完井装备方面，国外石油公司已经开始规模化应用钻台机器人、起下钻自动控制、自动送钻系统、自动控压钻井、钻井液在线监测等技术。

在井下工具方面，智能钻机、智能钻头、智能钻杆能够实现钻台无人化操作、钻井自动化精准控制，大幅度提高钻井效率，降低钻井风险和人力成本。旋转导向钻井系统的规模化商业应用，实现了随钻、随测、随控，既保障钻头高效破岩，又实现智能导向。

在智能钻完井一体化平台方面，斯伦贝谢公司开发的新一代陆上“未来钻机”，将数字技术、装备、工具、软件有机组合成一套钻井系统，配备自动钻杆装卸装置，内置 1000 多个传感器，能够监测超过 350 项钻机活动，不断提高自动化、智能化水平。美国国民油井公司的钻机控制平台集地面装备控制软件系统、信息钻杆、随钻测量工具、分析优化软件于一体，将井下采集的动态数据与地面数据综合分析处理，与综合性钻井仿真模型配合互动，借助集成地面装备控制软件系统（NOVOS）实现对整个钻井的闭环控制，在 Eagle Ford 页岩地层 6 口水平井中应用，纯钻时间减少了 7%。

在钻完井智能预测、优化与决策系统方面，国外石油公司以钻完井巨量数据作为基础，引入机器学习、大数据、云计算等前沿技术，形成井筒环境预知方法及表征地层力学行为特征的体系，研发了钻完井大数据整合与分析平台、基于云平台的建井工程设计与智能优化系统、一体化压裂优化软件，大幅度提升钻完井工程设计、复杂工况预测、分析优化与精准控制水平，在最大程度上实现钻完井工程的自动化、高效化、智能化。哈里伯顿公司的建井工程 4.0 引入大数据分析、钻井分析智能优化平台等，构建了数字孪生井筒，覆盖钻前模拟预演、钻中分析实时决策、钻后回放分析等全过程。斯伦贝谢公司开发认知一体化平台（DELFI）中的一体化钻井设计解决方案 DrillPlan，能够将钻井设计规划的时间从几周压缩到几天。康菲公司钻完井大数据分析平台可简化数据收集、处理过程，同时能够对数据进行有效的分析，可以减少钻井时间、优化完井设计、提高对地层的认识等。

国内智能钻完井方面的软件研发刚刚起步，基本具备钻完井设计、监测优化等功能，但由于数据标准不统一，信息共享不畅，物理模型与机器学习算法交叉融合度低等原因，在准确性、全面性和现场适用性方面还待改进。

14.3.4 油气智能开采工程技术

在油气产量预测方面，王洪亮等人[11]利用深度学习领域中的长短期记忆神经网络（LSTM），构建相应的油田产量预测模型，具有更准确的预测结果。KUBOTA 等人[12]根据线性回归和递归神经网络，实现注水和注蒸汽的成熟陆上油田的产油量预测。BAO ANQL 等人[13]将递归神经网络应用于控制参数和历史产油量数据，实现了端到端的产油量预测工作流。在饱和度预测方面，TARIQ Z 等人[14]采用差分进化（DE）、粒子群优化（PSO）和协方差矩阵自适应进化策略等优化算法，对功能网络模型进行了优化，建立了含水饱和度预测模型。SHAHKARAMI A 等人[15]采用神经网络技术开发并验证那些用于油藏模拟历史拟合、敏感性分析和不确定性评估的智能代理模型。

在生产参数动态优化方面，ARTUN E 等人[16]基于模糊推理系统，构建了基于人工智能的决策方法，用于识别致密砂岩气储集层中有重复压裂潜力的候选井。SENGEL A 等人[17]提出了一种人工智能方法，消除了在数据有限的情况下处理高度复杂、非均质碳酸盐岩储集层时固有的不确定性。

在数值模拟方面，ZHANG JIAN 等人[18]开发了将内部数值模拟程序包和基于人工神经网络的专家系统相结合的神经模拟协议，允许专家系统使用数值模拟模型生成的数据自动更新其知识库。COSTA L A N 等人[19]运用神经网络模型和遗传算法解决了油田的历史拟合问题。

油气智能开采技术发展的一个重要方向是智能油田。数字油田经过 20 多年的发展，油气田开发已初步实现了数字化、网络化、自动化，并开始向着智能化目标迈进。智能油田是数字油田未来的发展方向，将以一个统一的数据智能分析控制平台为中心，无论固定资产、移动设备还是工作人员，都将成为数据的收集者和接受者，并直接与智能控制中心建立联系。智能控制中心结合人工智能、大数据、云计算等技术，通过分析巨量数据，在全资产范围内实时完成资源合理调配、生产优化运行、故障判断、风险预警等，最终实现全部油田资产的智能化开发运营。另一个发展的重点是智能采油技术。国内油田以水驱开发为主，该技术国际领先，但由于陆相沉积油藏层系多、非均质性强，导致油藏高含水开发阶段的采收率整体偏低。因此，实施精细化、智能化分层注采开发是提升采收率的重要途径。未来的发展重点是形成智能化分层注采实时监测与控制工艺技术系列，以及油藏工程一体化智能优化生产系统。

14.3.5 油气智能储层改造技术

人工智能技术正逐步应用于压裂设计、裂缝扩展动态监测与风险预警等方面。从 2003 年起，数据驱动式压裂优化设计理念开始萌芽[20]，率先在美国非常规页岩油气压裂设计中得到应用。通过统计上千口油井的生产数据，利用统计学方法形成学习曲线，寻找最优压裂完井参数组合。该方法摒弃传统理论，依赖大数据统计分析寻找规律，其局限性在于所需数据量庞大、学习周期较长。2012 年，美国 Quantico 能源技术服务公司致力于利用人工智能技术解决油气工程优化问题，研发出了基于深度学习算法的高精度压裂增产预测模型[21]，在二叠系盆地和巴肯油田的 100 多口油井使用。与邻井相比，优化后的压裂完井方案可提高产油量，提高率达到 10%～40%。美国 Drill2Frac[22-24]公司同样利用机器学习和深度学习算法，开发出了压裂完井智能优化流程方案，实现了储层可压性评价、布缝位置优选、压裂参数优化等重要功能，并在北美地区的 6 个页岩气盆地开展 108 口油井现场应用。结果表明，优化井产油量同比邻井提高约27%，增产效果显著。2018年，SCANLAN W等人[22]提出了利用钻测录数据和神经网络建立详细的分层和地质力学模型，在精细压裂时进行射孔簇设计和分组，使美国Bakken中部油井在4个月内的产油量提高了49%，三口分叉井在4个月内产油量提高了101%。SHAHKARAMI A等人[25]基于Marcellus Shale区域的实际产能数据使用对比了4种回归算法的预测能力，并对相关参数进行了优化。2020年，Viktor Duplyakov等人[26]基于欧氏距离寻找相似井，以补充缺失的地质工程参数，利用多种Boosting算法优选无梯度优化方法优化完井参数，使得Western Siberia（Russia）地层的油井产油量提高了20%。

国际大型能源服务公司相继研发出了压裂动态监测系统，如威德福公司FracMap[27]、斯伦贝谢公司StimMAP LIVE[28]、哈里伯顿公司FracTrac[29]等系统，但是仍无法实现人工智能诊断与调控。2020年，哈里伯顿公司推出全新的智能压裂系统Smartfleet。该系统通过集成地下裂缝测量、实时3D可视化和实时压裂参数调整，对井下裂缝的均匀性进行更好的控制与调整，实现了20%的综合产油量提升，但相关理论与技术细节未见公开发表。BAGHERIAN B[30]收集了50000组测斜仪数据集，利用前馈神经网络与模式识别网络建立了测斜仪数据与裂缝方位、裂缝模式，以及裂缝体积等裂缝特征之间的响应关系，在裂缝模式识别过程中准确度高达89.2%。2019年，ZHANG R等人[31]使用导电支撑剂和通电套管的对裂缝分布进行监测，通过对地面电场和磁场的测量进行数据采集，并基于卷积神经网络，建立了测量的场模式和裂缝特征参数之间（裂缝方向、导流能力）的关系。JIN G等人[32]使用低频分布式声波传感信号（LFDAS）检测邻井的裂缝沟通情况，使用监督学习技术训练机器学习模型，根据LFDAS数据得到裂缝撞击的特征训练神经网络模型预测与临井裂缝相交的概率。2020年，SHEN Y等人[33]使用压力排量等施工参数作为输入数据并进行相应事件的标注，训练了卷积神经网络与Unet神经网络对压裂过程中桥塞座封等事件进行识别，为压裂施工自动化流程奠定了一定的基础。

油气智能储层改造技术发展方向定位为人工智能辅助压裂优化设计—诊断—调控一体化。压裂智能优化设计实现精准选井选层、压裂完井与工艺参数优化；压裂智能诊断由无限级智能滑套和智能诊断与调控芯片组成，实时调节参数，达到最大化压裂效果；通过研发智能压裂液和支撑剂，最终实现降本、提效、增产目标。未来的智能压裂技术发展方向主要有地质工程甜点（表示油气富集、具有经济开采价值的区域）智能识别与压裂位置智能优选、压裂完井参数多目标协同优化、基于深度学习的压裂风险智能预警、基于无限级智能滑套的精细分段压裂闭环调控系统、压裂信息智能感知机器人等。未来，利用智能储层改造技术有望大幅度提高储层有效改造体积和最终采收率，降本、增效意义显著。

14.3.6 油气智能生产与保障技术

在关键设备设施健康与完整性保障方面，哈里伯顿公司将温度、压力、套管磨损腐蚀等基础数据运用到井筒完整性管理中，根据井筒完整性情况，对油气井进行了风险等级划分。BP 公司和 2H 公司联合编制《深水钻井隔水管完整性管理指南》，包括隔水管分析、作业及检测推荐做法。MCS 公司和 Petrobras 公司针对柔性立管，提出完整性管理方案。WGIM 公司针对新旧设备混合现象，提出立管完整性管理方案。DNV 公司总结隔水管、立管的完整性管理进展，制定钢悬链线立管完整性管理规范。未来，该技术发展方向是形成超大型压裂设备结构完整性评估与保障技术，完善关键设施（如管柱、井筒、钻具、海底管道）缺陷智能化检测、评估与寿命预测技术。

在实时风险评估与早期预警方面，Ali Karimi Vajargah 等人针对钻井作业提出基于不确定性的动态贝叶斯网络方法，用于定量风险评估和动态风险分析。王刚运用专家系统和基于 Hadoop 的贝叶斯网络判别法，实现对井喷关键风险因素和钻井作业关键参数的系统监测。未来，该技术的发展方向是研究井场—管道—站库的设备设施微泄漏、隐含故障、缺陷等实时监测、诊断与故障精确定位技术，研究油气生产过程中多灾种（极端天气条件、自然灾害条件）耦合事故早期智能预警技术，并发展基于大数据的油气生产全过程实时风险评估与事故预测技术。

在事故预防与风险防控方面，美国 BUCKEYE 管道公司利用地理信息系统（GIS）技术建立了管道管理系统。意大利 SNAM 公司开发了 SIGAS 天然气管道工程地理信息系统，用于管道信息的收集和管理，同时制作了全国天然气输送管道的地图。未来，该技术发展方向是形成复杂油气生产井控技术（包括国产化、高密封性防喷装置、井控系统优化、智能防喷控制系统等），搭建井控系统信息管理平台、管道地质灾害信息管理平台等实时动态、高效的生产信息管理平台。

在应急救援技术与装备方面，MWCC、Helix、Wild 等井控公司研发了油井封井回收系统；TDW 公司通过对管内高压智能封堵技术的研究，分别形成陆地油气管道智能封堵器系列和海底管道智能封堵器系列。刘茂针对四川高含硫天然气事故下的复杂地形人群疏散，使用基于元胞自动机理论的三维疏散软件 STEPS，进行疏散时间、疏散效率等方面的研究。未来，该技术发展方向是完善管道不停输带压开孔封堵技术，构建极地冷海环境物资供应保障与应急救援系统，研发水下井控和井口应急封堵技术及装备，研发恶劣环境、极端天气等条件下的智能化应急决策支持系统及应急装备。

14.4 技术路线图

14.4.1 需求与发展目标

1. 需求

1）国家需求

能源是国民经济和社会发展的重要基础。中国是能源生产和消费超级大国，保障能源安全事关国家发展大局。石油、天然气（以下简称“油气”）是重要战略资源，是保障中国能源安全的重要组成部分，但是，中国油气自给不足，2020 年中国油气对外依存度分别攀升到 73% 和 43%，油气安全面临严重挑战。为了满足中国未来实现社会主义现代化对油气巨大的需求，保障能源安全，需要坚持“稳油增气”，努力实现原油产量达到 2 亿吨/年、天然气产量达到 2600～3000 亿方/年的目标。

2）行业需求

当前，中国油气勘探开发趋向老、非、低、深、海等复杂油气领域，面临资源劣质化、勘探多元化、开发复杂化和环境恶劣化等难题，油气开发技术在高效、安全、经济和环保方面面临严峻挑战，亟须发展新一代变革性技术。人工智能作为新一轮科技革命和产业变革的核心驱动力，已成为主要国家抢占技术高地的重要发展方向。智能油气开发是油气行业发展的必然趋势和变革性技术，基于人工智能、大数据、云计算、5G、物联网、控制工程等，实现油藏精细描述、精准制导钻进、风险实时监测、方案智能决策，最终实现提质、降本、增效，大幅度提高油气开采效率。当前，油气行业正在加速数字化转型和智能化发展步伐，国外，斯伦贝谢、哈里伯顿等公司在数字孪生、云计算和智能油气开采等方面已取得一定进展；国内，中石油、中石化和中海油等公司也对此进行了初步探索，但总体上与国外相比还有不小的技术差距。因此，油气行业需要贯彻落实党中央、国务院的决策部署，创新油气智能基础理论，攻克油气智能技术瓶颈，研发油气开采短板装备，形成新一代油气理论与技术装备体系，与国外先进技术相比从“跟跑”到“并跑”再到“领跑”，实现油气行业数字化转型和智能化发展，保障国家油气供应安全。

2. 发展目标

从当前至 2025 年（起步探索阶段），数字化转型是油气智能技术的基础，数字孪生是数字化转型的关键，基于先进传感器、物联网和 5G 等技术，到 2025 年实现数字孪生在油气开发全过程的初步应用。智能装备和智能软件系统是油气智能技术的重要内容，到 2025 年，在先进传感器、智能井下工具等油气开发关键装备方面取得突破，初步形成油藏管理、智能钻井和地质工程一体化等系统平台体系。

2025—2030 年（初级发展阶段），人工智能技术渗透到油气行业全产业链，大部分油气开发过程实现数字孪生。在钻井、开采等复杂环节，智能软件系统能够提供可靠的优化方案辅助工作人员决策，越来越多的岗位实现少人化，部分岗位（如管道巡检）实现无人化，油气行业智能化初具雏形。

2030—2035 年（中级发展阶段），人工智能技术、大数据分析和智能装备等在油气行业广泛应用，油气勘探开发实现数字孪生。智能软件系统与智能装备实现整合，能够优选方案并自动执行，实现闭环调控，大部分岗位实现少人化，约 20%岗位实现无人化。

14.4.2 重点任务

油气智能技术是指结合大数据、人工智能等前沿理论与技术，通过地面和井下等智能监控、决策与执行机构，大幅度提高油气开发效率，安全、高效、经济地开发油气。根据油气开发的内容和面临的难题，为实现油气智能技术，需要在油气智能地质工程技术、油气智能地球物理探测技术、油气智能钻完井技术、油气智能开采工程技术、油气智能储层改造技术和油气智能生产与保障技术 5 个方向进行攻关。

1. 油气智能地质工程技术

基于油气地质大数据、机器学习、云计算等理论，以动态地质模型为核心任务目标，构建具有知识抽取与推理引擎的油气地质智慧决策平台，实现油气地质大数据多模态融合、有利目标智能预测与油气藏智能表征、勘探开发智慧决策等。

2. 油气智能地球物理探测技术

研制井下先进传感器、随钻远探与前探成像装备、超高温高压测井系统等关键技术装备，研究随钻测、录、导一体化作业方法与地球物理探测、测井等多源异构数据的传输和融合。基于大数据和人工智能技术进行高效高精度地震资料处理、反演和解释，智能化预测复杂储层物性参数及油气分布，形成油气智能地球物理探测技术方面的工业化软件。

3. 油气智能钻完井技术

研制智能钻头、智能钻杆、智能钻机和智能完井等智能化装备，在复杂地层智能表征与超前探测方法、复杂地层智能化破岩机理与导向控制方法、井筒稳定性闭环响应机制与智能调控方法和复杂油气钻井智能监控、诊断与决策系统方面开展攻关，形成钻完井智能预测、优化与决策一体化平台，实现钻完井过程中大数据的双向高效实时传输，以及全局协同优化与智能闭环调控。

4. 油气智能开采工程技术

基于油气田智能传感器、生产大数据和人工智能算法，动态调整完善油气藏模型，精准预测储层油气动态分布，分析开发数据，智能预测产能、优化生产动态。通过井下油水分离装置、入流控制装置闭环调控生产参数，研究智能驱替与精细注水/气提高采收率方法。

5. 油气智能储层改造技术

建立适用于智能压裂应用场景的人工智能算法，突破压裂工况智能优化设计、工况诊断与风险预警；发明井下智能压裂机器人，实现压裂信息智能感知与压裂参数闭环调控，大幅度提高储层改造体积和油气藏最终采收率。

6. 油气智能生产与保障技术

建立复杂油气生产事故及失效数据库，系统地研究复杂油气生产过程中多灾种耦合事故演化过程；基于油气田现场生产大数据和传感器，开发智能化早期预警与应急决策支持系统、穿戴式人员安全智能管控设备，智能识别人员操作安全隐患，动态评估设施运行异常，自动控制生产风险，最终形成油气生产与智慧保障云平台。

14.4.3 战略支撑与保障

为了确保实现本领域 2035 年的发展目标，应从以下方面采取保障措施。

1. 战略布局保障

加快油气工程人工智能技术整体规划和战略布局。制定油气工程人工智能技术整体规划，将其列入国家中长期发展规划，并由相关部委（国家发展和改革委员会、国家能源局、工业和信息化部、财政部、科技部、教育部等）联合推进，引导油气工业数字化转型和智能化发展。

2. 政策体制保障

完善油气行业智能化发展的体制机制。一是加强顶层设计，推进国家治理体系现代化，建立有效协调运行机制，推动“产、学、研”跨界融合、数据共享、协同创新；二是加强知识产权保护和运用，建立油气人工智能技术研发和创新成果转化的长效激励机制；三是研究相关产业扶持政策，鼓励金融机构和企业加大对油气工业智能化的支持力度，加快新技术转化和产业化进程。

3. 平台体系保障

加强油气上、中、下游全产业链一体化研究和平台建设。建立油气人工智能国家技术创新中心或国家工程研究中心，重点支持勘探、开发、储运及炼化全产业链的人工智能基础理论和关键技术研究，尽快组织制定油气工程人工智能技术标准体系框架，加强油气工程人工智能应用标准体系建设，增强中国在本领域的国际话语权和竞争力。

4. 资金投入保障

搭建“产、学、研”融合的科技创新和成果转化平台，在国家油气重大专项等计划中设立油气人工智能重大项目，发挥制度优势，对智能油气开发过程中的科学问题和技术难题进行集中攻关；加大国家财政资金投入，鼓励金融机构和企业加大对油气工业智能化的支持力度，吸引民营经济参与。

5. 人才培养保障

推进“油气+智能”复合型创新人才培养。推动建立多学科交叉、“产、学、研”协同的油气人工智能复合型人才培养模式和高层次人才共享机制，建设未来智能学院，培养未来油气人工智能发展的复合型创新人才。同时，加强油气人工智能领域国际交流与合作的支持力度，促进国际合作机制创新和国际化人才培养。

14.4.4 技术路线图的绘制

面向 2035 年的中国油气智能工程技术路线图如图 14-7 所示。

里程碑		2020年	2025年	2030年	2035年
需求		满足油气需求，保障能源安全，实现年产油2亿吨、年产天然气2600亿～3000亿方			
		创新油气智能基础理论，攻克油气智能技术瓶颈，从“跟跑”到“并跑”再到“领跑”			
		实现油气行业数字化转型与智能化发展			
目标		起步探索阶段：数字孪生技术广泛应用；智能装备系统不断涌现	初级发展阶段：人工智能渗透到全产业链；智能软件系统辅助决策；越来越多岗位实现少人化	中级发展阶段：油气全行业实现数字孪生；智能优化方案自动执行；大部分岗位少人化；部分岗位无人化	
关键前沿技术	油气智能地质工程技术	基于人工智能技术的三维地质动态建模	基于人工智能技术的地质模型实时重构与可视化		
		创新油气智能基础理论，攻克油气智能技术瓶颈，从“跟跑”到“并跑”再到“领跑”			
		多源、异构数据融合	地质精细表征与智能评价	三维地质动态建模	
	油气智能地球物理探测技术	井下先进传感器，随钻测录导一体化作业，数据高效传输与融合方法			
		基于人工智能技术的高精度地震解释与反演，复杂储层油气分布智能预测			
	油气智能钻完井技术	智能化钻完井装备：智能钻头、智能钻杆、智能钻机和智能完井设备等			
		钻完井智能预测、优化与决策一体化平台：数据高效实时传输，智能闭环调控			
	油气智能开采工程技术	智能提高采收率：智能驱替化学材料、智能精细注水、注气提高采收率方法			
		油气智能开采装备：井下智能油水分离装置、井下智能流入/流出控制装置			
		生产动态实时调控：生产动态智能优化；油气开采智能调控；产能智能预测			
	油气智能储层改造技术	压裂人工智能算法开发			
		压裂设计智能优化			
			压裂工况智能诊断与压裂风险智能预警		
				压裂机器人与闭环调控	
	油气智能生产与保障技术	复杂油气生产事故数据库建立	多灾种耦合事故演化过程分析		
		井场人员操作安全隐患智能识别预警			
			设施运行异常动态评估与智能预警		
				井场生产风险处理自动决策	
		生产大数据+云平台智慧保障平台			
		智能化应急决策支持系统及设备			
战略支撑与保障	战略布局	制定油气智能技术整体规划，将其列入国家中长期发展规划			
	政策体制	完善油气行业智能化发展体制机制，加强政策保障			
	平台体系	建立油气智能研究中心，制定油气智能标准体系框架，形成数据治理规范			
	资金投入	搭建“产、学、研”融合的成果转化平台，设立项目集中攻关，加大资金投入			
	人才培养	智能学院+智能专业，推进“油气+智能”复合创新型人才培养			

图 14-7　面向2035年的中国油气智能工程技术路线图

小结

石油和天然气（简称油气）是中国实现社会主义现代化建设的重要战略资源。然而，近年来中国油气对外依存度持续攀升，2020 年中国石油和天然气的对外依存度分别超过 73%和 43%，油气安全面临严峻挑战。中国剩余油气品质差，深、非、低、老、海等是未来勘探开发重点，品质劣质化，勘探开发难度极大，现有油气工程技术在经济、安全和高效等方面面临前所未有的挑战，亟须发展新一代变革性油气工程技术。

油气智能工程技术是融合了大数据、人工智能、信息工程、井下控制工程等的新一代变革性技术，通过应用地面智能装备和井下智能执行机构等，实现超前探测、闭环调控、精准制导和智能决策，有望大幅度提高中国复杂油气勘探开发水平。

本课题通过文献和专利分析，以及专家研讨等方式，充分调研了油气智能工程技术的发展现状，提出了面向 2035 年的中国油气智能工程技术的发展阶段（起步探索阶段、初级发展阶段以及中级发展阶段）和发展目标，明确了油气智能地质工程技术、油气智能地球物理探测技术、油气智能钻完井技术、油气智能开采工程技术、油气智能储层改造技术和油气智能生产与保障 5 个技术领域在各阶段的重点攻关方向。从战略布局、政策体制、平台体系、资金投入和人才培养 4 个方面提出保障措施，最后制定了面向 2035 年的中国油气智能工程技术路线图，为促进中国油气智能工程技术发展、推动油气科技创新水平提升提供了战略支撑。

第 14 章撰写组成员名单

组　长：李根生

成　员：黄中伟　肖立志　田守嶒　徐旭辉　蒋廷学　宋先知　王海柱　胡瑾秋
　　　　徐朝晖　李俊键　袁三一　廖广志　史怀忠　盛　茂

执笔人：宋先知　张诚恺　宋国锋　段世明　祝兆鹏

15

面向 2035 年的中国全球探测系统发展技术路线图

15.1 概述

进入 20 世纪后，随着经济的飞速发展和全球化合作的逐步深化，中国的遥感探测需求逐步从国土范围向全球范围拓展，同时对探测系统的实时性、多样性、可用性也提出了更高的要求。目前，中国已经建立了以空、天基平台为主，结合陆、海基平台的综合遥感探测体系，初步具备一定的全球覆盖能力，但在任务灵活性、任务连续性、情报质量及服务保障能力等方面与发达国家相比，仍然存在较大的差距，难以支撑中国未来国民经济发展及科学研究等方面的需求。本课题组系统性地梳理和分析了全球探测领域的发展现状和趋势，拟制了本领域技术路线图，给出了重点工程规划和相关法律法规制定的建议。

15.1.1 研究背景

全球探测主要是指，利用空、天、陆、海等各种平台的空间特点及优势，从不同角度完成对陆地、海洋的多维度数据获取。近年来，随着航空、航天、传感器、人工智能等相关领域技术的飞速发展，全球探测在推动中国国民经济发展、支撑科学研究等方面起到越来越重要的作用。改革开放以来，经过 40 多年的发展，中国已经构建了较为完备的遥感探测体系，初步具备国土范围探测能力，但尚不具备全球范围的高时空分辨率覆盖能力，在系统整体性能和服务保障能力等方面与美国相比仍存在一定的差距。

针对中国未来 20 年国民经济建设，以及“一带一路”建设等国际合作实施中所面临的陆地、海洋探测需求，中国工程院开展了“未来 20 年中国全球探测系统发展战略”研究，对中国未来全球探测系统发展路线进行探讨和论证，开展全球探测技术体系发展布局研究，规划重大工程建设项目，提出技术路线图，为推动中国全球探测能力建设、支撑国家重大战略的实施提供建议和参考。

15.1.2 研究方法

1. 基于文献和专利统计的分析方法

运用中国工程院战略咨询智能支持系统（iSS）中的数据挖掘工具，对 Web of Science 数据库进行检索，通过对全球探测相关领域国内外的文献、专利数据进行分析，基于检索数据结果，明确当前本领域研究热点及领先国家、机构等，发现中国在本领域的不足之处，预测未来本领域的总体发展趋势和技术发展方向。

2. 基于专家咨询的分析方法

运用中国工程院战略咨询智能支持系统（iSS）中的德尔菲法专家系统，利用网络问卷调查、现场会议研讨等方式，收集本领域专家对全球探测领域现状及未来趋势的意见。通过对专家意见进行综合分析、研判，多次修正技术清单，完成最终的关键技术清单和本领域技术展望清单，为全球探测领域发展提供参考。

15.1.3 研究结论

随着我国经济的飞速发展和全球化合作的逐步推进，构建一套可覆盖全球的探测系统，对推动中国国民经济发展和支撑科学研究具有重要的战略意义。美、欧等发达国家和地区已经构建了可覆盖全球范围的探测基础设施，并通过不断完善相应的法律法规进一步推动全球探测系统发展，在科学研究方面也在逐步加大投入力度。中国目前的探测体系可实现对本国国土范围的有效覆盖，但在全球探测应用方面仍存在一定程度的能力不足。在科学研究方面虽然整体上处于世界第一梯队，但与美国相比仍存在一定的差距，尤其是在关键技术研究投入和国际合作方面，需要进一步加大科研投入力度。进一步完善专项政策及法律法规，为行业发展打通快速通道，以重大工程项目作为抓手牵引相关领域技术发展，构建能够为中国未来国民经济发展起到有力支撑作用的全球探测系统。

15.2 全球技术发展态势

15.2.1 全球政策与行动计划概况

1. 中国

2015 年，《国家民用空间基础设施中长期发展规划（2015—2025 年）》提出，民用空间观测设施市场化、商业化发展新机制，支持和引导社会资本参与国家民用空间基础设施建设和应用开发。2016 年，国务院新闻办公室发布了《2016 中国航天》白皮书，提出完善航天多元化投入体系，大力发展商业航天。工业和信息化部印发了《信息通信行业发展规划（2016—2020 年）》，提出要建成较为完善的商业卫星服务体系。同年，国家国防科技工业局发展改革委员会关于《加快推进“一带一路”空间信息走廊建设与应用的指导意见》提出积极推动商业卫星系统发展，推进“一带一路”沿线国家政府对空间数据和服务的采购力度，不断探索政府引导下的市场运行新机制，鼓励商业化公司为各国政府和大众提供市场化服务。2019 年，国家发展和改革委员会、商务部、中国国家航天局等机构相继发布了《鼓励外商投资产品目录（征求意见稿）》《中国航天助力联合国 2030 年可持续发展目标的声明》《关于促进商业运载火箭规范有序发展的通知》等政策性文件，进一步拓展了全球变化观测天基系统构建的资本来源和国际合作渠道。

2. 美国

美国经过近 50 年的发展，形成了一系列较为完备的空间对地观测政策体系，涵盖法案、政策、授权许可制度等多层次，使空间对地观测应用及其产业拥有了良好的发展环境，对其他国家的空间对地观测政策的发展也起到了引导作用。1984 年，美国政府颁布了《陆地遥感商业化法案》，提出将民用空间观测系统的运营完全交给私营企业，但在实施过程中出现了较多的问题。1992 年，美国政府颁布了《陆地遥感政策法案》，极大地促进了美国商业遥感产业的发展。在 1996—2006 年，美国相继推出了《国家航天政策》《商业航天法案》《美国商业遥感政策》《私营陆地遥感空间系统授权许可》等一系列政策和法案，初步构建了完备的商业航天遥感政策体系，彻底解决了前期发展所暴露出的各种问题。2015 年，美国国家地理空间情报局发布了《商业地理空间情报战略》，标志着其空间对地观测的发展从提供数据向提供服务转变。受美国相应政策和法案的影响，德国、加拿大、欧洲航天局、印度、日本等国家和机构也相继出台了相关政策，推动各自空间对地观测产业在政策的牵引下蓬勃、有序地发展。

3. 欧盟

针对航天领域的发展，1975 年，欧洲 21 个国家合并了欧洲航天研究组织（ESRO）和欧洲运载开发组织（ELDO）两个机构，成立了欧洲航天局（ESA），对民用航天领域的投资、政策协调、人力资源等进行统筹管理。2007 年，欧盟和 ESA 推出了《欧洲航天政策决议》，同时在《里斯本条约》中正式明确了欧盟作为欧洲航天政策发布机构的地位。ESA 一般每隔 3 个月召开一次成员国委派的高级代表会议，每隔 2～3 年召开一次部长级会议，主要任务是确定欧洲航天计划，确保计划实施，明确欧洲航天局可用资源的经费来源等。未来，欧盟将作为欧洲航天计划的决策主体机构，ESA 作为欧洲航天计划的执行机构，两者共同推动欧洲航天领域的发展。

4. 世界合作

随着全球化的不断深入以及科技发展的推动，世界各国均将全球探测系统的发展提升到国家顶层政策，各国也为了加快推动全球探测系统构建，成立了一系列的国际合作组织。2003 年，在美国华盛顿特区召开的首届对地观测峰会中，各国政府及国际组织一致通过了《对地观测峰会宣言》，各国政府在该宣言中为“努力共同实现一个综合的、协调的和可持续的地球观测系统”做出了承诺。在 2004 年日本东京举办的第二届对地观测峰会上，工作组完成了

《对地观测 10 年执行规划》，并在 2005 年比利时布鲁塞尔举办的第三届对地观测峰会中正式成立了政府间地球观测组织（GEO），该组织旨在推进全球综合观测系统的实施。2014 年在第十届对地观测峰会中构建了实施计划工作小组（IPWG），确定将《对地观测 10 年执行规划》方案更新至 2025 年。2019 年，GEO 在堪培拉发表了《堪培拉宣言》，对未来工作方向提出指导性意见，并明确要进一步发挥地球观测组织在推动生产力进步和可持续经济增长方面的关键作用。

15.2.2 基于文献和专利分析的研发态势

本节针对全球探测系统领域的几个重点研究方向，运用中国工程院战略咨询智能支持系统（iSS），从国家分布情况、国际协作情况、研究机构、学科分布、文献关键词词云分布等角度，对 1990—2020 年本领域的论文和专利发表情况进行分析。

1. 国家分布情况分析

“国家分布情况分析”主要分析各个国家在全球探测系统领域的论文发表数量随时间变化的趋势。通常情况下一个国家在某一领域的论文发表数量的多少，体现这个国家对该领域的重视程度及支持力度，也反映这个国家在该领域的技术发展状况和国际地位。1990—2020 年全球探测系统领域国家分布情况分析如图 15-1 所示。从图中可以看出，美国和中国在本领域的论文发表数量领先其他国家，但中国的论文发表数量较美国仍有不小的差距。德国、英国、法国整体研究体量近似，分列第三、四、五位。全球探测系统领域总体发展领先者为美国、中国，欧洲总体研究实力也处于领先地位。

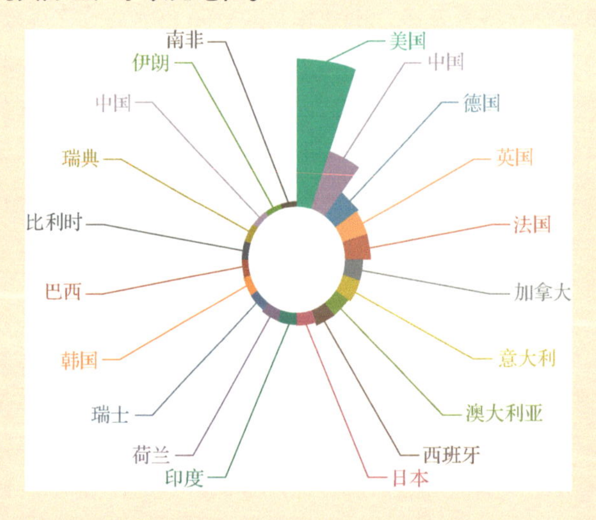

图 15-1 1990—2020 年全球探测系统领域国家分布情况分析

2. 国际协作情况分析

随着技术的发展与融合，以及研究的不断深入，一项科技的发展离不开国家与国家的合作。1990—2020 年全球探测系统领域国际协作情况分析如图 15-2 所示。图中，每个节点的大小代表某个国家在该领域所占比例，节点与节点的连线代表国家与国家的合作网络关系。可以看出，全球探测系统领域合作关系最密切的三组国家分别是美国与中国、美国与英国、美国与加拿大。中国在全球探测系统领域的国际合作方面较美国仍有较大的差距，未来应加强相关技术领域的国际研究合作。

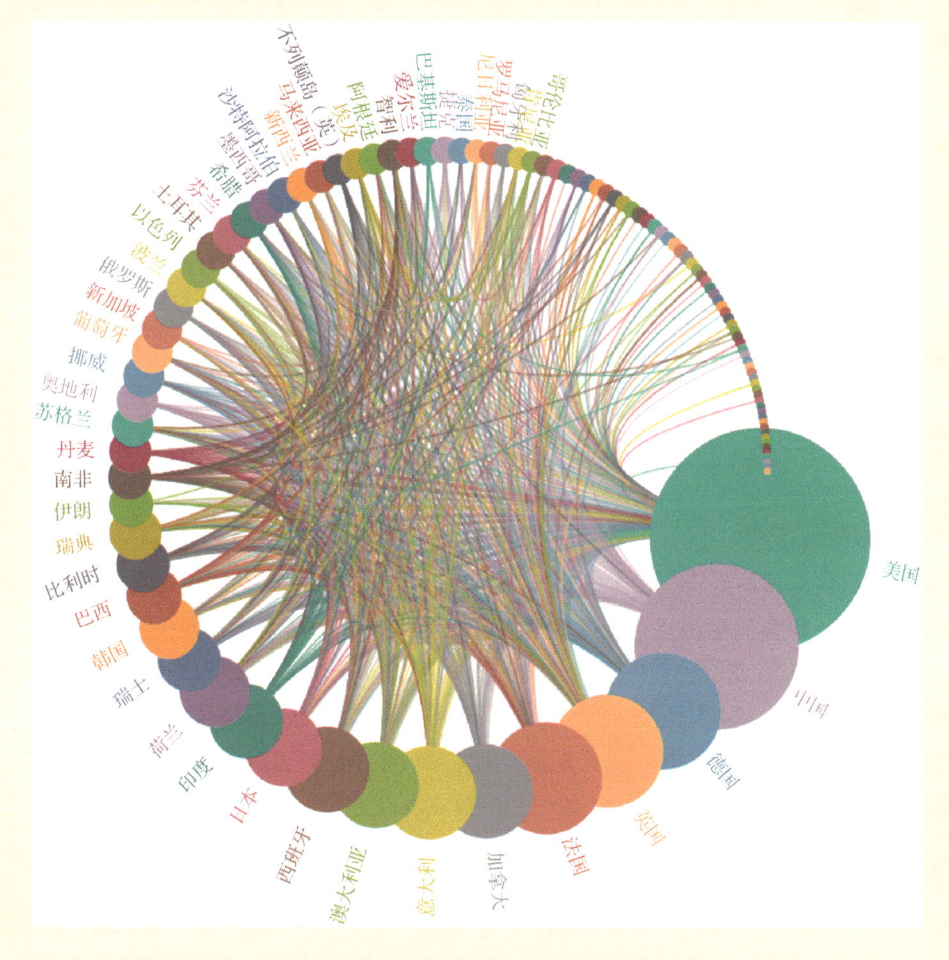

图 15-2　1990—2020 年全球探测系统领域国际协作情况分析

3. 研究机构分析

"研究机构分析"主要分析在全球探测系统领域各研究机构的论文发表数量。通常情况下，机构在某一领域发表的论文数量的多少，反映该机构在该领域的技术领先程度、所处的国际地位。1990—2020 年全球探测系统领域研究机构分析如图 15-3 所示。从图中可以看出，中国科学院、美国国家航空航天局（NASA）、美国加州理工学院（CALTECH）等机构和高校在本领域的论文发表数量处于领先地位。其中，中国科学院在本领域的论文发表数量接近 NASA 论文发表数量的两倍。除了中国科学院，武汉大学、清华大学在全球探测系统领域也有一定的技术优势。

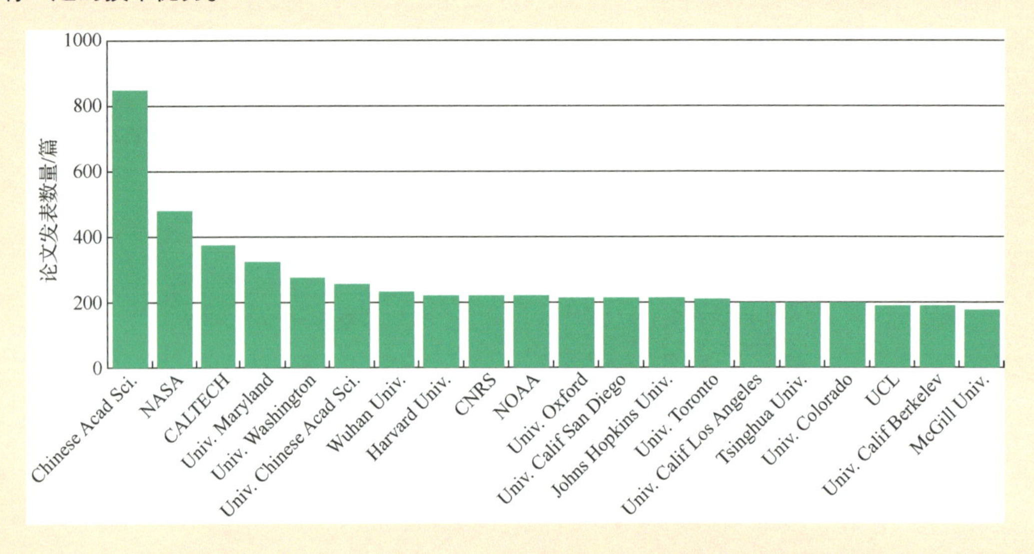

图 15-3　1990—2020 年全球探测系统领域研究机构分析

4. 学科分布分析

随着技术的发展与融合，一个领域也不再是单纯的一个学科方向，领域与领域之间也出现交叉融合，也会衍生出多个交叉学科主题，新的交叉学科主题也是一个新的创新方向。1990—2020 年全球探测系统领域学科分布分析如图 15-4 所示，全球探测领域相关学科论文发表数量排名前五的分别是电气与电子工程、遥感、环境科学、成像科学和图像技术、气象和大气科学。其中，电气与电子工程方面的论文发表数量远超过其他学科，在一定程度上反映该学科是全球探测系统领域未来一段时间的重点发展方向。

5. 文献关键词词云分布分析

随着技术的发展与融合，以及研究的不断深入，出现了越来越多相互关联的研究热点，形成了庞大的研究网络。通过分析某一领域文献关键词词云分布，可知该领域的研究热点、研究主题及新出现的专业术语。关键词出现的数量越多，说明该词热度越高，可以判断出其为当前研究的重点。1990—2020 年全球探测系统领域文献关键词词云分布如图 15-5 所示。从图中可以看出，在全球探测系统领域“model”、“identification”和“early detection”等关键词在文献中出现的次数最多，可以认为这几个方向是未来几年领域研究的重点。

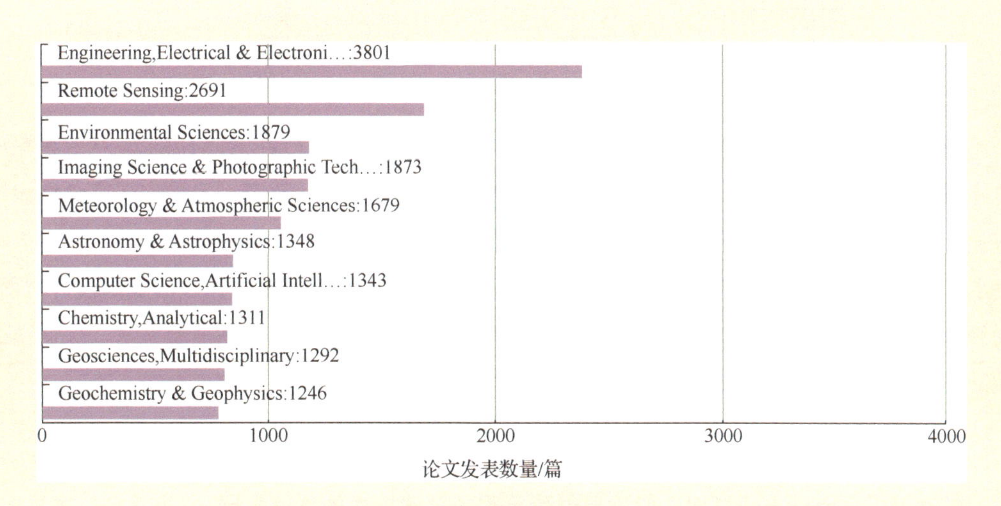

图 15-4　1990—2020 年全球探测系统领域学科分布分析

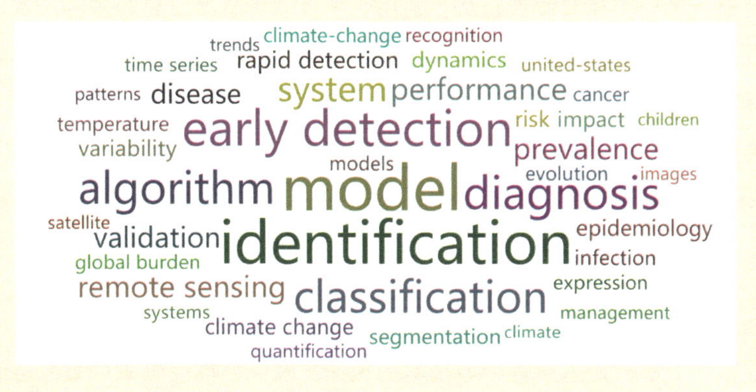

图 15-5　1990—2020 年全球探测系统领域文献关键词词云分布

15.3　关键前沿技术发展趋势

1. 天地组网协同探测技术

天地组网协同探测技术主要是利用空、天、陆、海基等平台，加装雷达、光电等多体制传感器，构建可覆盖全球范围且能够涵盖时、空、频等复合多维度信息的探测体系，具体涉及任务规划、通信网络设计、传感器应用等多个技术领域。天地组网协同探测技术直接决定了全球探测系统的数据质量和任务效能，是全球探测系统的顶层技术，也是最核心的关键技术之一。未来，中国应以重大工程项目作为抓手，协同国内外多领域、学科力量重点开展此项技术攻关。

2. 多体制异构卫星星座设计

重点针对未来全球探测系统中巨量异构卫星资源及其执行复杂任务的需求，从卫星星座总体设计和星群编队设计两方面，开展多体制异构卫星星座设计研究。卫星在星座总体设计方面，通过基于空间最优化求解等方法，完成异构卫星星座设计，实现最佳覆盖，在最大程度上发挥全球探测系统的数据获取能力，提高情报的准确性和时效性。在星群编队设计方面，利用星间闭路控制技术维持卫星运行的间距和队形，通过设计星间闭环控制方法，保持精确编队或实现知识编队，完成目标定位、测速及确定航向等工作。

3. 低成本、结构功能一体化卫星平台设计技术

随着卫星平台、火箭发射、传感器载荷等相关领域技术的飞速发展，“小平台，大星座”成为未来商业航天的一个重要发展趋势，通用化平台、传感器卫星等多种技术形态均成为未来商业航天领域重要发展方向。从卫星平台看，低成本、结构功能一体化、高承载比则是重要的需求和发展方向。未来，需要从专项技术角度，重点开展先进复合材料开发、高密度多芯片组件设计、无电缆连接设计、高密度封装等技术的研究；从系统设计技术角度，重点开展机电热一体化多功能结构设计、高效热/电一体化管控、快速高精度控制设计等技术研究。

4. 高集成度智能统一数据处理系统

随着商业微小卫星、无人机等领域技术的快速发展，全球范围的巨量数据传输给通信网络带来了巨大的挑战。针对未来科技、商业、民生等领域在数据量、实时性等方面越来越高的需求，需要情报获取平台自身具备相对较强的数据在线处理能力。从技术发展角度，需要突破硬件平台和处理器设计架构等瓶颈，积极探索结合传统计算架构和生物智能计算特征的混合计算架构，实现高灵活性和高能效的计算架构设计技术，通过识别环境态势、处理资源和任务要求，驱动复杂探测平台资源动态聚合和计算环境重构，缩短数据分析响应时间，实现从感知平台到数据用户的扁平化。

5. 多源异构数据高可信度融合技术

多源异构数据高可信度融合技术是将同一区域/目标的雷达、光电等多源传感器数据，按照一定的标准或算法进行综合处理，得到该区域/目标更为完整、有效的信息，结合人工智能等方法进一步拓展观测数据的应用领域和使用效能。由于数据涉及陆、海、空、天等多种平台，以及光学、雷达、电子侦察等多种探测体制，因此，在融合过程中，需要解决时空配准、

异构数据格式统一、多源特征提取及匹配、巨量数据反演等具体的问题。同时，还需要构建数据评价标准、体系和方法，确保数据的高可靠性、可用性。

15.4 技术路线图

15.4.1 需求与发展目标

1. 需求

当前，在全球探测系统领域中国已构建了较为完备的基础设施体系，在空、天、陆、海基均有功能齐备的探测装备及设备，对国民经济发展、科学技术研究起到有力的支撑作用。

随着中国经济的全面快速发展，以及“一带一路”建设等国际合作领域的稳步推进，中国遥感观测系统覆盖需求从传统的国土范围逐步向全球范围发展，数据需求也在向时、空、电磁等多维度拓展，中国现有的全球探测系统已难以满足需求。在应用领域，中国全球探测系统的发展需求主要体现在以下 4 个方面：

（1）支撑“一带一路”沿线国家农业、林业、水利建设，城市基础设施建设等。

（2）支撑全球气候、环境、暖化观测，支撑地震、海啸、火灾等预报。

（3）支撑全球陆地、海洋资源观测。

（4）支撑国土范围内的国民安全保障，例如，对走私、偷渡、偷猎行为进行监控，对海盗发出告警等。

2. 发展目标

针对中国未来 20 年国民经济建设，以及“一带一路”建设等国际合作项目实施过程中所面临的陆地、海洋观测需求，明确中国未来全球探测系统总体布局和发展路线规划，形成专项政策及法律法规，为行业发展打通快速通道，以重大工程项目作为抓手牵引相关技术领域发展，构建能够为中国未来国民经济发展起到支撑作用的全球观测系统。

（1）顶层体系目标。针对全球探测能力发展和系统构建，在 2025 年前，完善相关法律法规，破除政策壁垒，强化税收、融资、信贷、知识产权等方面的保障力度；在 2035 年前，完成国家层面产业资源整合，形成产业联盟。

（2）重点工程目标。在系统顶层规划方面，围绕中国国民经济发展、国际合作、科学研究，梳理系统能力需求目录，在 2025 年前，完成全球探测系统顶层规划方案，构建仿真评估系统验证方案，并确保其正确性及效能；在 2032 年前，启动全球探测系统星座构建重大工程、全球探测系统星座大数据工程；在 2035 年前，完成全球探测系统星座构建。

（3）重点技术目标。针对全球探测系统顶层规划、构建、应用过程中所面临的技术问题，以重大工程项目为抓手，重点突破天地组网协同探测，多体制异构卫星星座设计，低成本、结构功能一体化卫星平台设计，高集成度智能统一数据处理系统、多源异构数据高可信度融合等技术。

15.4.2 重点任务

1. 全球探测系统总体架构设计

针对中国未来国民经济发展、科学研究所面临的全球陆地、海洋资源和重点目标观测需求，支持"一带一路"建设等国际经贸合作，设置"全球探测系统总体架构设计"项目，开展空、天、陆、海基探测技术研究，形成中国全球探测系统能力需求目录，明确系统总体组成架构和主要指标参数，具体完成星座构型、高集成度卫星平台、通信网络构型、天地协同探测网络等设计工作。构建仿真评估系统，对全球探测系统方案的正确性进行仿真评估，支撑方案迭代优化设计。最终形成的总体方案可支撑全球探测系统基础设施构建、运行维护和升级改进。

2. 全球探测系统基础设施构建

设置"全球探测系统基础设施构建"重大专项工程，基于"全球探测系统总体架构设计"所产生的方案、仿真系统、规范标准等产品，开展基础设施建设。结合微系统、分布式、云计算、人工智能、微小卫星和商业火箭等专项技术攻关，开展可覆盖全球范围的观测星座构建，重点完成高集成度星载多功能雷达、宽波段光电相机、一体化电子/通信侦察、星载智能数据处理和星载多功能通信端机等专项载荷，以及低成本传感器卫星平台研制，完成快速可重构全球探测星座构建。从协同探测、数据融合等角度，将全球观测星座与现有陆基、海基、空基观测联通，形成可覆盖全球的跨域多体制观测系统。

3. 全球探测系统大数据中心构建

针对全球探测系统数据规模庞大、类型多样、时敏性高等特点，以及在应用过程中所面临的数据扩展性、易用性、时效性和定制性等需求，设置"全球探测系统大数据中心"专项工程。针对时敏巨量大数据存储问题，采用在线、近线、离线三级架构构建存储系统，构建智能化管理数据标签系统，实现分布式数据统筹应用；针对巨量异构数据高实时性处理问题，构建分布式网络计算系统，将大量松散绑定的数据处理资源基于任务需求进行动态配置，形成多层级分布式智能计算网络；针对数据定制化服务需求，构建网络化数据定制服务系统，打通“平台→数据→服务→用户”链路，为用户提供透明的数据订购和基于虚拟传感器网络的各类遥感数据定制服务。

15.4.3 支撑与保障

1. 引进社会资本，发挥需求导向

目前，中国相关领域建设仍以政府投资为主，决策周期长，盈利模式相对不灵活，能力形成及资本回报周期长。建议在政府部门的支持下，从顶层发展的角度，鼓励民间资本、资源、人才、技术进入本领域，同步降低信贷、融资门槛，快速形成具有国际竞争力的行业领先者，加强企业的主体作用，实现企业盈利与系统能力形成的良性促进模式。从系统能够长期持续性自主盈利运行角度，全球探测系统维护成本高昂，在构建初期就应考虑到需求牵引的问题，尤其应重点考虑支撑国民经济发展建设、民众生活保障等方面的需求。

2. 整合优势资源，统筹行业发展

建议加强顶层规划和设计工作，改变传统烟囱式的感知基础设施建设方式，设置专门的部门，从顶层整合各机关部委、企事业单位、科研院所、高等院校、民营公司，同步建立产业发展联盟，统筹规划发展目标和系统架构，明确技术攻关和基础设施建设分工，优化资源高效分配和使用，避免重复建设。在基础设施建设的同时整合现有基础，将卫星、舰船、地面系统中心纳入统一体系，完善系统协同运行能力。

3. 推进政策制定，规范行业秩序

建议进一步强化国家层面的政策引领，从税收、融资、信贷、知识产权保护等方面加大政策保障力度。建立更加灵活、开放的资源共享和利益分配机制，鼓励产业自主盈利能力。严格规范行业秩序，尤其在加强知识产权保护和法律支持方面，提高惩罚力度，有效震慑侵权行为，破除整体体制方面的制约因素。

15.4.4 技术路线图绘制

面向2035年的中国全球探测系统技术路线图如图15-6所示。

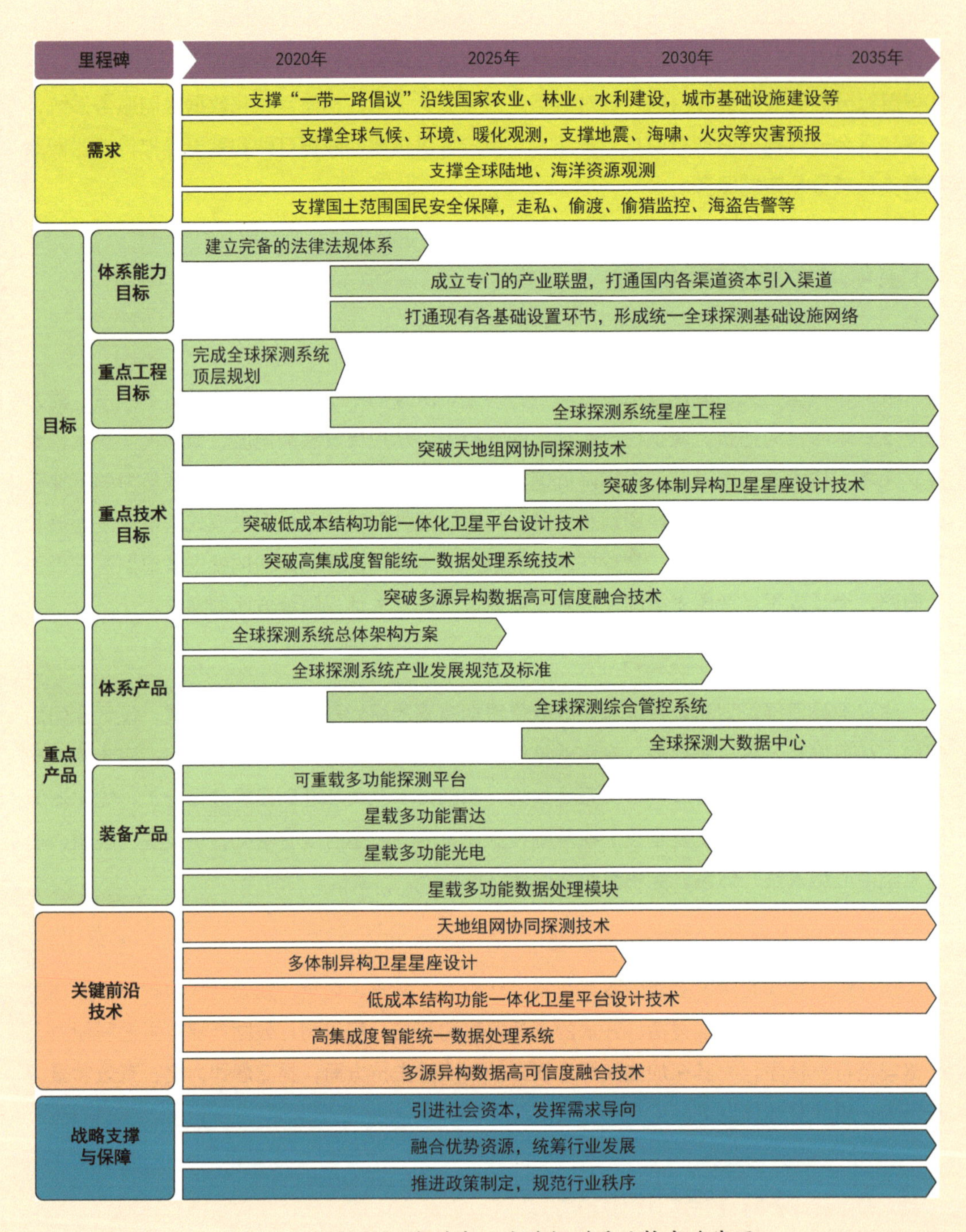

图 15-6　面向 2035 年的中国全球探测系统技术路线图

小结

本课题组针对中国未来 20 年国民经济建设，以及“一带一路”建设等国际合作项目实施过程中所面临的陆地、海洋观测需求，对全球探测行业的政策进行了梳理，基于中国工程院战略咨询智能支持系统（iSS）中的数据挖掘工具，对全球探测系统领域的论文、专利进行了分析，明确了本领域的发展现状和趋势。从系统总体布局和关键技术发展角度，对全球探测行业的发展需求和发展目标进行了梳理，规划了系统总体架构设计、基础设施构建和大数据中心构建等重点任务，完成了本领域技术路线图的制定。从全球探测行业发展的支撑与保障角度，建议发挥需求导向积极引进社会资本，整合行业资源统筹发展，给出了政策、法律法规制定方面的建议。

第 15 章撰写组成员名单

组　长：王小谟

成　员：张　昭　冯　博　陆东平　崔晓鹏　王　博　吴　琨
　　　　李　萍　骆　成　蒋柏峰　胡瑞贤

执笔人：张　昭　冯　博　陆东平

16

面向2035年的中国核能小堆和微堆开发利用技术路线图

16.1 概述

16.1.1 研究背景

核能小堆和微堆是中国能源体系的重要组成部分。在民用领域，核能小堆和微堆作为清洁安全、稳定可靠的能源供应方式，可以灵活地提供中小容量或分布式绿色清洁电源、供暖热源、高品质蒸汽和制氢[1-3]，与大型商用核电厂形成互补的能源布局，优化中国能源结构。在战略应用领域，核能小堆和微堆作为能量密度高、体积小、运行期间少维护或免维护的能源/动力模块，可以为海洋资源开发、极地科考、深海和太空探索等重要设施或装备供电，或提供长续航电源/动能[4-6]，是实现国家战略的重要支撑。

国内外核工业界对核能小堆和微堆的定义初步形成共识。按照国际原子能机构（IAEA）和经济合作与发展组织核能署（NEA）的描述，核能小堆是小型模块化反应堆（Small Modular Reactor，SMR）的简称，一般具有功率小于 300MWe、固有安全性高、模块化制造和工厂组装等特征[7]。核能微堆是微型反应堆（Micro Reactor）的简称，一般指功率小于 10MWe、固有安全性高、可以灵活部署的核能小堆。

核能小堆和微堆可以满足上述多个领域、灵活多样的能源需求，是国际核能行业持续 20 多年的研发热点。制定中国核能小堆和微堆开发利用技术路线图，明确本领域关键技术路径和各层次支撑与保障，实现核能小堆和微堆发展战略目标。

16.1.2 研究方法

在研究面向 2035 年的中国核能小堆和微堆开发利用技术路线图的过程中，本课题组采用文献和专利分析、德尔菲法（专家问卷调查）、专家研判等多种研究方法，分析了核能小堆和微堆领域的技术发展态势，形成了细化的技术清单，绘制了核能小堆和微堆开发利用技术路线图。具体研究方法如下。

1. 资料搜集、文献调研分析

基于中国工程院的 iSS 平台，开展核能小堆和微堆领域技术态势扫描。组织人员深入调研美国、加拿大等支持核能小堆发展的国家及国际原子能机构（IAEA）、国际能源机构（IEA）、经济合作与发展组织核能署（NEA）等国际核能组织最新发布的关于核能小堆和微堆的战略研究报告，追踪调研目前正在开展的相关研究活动。深入调研世界主要核能小堆和微堆供应商、研究机构的发展状况及未来趋势。

2. 专题研讨、案例分析与论证

开展文献和专利的聚类分析，梳理核能小堆和微堆领域的科学技术问题，邀请国内主要高等院校、科研院所、核电公司的院士和专家参与问卷调查，对未来核能小堆和微堆发展过程中的关键共性技术问题进行分析和提炼，形成阶段性研究结论。

3. 院士、专家咨询与评估

组织部分院士、专家召开会议，基于专家智慧和判断力，评估阶段性研究结论的合理性和科学性，提出适合中国国情的核能小堆和微堆发展战略目标、战略框架、总体发展趋势和发展路线预测；综合院士、专家的建议和意见，形成本领域的最终战略研究报告。

16.1.3 研究结论

从全球核能小堆和微堆开发利用技术发展态势看，国际主要核能大国均认可核能小堆和微堆发展前景并大力支持其发展，拟在 2025—2030 年实现首堆示范验证。核能小堆和微堆供应商之间的竞争激烈、相关技术发展迅猛。核能小堆和微堆领域的研究目前处于基础研究成果不断积累、工程研发成果快速增长的阶段。从专利申请数量看，中国已跻身核能小堆技术大国行列；从堆型的多样性和研发进度看，中国在国际核能小堆和微堆领域都占有领先优势。

按照中国能源领域、海洋（包括深海）和太空等发展战略要求，以核能小堆和微堆应用领域的重要基础设施和装置研发规划为导向，结合核能小堆和微堆的技术成熟度和需要突破的关键技术，制定面向 2035 年的中国核能小堆和微堆开发利用技术路线图。

中国小型轻水堆技术成熟度高，预计在 2025 年左右，完成首堆示范验证；在 2030 年左右，实现轻水堆优化和商业化推广。目前，第四代微型气冷堆、金属快堆、熔盐堆等处于关键技术攻关和试验阶段。预计在 2025 年左右，完成综合试验验证；在 2030 年以前，实现示范验证。

核能小堆和微堆领域需要攻破的关键技术包括新型燃料技术、一回路一体化技术、非能动安全技术、核能与其他能源耦合技术、智能运维技术和数字反应堆技术等。以高温气冷堆、铅冷/钠冷快堆、钍基熔盐堆等非轻水堆为主的微堆在关键技术研发和集成验证方面技术成熟度较低，需要开展先进材料和新型热电转化技术等关键技术。

核能小堆和微堆是高精尖技术和资金密集型产业，相关技术的研发周期久，研发和示范项目资金投入大，需要具体的政策支持、大量的资金支持和科研人力投入。应从多个层面加强核能小堆和微堆领域的基础科研和技术创新能力。国家核能行业主管部门应进行战略统筹，统一规划本领域的发展目标和关键技术路径，长期提供政策和资金支持；“产、学、研”各界按照分工，分别从事基础性、前瞻性核能科学与技术研究，根据用户需求开发有应用前景的核能小堆和微堆；核行业工程公司、主设备制造单位、运营单位等产业链协调配套；核安全监管部门早期介入堆型研发。在具体核能小堆和微堆工程项目方面，采用示范一批、推广一批、预研一批的方式，长期支持和推进核能小堆和微堆示范项目落地、产业化和持续创新。

16.2 全球技术发展态势

16.2.1 全球政策与行动计划概况

从全球政策和行动计划来看，国际原子能机构（IAEA）和国际主要核能大国均认可核能小堆和微堆的发展前景并大力支持其发展。美国、俄罗斯、加拿大和英国等国家在近 10 年内投入数十亿美元支持核能小堆和微堆的研究与示范工程，拟在 2025—2030 年实现首堆示范验证。

1. 国际原子能机构

国际原子能机构（IAEA）在 21 世纪初发布了一系列小型反应堆发展报告，努力推动小型反应堆技术的研究和开发，并大力提倡小型核电厂在发展中国家的应用，鼓励发展和利用安全、可靠、经济上可行与核不扩散的中小型反应堆。从 2011 年开始，IAEA 定期发布《小型模块化反应堆技术进展》报告，其中 2020 版报告中收录了国际核能小堆和微堆，共 72 个（包括 66 个小堆和 6 个微堆）。

2. 美国

美国始终将核能作为清洁能源的主要组成，但已多年没有新建核电厂。从 2010 年开始，美国认为核能小堆研发可以使美国重拾核能技术领导地位，美国政府、能源部、核管会等大力鼓励核能小堆技术研发。

美国能源部长期为创新型核能小堆提供政策支持和资金支持[8]。2015 年，美国能源部启动“加速核创新通道”计划，旨在帮助小型模块化反应堆供应商使用美国国家实验室的研发基础设施。2019 年，美国能源部宣布在爱达荷国家实验室启动国家反应堆创新中心，旨在为技术研发方的反应堆概念测试和示范提供支持，从而协助私营部门开发先进核能技术。2020 年，美国能源部启动先进堆示范项目，旨在支持那些预计 7 年内实现部署的先进小型模块化反应堆进行示范，以及那些将在 2030 年及以后部署的早期设计进行示范。美国能源部还通过先进能源研究计划署（ARPA-E）支持更多先进 SMR 概念，侧重于微堆。

美国核管会在 2010 年发布了《小型模块化反应堆设计的现在政策、许可和关键技术问题》

政策声明，就源项、选址、应急、核安保、多模块下运行人员配置等问题进行了研究。2017年，美国核管会发布了《非轻水堆监管审查路线图》；2019年，发布了《关于其审查先进非轻水堆技术许可申请战略白皮书》草案，对熔盐堆、高温堆、钠冷快堆和热管反应堆等设计认证进行规划；还发布了《核能行业先进制造方法监管可接受性路线图》，就3D增材制造等先进制造方法的法规标准、鉴定、质保等方面进行了研究。

美国政府通过立法框架改革来支持小型模块化反应堆。例如，2018年发布的《核能创新和现代化法案》促进了核能利用国家研发基础设施的使用。

在核能微堆方面，《美国国防部国内部署微堆路线图》提出，花费7年时间完成承包合同的签订、许可证申请、设计、建造、运行、燃料开发及乏燃料处置合同等工作，到2027年底之前，在本国部署首座核能微堆。

3. 加拿大

加拿大重视和统一规划核能小堆，推动示范工程落地。2018年，加拿大政府发布《小型模块化反应堆路线图》，旨在改善加拿大能源结构，促进小型模块化反应堆技术创新，为核工业规划长期愿景，以及评估可能影响小型模块化反应堆可行性的政策及不同小型模块化反应堆的设计特征。加拿大核安全委员会于2016年推出预许可框架，以促进核安全监管部门与创新型小型模块化反应堆研发单位的合作。目前，已有10家小型模块化反应堆供应商参与预许可流程。加拿大国家实验室于2019年启动了加拿大核研究项目，支持核能小堆供应商与国家实验室合作进行小型模块化反应堆研究。预计在2026年之前，在国家实验室建造和运行第一座示范核能小堆。

4. 俄罗斯

俄罗斯一直重视核能小堆的研发，拥有多种堆型、多个功率范围、不同应用场景的核能小堆和微堆。国际首个浮动式核电厂“罗蒙诺索夫院士号”于2018年投入商业运营，拟建造更多浮动式核能小堆。同时，进行下一代核能小堆研发，系列化核能小堆建造可能在2030年开始。

5. 英国

英国政府从2015年开始，从4个方面支持核能小堆部署：

（1）提供长期政策支持，促进政府和行业交流。

（2）设计开发阶段，鼓励国内研发计划，包括利用国家研发基础设施和其他支持研发的机制。

（3）审查许可框架，促使核能小堆设计尽快开始示范。

（4）为建造示范机组或同类型别首个（FOAK）机组提供财政支持。英国商业、能源及工业战略部分阶段向多个核能小堆供应商和核安全监管机构提供资金支持，用于先进模块化反应堆可行性验证和推动项目落地。

6. 法国

法国政府自 2019 年以来，一直支持核能行业协会开发一体化核能小堆 Nuward，以满足国际市场对核能小堆的需求。同时，法国正在考虑建造示范性机组或同类别首个机组。

16.2.2 基于文献和专利分析的研发态势

进入 21 世纪，核能小堆和微堆逐步成为国际核能行业的研发热点。从论文发表数量看，近年来全球核能小堆和微堆领域处于基础研究成果不断积累的阶段；从专利申请数量看，目前核能小堆和微堆领域处于工程研发成果快速增长的阶段。中国已跻身核能小堆技术大国行列。

2000—2020 年全球核能小堆和微堆领域年度论文发表数量变化趋势如图 16-1 所示。自 2000 年起，在 IAEA 的推动下，核能小堆的定义和应用场景逐渐明确，引起诸多学者的关注，并开展相关研究。2004—2019 年，核能小堆和微堆领域的研究处于高速发展阶段，全球在本领域的年度论文发表数量较大，表明本领域基础研究成果不断积累；在 2013 年，本领域论文发表数量达到峰值；在 2014—2019 年，核能小堆和微堆领域的研究处于稳定发展阶段。2020 年，受疫情影响，全球核能小堆和微堆领域的论文发表数量较少。

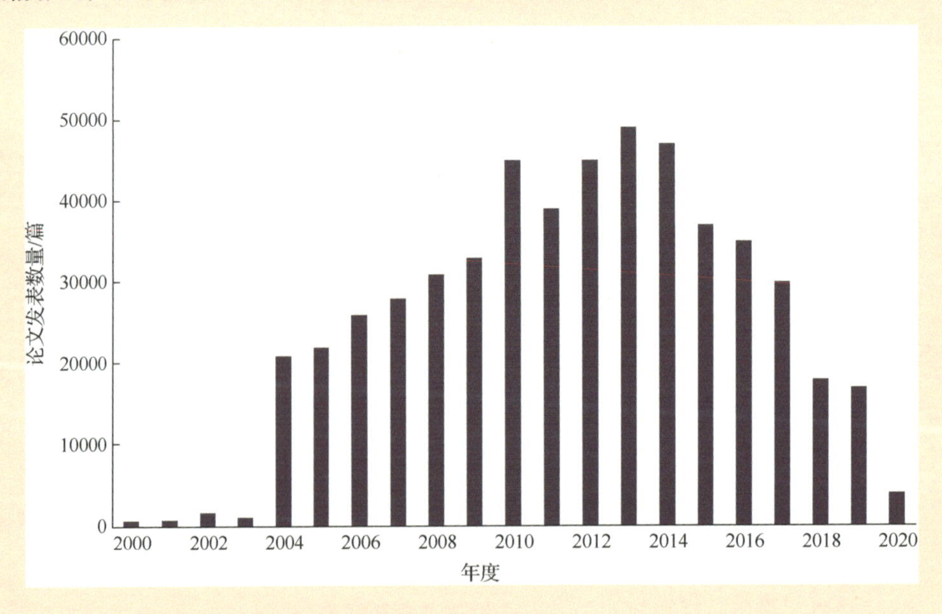

图 16-1　2000—2020 年全球核能小堆和微堆领域年度论文发表数量变化趋势

2000—2020年，全球核能小堆和微堆领域专利申请数量已经达到546件，主要国家在本领域的专利申请数量占比如图16-2所示，年度专利申请数量变化趋势如图16-3所示。从图16-2可以看出，核能小堆和微堆领域申请专利数量每年保持稳定增长趋势，其中，中国在本领域的专利申请数量占比处于世界领先地位。

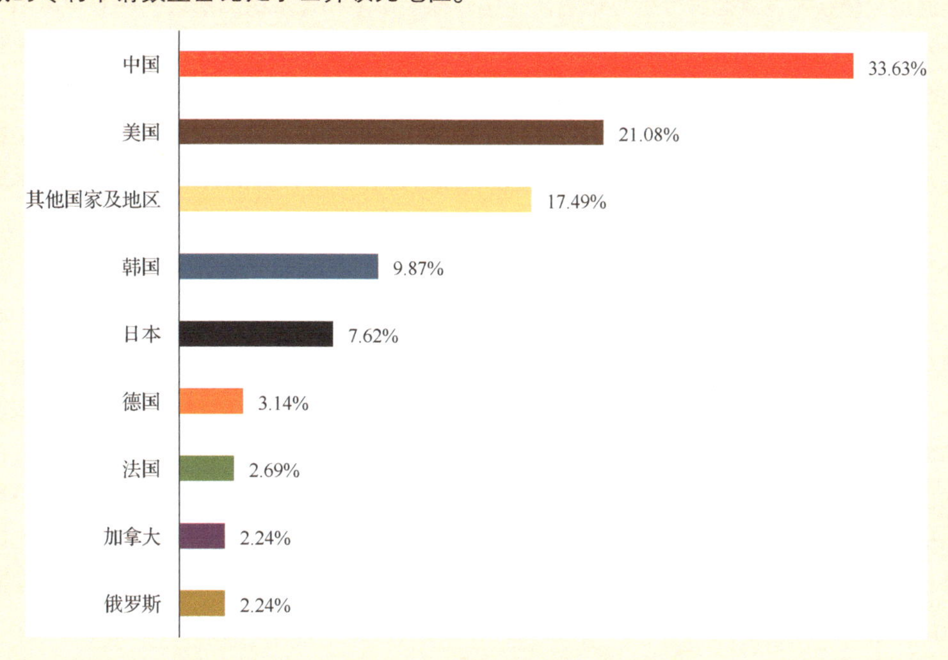

图16-2　2000—2020年主要国家在核能小堆和微堆领域专利申请数量占比

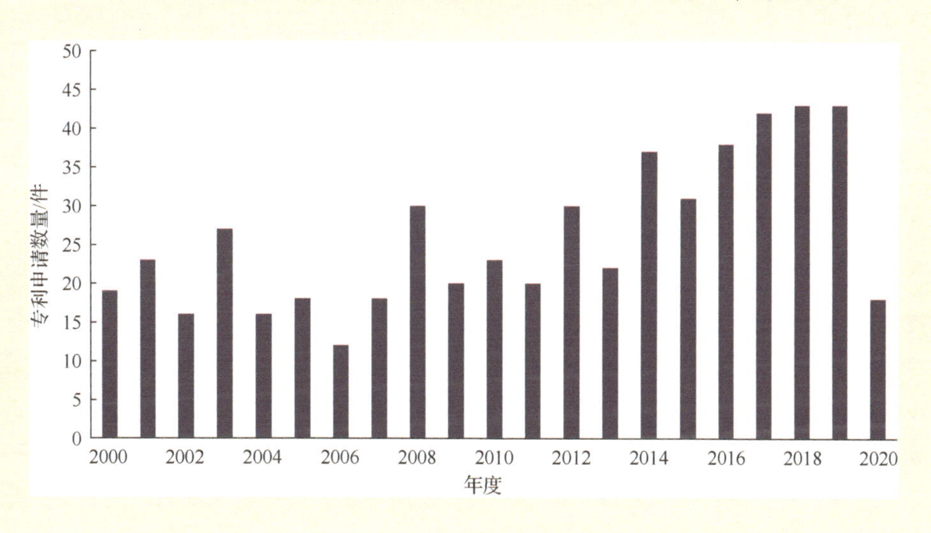

图16-3　2000—2020年全球核能小堆和微堆领域年度专利申请数量变化趋势

16.3 关键前沿技术发展趋势

通过全球技术发展态势分析可以看出，国际核能小堆和微堆供应商之间的竞争激烈、相关技术发展迅猛。IAEA 在 2020 年统计了 72 种核能小堆和微堆概念方案，数量比 2018 年增长 30%，主要堆型覆盖陆基水冷堆、海上水冷堆、高温气冷堆、金属冷却快堆、熔盐堆和微堆等。核能小堆和微堆的各堆型技术成熟度差异较大，部分轻水堆已完成设计认证、正在开展首堆示范项目。预计在 2025 年左右，完成首堆示范验证；在 2030 年左右，实现轻水堆优化和商业化推广。第四代微型气冷堆、金属快堆、熔盐堆等处于关键技术攻关和试验堆阶段，预计 2025 年左右，完成综合试验验证；在 2030 年以前，实现示范验证。

从堆型多样性和研发进度来看，中国在国际核能小堆和微堆领域都占有领先优势。中国核能小堆和微堆产品众多，包括陆基水冷堆、海上水冷堆、高温气冷堆、金属冷却快堆、熔盐堆和微堆等国际主要堆型。基于中国丰富的先进核能研发和工程经验等优势，中国核能小堆和微堆技术成熟度与先进核能技术发展路线图[9]周期基本一致。中国核能近期发展目标是优化自主第三代核电技术，中长期目标是开发第四代核能系统，积极开发模块化核能小堆、开拓核能供热和核动力等应用。中国第三代大型压水堆“华龙一号”示范项目在 2021 年已建成发电，多用途小型轻水堆 ACP100 示范工程在 2021 年已核准；高温气冷堆和钠冷快堆试验堆建成运行、核电厂示范项目正在建设和首次并网；供热试验堆具有多年研发运行经验，具备商业化基础；钍基熔盐堆关键技术攻关完成，正在进行试验堆建设；铅基快堆正在进行关键技术攻关。

根据中国大型核电站的技术发展趋势，以及核能小堆和微堆创新应用场景与先进的技术特征，确定了 8 项关键技术：先进材料技术、新型燃料技术（如耐事故燃料）、一回路一体化技术、新型热电转换技术、非能动安全技术、核能与其他能源耦合技术、智能运行维护技术和数字反应堆技术[10-13]等。

1. 先进材料技术

先进材料技术是支撑和保障核工程安全稳定运行的前提和基础。在大型先进压水堆和高温气冷堆国家重大科技专项和快堆专项的支撑下，中国压水堆、高温气冷堆和钠冷快堆的核岛主设备材料技术问题已解决，实现了自主化和大规模产业化，主设备材料技术产业链布局已完成，显著提升了中国高端装备制造业的核心竞争力。核岛结构材料、核燃料材料等安全可靠性要求高，需要进行特殊考核；同时，其研发周期长，资金需求量大，需反复进行工程验证。

涉及先进材料的研究堆主要包括铅基快堆、钍基熔盐堆、超高温气冷堆。铅冷快堆燃料及包壳材料尚在选材阶段。熔盐堆固态燃料和液态燃料尚处于实验室研发阶段，结构材料初步确定了选材，并开展了工业试制，但这些材料在工程环境下的适用性还待进行系统研究。高温金属结构材料是超高温气冷堆技术发展的主要瓶颈，未来将重点开展结构材料和燃料及包壳材料两个方面的研究。中国还同时开展众多堆型研究，但工程级辐照实验装置能力严重不足，制约了结构材料、核燃料及包壳材料、增材制造材料的快速发展。先进材料研究包括大量的基础性研究，需要长期科研投入，并结合核能小堆和微堆的研发进展情况进行专项攻关。

2. 新型燃料技术

以耐事故燃料为典型的新型燃料在发生事故后，可以在更长的时间内不失效，降低堆芯（燃料）熔化的风险、缓解或消除锆水反应导致的氢爆风险、提高事故下裂变产物的包容能力，最终保证核安全。从国际研发趋势来看，可以分为芯块研究（如 UO_2 掺杂改性、高密度陶瓷、金属微封装和全陶瓷微封装）和包壳研究（如锆合金、先进金属和 SiC 等）等子关键技术。其中，现有 UO_2-Zr 燃料体系在优化后有望在短期内投入使用。

微堆特殊的应用场景对反应堆可移动性、长周期不换料、核不扩散等提出新要求，因而，倾向于采用高丰度低浓铀燃料（5%～20%富集度）。TRISO（TRistructure ISOtropic）燃料是微堆燃料研发热点。中国具有高温气冷堆 TRISO 燃料球（约 8%富集度）设计和制造经验，预计 2025 年左右可以完成更高富集度的 TRISO 燃料试验验证。

3. 一回路一体化技术

不同核能小堆和微堆的设计差异较大，但不同堆型共同呈现出分布式系统布置向紧凑型和一体化布置的发展趋势，研发重点为一体化核能小堆和微堆。以小型轻水堆为例，采用一回路一体化模块设计制造和工厂预组装技术，将蒸汽发生器、主泵、稳压器、控制棒驱动机构等部分或全部布置在同一个压力容器内，有利于消除某些始发事件隐患，压缩现场施工和安装时间，有效提升核能小堆安全性和经济性。这一技术面临关键设备需要新研发、制造难度大、综合性能试验台架验证等难点，同时一体化造成堆内结构比大型压水堆复杂和紧凑，电气控制系统、主泵在役检查和维护也面临挑战。一回路一体化技术具体包括主泵高温轴承和电磁线圈、蒸汽发生器、稳压器等关键设备的研发制造、综合性能试验台架验证等子关键技术。预计在 2025 年，突破轻水堆全内置式一体化反应堆关键设计和设备制造技术，实现综合验证。

4. 新型热电转换技术

为了匹配在深海和太空等领域的应用，微堆作为能源模块需要具备易于灵活部署、尺寸小、质量小等特征。因而，需要研发尺寸紧凑、热电转换效率高的新型热电转换装置，具体包括基于布雷顿循环的氦气轮机发电系统和超临界 CO_2 发电系统、斯特林发动机、新型热管等。新型热电转换装置预计在 2025 年左右具备综合验证条件，在 2030 年以前与微堆反应堆模块等共同实现示范验证。

5. 非能动安全技术

使用非能动安全系统可以提高核能小堆和微堆的安全性和可靠性，并简化或取消能动安全系统，提升其经济性。核能小堆热功率小，事故工况下衰变热较少，余热排出系统所承担的散热要求降低，可以依靠非能动安全系统排出余热。国际所用核能小堆方案均采用非能动余热排出方式，少部分以能动方式排出余热。非能动安全技术具体包括核级关键设备研发、设计、制造和检测，以及安全分析软件和综合试验台架等子关键技术，这些技术需要通过核安全监管部门的评审。预计在 2030 年，结合新型燃料技术工程应用，简化安全系统配置及安全支持系统，适时启动示范工程建设。

6. 核能与其他能源耦合技术

通过与其他能源耦合，可以提高核能小堆的部署灵活性和经济竞争力。多用途核能小堆可以实现热电联产，把供热系统和供电系统紧密耦合，通过调节供热和供电比例实现电力功率调节，而无须通过调节反应堆功率。还可以与储能系统、风能和太阳能等其他可再生能源结合协同发电，形成部署灵活、有经济竞争性的综合能源系统。核能与其他能源耦合技术预计在 2025 年后，该项技术逐步具备应用条件。

7. 智能运行维护技术

核能小堆用于偏远地区的微电网或分布式发电时，如何实现核能小堆和微堆的远程监控、现场少人值守和无人值守，是一个重要的研究方向。智能运行维护技术具体包括核能小堆智能远程监控、在线状态评估、故障诊断、运行状态优化等子关键技术，需要材料故障机理研究和运行数据支持。预计在 2025 年后，逐步该项技术具备应用条件，并持续完善。

8. 数字反应堆技术

数字反应堆技术是指通过构建虚拟反应堆，在超级计算机平台上开展中子学、热工水力、结构力学、水化学、燃料性能等过程模拟研究，掌握数值模拟计算方法等核心关键技术，用于反应堆堆芯物理分析、燃料设计及性能优化、事故分析和预测等，提高反应堆的安全性、经济性和可靠性。预计 2025 年左右，该项技术具备应用基础，并持续完善。

16.4 技术路线图

16.4.1 需求与发展目标

1. 需求

核能小堆和微堆是中国能源体系的重要组成部分，在民用领域和战略领域有重要和广阔的应用前景，是实现国家战略的重要支撑，同时可以带动国家高精尖技术的发展。

1）民用需求

在民用领域，核能小堆和微堆可以灵活提供绿色清洁电源和热源，与大型商用核电厂形成互补的能源布局，优化中国能源结构。在民用能源方面，中国能源正处于从“总量扩张”向“提质增效”转变的新阶段。中国政府明确提出“构建绿色低碳、安全高效的能源系统”的发展方向，核能小堆是能源系统转型的重要选择。核能小堆安全性高、功率较小、应用灵活，是一种清洁、稳定、可靠的能源供应方式。按照中国绿色低碳能源发展方向，核能小堆和微堆可以代替老旧火电厂或热电厂，提供中小容量或分布式绿色清洁电源或热源。核能小堆和微堆拓展了核能的应用领域，可提供清洁的冬季供暖，改善当地空气污染；还可向工业园区提供高品质蒸汽和制氢，减少温室气体排放。未来，需按照国家能源系统发展方向和具体民用领域的市场需求，引导核能小堆和微堆供应商进行堆型和系列产品研发。

2）战略应用需求

在战略应用领域，核能小堆和微堆作为重要设施与装置的能源或动力模块，可以为海洋资源开发、深海和太空探索等重要设施或装备提供长续航电能或动能，是实现国家战略的重要支撑。尤其是核能微堆，具有能力密度高、体积小、运行期间少/免维护等不可替代的优势，可以为海岛、基地等重要偏远区域的小微电网提供稳定可靠的电源；为应急救灾或因战争而受损的重要基础设施提供灵活的备用电源；配合国家海洋和太空发展战略，为海洋资源开发、深海和太空探索等提供高密度长续航电源或动能。未来，需按照国家海洋、深海、太空发展战略要求，以重要基础设施和装置研发规划为导向，制定核能小堆和微堆技术路线图。

3）带动科技发展

核能小堆和微堆产业发展可以带动中国高精尖科技进步，拉动钢铁、装备等制造业发展。核能小堆和微堆属于综合了多个行业的高科技领域，具备科技密集程度高和产业链长的特点。核能小堆和微堆使用的反应堆堆型多种多样，包括轻水堆、高温气冷堆、铅冷/钠冷快堆、钍基熔盐堆等多种堆型，这些都是当前先进核能需要突破与创新的重要方向。核能小堆和微堆产业链长，包括专业化核电公司、具有自主研发能力的设计单位、可以自主制造关键设备的主设备供应商及运行经验丰富的核电运营商。推动核能小堆和微堆技术发展，可以进一步推动中国整体工业水平上升到国际先进水平，获得高精尖技术领域核心竞争力。

2. 发展目标

按照国家能源、海洋、深海、太空等发展战略要求，以核能小堆和微堆应用领域的重要基础设施和装置研发规划为导向，结合核能小堆和微堆的技术成熟度和需要突破的关键技术，制定核能小堆和微堆技术路线图。

1）2025 年目标

到 2025 年，在堆型应用方面，ACP100 示范工程建成运行，实现多用途应用；供热堆示范工程通过核准，开始建造；高温气冷堆实现高温工艺热综合应用；海上浮动堆具备示范工程实施条件。在关键技术突破方面，实现先进材料、新型燃料、主回路一体化关键设备、新型热电转换设备以及核能与其他能源耦合技术初步验证，智能运行维护和数字反应堆技术初步具备应用基础。

2）2035 年目标

到 2035 年，先进材料技术、新型燃料技术、一回路一体化技术、非能动安全技术、热电转换技术和智能运行维护技术在新研制的核能小堆和微堆示范工程中得到验证，其安全性和经济性得到突破；提升核能小堆商用竞争力；多个新研制的核能小堆突破核能与其他能源耦合技术，多用途应用更加广泛；通过数字反应堆，提升核能小堆和微堆系列化产品设计效率；对新一代先进核能小堆和微堆进行商业推广。

16.4.2 重点任务

1. 基础研究方向

以高温气冷堆、铅冷/钠冷快堆、钍基熔盐堆等非轻水堆为主的微堆在关键技术研发和集成验证方面技术成熟度较低，需要开展的关键技术包括先进材料和新型热电转换技术等。

2. 关键技术

核能小堆和微堆领域的关键技术包括新型燃料技术、一回路一体化技术、非能动安全技术、核能与其他能源耦合技术、智能运行维护技术和数字反应堆技术等。未来，针对不同堆型的不同应用场景和堆型特征，需要进行上述关键技术的突破和关键设备的研发与验证。

3. 重点产品

按照不同的功率范围和用途，国内的重点核能小堆和微堆产品可以分为两类。

1）核能小堆（10～300MWe）

“ACP100”以及“和美五号”主要用于发电和热电联产；“燕龙”与“和美一号”主要用于城市供暖；NHR 多用途堆可以供热、供汽和发电；高温气冷堆可以提供工业热源和制氢；ACPR50S、HHP25 及 ACP100S 等作为海上浮动核电站，向远海油气开采平台供电，还向核动力极地破冰船等供电。

2）核能微堆（10MWe 以下）

核能微堆的堆型包括高温气冷堆、铅冷/钠冷快堆、钍基熔盐堆及轻水堆等，主要作为能源或动力模块，为战略应用领域的重要设施或装备提供稳定可靠、灵活部署、高能量密度的电源或提供长续航动能。另外，还包括医用微堆，用于治疗癌症等。

4. 示范工程

1）ACP100 海南核能小堆示范工程

ACP100 可用于发电和热电联产，现阶段其技术先进，安全性达到第三代技术指标，关键设计经过验证，技术成熟度高，示范工程在 2021 年通过项目核准，拟 2025 年建成发电。经过示范工程验证后，将进行标准设计和推广批量化项目落地。2025 年，拟突破全内置式一体化反应堆关键设计和设备制造技术，在 ACP100 技术的基础上完成全内置式一体化反应堆初步设计。预计在 2030 年，结合 ATF 燃料技术工程应用，同时着力简化非能动安全系统的配置及安全支持系统，进一步提高核能小堆的安全性和经济性，并适时启动示范工程建设。2035 年，通过先进小型堆的智能化设计、建造、运维及批量化应用，实现从模块化反应堆向反应堆模块化的技术跨越，大幅度提升小型压水反应堆安全性和经济性，满足小型堆灵活快速的生产、制造和部署的目标。

2）石岛湾高温气冷堆核电站示范工程

石岛湾高温气冷堆核电站示范工程属于国家科技重大专项，该示范工程以 HTR-10 技术和经验为基础，固有安全性高、标准化生产、具有经济竞争力、技术成熟。该示范工程在 2012 年 12 月开工建设，2021 年两个模块均已实现首次临界发电，预计 2022 年全面建成发电。根据国内外高温气冷堆技术的发展趋势，以及中国已有的技术基础和高温气冷堆在中国的市场前景，拟在 2025 年，实现多模块高温气冷堆核电机组、核蒸汽供应系统模块翻版示范工程，实现设计优化和标准化；反应堆出口温度达到 750℃，用于亚临界发电/热电联产。到 2030 年，继续优化主设备和安全系统的安全分级，降低电厂建造成本；反应堆出口温度到达 750℃或更高，用于超临界发电/氦气透平发电/热电联产。到 2035 年，反应堆出口温度达到 950℃，采用中间热交换器，实现核能制氢。

16.4.3 战略支撑与保障

由国家核能行业主管部门形成本领域发展规划和技术路线图。由于核能小堆和微堆在能源领域、海洋（包括深海）、极地、和太空应用上的特殊性，因此，必须从国家层面形成顶层设计文件，从国家战略高度引导行业发展，同时国家机关做好统筹协调工作，才能极大地促进核能小堆和微堆的设计、建造、运行、维保、退役等全产业链各个参与单位的积极性，形成相对稳定的核能行业和产业。

“产、学、研”各界形成合力，共同推进核能小堆和微堆创新。中国应进一步整合核电技术基础研发队伍，统筹协调企业所属研究院和设计院、高等院校、科研院所等相关单位，使得国家实验室、高等院校、核能企业及其他研究机构纵深配置，按照各自的分工从事基础性、前瞻性核能科学与技术研究，根据市场需求不断开发有前景的新技术，避免低水平重复。此外，还应引导核能行业的设计院和研究院做好与高等院校、科研院所的衔接工作，将从事基础研究和应用研究单位的成果产业化、市场化，并在这个过程中培养自己的科研队伍。同时，也应加强企业科技协同创新。

核能产业链协调、配套和科学发展，是保证核能小堆和微堆创新、可持续发展的重要战略。按照国家在能源、军事、海洋、极地、深海和太空发展规划，由国家统一规划核能小堆和微堆技术，并不断完善相关法规体系，规范行业良性发展。以项目经验丰富的专业化核电公司、具有自主研发能力的设计单位、可以自主制造关键设备的主设备供应商及运行经验丰富的核电运营商作为核能小堆和微堆示范工程落地和规模发展的重要支撑条件。核安全监管部门早期介入堆型研发，提升核安全关键问题审查能力，优化审评和监督流程。

在具体堆型和项目方面，采用示范一代、预研一代等方式，进行中长期规划和支持，稳妥推进核能小堆和微堆示范项目落地、产业化和持续创新。把小型反应堆与大型核电厂定位于不同的目标市场，应用场景广阔、可以差异化发展。按照不同的用途，根据典型堆型的技术成熟度、安全性和经济性，采用示范一批、推广一批、预研一批的方式逐渐实现工程落地和技术进步。目前，中国不同的政府部门积极支持不同的单位开展了很多相关工作，也取得了一些令人瞩目的成果。例如，高温气冷堆、钠冷快堆等已分别纳入了国家重大科技专项、高科技计划、“973”计划等不同渠道的科技研发计划；中国科学研究院组织了 ADS 等科研项目。国内有关企业或科研单位也在开展一些核能小堆和微堆等的研发工作。应该加强科学评估，哪些技术处于基础研究阶段，哪些技术处于应用研究阶段，如何协调推进，需开展充分的论证，进行长期支持。当核能小堆和微堆具备工程化应用条件时，进一步挖掘市场，根据市场潜在需求和能源发展需求，适时推动示范工程项目落地。

16.4.4 技术路线图的绘制

面向 2035 年的中国核能小堆和微堆开发利用技术路线图如图 16-4 所示。

里程碑	2020年	2025年	2030年	2035年
需求	民用领域：清洁绿色电源或供暖热源、高温工艺热		多用途能源市场需求规模化，高温制氢	
需求	战略应用领域：海洋资源开发能源示范、太空能源模块示范	深海能源模块示范	深海能源模块、太空能源模块工程应用	
目标	突破轻水小堆示范工程验证关键技术，实现发电、供暖、浮动堆和太空应用；实现高温气冷堆工艺热应用；关键技术得到初步验证	关键技术在新研制的核能小堆和微堆示范工程中得到验证，安全性和经济性得到突破；突破核能与其他能源耦合技术，多用途应用广泛；通过数字反应技术，堆提升核能小堆和微堆系列化产品设计效率；研制新一代先进核能小堆和微堆并推广应用		
关键前沿技术	与其他能源耦合技术得到初步验证	新研制的核能小堆与多种能源耦合广泛应用		
关键前沿技术	先进材料技术	深海能源模块示范	深海能源模块、太空能源模块工程应用	
关键前沿技术	新型热电转换设备验证			
关键前沿技术	新型燃料技术	新研制的核能小堆和微堆示范工程和推广应用		
关键前沿技术	一回路一体化关键设备验证			
关键前沿技术	非能动安全技术			
关键前沿技术	智能运行维护技术			
关键前沿技术	数字反应堆技术			
重点产品	发电和热电联产：ACP100 示范项目建成	全内置一体化ACP小堆		
重点产品	供暖（“燕龙”、NHR多用途堆、和美一号），高温气冷堆，浮动堆（ACPR50S、HHP25以及ACP100S）、发电和热电联产（和美五号）等			
重点产品	微堆（气冷堆、铅冷堆、轻水堆等）			
示范工程	ACP100示范项目			
示范工程	高温气冷堆示范项目			
战略支撑与保障	战略统筹，统一规划发展目标和关键技术路径，提供长期政策和资金支持			
战略支撑与保障	“产、学、研”各界按照分工从事基础性和前瞻性研究，根据用户需求开发核能小堆和微堆			
战略支撑与保障	核行业产业链（核电公司、主设备制造单位、运营单位等）协调配套			
战略支撑与保障	核安全监管部门早期介入堆型研发			

图 16-4 面向 2035 年的中国核能小堆和微堆开发利用技术路线图

小结

核能小堆和微堆是中国能源体系的重要组成部分，在民用领域、战略领域、带动科技发展等方面具有不可替代的作用。目前，核能小堆和微堆研发处于基础研究成果不断积累、工程研发成果快速增长的阶段，中国在本领域占有技术领先优势。

核能小堆和微堆技术路线图如下：小型轻水堆技术成熟度高，预计在 2025 年左右，完成首堆示范验证；在 2030 年，左右实现轻水堆优化和商业化推广。第四代微型气冷堆、金属快堆、熔盐堆等目前处于关键技术攻关和试验堆阶段，预计在 2025 年左右，完成综合性能试验验证；在 2030 年以前，实现示范验证。需要攻克先进材料、新型燃料技术（如耐事故燃料）、一回路一体化技术、新型热电转换技术、非能动安全技术、核能与其他能源耦合技术、智能运行维护技术和数字反应堆等关键技术。

第16章撰写组成员名单

组　长：叶奇蓁

成　员：苏　罡　堵树宏

执笔人：李永华　刘筱雯　赵德鹏

17

面向 2035 年的中国主要粮食作物重大生物灾害持续有效控制技术路线图

17.1 概述

农作物病虫害是中国最主要的农业生物灾害之一。中国主要粮食作物水稻、玉米和小麦等年均因病虫草害造成的产量损失分别为47.1%、35.6%和24.1%。每年实施农作物有害生物防治60～80亿亩次，挽回粮食损失6000～9000万吨，按联合国粮食与农业组织（FAO）公布的自然危害损失率37%以上测算，若不采取防控措施，则每年因病虫危害而损失粮食1500亿千克，潜在经济损失为3000多亿元。

随着气候变暖，中国农作物病虫害成灾规律和危害呈现出新的态势，发生面积逐年增长，种类逐年增加，灾害损失逐年扩大。农田生态环境也随着耕作栽培制度的改变发生变化，导致病虫害群体结构发生改变，促使某些病虫害数量上升，从而出现病虫害发生发展的新特点。另外，随着中国农业生产方式由一家一户的家庭联产承包责任制向专业化合作组织、家庭农场、规模化农业企业转变，以及农村人口减少、人口老龄化等，对农业生产方式提出新的挑战。同时，农产品面对着来自国际一体化贸易的激烈竞争等，对农业植保包括管理模式、技术难度、工作标准和设备设施都提出了诸多新的要求。因此，农业生态变化及农业现代化的发展对农作物病虫害的影响诊断、发生与灾变的影响预估、风险评估及适应对策将是未来需要重点解决的关键问题。

17.1.1 研究背景

以化学农药为主要防治手段的植物保护对粮食安全有负面影响。化学农药长期大量施用，在取得显著经济效益的同时，由于施用技术不当、环境健康意识不强，也产生了许多的负面效应，如“3R”问题（Residue：残留，Resistanee：抗性，Resurgence：再增猖獗）、生态平衡的破坏、环境污染等，直接影响了粮食的质量安全与生态安全。

分子设计育种、模块化育种、基因编辑等生物技术的发展和应用拓展了基因资源，加快了抗病基因的利用。纳米材料、土壤处理、特异性光谱诱虫灯等物理技术的发展为农药纳米载体、定向诱捕等高效低毒、特异性化学农药的应用提供了保障。低空低量植保无人机、精准变量施药技术、大数据分析等为精准植保提供了技术支撑。

17.1.2 研究方法

本课题组在实际调研、文献和专利统计分析、技术清单制定的基础上，最大程度吸取国内外相关研究的经验和成果，汇聚了本领域的一批高水平专家，开展了广泛和深入的研讨。

具体研究方法如下。

（1）实地调研。对中国小麦、水稻、玉米等主要粮食作物主产区的重大生物灾害种类、发生现状、危害损失进行调研，明确中国主要粮食作物重要生物灾害的发生和防控现状、存在的问题等。

（2）文献和专利统计分析。利用 iSS 平台、Web of Science 数据库等收集大量文献和专利信息，利用数据分析工具对国内外相关基础研究热点、专利申请和技术应用动态进行分析。

（3）会议研讨。在实际调研、文献和专利统计分析的基础上，通过会议、电话和网络等多种形式，与高等院校、科研院所、服务机构等单位的专家及农户代表进行讨论，制定技术清单。

（4）基于专家调查进行技术预见。根据研究目标进行问卷设计，选择参加调查的专家，然后开展问卷调查，最后汇总意见。

（5）专家组集中分析论证。组织院士、专家开展专题研讨，深入讨论面向 2035 年的中国主要粮食作物重大病虫害可持续防控的需求、重点任务、关键技术模式和支撑保障体系，提出绿色可持续发展的思路、战略目标和总体架构。

17.1.3 研究结论

未来 15 年，随着全球气候的变化和耕作模式的改变，农作物生物灾害有加重和频发的趋势，以化学农药为主要防治手段，难以适应人民群众对美好生活和食品安全的迫切需要，过去一家一户的病虫害防治模式，已不适应乡村振兴战略新时代农业向专业化合作社、家庭农场和规模化农业企业等转变后的病虫害防控的要求。现代生物技术、人工智能技术、信息技术等为主要粮食作物有害生物持续控制提供了新的技术手段和支撑。高效、智能、绿色、轻简化技术将成为未来主要粮食作物病虫害防控发展的主要方向。

17.2 全球技术发展态势

17.2.1 全球政策与行动计划概况

近几年，随着全球气候变化和人口的不断增长，粮食安全逐渐成为全球聚焦的重大问题。为推动农业的可持续发展，世界各国纷纷推出相应的农业战略部署，力争在新一轮农业科技发展中占主导优势。

1. 美国

美国除了通过颁布新农业法，还通过不断发布新的战略计划和研究报告，规划和引导本国农业病虫害防治技术的发展。美国国家科学院发布的《2030 年美国食品农业领域科技突破》调研报告明确指出，美国在 2030 年前将在动植物病害防治方面实现以下几项科技突破：研发快速诊断和预防动植物疾病技术、开发新的精准的传感器技术、构建可实时监控农作物健康状况的云网络系统、探索并运用纳米技术和合成生物学技术等，使农作物的生长能更好地应对环境挑战。2020 年 2 月 6 日，美国农业部（USDA）发布了《USDA 科学蓝图：2020—2025 年科研方向》，动植物农业、林业和水产养殖业是美国农业的未来，植物生产、植物健康和遗传农作物育种将作为重点研究方向之一，充分利用农作物的遗传多样性和新一代基因编辑技术进行快速育种，降低农作物对气候变化、病虫害和杂草的易感性，从而提高农作物产量，确保美国农业健康可持续发展。美国发布的 *National Program 303: Plant Diseases Action Plan 2022—2026* 战略规划指出，将专注于改进或开发病原体诊断、检测、量化方法，调查病原体的遗传变异及多样性，研究病原体的系统学、进化生物学、比较基因组学和群体基因组学，并了解外来物种的病因或新出现的病害原因，制定可持续的农作物病虫害和病原体防控战略，保护农作物免受病虫害的影响，为农业发展提供科学信息。除此之外，美国国家科学院、美国国家工程院和美国国家医学院联合发布了题为"*Science Breakthroughs to Advance Food and Agricultural Research by 2030*"的研究报告，指出在未来 10 年，将在新一代传感器技术、基因组学和精准育种技术、微生物组技术等方面有所突破，确保美国农业高效、健康和可持续发展。

2. 日本

日本在智慧农业方面进行了详细的战略部署，进一步普及无人机在农业领域的使用，制定了农业领域普及小型无人机计划，主要针对农业生产中的农药喷施。该计划的目标是，到 2022 年要将无人机喷施农药的面积扩大至 100 万公顷。"绿色食品系统战略"是日本提出的关于农业生产力和可持续性并存的战略，在该战略中，日本提出到 2050 年实现农、林、水产业的二氧化碳零排放、减少化学农药和肥料施用、扩大有机农业面积等方针。其中，化学防治方面的目标是，在 2050 年把化学农药用量降低到当前的 50%。同时，日本还致力于开发新的抗病虫害的优良品种、低风险化学农药、新生物源农药，采用人工智能对农作物病虫害进行监测，开发和利用新的生物防治方法和物理防治方法，对病虫害进行防治，建立并普及农作物病虫害综合管理技术体系。

3. 英国

2021 年，英国生物技术与生物科学研究理事会（Biotechnology and Biological Sciences

Research Council，BBSRC）发布《英国植物科学研究战略》，描绘了未来 10 年英国发展植物科学和应对粮食安全、二氧化碳零排放、保护生物多样性与生态环境和人口健康问题的路线图。该战略将植物科学研究与开发利用同英国科学研究和创新领域紧密相连，明确了 6 个研究与创新优先事项，并制定了详细的长期目标。

（1）通过持续平衡人类对农业、生物多样性、碳固定、能源生产和洪水管理的需求，满足人类对健康和福祉的需求。

（2）通过预测生物学和数字孪生技术，并结合有力的转化政策，为未来可靠的土地使用策略提供信息。

（3）通过新的植物育种技术和农作物管理，提供安全、营养丰富的食物，并且实现高效和可持续生产。

（4）通过以生物农药代替化学农药、加强植物与土壤相互作用的管理、提高生物能源植物的利用，显著减少英国农业部门的碳排放。

（5）通过遥感、生物防治和植物免疫机理，监测、控制和防治植物病害。

（6）通过生物工程和新的培养技术，建立以植物为基础的生产系统，用于食品和新产品的生产，包括疫苗、蛋白质原料和高附加值化学品。

4. 欧盟

《欧洲绿色协议》认为，欧盟应根据气候和环境标准评估原有的战略计划，帮助各成员国发展精准农业、有机农业、保护农业生态系统；采取包括立法在内的措施，显著减少农药、化肥和抗生素的使用；强化欧盟农业种植者在应对气候变化、保护环境和生物多样性等方面的作用。该协议最关键的内容是“从农场到餐桌”计划和生物多样性战略，具体的措施举例如下。

（1）到 2030 年，将化学农药的施用量和风险降低 50%。

（2）修订《可持续使用指令》（针对农药），以大幅度减少农药的施用风险及对农药的依赖，加强有害生物的综合防治，完善《可持续使用指令》的目标与实施其他立法（如《共同农业政策》和《水框架指令》）之间的联系。

（3）扩大欧盟有机农业的面积，力争到 2030 年实现有机种植面积占总耕地的 25%。

5. 中国

中国高度重视农业可持续发展，早在 2015 年 5 月 27 日，中国就发布了《全国农业可持续发展规划（2015－2030 年）》（以下简称《规划》），这是今后一个时期指导中国农业可持续发展的纲领性文件。《规划》指出，到 2020 年实现化学农药使用量零增长；到 2030 年，全面构建以绿色为导向的农业技术体系，农业主产区农膜和农药包装废弃物实现基本回收利用、农作物秸秆得到全面利用。在稳步提高农业土地产出率的同时，大幅度提高农业劳动生产率、资源利用率和全要素生产率，引领中国农业走上一条产出高效、产品安全、资源节约、环境友好的农业现代化道路，打造促进农业绿色发展的强大引擎。2021 年是中国“十四五”规划开启之年，国家提出以保障粮食安全为底线，健全农作物病虫害防治体系，建设智慧农业。同时，研发应用性强、准确率高的病虫害预警模型，以物联网、大数据、信息平台等为手段的农业资源台账制度基本建立，农业绿色发展的监测预警机制基本完善。

17.2.2 基于文献和专利分析的研发态势

1. 文献分析

本课题组以科睿唯安公司的 Web of Science 数据库为数据源，对 1997—2021 年在 SCI 期刊上发表的关于小麦、水稻、玉米等主要粮食作物病虫害防控研究的文献进行检索（文献统计数据截至 2021 年 6 月），给出了 1997—2021 年全球主要粮食作物病虫害防控研究领域的年度论文发表数量变化趋势，如图 17-1 所示。从图 17-1 可以看出，随着主要粮食作物各种重大生物灾害的频繁发生及其对主要粮食作物生产的威胁日益严重，全球范围内该研究领域的论文发表数量整体上呈快速上升趋势。

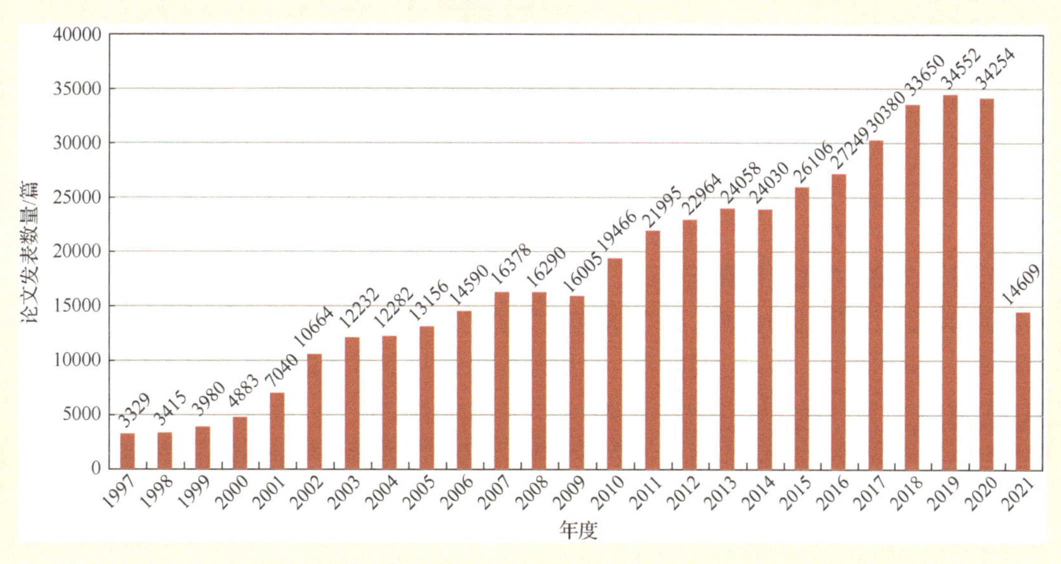

图 17-1 1997—2021 年全球主要粮食作物病虫害防控研究领域的年度论文发表数量变化趋势

1997—2021 年不同国家在主要粮食作物重大生物灾害持续有效控制领域的论文发表数量占比如图 17-2 所示。在本领域的论文发表数量排名前 10 的国家依次为美国、中国、印度、巴西、西班牙、意大利、日本、德国、英国和加拿大。这 10 个国家在本领域发表的总论文数量占世界本领域总论文发表数量的 69.92%，而其他国家加起来的论文发表数量仅占 30.08%。其中，本领域美国在主要粮食作物重大生物灾害持续有效控制领域的科研活动十分活跃，论文发表数量占世界本领域总论文发表数量的 17.77%。中国在本领域的论文发表数量排名第 2，占世界本领域总论文发表数量的 13.24%，印度、巴西和西班牙在本领域的论文发表数量相差不大，依次占世界本领域总论文发表数量的 7.46%、6.12%和 5.12%。

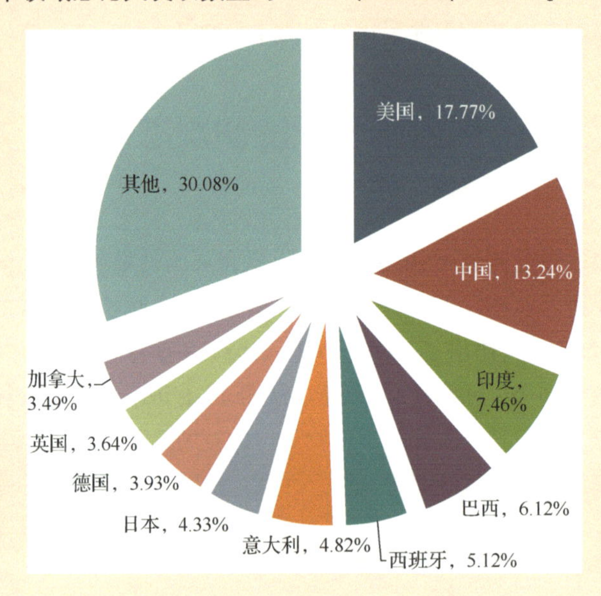

图 17-2　1997—2021 年不同国家在主要粮食作物重大生物灾害持续有效控制领域的论文发表数量占比

图 17-3 为 1997—2021 年排名前 10 的国家在主要粮食作物重大生物灾害持续有效控制领域的年度论文发表数量变化趋势。从图 17-3 可以看出，美国在本领域的论文发表数量在 1997—2003 年整体上呈现上升趋势，于 2006 年达到第一个研究热潮（2913 篇），自 2007 年开始呈现稳中下降的趋势；2010—2013 年，美国在本领域的论文发表数量分别为 3229 篇、3404 篇、3768 篇和 3870 篇；从 2009 年开始，再次呈现上升趋势，于 2019 年进入新的研究热潮（5515 篇）。中国在本领域的论文发表数量整体上呈现比较清晰的增长趋势，在 2005 年前，中国在本领域的论文发表数量不足，仅 500 篇，到 2006 年开始呈现迅速上升趋势，并于 2016 年超过美国，论文发表数量达到 4403 篇，10 年增加了近 10 倍。其余 8 国在本领域的论文发表数量整体上均呈现上升趋势，但是相比美国和中国，仍有较大的差距。

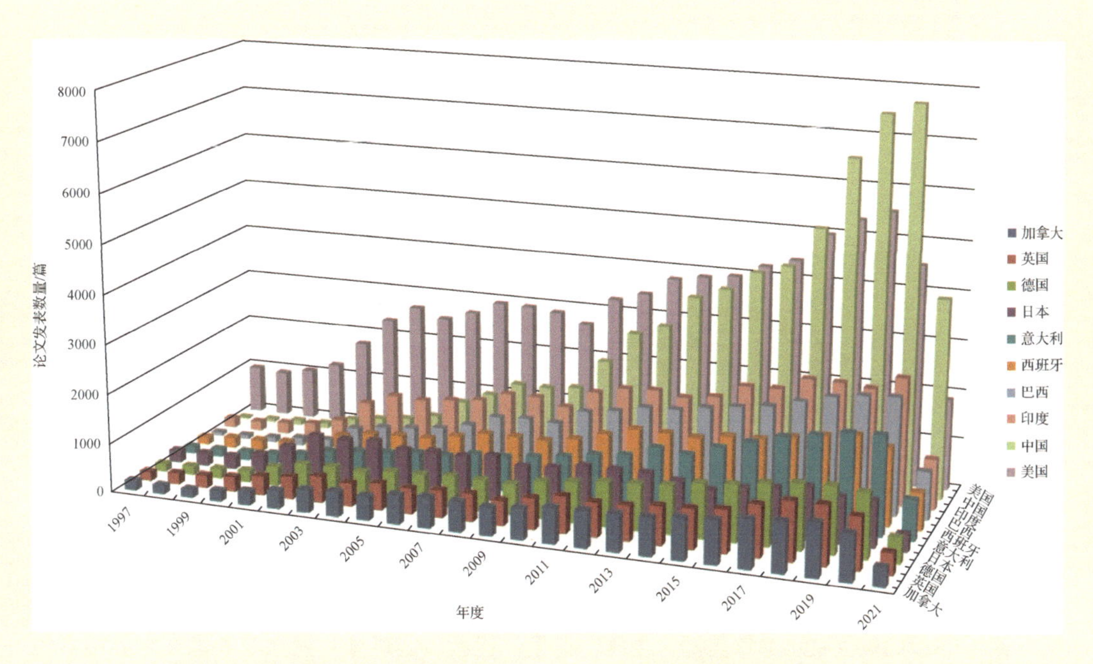

图 17-3 1997—2021 年排名前 10 的国家在主要粮食作物重大生物灾害持续有效控制领域的年度论文发表数量变化趋势

基于上述统计，以下着重针对全球主要粮食作物重大生物灾害持续有效控制领域的论文发表数量排名前 6 的美国、中国、意大利、德国、英国、西班牙进行分析。通过计算文献的相关指标，如文献相对产出率和文献平均引证指数，总结并归纳主要粮食作物重大生物灾害持续有效控制技术的研究趋势。

文献相对产出率是指某一国或地区在某一领域的论文发表数量与全部竞争者的论文发表数量的比值，用于判断对标国家的竞争实力。一般情况下文献相对产出率越高，竞争实力越强。图 17-4 为 1997—2021 年美国、中国、意大利、西班牙、巴西、印度 6 国在主要粮食作物重大生物灾害持续有效控制领域的文献相对产出率对比。从图 17-4 中可以看出，1997—2021 年，美国的文献相对产出率远高于其余 5 国，竞争实力处于世界第一位，但从整体上讲，美国在本领域的研究活动呈现出下降趋势；中国在本领域的竞争实力一直呈现上升趋势，在 2015—2016 年中国的文献相对产出率和美国持平，并于 2017 年超过美国；意大利、巴西、印度和西班牙 4 国在本领域的文献相对产出率一直处于平稳状态，竞争实力相对较弱。

文献平均引证指数是指某一国或地区在某一领域的文献被后继文献引用的绝对次数与该国家在该领域的论文发表数量的比值，用于判断该国家拥有基础性或领先性技术的能力。一般情况下，文献平均引证指数较高，代表该文献处于核心研究地位或位于研究交叉点。

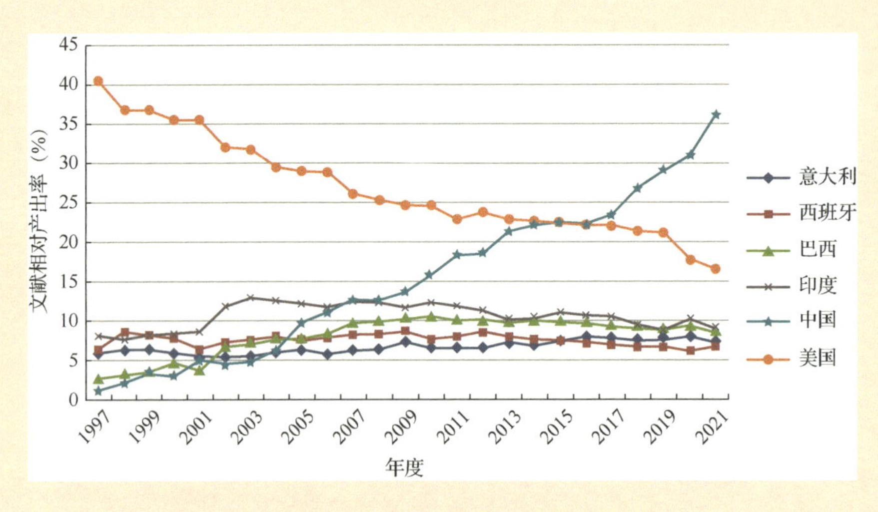

图 17-4　1997—2021 年美国、中国、印度、巴西、西班牙、意大利 6 国在主要粮食作物重大生物灾害持续有效控制领域的文献相对产出率对比

图 17-5 为 1997—2021 年美国、中国、印度、巴西、西班牙、意大利 6 国在主要粮食作物重大生物灾害持续有效控制领域的文献平均引证指数对比。从图 17-5 可以看出，1997—2019 年，印度、意大利、西班牙和巴西 4 国在争取核心研究地位和基础地位方面一直处于胶着状态，美国在 2017 年前的核心研究地位高于上述 4 国；中国在本领域的核心研究地位在 1997—2008 年一直处于逐步上升的状态，但在 2005 年中国在本领域的超过了意大利，但在 2011 年中国在本领域的文献平均引证指数开始逐年下降。

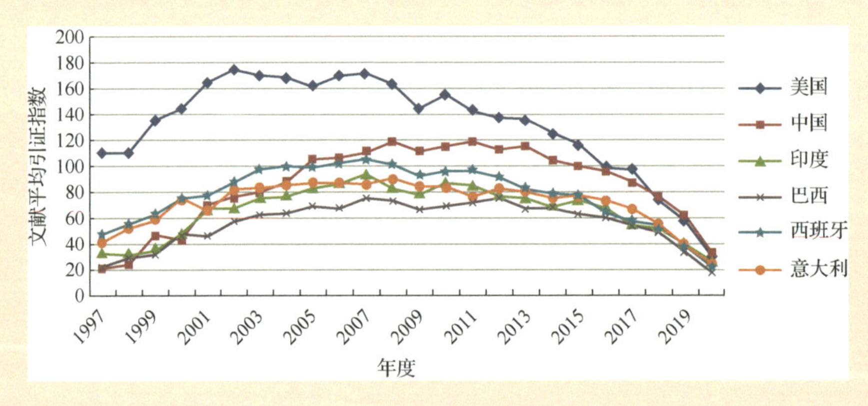

图 17-5　1997—2021 年美国、中国、印度、巴西、西班牙、意大利 6 国在主要粮食作物重大生物灾害持续有效控制领域的文献平均引证指数对比

2. 专利分析

本课题组以世界专利数据库——德温特创新索引数据库和 Thomson Innovation（TI）数据

库为数据来源，利用“关键词+手工代码”的方式构建检索策略，采用机器自动检索和人工判断相结合的方式确定所需分析的数据范围，并借助专利分析软件 Thomson Data Analyzer，（TDA）和 TI 等工具，从年度专利申请数量变化趋势、专利受理机构、专利权人，以及专利的技术布局、发展趋势等情况进行分析。由于专利的公开存在 18 个月的时滞，因此实际的数据分析时段为 1997—2019 年。

图 17-6 为 2002—2021 年全球主要粮食作物重大生物灾害持续有效控制领域年度专利申请数量变化趋势（专利统计数据截至 2021 年 6 月）。从图 17-6 可以看出，2002—2006 年，本领域的专利申请数量呈现快速增长的趋势；2002—2006 年，专利申请数量以年平均增长率 7.32%的速度增长；到 2006 年达到申请数量的顶点，此时全球本领域的专利申请数量达到 84 件，表明主要粮食作物重大生物灾害持续有效控制领域的专利技术发展具有很大潜力。

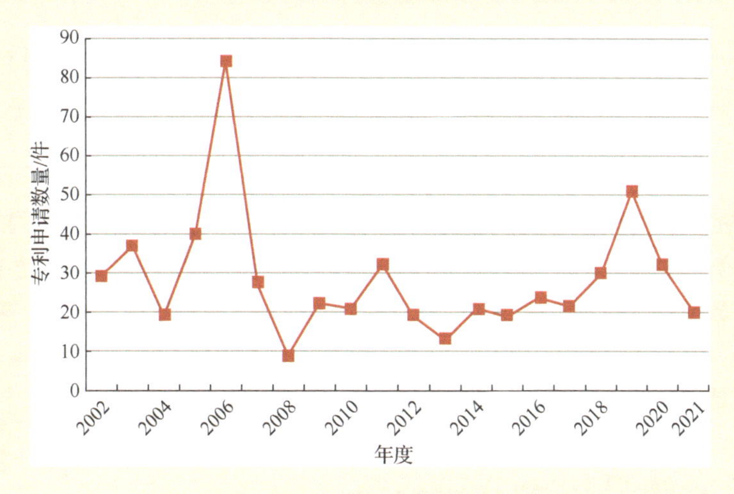

图 17-6　2002—2021 年全球主要粮食作物重大生物灾害持续有效控制领域年度专利申请数量变化趋势

图 17-7 为 2002—2021 年美国、日本、加拿大、瑞士、澳大利亚和德国 6 国在主要粮食作物重大生物灾害持续有效控制领域的专利相对产出率。从图 17-7 可以看出，2002—2021 年，美国在本领域的竞争实力一直较强，其专利相对产出率长期高于其余 5 国，并且美国的竞争实力一直居高不下。日本在本领域的专利相对产出率从 2002 年开始呈下降趋势。随着瑞士对主要粮食作物重大生物灾害持续有效控制技术关注度的提高，从 2016 年开始，瑞士在本领域的竞争实力保持稳步提升状态，并于 2019 年超过日本。澳大利亚、德国、加拿大 3 国在本领域的专利相对产出率一直处于平稳状态，竞争实力相对低。

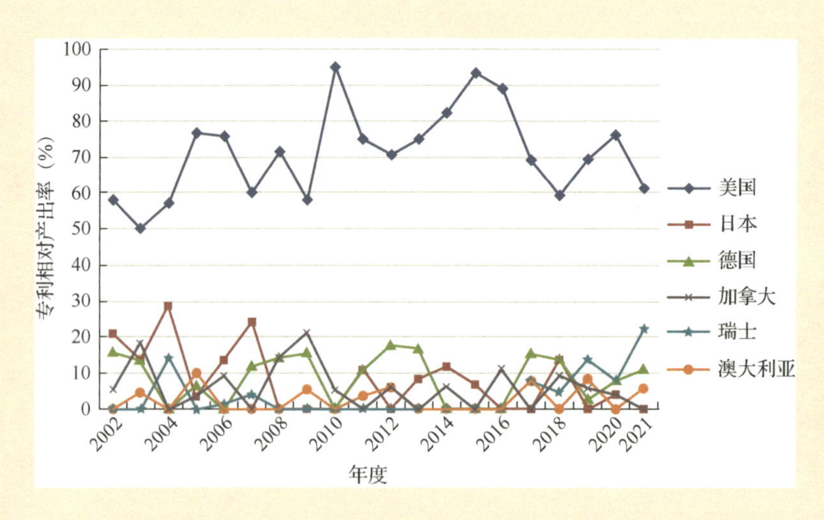

图 17-7　2002—2021 年美国、日本、加拿大、瑞士、澳大利亚和德国 6 国在主要粮食作物重大生物灾害持续有效控制领域的专利相对产出率

3. 结论

从本领域的研究论文和专利分析结果看，美国是本领域研发投入最多的国家，同时也处于领先地位，竞争实力远超其他国家。中国已成为主要粮食作物重大生物灾害持续有效控制领域论文发表数量第 2 的国家，并且在 2013—2015 年，成为本领域论文发表总量最多的国家，表现相当活跃。值得注意的是，美国、日本、加拿大在本领域的研发活动基本由企业主导，而中国在本领域的研发活动基本由科研院所和高等院校主导。

17.3　关键前沿技术发展趋势

17.3.1　智慧植保

“智慧植保”主要是针对农作物病虫害的防治而提出的，其具体含义如下：移动互联网、云计算和物联网技术为一体，依托部署在农业生产现场的各种传感器和无线通信网络，实现对农作物病虫害的智能感知、智能预警、智能决策、智能分析、专家在线指导，为第一时间做好防控并提高植保工作效率和准确率提供保障。目前，已有很多智慧植保应用被设计并投入应用，如农用害虫透视仪、植保无人机防控技术、病虫害监测预警系统等技术。其中，植保无人机具有作业效率高、速度快、劳动强度低、效果好等特点，目前全国各地都在大力发展植保无人机对农作物的病虫草害防治。病虫害监测预警系统将传统硬件产品与软件及物联网技术有机结合，实现了农作物病虫监测自动化、智能化、可视化、信息化，打造了人工智能的植保信息化平台，扩大病虫害监测覆盖率，为病虫害的监测预报和科学防治提供重要依据。随着人工智能、区块链、云计算和大数据等新一代信息技术的发展，中国智慧植保进一步朝着精细化、智能化、集约化、科学化、自动化方向发展，为促进农产品提质增效贡献力量。

17.3.2 基因编辑技术

基因编辑技术（又称为基因组编辑技术）是一种颠覆性的前沿技术，通过人工改变生物的遗传信息，从而改造生物性状。其原理是通过核酸内切酶特异切割脱氧核糖核酸（DNA）的靶位点，使 DNA 双链断裂，诱导 DNA 的损伤修复功能，从而实现对基因组的定向编辑。CRISPR（Clustered Regularly Interspaced Short Palindromic Repeats）技术是一种准确、高效、便捷的生物基因编辑技术，由单链向导 gRNA（single-guide RNA）指导的 Cas 核酸酶对靶向基因进行特定 DNA 修饰。目前，在利用基因编辑技术提高植物抗病性方面已经有较多的报道。

17.3.3 昆虫不育技术

伴随气候变化加剧，昆虫对常用化学杀虫剂的抗药性增加，同时人们的绿色生态意识不断加强，昆虫不育技术（Sterile Insect Techniques，SIT）因其具有无污染、无抗性、防效持久、专一性强、对人畜和天敌安全等突出优点日益受到重视，已成为有害生物综合治理的重要内容。昆虫不育技术作为一种大面积有害生物综合治理措施，能最大程度阻断外来物种的入侵与防治农业害虫危害，同时生物分子技术的迅速发展也促进了昆虫不育技术的研究，取得了很多创新性成果。随着分子技术的日趋成熟、昆虫内部的信号传递网络逐渐被探明，辐照不育启发了大量有关不育技术的研究者，为广大科研工作者提供借鉴。

17.3.4 植物免疫诱抗剂技术

植物免疫诱抗剂是为了提高植物免疫能力而开发的新型生物农药，它利用生物诱导抗性的原理通过调节植物的新陈代谢，激活植物的免疫系统和生长系统，从而达到增强植物抗病和抗逆能力的目的，因此又称为植物疫苗。这些植物免疫诱抗剂的共同特点是能诱导植物产生对病害的广谱抗性。相比化学农药，植物免疫诱抗剂具有环境友好、抗病效果显著、对人体无害等优势，有利于粮食安全和绿色农业的发展。通过系统鉴定不同来源的植物免疫诱抗剂，深入解析植物免疫诱抗剂的工作机理，开发植物免疫诱抗剂大规模生产的新技术、新工艺。开发植物免疫诱抗剂不仅具有重要的学术价值，还可以促进中国农业可持续发展。

17.3.5 生物防治技术

相比传统的化学防治方法，生物防治对环境和其他生物友好，防治效果持久特异。在此基础上结合植物的其他保护措施，还能够节约资源。目前，用于植物病害生物防治的生防因子很多，除了特异性针对病原体的动植物天敌，还包括拮抗微生物、抗生素和植物诱导子等。微生物中主要有细菌、真菌、放线菌和病毒。随着生命科学和生物技术的突飞猛进，以及新原理与新方法的不断渗透、交叉融合，研究人员在植物病害生物防治机理方面取得了一定的进展。

17.3.6 RNAi 与遗传精准控制害虫技术

RNAi（RNA interference）与遗传精准控制害虫技术在美国已经比较成熟并开始商业化应用，中国在这领域还处于“跟跑”阶段，但在实验室研究方面已经有较多的积累。未来，可以利用 RNAi 与基因驱动，以“RNAi+”协同增效和释放携带有害基因驱动器的害虫品系或创制寄主植物品系，构建精准、绿色控制害虫技术。研究害虫对化学农药、生物农药、农作物防御等胁迫相关基因，实现 RNAi 与常规害虫控制技术的协同增效，结合化学材料、微生物、植物等介导 RNA 精准递送，综合构建基于“RNAi+”的病虫害综合管理技术体系。

17.4 技术路线图

17.4.1 需求与发展目标

1. 需求

中国是一个人口大国，粮食安全始终是关系国民经济发展、社会稳定和国家自立的全局性重大战略问题。保障粮食安全，对实现全面建成小康社会的目标、构建社会主义和谐社会和推进乡村振兴战略的实施具有十分重要的意义。一方面，有害生物一直是中国粮食安全生产的重要限制因素。据全国农业技术推广服务中心统计，中国每年因各种病虫害损失粮食 4000 万吨，占全国粮食总产量的 8.8%。另一方面，随着中国工业化和城镇化的深入推进，耕地面积减少，大量农民转向非农产业，中国农村土地流转趋势逐年加快，农业经营方式发生深刻改变，特别是农业生产环境的变化使粮食作物有害生物的危害逐年加重，对中国现有粮食生产和粮食安全带来诸多挑战。

（1）全球气候和耕作制度变化，导致有害生物成灾规律发生新的变化，危害趋势愈发明显。随着全球气候变暖，农作物病虫害成灾规律和危害呈现出新的态势，病虫害发生面积逐年增长，种类逐年增加，灾害损失逐年扩大。迄今，水稻、小麦、玉米等主要粮食作物的生物灾害都呈加重态势。随着耕作栽培制度的改变，即由“清除或焚烧秸秆、耕翻土地后播种”的旧耕作方式转变为“免耕播种、秸秆还田、机械跨区作业”的新耕作方式，使农田生态环境发生变化，导致病虫害群落特别是优势种群发生变化，促使某些病虫害数量上升，从而出现病虫害发生发展的新特点。

（2）绿色发展是现代农业发展的内在要求，也是生态文明建设的重要组成部分，更是新时代中国特色社会主义建设和实施乡村振兴战略的必然选择。以化学农药为主要防治手段，难以适应人民群众对美好生活和食品安全的迫切需求。由于传统测报技术、农药品种和施药器械等相对落后，因此，在农作物病虫害防控中不得不施用大量化学农药。虽然化学农药在防治病虫害中发挥了重要作用，但是由于施用技术不当、环境保护意识不强，也产生了许多的负面效应，如生态平衡的破坏、环境污染等，直接影响了粮食的质量安全与生态安全。

（3）一家一户的病虫害防治模式已不适应乡村振兴战略新时代农业向专业化合作社、家庭农场和规模化农业企业等转变后的病虫害防控的要求。城镇化和农村人口转移导致务农人口锐减，对农业生产方式提出新的挑战；农业产品面对国际一体化的激烈竞争甚至淘汰性角逐等，对农业植保包括管理模式、技术难度、工作标准和设备设施都提出了诸多新的要求。因此，农业生态变化及农业现代化的发展对农作物病虫害的影响诊断、发生与灾变的影响预估、风险评估及适应对策将是未来需要重点解决的关键问题。

（4）科技创新与新技术的发展为主要粮食作物重大生物灾害持续有效控制提供了新的技术手段和支撑。例如，分子设计育种、模块化育种、基因编辑等生物技术的发展和应用，拓展了基因资源，加快了抗病基因的利用；纳米材料、土壤处理、特异性光谱诱虫灯等物理技术的发展，为农药纳米载体、定向诱捕等高效低毒、特异性化学农药的应用提供了保障；低空低量植保无人机、精准变量施药技术、大数据分析等为精准植保提供了技术支撑。

2. 发展目标

围绕乡村振兴战略和可持续发展战略的实施，加快支撑农业绿色发展的科技创新步伐，提高绿色农业投入品和技术等成果的供给能力，按照“农业资源环境保护、要素投入精准环保、生产技术集约高效、产业模式生态循环、质量标准规范完备”的绿色农业发展要求，未来 15 年，“公共植保、绿色植保、科学植保”的理念和“预防为主，综合防控”的植保方针得到全面贯彻和实施。到 2035 年，植保科技创新水平不断提高，高效绿色的病虫害防控理论和应用研究取得重大进展，智慧植保技术、产品和设备全面达到国际先进水平，基于物联网和基层植保站的一体化病虫害监测预警系统的协同组织与运行趋于完善，全面构建以绿色为导向的主要粮食作物重大生物灾害绿色防控技术体系，各个种植区的农作物病虫害全程综合防控体系和技术推广体系更加成熟，重大病虫防控处置能力大大提高，水稻、小麦和玉米等主要粮食作物病虫害得到持续有效控制，彻底扭转农作物病虫害防控的被动局面。在稳步提高病虫害防治效果的同时，大幅度提高防治效率、降低防治成本，最大限度实现环境友好，有力保障中国粮食安全、食品安全和生态安全。

17.4.2　重点任务和重点产品及技术

1．重点任务

围绕主要粮食作物重大生物灾害持续有效控制的总体战略目标——绿色防治产品、绿色防治技术、绿色防治装备、绿色防治模式和绿色防治标准，需要重点完成以下任务。

1）研制绿色防治产品

选育和推广一批高效优质多抗的农作物品种，研发一批绿色高效的低风险农药、施药助剂和理化诱控等绿色防控产品，创制一批节能低耗智能病虫害监测预警和药剂喷施设备，显著提高作物保护信息化、机械化、智能化水平。

2）研发绿色防治技术

以自然生态协调发展的生态、生物等控制为核心开展绿色防控技术的研发和推广应用，包括生态防治技术（如抗性品种利用、合理区划、生物多样性、合理轮作、土壤调节等）、生物防治（天敌昆虫、微生物和植物源农药等）和理化诱控技术（如干湿热处理种子及土壤，利用光、色诱杀害虫或驱虫等）。

3）集成和优化绿色防治模式

优化集成一批主要粮食作物绿色防控综合技术模式，建立农作物全程病虫害综合防控技术体系。通过综合评价指标体系及评价方法，衡量植物保护可持续程度，降成本，增效益。

4）实施有害生物生态治理策略

发展可持续治理模式，实现持续生产、持续健康的生态环境是粮食安全的基础，必须大力发展有害生物生态治理模式。有害生物生态治理（Ecological Pest Management，EPM）强调植物生态系统群体健康，强调自然调控，重视物种多样性，旨在保护生态环境，将有害生物危害控制在一定阈值之内。EPM 既吸收了有生物综合治理（Integrated Pest Management，IPM）的合理内核，又强调经济效益、社会效益和生态效益的统一。

2. 重点产品及技术

1）抗病（虫）品种

抗病（虫）品种是农作物病（虫）害防控最经济有效且环保的手段，农作物种业也是国家战略性、基础性核心产业。抗病（虫）育种对保障农作物产量、促进农业绿色发展具有重要意义。未来，将以传统育种方法为基础，结合基因工程、细胞工程与染色体工程技术、植物诱变技术、分子育种和基因组编辑等技术，通过分子设计育种和模块化育种等新方法，深入开展抗病（虫）遗传育种等基础理论研究及优化育种程序。以“丰产性好、抗逆性强、品质优及适应性广”为原则，选育和推广一批高产、优质、抗逆和耐储的粮食作物新品种，丰富抗病（虫）品种资源和多样性，实现抗病（虫）品种合理布局。同时，大规模发掘优异抗病（虫）基因，为农作物转基因应用做好技术储备。

2）有害生物灾变预警技术

通过长期监测有害生物种群的生物数量，对同一种群有害生物的分化、变异和致害能力做出评估，建立优化病虫害发生动态模型，并对病虫害发生趋势进行准确预测这些都是绿色防控和主动防控的重要前提。近年来，随着物联网、大数据等高新技术的发展，以 3S（遥感、地理信息系统和全球定位系统）等信息技术被引入病虫害监测预警领域并开展了大量研究和应用。未来，应重点建设一批自动化、智能化田间监测网点和昆虫雷达监测网络，借助非线性科学工具（如分形、神经网络、混沌理论、小波分析等），明确有害生物灾变规律，实现病虫害发生数字化监测、网络化传输、可视化预报，提高监测预警的时效性和准确性，为实现农作物病虫害精准防控、减少化学农药施用量提供技术支撑。

3）农业防治技术

农业防治技术是指，通过优化栽培耕作模式及加强对环境的改善利用，实现农作物健身栽培，提高农作物自身的免疫力。具体如下。

（1）通过健身栽培措施，如测土配方施肥、土壤微生物改良等措施，平衡营养供应，增强长势，增强病虫害抵抗能力。

（2）采用人工调节环境、食物链加环增效等生态防治技术，协调农田内的农作物与有害生物之间、有益生物与有害生物之间、环境与生物之间的相互关系，达到保益灭害、提高效益、保护环境的目的。例如，在水稻种植区实施稻鸭、稻虾共育技术，既可保护农田生态系统的多样性，又可改善土壤肥力，增加农业的总体产值。

（3）按照农作物生产习性进行轮作、间作和套种等，改造病虫害发生源头及孳生环境，有效规避病虫害问题的出现概率。例如，在陇南等小麦条锈病菌源基地，持续实施“退麦改种”等策略，因地制宜发展油菜、豆类、薯类、蔬菜、青稞等农作物，逐年替代小麦，减少越夏菌源，降低秋苗发病，从而控制小麦条锈病的暴发流行。

4）生物防治技术

生物防治技术是指，利用某些生物或生物的代谢产物对病虫害进行控制和防治。生物防治的一个典型应用就是利用天敌，在田间释放所饲养的寄生蜂、取食螨等寄生性天敌或捕食性天敌，用来防治蚜虫、粉虱和害螨等。利用天敌的实质是利用生物种间关系、种内关系，调节有害生物种群密度。这种防治方式具有安全、有效、无残留等生产优点，具备可持续、环保等优势，还可促进个生态系统的平衡，减少病虫害的发生，降低化学农药施用量。例如，利用赤眼蜂寄生稻纵卷叶螟、二化螟、稻褐边螟等，以防控水稻虫害；利用瓢虫捕食麦蚜，以防治小麦虫害。

5）理化诱控技术

理化诱控技术是指，利用害虫的趋光性、趋化性，通过布设灯光、色板、昆虫信息素、气味剂等，诱集并消灭害虫的技术。理化诱控技术包括物理诱控技术和化学诱控技术两种，具有操作简便、成本低等特点，应用较为广泛。其中，物理诱控技术以杀虫灯诱杀、色板诱虫在粮食作物中的应用最为广泛；化学诱控技术较多应用性信息素、报警信息素、空间分布信息素、产卵信息素、取食信息素等，用于防治上水稻螟虫、玉米螟、小麦吸浆虫等害虫。

6）化学防治技术

农药作为农业生产的基础性物资，对病虫害防治效果好、见效快、成本低，在保证农业增产丰收、提高农业综合生产能力、保障粮食和食品安全、促进农业现代化方面发挥极其重要的作用。受中国农村生产生活方式向绿色转型发展及国家减肥减药政策的影响，从 2017 年起化学农药生产量和施用量开始呈现下降的趋势。在未来相当一段时间，化学农药仍将是农药的主体，同时一大批高效、低毒、低残留新型农药产品将替代传统化学农药，如生物源农药、小分子杂环含氮化合物及通过分子设计针对特定生物靶标而开发的新型化学农药。另外，以氨基寡糖素为代表的植物免疫诱抗剂，由于同时具有提高农作物免疫力和促进农作物生长的特点，在不明显增加成本的条件下，可以在不同农作物上进行大面积的推广和应用。未来，随着施药技术的进步及环保要求更加严格，农药剂型的发展将趋向精细化、环保化，水乳剂、水分散粒剂微胶囊等新型农药剂型将逐步兴起。

17.4.3 战略支撑与保障

1. 完善政策保障体系

2020 年颁布实施的《农作物病虫害防治条例》(以下简称《条例》) 充分贯彻绿色发展新理念，落实绿色兴农、质量兴农新要求，坚持绿色防控原则，通过立法明确防治责任，规范防治规程和防治方式，鼓励专业化、绿色防控，加强责任追究等，为防治工作提供有力的法律保障，具有划时代的里程碑意义。未来，病虫害绿色防控将迎来大发展的机遇。

各级人民政府及其有关部门、农业生产经营者要全面贯彻落实《条例》中对防治责任做出的明确规定，担负起农作物病虫害防治工作的组织领导和监督管理工作。农业生产经营者等有关单位和个人要做好生产经营范围内的农作物病虫害防治工作，及时采取防止病虫害扩散的措施，病虫害严重发生或暴发时，应及时报告所在地县级人民政府农业农村主管部门。

2. 强化科技资金项目支撑

坚持农业农村优先发展，不断加大农业绿色技术体系创新支持力度。作为公益性的植物保护技术研究和成果转化，政府必须加大资金投入，用政策导向与项目倾斜来加强有害生物成灾规律及其控制的基础性和技术性研究，加快集成创新绿色防控产品和技术。依托国家自然科学基金、国家科技重大专项、国家重点研发计划、技术创新引导计划、基地和人才专项五类科技计划及各地科技计划，支持病虫害绿色防控的基础研究和应用研究，促进植保绿色产品、生产技术模式的原始创新、集成创新和应用研发，加快形成绿色生产技术与模式的系统解决方案。通过重大病虫害绿色防控科技突破与应用示范，解决制约农业绿色发展的重大瓶颈问题，支撑农业绿色发展。

强化基础性长期性工作，夯实科技创新基础。建立主要粮食作物重大病虫害基础性长期性监测预警网络，创新稳定支持模式和评价考核激励机制，依托国家农业科学实验站、科学观测试验站、现代农业产业技术体系综合试验站，补齐科学积累不足的短板。按照全面监测、准确预报、及时防控的要求，加快完善全国农作物病虫测报网络体系。按照分级建设、聚点成网的思路，完善国家监测中心和省级监测分中心建设。充分利用现代信息手段，建成全国统一的病虫害监测预警平台，提升监测预警能力，实现重大病虫害疫情监测标准化、智能化、信息化。

3. 强化组织管理体系

建立健全植物保护工作机构。按照有效应对重大病虫害疫情、保障国家粮食安全的要求，县级以上人民政府要稳定和健全省、市、县三级植物保护工作机构，机构名称应相对统一，强化植保工作力量，提高重大病虫害疫情的监测预警、检疫检验和防控处置能力。加强植保专业技术人员培训，建立定期轮训制度，更新专业知识，强化绿色防控和安全用药理念，提升防控指导服务能力。

建立植物保护体系建设监督考核机制。各级人民政府分管领导每年要专题听取植物保护体系和能力建设汇报，研究制定符合当地实际的建设方案和政策措施，帮助解决植物保护工作中的困难和问题。建立植物保护体系建设考核机制，将建设成效纳入各级政府考核内容，强化监督检查，对建设成效显著的，予以表彰，对执行不力的，予以通报批评。

4. 拓展农业技术推广体系

充分发挥基层农业技术推广体系作用。依托“一主多元”的农业技术推广体系，通过创新完善农业技术人员提供增值服务合理取酬机制、实施农业技术推广服务特聘计划等措施，鼓励支持基层农业技术推广人员大力推广绿色高效技术应用模式，为振兴乡村提供有力的科技支撑。

充分发挥新型经营主体的作用。加强产业政策、财政政策和金融政策的衔接和联动，支持家庭农场、农民合作社、农业产业化龙头企业等新型经营主体科学精准高效地开展绿色植保技术推广应用，实现标准化、绿色化、品牌化生产。

加快绿色防控科技成果示范推广。构建市场化的科技服务和技术交易体系，拓展多元化科技成果转化渠道，建立健全绿色农业科技成果转化交易优惠政策和制度，大幅度压缩绿色科技成果转化周期。

培育一批社会化、专业化农业服务组织，开展统一绿色防控。专业化服务是农业现代化的重要基础和必然要求，是适应现阶段农业农村生产实际，解决一家一户防治病虫害难、成本高、用药不合理等问题的重要手段，也是落实预防为主、综合防治的植保方针的有效途径。要按照市场主导、政府扶持、专业服务的原则，在农作物病虫害发生面积大、危害程度重的区域，大力扶持病虫害防治专业服务公司、专业合作社等新型植保社会化服务组织。充分利用病虫害防治财政资金，通过政府购买服务等方式，支持社会化组织开展防治服务，提升专业化统防统治覆盖率。采取技术指导、规范管理等措施，提高服务组织能力和水平，提高防治效果，减少农药施用量。针对病虫害信息上不来、技术下不去的问题，通过中央和地方财政资金补助专项，建立村级农民植保员队伍，协助植保机构开展病虫害疫情监测调查和信息传递等工作，打通病虫害疫情防控的“最后一公里”。

17.4.4 技术路线图的绘制

面向 2035 年的中国主要粮食作物重大生物灾害持续有效控制技术路线图如图 17-8 所示。

里程碑		2020年　2025年　2030年　2035年
需求		全球气候和耕作制度变化，导致有害生物成灾规律发生新变化，危害趋势愈发明显，迫切需要新的应对策略
		以化学农药为主要防治手段难以适应人民群众对美好生活和食品安全的迫切需求
		一家一户的病虫害防治模式已不适应乡村振兴战略新时代农业向专业化合作社、家庭农场和规模化农业企业等转变后的病虫害防控的要求
		科技创新与新技术发展为主要粮食作物重大生物灾害持续控制提供了新的技术手段和支撑
目标	基本实现农作物生物灾害的绿色有效防控	高效绿色的病虫害防控理论和应用研究取得重大进展，智慧植保技术、产品和设备全面达到国际先进水平
		建立基于物联网和基层植保组织的一体化病虫害监测预警系统
	实现农作物健康的同时，保障粮食安全、食品安全和生态安全	全面构成以绿色为导向的主要粮食作物重大生物灾害绿色防控技术体系和推广体系
重点任务		绿色防治产品的研制
		绿色防治技术的研发
		绿色防治模式的集成和优化
		实施有害生物生态治理策略
关键前沿技术	抗病（虫）品种应用技术	丰富抗病（虫）品种资源，增加抗病（虫）品种的多样性，实现抗病（虫）品种合理布局
	病虫害监测预警技术	研发重大病虫害自动化监测预警系统，实现病虫害智能化和网络化监测
	农业防治技术	优化栽培耕作模式，实现健身栽培，提高作物自身的免疫力
	生物防治技术	加大生物菌剂的研发与应用，实现病虫害绿色防控
	化学防治技	开发高效、低毒、低残留替代化学农药，降低农药残留，保护环境
	理化诱控技术	探索新型有效的理化诱控防治产品与技术，为综合防控提供支撑
战略支撑与保障	完善政策保障体系	发现现有政策的不足，逐步优化，制定相关病虫害防控新政策
	强化科技资金项目支撑	加大科技投入，提升科技创新水平和科技成果转化能力
	强化组织管理体系	加强组织管理制度化、规范化、标准化和科学化
	拓展技术推广体系	加强基层植保队伍建设，制定病虫害综合防控技术新标准

图 17-8　面向 2035 年的中国主要粮食作物重大生物灾害持续有效控制技术路线图

小结

有害生物一直是中国粮食安全生产的重要限制因素。随着气候变暖和耕作栽培制度的变化，农田生态环境也随着的改变发生变化，农作物病虫害成灾规律和危害呈现出新的态势，发生面积逐年增长，种类逐年增加，灾害损失逐年扩大。化学农药的长期不当施用也产生了诸如环境污染、病菌抗药性增强等许多负面效应。另外，由于中国农业生产方式的转变、农村人口减少及人口老龄化等，农业可持续发展面临新的挑战。因此，开展农业生态变化及现代农业绿色发展对农作物病虫害的诊断、病虫害的发生与灾变的影响预估、风险评估及适应对策的研究具有重要意义。本课题组围绕涉农政策、防控技术、示范推广和基层农业技术人员培养等方面，通过实地调研、座谈论证等不同形式，开展重大生物灾害对主要粮食作物和食品安全的影响、农业生产与环境对重大生物灾害的影响、国家政策与植保队伍现状等调查研究，基于全球范围内的相关专利、文献数据等，分析植物保护领域全球技术发展态势，结合中国农业生产发展情况和绿色农业发展战略，从需求、目标、重点任务、关键前沿技术及战略支撑与保障 5 个方面，提出了面向 2035 年的中国主要粮食作物重大生物灾害持续有效控制技术路线图。

第 17 章撰写组成员名单

组　长：康振生

成　员：王保通　王晓杰　赵　晶　王建锋　张新梅　王晓静　王　强

执笔人：王保通　赵　晶

参 考 文 献

第 1 章

[1] GEORGHIOU L. The UK technology foresight programme[J]. Futures, 1996, 28(4): 359-377.

[2] 周源，Robert Phaal，Clare Farrukh，等. 创新与战略路线图——理论、方法及应用[M]. 北京：科学出版社，2021.

[3] 刘宇飞，周源，褚恒. 等. 工程科技知识图谱驱动的专家交互技术路线图方法[J]. 科学学与科学技术管理，2021，42(3): 29-47.

[4] 张嶷，汪雪锋，郭颖，等. 基于文献计量学的技术路线图构建模型研究[J]. 科学学研究，2012

[5] CHOI M, CHOI H L, YANG H. Procedural characteristics of the 4th Korean technology foresight[J]. Foresight, 2012, 16(3): 1330-1354.

[6] GEUM Y, LEE S, PARK Y. Combining technology roadmap and system dynamics simulation to support scenario-planning: A case of car-sharing service [J]. Computers & Industrial Engineering, 2014, 71: 37-49.

[7] MILES I. The development of technology foresight: A review[J]. Technological Forecasting and Social Change, 2010, 77(9): 1448-1456

第 2 章

[1] 《全国遏制动物源细菌耐药行动计划（2017—2020 年）》[EB/OL]. 2017 年 6 月 22 日，见 http://www.moa.gov.cn/nybgb/2017/dqq/201801/t20180103_6133925.htm

[2] 《关于促进草牧业发展的指导意见》[EB/OL]. 2016 年 5 月 6 日，见 http://www.moa.gov.cn/nybgb/2016/diwuqi/201711/t20171127_5920794. htm

[3] 《制细菌耐药国家行动计划（2016—2020 年）》[EB/OL]. 2016 年 8 月 5 日，见 http://www.gov.cn/xinwen/2016-08/25/content_5102348.htm

[4] 《关于加快推进畜禽养殖废弃物资源化利用的意见》[EB/OL]. 2017 年 5 月 31 日，见 http://www.gov.cn/zhengce/content/2017-06/12/content_5201790.htm

[5] 《关于促进畜牧业高质量发展的意见》[EB/OL]. 2020 年 9 月 14 日，见 http://www.gov.cn/zhengce/content/2020-09/27/content_5547612.htm

[6] 全国饲料工作办公室，中国饲料工业协会. 中国饲料工业年鉴[M]. 北京：中国农业出版社，2017.

[7] 农业农村部畜牧业司，全国畜牧总站. 中国畜牧业年鉴[M]. 北京：中国农业出版社，2018.

第 3 章

[1] 袁亮. 煤炭精准开采科学构想[J]. 煤炭学报，2017，42(01)：1-7.

[2] CHEN H，HOU C，ZHANG L，et al. Comparative study on the strands of research on the governance model of international occupational safety and health issues[J]. Safety Science，2019，122：104513.

[3] 彭成. 世界主要国家职业安全事故统计指标与安全状况比较[J]. 中国煤炭，2003.

[4] 耿凡，周福宝，罗刚. 煤矿综掘工作面粉尘防治研究现状及方法进展[J]. 矿业安全与环保，2014，41 (5)：85-89.

[5] 袁亮. 煤矿粉尘防控与职业安全健康科学构想[J]. 煤炭学报，2020，45(1)：1-7.

[6] 谢宏，王凯．煤层注水防尘技术研究现状及发展趋势[J]．华北科技学院学报，2015，12(06)：10-13.

[7] 程卫民，刘伟，聂文，等．煤矿采掘工作面粉尘防治技术及其发展趋势[J]．山东科技大学学报（自然科学版）. 2010，29 (04) ：77-82.

[8] 廖奇，樊煜熔，徐乐华．矿用复合抑尘剂的研究及应用[J]．中国矿业，2020，29(04)：56-60+88.

[9] 程卫民，周刚，陈连军，等．我国煤矿粉尘防治理论与技术 20 年研究进展及展望[J]．煤炭科学技术，2020，48(2) ：1-20.

[10] 张新．基于 LoRa 技术的煤矿作业环境实时监测系统设计[J]．自动化仪表，2019，40(03)：69-73.

[11] 王辉俊，黄轶，高曦莹．煤矿安全监控系统无线传感器网络设计[J]．煤矿安全，2016，47(07)：114-117.

[12] 陈继民，陈鹤天．激光在粉尘检测领域的进展与应用[J]．应用激光，2018，38(03)：496-501.

[13] 谢俊祥，张琳．精准医疗发展现状及趋势[J]．中国医疗器械信息，2016，22(11)：5-10.

[14] 张学军．人类复杂疾病全基因组关联研究[J]．科学通报，2020，65(08)：671-683.

[15] 毛翎，彭莉君，王焕强．尘肺病治疗中国专家共识(2018 年版)[J]．环境与职业医学，2018，35(08)：677-689.

[16] 李德文，隋金君，刘国庆，等．中国煤矿粉尘危害防治技术现状及发展方向[J]．矿业安全与环保，2019，46(06)：1-7+13.

[17] 聂百胜，李祥春，杨涛，等．工作面采煤期间 PM2. 5 粉尘的分布规律[J]．煤炭学报，2013，38(01)：33-37.

第 4 章

[1] Advanced Science News．综述系列：骨修复材料的研究进展 [EB/OL]. 2020 年 10 月 20 日，见 https://www.sohu.com/a/425940275_771637.

[2] 时代方略．投资解读 | 血管支架行业格局及机会分析 [EB/OL]．2021 年 1 月 4 日，见 https://www.sohu.com/a/442408933_774749.

[3] 干细胞者说．间充质干细胞治疗（一）：国际视野[EB/OL]．2020 年 8 月 26 日，见 https://www.sohu.com/a/415041254_120052050.

[4] Advanced Science News．综述系列：骨修复材料的研究进展[EB/OL]．2020 年 10 月 20 日，见 https://mp.weixin.qq.com/s/mKwPd_kQH-L7yWz1aqdXKA.

[5] 源品生物．【案例】未来干细胞疗法不是只有抗衰，而是有具体的适应症 [EB/OL]. 2020 年 12 月 24 日，见 https://www.sohu. com/a/440169391_120678247.

[6] 干细胞者说．诱导多能干细胞：开启细胞治疗新纪元[EB/OL]．2020 年 9 月 3 日，见 https://www.sohu.com/a/416345994_120052050.

[7] 朱伟珊．干细胞诱导分化技术[EB/OL]. 2017 年 4 月 5 日，见 https://mp.weixin.qq.com/s/IzSVVjJU2uO7Dtx1VVwN0Q.

[8] 国际仿生工程学会．仿生自修复高分子材料[EB/OL]．2020 年 5 月 20 日，见 https://mp.weixin.qq.com/s/ubHd-XJKCB4iKVUwvNza_A.

[9] 国际仿生工程学会. 仿生微流控肝芯片研究进展[EB/OL]. 2019 年 8 月 5 日，见 https://news.bioon.com/article/6742051.html.

[10] 干细胞者说．类器官——疾病研究和药物开发的重要工具[EB/OL]．2019 年 3 月 18 日，见 https://www.sohu.com/a/302146355_120052050.

[11] 薛瑞丰，王经琳，施晓雷．肝脏类器官构建方式的研究进展[J]．肝胆胰外科杂志，2019，31(10)：637-640.

[12] 金嘉长，王扬，马维虎，竺亚斌. 3D 生物打印技术在组织工程支架构建与再生中的应用进展[J]．航天医学与医学工程，2016，29(06)：462-468.

[13] 外科诊断病理．组织芯片及其应用 [EB/OL]．2020 年 6 月 2 日，见 https://mp.weixin.qq.com/s/3HsG60iIUksztG-

zAqGxgA.

[14] 刘琪帅，李小平，王可品，等. 异种移植相关功能蛋白人源化基因修饰猪模型的建立[J]. 实用器官移植电子杂志，2018，6(05)：344-348+338.

第 5 章

[1] ZHU J. The 2030 agenda for sustainable development and China's implementation[J]. Chinese Journal of Population Resources and Environment, 2017, 15(2): 142-146.

[2] 文湘华，申博. 新兴污染物水环境保护标准及其实用型去除技术[J]. 环境科学学报，2018，38(3)：847-857.

[3] CARERE M, POLESELLO S, KASE R, et al. The emerging contaminants in the context of the EU water framework directive[M]. Cham: Springer International Publishing, 2016.

[4] WEISS J M, SIMON E, STROOMBERG G J, et al. Identification strategy for unknown pollutants using high-resolution mass spectrometry: Androgen-disrupting compounds identified through effect-directed analysis[J]. Analytical and Bioanalytical Chemistry, 2011, 400(9): 3141-3149.

[5] MAURO A D, NARDO A D, BERNINI R, et al. On-line measuring sensors for smart water network monitoring[C]. Palermo: HIC 2018-13th International Conference on Hydroinformatics, 2018.

[6] 敖秀玮，孙文俊，林明利，等. 饮用水科技前沿热点与发展趋势[J]. 净水技术，2020, 39(10): 74-75.

[7] PETROVIĆ M, GONZALEZ S, BARCELÓ D. Analysis and removal of emerging contaminants in wastewater and drinking water[J]. Trends in Analytical Chemistry, 2003, 22(10): 685-696.

[8] 淡美俊，赵怡. 液相微萃取的概念及应用[J]. 中国科技术语, 2015, 17(01): 57-59.

[9] B. HØJRIS, S. N. KORNHOLT, S. C. B. Christensen, et al. Detection of drinking water contamination by an optical real-time bacteria sensor, H2Open Journal, 2018, 1(2): 160–168.

[10] CZAK P, JO H J, WOO S, et al. Molecular toxicity identification evaluation (mTIE) approach predicts chemical exposure in daphnia magna [J]. Environmental Science & Technology, 2013, 47(20): 11747-11756.

[11] YOUSEFINEJAD S, HEMMATEENEJAD B. CHEMOMETRICS tools in QSAR/QSPR studies: A historical perspective [J]. Chemometrics & Intelligent Laboratory Systems, 2015, 149: 177-204.

[12] YANG Y, KIM KH, et al. Occurrences and removal of pharmaceuticals and personal care products (PPCPs) in drinking water and water/sewage treatment plants：A review[J]. Science of the Total Environment，2017(20)：303-320.

[13] 刘彬，侯立安，等. 我国海洋塑料垃圾和微塑料排放现状及对策[J]. 环境科学研究，2020，33(01)：

[14] 侯立安，赵海洋. 创新驱动下饮用水安全保障的绿色发展[J]. 工程研究——跨学科视野中的工程，2016，8(04)：351-357.

[15] 侯立安，张林. 膜分离技术：开源减排保障水安全[J]. 中国工程科学，2014，16(12)：10-16.

[16] 侯立安，赵海洋，等. 反渗透技术在我国饮用水安全保障中的应用[J]. 给水排水，2017，53(04)：135-141.

[17] 王燕彬，侯立安，等. 沼渣生物炭在水处理中的应用进展[J]. 精细化工，2021.

[18] 秦嘉旭，张林，侯立安. 耐污染反渗透/纳滤复合膜研究进展[J]. 中国工程科学，2014，16(07)：30-35.

[19] 黄海，张林，侯立安. 海水淡化反渗透耐氯膜材料的研究与制备进展[J]. 中国工程科学，2014，16(07)：89-94.

[20] SALAMON E, GODA Z. Coupling riverbank filtration with reverse osmosis may favor short distances between wells and riverbanks at RBF sites on the River Danube in Hungary[J]. Water, 2019, 11(1).

[21] 侯立安，吴明红，席北斗，等. 2019 年水环境安全热点回眸[J]. 科技导报，2020，38(01)：215-228.

[22] LI'AN HOU. Creating Smart Waterworks to Produce Healthy Drinking Water[J]. Engineering. 2019, 5(05): 35-38.

第 6 章

[1] 中华人民共和国国务院. 中国制造 2025[Z]. 2015.

[2] 中华人民共和国民政部，中华人民共和国国家发展和改革委员会. 中华人民共和国国民经济和社会发展第十三个五年规划纲要[Z]. 2016.

[3] 中华人民共和国国务院. 中德合作行动纲要[Z]. 2014.

[4] 谢海滨. 对工业 4. 0 时代下未来计量的思考[J]. 计量与测试技术，2020，47(12)：57-58.

[5] 苏绍鑫. 汽车整车检测线基于工业 4. 0 的发展浅谈[J]. 时代汽车，2020 (24)：7-8.

[6] 潘志，李飞. 日本生产性服务业与制造业联动发展经验及其启示[J]. 科技促进发展，2014(02)：120-124.

[7] 曹磊. 全球工业大数据解析[J]. 竞争情报，2020，16(03)：57-63.

[8] From Industrial Policy to Innovation Strategy: Lessons from Japan, Europe, and the United States, Center for Strategic & International Studies, 2020.

[9] 袁珩. 面向数字化时代的创新政策图景[J]. 科技中国，2020(05)：99-101.

[10] 刘庆. 测量技术在机械制造生产线中的应用[J]. 江西建材，2017(16)：210+216.

[11] Measuring the Digital Transformation, a Roadmap for the Future. OECD, 2019.

[12] 李晖晖. 4G/5G LNR 动态频谱共享技术[J]. 移动通信，2021，45(01)：101-106.

[13] 乔栋. 高精度绝对式光栅尺测量技术研究[D]. 中国科学院研究生院(长春光学精密机械与物理研究所)，2015.

[14] LALAKIYA M R. Micromachining process–current situation and challenges[C] //MATEC Web of Conferences. EDP Sciences, 2015, 34: 02006.

[15] 成克强，林家全，杨东裕，等. 基于数字孪生的智能车间系统仿真加速测试方法[J]. 计算机测量与控制，2021，29(01)：39-44+49.

[16] 全国信息技术标准化技术委员会大数据标准工作组. 中国电子技术标准化研究院. 大数据标准化白皮书（2020 版）. 2020.

[17] 华为. 《数字国家：促经济、保福祉、善治理》立场文件. 2018.

[18] IBM 商业价值研究院. 中国电子信息产业发展研究院. 中国制造走向 2025——构建以数据洞察为驱动的新价值网络. 2015.

第 7 章

[1] IEEE. THE INTERNATIONAL ROADMAP FOR DEVICES AND SYSTEMS: 2020, MORE MOORE . [2020 EDITION]

[2] WOLFGANG ARDEN, MICHEL BRILLOUËT, PATRICK COGEZ, et al. “More-than-Moore” White Paper.

[3] NORMAN P. JOUPPI, CLIFF YOUNG, NISHANT PATIL, et al. In-Datacenter Performance Analysis of a Tensor Processing UnitTM. [16 Apr 2017] . arXiv: 1704. 04760 [cs. AR].

[4] SONG HAN, XINGYU LIU, HUIZI MAO, et al. EIE: Efficient Inference Engine on Compressed Deep Neural Network. [3 May 2016] . arXiv: 1602. 01528 [cs. CV].

[5] 王立娜，唐川，房俊民，等. 2018 年全球半导体领域规划与发展态势分析. WORLD SCI-TECH R & D，第 41 卷，第 2 期，120-126 页，2019 年 4 月，见 http:// www. globesci. com.

[6] “先进半导体材料及辅助材料”编写组. 中国先进半导体材料及辅助材料发展战略研究 Strategic Study on the Development of Advanced Semiconductor Materials and Auxiliary Materials in China. [2018-ZD-03]. www. engineering. org. cn/ch/journal/sscae.

第 8 章

[1] 丁一汇，任国玉，石广玉，等. 气候变化国家评估报告(Ⅰ)：中国气候变化的历史和未来趋势[J]. 气候变化研究进展，2006，(1).

[2] 中国气象事业发展咨询委员会全体委员. 全球气象发展趋势概览. 2020，(16).

[3] 中国气象事业发展咨询委员会全体委员. 全球气象发展趋势概览. 2020，(17).

[4] BENJAMIN, S. G. , J. M. BROWN, G. BRUNET, et al. 2018: 100 Years of Progress in Forecasting and NWP Applications. Meteorological Monographs, 59, 13. 1–13. 67, https: //doi. org/10. 1175/AMSMONOGRAPHS-D-18-0020. 1

[5] BOUKABARA, S. , V. KRASNOPOLSKY, J. Q. STEWART, et al. 2019: Leveraging Modern Artificial Intelligence for Remote Sensing and NWP: Benefits and Challenges. Bull. Amer. Meteor. Soc. , 100, ES473–ES491, https: //doi. org/10. 1175/BAMS-D-18-0324. 1

[6] BRUNET, G. , S. JONES, P. M. RUTI, EDS. , 2015: Seamless prediction of the Earth system: From minutes to months. WMO-1156, 483 pp. , https: //library. wmo. int /pmb_ged/wmo_1156_en. pdf.

[7] K. SEBASTIAN, C. -W. SHU, Multidomain WENO Finite Difference Method with Interpolation at Subdomain Interfaces, (n. d.) 34.

[8] J. WANG, K. LIU, D. ZHANG, An improved CE/SE scheme for multi-material elastic–plastic flows and its applications, (2009) 8.

[9] Z. ZHANG, L. WANG, F. MING, et al. , Application of Smoothed Particle Hydrodynamics in analysis of shaped-charge jet penetration caused by underwater explosion, Ocean Engineering. 145 (2017) 177–187. https: //doi. org/10. 1016/j. oceaneng. 2017. 08. 057.

[10] D. ENRIGHT, R. FEDKIW, J. FERZIGER, et al. A Hybrid Particle Level Set Method for Improved Interface Capturing, Journal of Computational Physics. 183 (2002) 83–116. https: //doi. org/10. 1006/jcph. 2002. 7166.

[11] S. PAN, X. Y. HU, N. A. ADAMS, High-resolution method for evolving complex interface networks, Computer Physics Communications. 225 (2018) 10–27. https: //doi. org/10. 1016/j. cpc. 2018. 01. 001.

[12] “中国工程科技 2035 发展战略研究”项目组. 中国工程科技 2035 发展战略——公共安全领域报告[M]. 北京：科学出版社，2020.

[13] 刘茂，王振. 城市公共安全学——应急与疏散[M]. 北京：北京大学出版社，2013.

[14] THORNTON C, O’KONSKI R, HARDEMAN B, et al. An agent-based egress simulator. Pedestrian and Evacuation Dynamics: Springer; 2011. p. 889-892.

[15] FANG ZM, LV W, LI XL, et al. A multi-grid evacuation model considering the threat of fire to human life and its application to building fire risk assessment. Fire Technology. 2019; 55(6): 2005-2026.

[16] 谢迎军，马晓明，刁倩. 国内外应急管理发展综述[J]. 电信科学，2010(S3)：28-32.

[17] 刘新建，陈晓君. 国内外应急管理能力评价的理论与实践综述[J]. 燕山大学学报，2009(03)：271-275.

[18] 夏倩倩. 国内外应急管理信息共享研究现状与趋势分析[J]. 科技创业月刊，2018，v. 31(01)：156-160.

[19] 曹杰，杨晓光，汪寿阳. 突发公共事件应急管理研究中的重要科学问题[J]. 公共管理学报，2007(02)：84-93.

[20] GEIGER L. Probability method for the determination of earthquake epicenters from the arrival time only [J]. Bulletin of St Louis University, 1912, 8(1): 56-71.

[21] GOT J-L, FRéCHET J, KLEIN F W. Deep fault plane geometry inferred from multiplet relative relocation beneath the south flank of Kilauea [J]. 1994, 99(B8): 15375-86.

[22] WALDHAUSER F, ELLSWORTH W L. A Double-Difference Earthquake Location Algorithm: Method and Application to the Northern Hayward Fault, California [J]. Bulletin of the Seismological Society of America, 2000, 90(6): 1353-68.

[23] BöSE M, WENZEL F, ERDIK M. PreSEIS: A Neural Network-Based Approach to Earthquake Early Warning for Finite Faults [J]. Bulletin of the Seismological Society of America, 2008, 98(1): 366-82.

[24] ZHANG X, ZHANG J, YUAN C, et al. Locating earthquakes with a network of seismic stations via a deep learning method [J]. arXive-prints, 2018, arXiv: 1808. 09603.

第9章

[1] NASA AERONAUTICS Strategic Implementation Plan[R], 美国国家航空航天局（NASA）, 2020. https: //www. nasa. gov/aeroresearch/strategy

[2] IATA Aircraft Technology Roadmap to 2050[R], 国际航空运输协会（IATA）, 2020. https: //www. iata. org/en/programs/environment/technology-roadmap/

[3] ELISABETH VAN DER SMAN, BRAM PEERLINGS, JOHAN KOS, et al. Destination 2050: A route to net zero European aviation [R], NLR, SEO, 2020.

[4] CO2 Certification Requirement[R], Annex 16 to the Convention on International Civil Aviation, Environmental Protection, Volume III, ICAO, 2017.

[5] Waypoint 2050 [R]. 国际航空运输组织（ATAG）, 2020. https: //aviationbenefits. org /environmental-efficiency/climate-action/waypoint-2050/

[6] Hydrogen-powered aviation, A fact-based study of hydrogen technology, economics, and climate impact by 2050[R]. H2020, Clean Sky 2 JU. 2020.

[7] 俄罗斯发布航空科技展望 2030[R]，俄罗斯，2014.

[8] 孙侠生，等. 绿色航空技术研究与进展[M]. 北京：航空工业出版社，2020.

[9] 孙侠生，等. 2021 电动飞机发展白皮书[R]. 中国航空研究院，2021.

[10] 中国航空工业集团有限公司. 关于通用航空发展蓝皮书[R]，2016.

[11] 中国航空工业集团有限公司. 通用航空发展白皮书[R]，2018.

[12] 徐悦，韩忠华，尤延铖，等. 新一代绿色超声速民机的发展现状与挑战[J]. 科学通报，2020，26(2-3)：127-133.

[13] 工信部. 民用航空工业中长期发展规划（2013—2020）[R]，2013.

[14] 杨志刚，张志雄，等. 2020 商用飞机未来产品和技术白皮书[R]. 中国商飞公司北京民用飞机技术研究中心，2020.

第10章

[1] 钱七虎. 科学利用城市地下空间，建设和谐宜居、美丽城市[J]. 隧道与地下工程灾害防治，2019，1：1-7

[2] 王成善，周成虎，彭建兵，等. 论新时代我国城市地下空间高质量开发和可持续利用[J]. 地学前缘，2019，26(3)：1-8.

[3] 辛韫潇，李晓昭，戴佳铃，等. 城市地下空间开发分层体系的研究[J]，地学前缘，2019，26(3).

[4] 陈志龙. 中国城市地下空间发展蓝皮书(2018)-公共版，南京慧龙城市规划设计有限公司及中国岩石力学与工程学会地下空间分会编著，2018.

[5] 谢和平，高明忠，张茹，等. 地下生态城市与深地生态圈战略构想及其关键技术展望［J］. 岩石力学与工程学报，2013，36(6)：1301-1313.

[6] 谢和平，高峰，鞠杨，等. 深地科学领域的若干颠覆性技术构想和研究方向[J]. 工程科学与技术，2017，49(1)：1-8.

[7] 雷升祥，申艳军，肖清华，等. 城市地下空间开发利用现状及未来发展理念[J]. 地下空间与工程学报，2019(4).

[8] 范益群，李焕青. 城市地下空间开发助力可持续发展——从《东京宣言》到《上海宣言》[J]. 城乡建设，2019(18)：16-20.

[9] 韩永华，贺丁，赵金龙，等. 中压燃气泄漏爆炸对地下空间安全韧性影响[J/OL]，清华大学学报(自然科学版)：2020，1：25-31.

[10] 苗润涛，赵超，董路凯，等. “韧性城市”视角下的城市湿地资源保护规划探索[J]，北京规划建设，2019(S1)：150-155.

[11] 刘璐. 大数据驱动下安全韧性城市的建设[J]，城市管理与科技，2019，21(05)：38-41.

[12] 鲁钰雯，翟国方，施益军，等. 荷兰空间规划中的韧性理念及其启示[J/OL]，国际城市规划，2020，1：102-110，117.

[13] S. ZHU, D. LI, H. FENG, "Is smart city resilient? Evidence from China, " Sustainable Cities and Society, p. 101636, 2019.

[14] WALLACE I M, NG C K. Development and application of underground space use in Hong Kong[J]. Tunneling and Underground Space Technology, 2016, 55(5): 257－279.

[15] ZHOU Y X, ZHAO J. Assessment and planning of underground space use in Singapore[J]. Tunnelling and Underground Space Technology, 2016, 55(5): 249－256.

[16] BARTEL S, JANSSEN G. Underground spatial planning–Perspectives and current research in Germany[J]. Tunnelling and Underground Space Technology Incorporating Trenchless Technology Research, 2016(55): 112-117.

[17] WEYER H. Legal framework for the coordination of competing uses of the underground in Germany[M]. Berlin, Heidelberg: Springer. 2013.

[18] Federal Office for Spatial Development ARE. Bundesgesetzueber die Raumplanung (Raumplanung sgesetz, RPG)-Entwurf[DB/OI]. [2018-03-21]. https: www. admin. ch/opc/de/federal-gazette/2018/7499. pdf.

[19] 尾岛俊雄. 日本的建筑界[M]，北京 中国建筑工业出版社，1980.

[20] 渡部与四郎，江级辉，朱作荣. 合理利用地下空间[J]，地下空间与工程学报，1988(3)：86－91.

[21] 陈珺. 北京城市地下空间总体规划编制研究[D]，北京：清华大学，2015.

[22] 钱七虎. 利用地下空间助力发展绿色建筑与绿色城市[J] 隧道建设，2019，11：1737-1747.

第 11 章

[1] 盛新宇，刘向丽. 美、德、日、中四国高端装备制造业国际竞争力及影响因素比分析[J]. 南都学坛，2017，37(03)：99-108.

[2] 满颖. 美国高端装备创新发展的经验与启示[J]. 全球科技经济瞭 2019，34(03)：54-58+71.

[3] 程元. 云制造环境下 3D 打印资源的动态服务组合技术研究[D]. 武汉理工大 2017.

[4] 杨娟. 基于云计算的设计服务模式研究及原型应用[D]. 重庆大学，2012.

[5] 许小龙. 支持绿色云计算的资源调度方法及关键技术研究[D]. 南京大学，2016.

[6] 庄威阳. 基于云制造服务平台的信息交流模块和知识服务体系的研究[D]. 内蒙古科技大学，2014.

[7] 戴克清. 共享式服务创新的基因遗传、表达与成长——基于制造业纵向案例的根分析[J]. 管理评论，2020，32(10)：324-336.

[8] 朱荪远. 制造业服务化发展的模式和趋势[J]. 竞争情报，2015，11(03)：50-57.

[9] 我国高端装备制造业智能化是大方向[J]. 现代制造技术与装备，2011(04)：5-6.

[10] 李燕. 发展服务型制造重塑产业价值链[J]. 新经济导刊，2018(08)：47-49.

第 12 章

[1] 谭久彬．建设世界仪器强国的使命与任务[J]．中国计量，2019(07)：5-10.

[2] 谭久彬．超精密测量与高端装备制造质量[J]．中国工业和信息化，2020(06)：18-23.

[3] 谭久彬．精密测量体系与装备制造质量[J]．中国工业和信息化，2019(12)：58-61.

[4] 谭久彬．建设世界仪器强国的使命与任务[J]．中国计量，2019(07)：5-10.

[5] 中华人民共和国国务院. 计量发展规划(2013—2020 年)[J]. 中华人民共和国国务院公报，2013(9)：6-13.

[6] 中国计量科学研究院. 国际单位制量子化变革对量值溯源体系影响分析及对策，2020.

[7] 宋健，刘刚，张忠立. 美国计量管理制度[J]. 上海计量测试，2016，43(03)：2-4.

[8] 中、日、美国家计量管理体系比较研究[EB/OL]. [2020-05-28]. https://wenku.baidu.com/view/3819-dbe1031ca300a6c30c22590102020740f2e4.html.

[9] “重大仪器专项”2020 年支持液质联用等 5 任务 总经费 1 亿元[EB/OL]. [2020-04-12]. https://www.instrument.com.cn/news/20200412/535875. shtml.

[10] 中国科学院，中国工程院．百名院士谈建设科技强国[M]．北京：人民出版社，2019.

[11] 中国计量科学研究院. 国际单位制量子化变革对量值溯源体系影响分析及对策，2020.

[12] 郑鹏. 加强国家产业计量测试中心建设的若干思考[J]. 中国计量，2018(02)：49-51.

第 13 章

[1] 姜秉国，韩立民．海洋战略性新兴产业的概念内涵与发展趋势分析[J]．太平洋学报，2011，19(05)：76-82.

[2] 殷克东，李雪梅， 关洪军，等．中国海洋经济发展报告(2019—2020)[M]．社会科学文献出版社，2020.

[3] 于会娟，姜秉国．海洋战略性新兴产业的发展思路与策略选择——基于产业经济技术特征的分析[J]．经济问题探索，2016(07)：106-111.

[4] 吴有生，曾晓光，徐晓丽，等．海洋运载装备技术与产业发展研究[J]．中国工程科学，2020，22(06)：10-18.

[5] 张偲，权锡鉴．我国海洋工程装备制造业发展的瓶颈与升级路径[J]．经济纵横，2016(08)：95-100.

[6] 刘国巍，邵云飞．战略性新兴产业创新金融支持机理及两阶段演化博弈分析[J]．运筹与管理，2021，30(04)：87-95.

[7] “中国工程科技 2035 发展战略研究”海洋领域课题组. 中国海洋工程科技 2035 发展战略研究[J]. 中国工程科学，2017，19(01)：108-117.

[8] 宋宪仓，杜君峰，王树青，等．海洋科学装备研究进展与发展建议[J]．中国工程科学，2020，22(06)：76-83.

[9] “中国海洋工程与科技发展战略研究”海洋生物资源课题组. 蓝色海洋生物资源开发战略研究[J]. 中国工程科学，2016，18(02)：32-40.

[10] 刘伟民，麻常雷，陈凤云，等．海洋可再生能源开发利用与技术进展[J]．海洋科学进展，2018，36(01)：1-18.

第 14 章

[1] YUAN S, LIU J, WANG S, et al. Seismic waveform classification and first-break picking using convolution neural networks[J]. IEEE Geoscience and Remote Sensing Letters, 2018, 15(2): 272-276.

[2] 王迪，袁三一，袁焕，等．基于自适应阈值约束的无监督聚类智能速度拾取，地球物理学报，2021，64(3)：1048-1060.

[3] WU X, LIAN, L, SHI Y, et al. Deep learning for local seismic image processing: Fault detection, structure-oriented smoothing with edge- preserving, and slope estimation by using a single convolutional neural network[R]. San Antonio: 2019 SEG

Annual Meeting, 2019.

[4] ZHANG H, LIU Y, ZHANG Y, et al. Automatic seismic facies interpretation based on an enhanced encoder-decoder structure[R]. San Antonio: 2019 SEG Annual Meeting, 2019.

[5] PHAN S, SEN M. Deep learning with cross-shape deep Boltzmann machine for pre-stack inversion problem[R]. San Antonio: 2019 SEG Annual Meeting, 2019.

[6] MA Y, CAO S, RECTOR J W, et al. Automatic first arrival picking for borehole seismic data using a pixel-level network[R]. San Antonio: 2019 SEG Annual Meeting, 2019.

[7] LUO C, WEI S, YUAN S, et al. An unsupervised learning method for estimating zero-crossing-time[J]. IEEE Geoscience and Remote Sensing Letters, 2020, 17(7): 1148-1152.

[8] YUAN S, WANG S, MA M, et al. Sparse Bayesian learning-based time-variant deconvolution[J]. IEEE Transactions on Geoscience and Remote Sensing, 2017, 55(11): 6182-6194.

[9] 张东晓，陈云天，孟晋. 基于循环神经网络的测井曲线生成方法[J]. 石油勘探与开发，2018，45(4)：598-607.

[10] 江凯，王守东，胡永静，等. 基于 Boosting Tree 算法的测井岩性识别模型[J]. 测井技术，2018，42(4)：395-400.

[11] 王洪亮，穆龙新，时付更，等. 基于循环神经网络的油田特高含水期产量预测方法[J]. 石油勘探与开发，2020，47(5)：1009-1015.

[12] KUBOTA L K, REINERT D. Machine learning forecasts oil rate in mature onshore field jointly driven by water and steam injection[R]. SPE 196152-MS, 2019.

[13] BAO ANQI, GILDIN E, HUANG JIANHUA, et al. Data-driven end-to-end production prediction of oil reservoirs by EnKF-enhanced Recurrent Neural Networks[R]. SPE 199005-MS, 2020.

[14] TARIQ Z, ABDULRAHEEM A. An artificial intelligence approach to predict the water saturation in carbonate reservoir rocks[R]. SPE 195804-MS, 2019.

[15] SHAHKARAMI A，MOHAGHEGH S. 智能代理在油藏建模中的应用[J]. 石油勘探与开发，2020，47(2)：372-382.

[16] ARTUN E，KULGA B. 基于模糊推理的致密砂岩气储集层重复压裂井选择方法[J]. 石油勘探与开发，2020，47(2)：383-389.

[17] SENGEL A, TURKARSLAN G. Assisted history matching of a highly heterogeneous carbonate reservoir using hydraulic flow units and artificial neural networks[R]. SPE 200541-MS, 2020.

[18] ZHANG JIAN. Development of automated neuro-simulation protocols for pressure and rate transient analysis applications[D]. University Park, PA, USA: The Pennsylvania State University, 2017.

[19] COSTA L A N, MASCHIO C, SCHIOZER D J. Application of artificial neural networks in a history matching process[J]. Journal of Petroleum Science and Engineering, 2014, 123: 30-45.

[20] 杨金华，李晓光，孙乃达，等. 未来 10 年极具发展潜力的 20 项油气勘探开发新技术[J]. 石油科技论坛，2019，v. 38;No. 197(01)：42-52.

[21] 刘欣. 人工智能在石油工程领域应用及影响[J]. 石油科技论坛，2019，000(005)：1-1. .

[22] SCANLAN W, PIERSKALLA K, SOBERNHEIM D, et al. Optimization of Bakken well completions in a multivariate world; proceedings of the SPE Hydraulic Fracturing Technology Conference and Exhibition, 2018 [C]. Society of Petroleum Engineers.

[23] WUTHERICH K, SRINIVASAN S, RAMSEY L, et al. Engineered Diversion: Using Well Heterogeneity as an Advantage to Designing Stage Specific Diverter Strategies; proceedings of the SPE Canada Unconventional Resources Conference, 2018

[C]. Society of Petroleum Engineers.

[24] HARPEL J, RAMSEY L, WUTHERICH K. Improving the Effectiveness of Diverters in Hydraulic Fracturing of the Wolfcamp Shale; proceedings of the SPE Annual Technical Conference and Exhibition, 2018 [C]. Society of Petroleum Engineers.

[25] SHAHKARAMI A, AYERS K, WANG G, et al. Application of Machine Learning Algorithms for Optimizing Future Production in Marcellus Shale, Case Study of Southwestern Pennsylvania[C]//SPE/AAPG Eastern Regional Meeting. OnePetro, 2018.

[26] VIKARA, DEREK, DONALD REMSON, et al. "Machine learning-informed ensemble framework for evaluating shale gas production potential: Case study in the Marcellus Shale. " Journal of Natural Gas Science and Engineering 84 (2020): 103679.

[27] ESG Solutions. FracMap [J/OL]. http: //www. fracmapclarity. com/, 2020/2020-02-21.

[28] SChlumberger. StimMAP[J/OL]. https: //www. slb. com/media/files/stimulation/product-sheet/stimmap-ps. ashx, 2014/2020-02-21.

[29] Halliburton. FracTrac® Service Microseismic Fracture [J/OL]. https://www.halliburton.com/content/dam/ps/public/pinnacle/contents/Data_Sheets/web/H08320. pdf?nav=en-US_pinnacle_public, 2011/2020-02-21.

[30] BAGHERIAN B. Application of Neural Networks and Machine Learning in Tiltmeter Analysis in Hydraulic Fracturing Diagnostics[C]//2019 AAPG Annual Convention and Exhibition: . 2019.

[31] ZHANG R, SUN Q, ZHANG X, et al. Imaging Hydraulic Fractures Under Energized Steel Casing by Convolutional Neural Networks. IEEE Transactions on Geoscience and Remote Sensing, 2020.

[32] JIN G, MENDOZA K, ROY B, et al. Machine learning-based fracture-hit detection algorithm using LFDAS signal[J]. The Leading Edge, 2019, 38(7): 520-524.

[33] SHEN Y, CAO D, RUDDY K, et al. Deep Learning Based Hydraulic Fracture Event Recognition Enables Real-Time Automated Stage-Wise Analysis[C]// SPE Hydraulic Fracturing Technology Conference and Exhibition. 2020.

第 15 章

[1] 胡小全，刘钦，孙建军．雷达组网协同探测范围研究[J]．雷达科学与技术，2015.

[2] 付莹，汤子跃，孙永健．机载预警雷达协同探测航线优化[J]．红外与激光工程，2014

[3] 雷欢．分布式网络化雷达协同探测的相关算法研究及其仿真系统的开发[D]．西安电子科技大学，2015.

[4] 张丽，李国庆，朱岚巍．海南省遥感大数据服务平台建设与应用示范[J]．遥感学报，2019.

[5] 谢榕，刘亚文，李翔翔．大数据环境下卫星对地观测数据集成系统的关键技术[J]．地球科学进展，2015.

[6] 邹同元，丁火平，王玮．天基遥感大数据人工智能应用探讨[J]．卫星应用，2019.

[7] 徐文，邵俊，喻文勇．陆地观测卫星数据中心：大数据挑战及一种解决方案[J]．武汉大学学报，2017.

[8] 李静，吴连喜，周珏．遥感变化检测技术发展综述[J]．水利科技与经济，2007.

[9] 盛一成，顿雄，金伟其．星上红外遥感相机的辐射定标技术发展综述[J]．红外与激光工程. 2019.

[10] 梁顺林，白瑞，陈晓娜．2019 年中国陆表定量遥感发展综述[J]．遥感学报，2020.

[11] CALMANT S, SEYLER F C, RETAUX J F. Monitoring continental surface waters by satellite altimetry[J]. Surveys in Geophysics, 2008.

[12] CARMONA F, RIVAS R , CASELLES V. Estimation of daytime downward longwave radiation under clear and cloudy skies conditions over a sub-humid region[J]. Theoretical and Applied Climatology, 2014.

[13] CUI B, ZHAO Q J, HUANG W J. A new integrated vegetation index for the estimation of winter wheat leaf chlorophyll

content[J]. Remote Sensing, 2019

[14] DISNEY M I, LEWIS P. Monte Carlo ray tracing in optical canopy reflectance modeling[J]. Remote Sensing Reviews, 2000.

[15] ESPAÑA M L, BARET F, ARIES F. Modeling maize canopy 3D architecture: Application to reflectance simulation[J]. Ecological Modelling, 1999.

[16] FRAPPART F, SEYLER F, MARTINEZ J M. Floodplain water storage in the Negro River basin estimated from microwave remote sensing of inundation area and water levels[J]. Remote Sensing of Environment, 2005.

[17] HAN X J, DUAN S B, HUANG C. Cloudy land surface temperature retrieval from three-channel microwave data. International[J]. Journal of Remote Sensing, 2019.

[18] HANCOCK S, ARMSTON J, HOFTON M. The GEDI simulator: a largefootprint waveform lidar simulator for calibration and validation of spaceborne missions[J]. Earth and Space Science, 2019.

[19] KWOK R, KACIMI S, MARKUS T. ICESat-2 surface height and sea ice freeboard assessed with ATM lidar acquisitions from operation IceBridge[J]. Geophysical Research Letters, 2019.

[20] ABADI M, BARHAMP, CHEN J, et al. Tensorflow: Asystemfor large-scale machine learning[C]. 12th Symposium on Operating Systems Design and Implementation, 2016.

[21] BRODERSEN K, ONG C, STEPHAN K. The binormal assumption on precision-recall curves[C]. 20th International Conference on Pattern Recognition, 2010.

[22] 李菁. 大幅面高分辨海洋遥感图像中海陆分割和海云分割研究[D]. 深圳大学，2018.

[23] 梁寒. 多测度融合的海陆分割算法研究[D]. 西安电子科技大学，2019.

[24] MA L, SOOMRO N, SHEN J. Hierarchical sea-land segmentation for panchromatic remote sensing imagery[J]. Mathematical Problems in Engineering, 2017.

第 16 章

[1] 赵仁恺．中国核电的可持续发展[J]，中国工程科学，2000，2(10)，33-41.

[2] 中国工程院“中国核能发展的再研究”．中国核能发展的再研究[M]．北京：清华大学出版社，2015.

[3] 潘自强，等．核能在中国的战略地位及其发展的可持续性[J]．中国工程科学，2008，10(1);33-38.

[4] 国家制造强国建设战略咨询委员会，中国工程院战略咨询中心．中国制造业重点领域技术创新绿皮书——技术路线图(2019)[M]．北京：电子工业出版社，2020.

[5] 吴有生，等．智能无人潜水器技术发展研究[J]．中国工程科学，2020，22(6)，26-31.

[6] 于立伟，等．中国极地装备技术发展战略研究[J]．中国工程科学 2020，22(6)，84-93.

[7] IAEA. Advances in Small Modular Reactor Technology Developments-A Supplement to: IAEA Advanced Reactors Information System (ARIS)[R], IAEA, 2020.

[8] NEA. Small Modular Reactors: Challenges and Opportunities[R]. OECD, 2021.

[9] 杜详琬，叶奇蓁，等．核能技术方向研究及发展路线图[J]，中国工程科学，2018，20(3)，17-29.

[10] 叶奇蓁．中国核电发展战略研究[J]，专家论坛，2010，26(1)，3-8.

[11] 叶奇蓁．未来中国核能技术发展的主要方向和重点[J]，中国核电，2018，11(2)，130-133.

[12] 郭晴，苏罡．中国核电战略性新兴产业“十二五”培育与中长期发展展望[J]．中国工程科学，2016，18(4)，55-60.

[13] 干勇，等．中国新一代核能用材总体发展战略研究[J]．中国工程科学，2019，21(1)，1-5.

第17章

[1] BOREL B. CRISPR, microbes and more are joining the war against crop killers. Nature, 2017, 543(7654): 302-304.

[2] BRAUER EK, BALCERZAK M, ROCHELEAU H, et al. Genome editing of a deoxynivalenol-induced transcription factor confers resistance to Fusarium graminearum in wheat. Molecular Plant-Microbe Interactions, 2020, 33(3): 553-560.

[3] DONG YC, DESNEUX N, LEI CL, et al. Transcriptome caracterization analysis of Bactrocera minax and new insights into its pupal diapause development with gene expression analysis. International Journal of Biological Sciences, 2014, 10(9): 1051-1063.

[4] HUANG Y, HOFFMANN WC, LAN Y, et al. Development of a spray system for an unmanned aerial vehicle platform. Applied Engineering in Agriculture, 2009, 25(6): 803-809.

[5] HULME PE. Climate change and biological invasions: evidence, expectations, and response options. Biological Reviews. 2017, 92(3): 1297-1313.

[6] KARAMI NRM, ECKERMANN KN, AHMED HMM, et al. . Consequences of resistance evolution in a Cas9-based sex conversion-suppression gene drive for insect pest management. Proceedings of the National Academy of Sciences of the United States of America, 2018, 115(24): 6189-6194.

[7] NEHA HC, MUNAVALLI JR, DEEKSHA RA, et al. Automated real-time locust management using artificial intelligence. International Journal of Engineering Applied Sciences and Technology, 2020, 4(5): 133-139.

[8] STERNBERG SH, DOUDNA JA. Expanding the biologist's toolkit with CRISPR-Cas9. Molecular Cell, 2015, 58(4): 568-574.

[9] SUN D, GUO ZJ, LIU Y, ZHANG YJ. Progress and prospects of CRISPR/Cas systems in insects and other arthropods. Frontiers in Physiology, 2017, 8: 608.

[10] THOMAS DD, DONNELLY CA, WOOD RJ, et al. Insect population control using a dominant, repressible, lethal genetic system. Science, 2000, 287(5462): 2474-2476.

[11] WANG YP, CHENG X, SHAN QW, et al. (2014) Simultaneous editing of three homoeoalleles in hexaploid bread wheat confers heritable resistance to powdery mildew. Nature Biotechnology, 2014, 32: 947-951.

[12] ZHANG YW, BAI Y, WU GH, et al. Simultaneous modification of three homoeologs of TaEDR1 by genome editing enhances powdery mildew resistance in wheat. Plant Journal, 2017, 91(4): 714-724.

[13] 程英，靳明辉，萧玉涛．鳞翅目昆虫基因编辑技术研究进展．生物技术通报，2020，36(3)：18-28.

[14] 黄冲，刘万才，姜玉英，等．小麦赤霉病物联网实时监测预警技术试验评估中国植保导刊. 2020，40(9)：28-32.

[15] 蒙艳华，兰玉彬，李继宇，等．单旋翼油动植保无人机防治小麦蚜虫参数优选．中国植保导刊，2017，37(12)：66-74.

[16] 王英满，徐丽君，夏锡飞 等．不同施药器械对水稻病虫害的防效试验研究．现代农业科技，2009 (1)：117-120.

[17] 王玉生，周培，田虎，等．警惕杰克贝尔氏粉蚧 Pseudococcus jackbeardsleyi Gimpel & Miller 在中国大陆扩散．生物安全学报，2018，27(3)：171-177.

[18] 苟栋，张兢，何可佳，等．TH80-1 植保无人机施药对水稻主要病虫害的防治效果研究．湖南农业科学，2015，(8)：39-42.

[19] 袁冬贞，崔章静，杨桦 等. 基于物联网的小麦赤霉病自动监测预警系统应用效果．中国植保导刊，2017，37(1)：46-51.

[20] 赵敏，张国忠，李荣，等．稻田无人植保飞机施药对主要病虫害防效试验．浙江农业科学，2018，57 (12)：1996-1997.

[21] 钟玲，邱高辉，宋建辉，等．水稻纹枯病飞防作业雾滴沉降效应与防效．中国植保导刊，2014，34(8)：64-66.